アフロ・ユーラシアの考古植物学

Afro-Eurasian Archaeobotany
New perspectives, new approaches

庄田慎矢 編著・訳

序　文

細谷　葵（お茶の水女子大学）

植物考古学における近年の国際化と多様化には、めざましいものがある。

考古遺跡から出土する植物遺体を、いわゆる自然遺物としてではなく、人間活動の痕跡、すなわち「人工遺物」のひとつとして解釈し、人が利用していた植物のリストアップにとどまらず、人のさまざまな活動の姿や精神世界までも復元しようという、考古学の視点による考古学のための「植物考古学」は、長らく北ヨーロッパが主流だった。代表的な国際植物考古学会である「International Working Group for Palaeoethnobotany」に筆者が初めて参加した1995年には、アジア人参加者は筆者一人だけだったことが、強烈に記憶に残っている。

それから20年余を経て、植物考古学界の様相は大きく変わった。東アジアをはじめ、これまで組織的な植物考古学が適用されなかった地域を対象とした新しい植物考古学研究が、さかんに発表されるようになった。またその分析方法も、従来の大型遺存体の形態分析や花粉分析、プラント・オパール分析のみならず、本書でも紹介されているような、炭素・窒素安定同位体比分析、レプリカ法（土器圧痕分析）、残存デンプン粒分析などの多岐にわたる分析法が活用され、植物考古学の地平は飛躍的に広がった。

そんな現在、もっとも必要とされているのは、研究者同士の有機的な意見・情報交換の場であろう。それは、多様な植物考古学の技術を持つ研究者が、ただ集まるだけで簡単に満たされるものではない。分析手法が細分化、専門化すればするほど、だしたデータを見せあうだけではコミュニケーションはできない。それぞれの研究者が、自身のデータに基づいて、考古学の究極の目的である「過去の人間社会像」をしっかりと描き出すこと、そして、誰もがその同じステージに立ったうえで、異なる分析手法から描かれた社会像を統合すべく議論する、という視点が必須となってくるのだ。すなわち、ひと昔前のように「分析屋」ですますことなく、各人がデータの「解釈」に真摯に取り組まねばならない。そのためには、自ら、民族考古学・実験考古学といった、データの解釈のために有用な研究手法をさまざまに工夫しながら取り入れることが求められるとともに、国際的に広く事例を比較研究することが欠かせないものとなろう。

国際シンポジウム「Afro-Eurasian Archaeobotany: New perspectives, new approaches」、そしてそれを基にした本書では、イギリス、アメリカ、カナダ、中国、日本（研究フィールドはさらにアフリカ、東南アジア、東ヨーロッパ）と国籍も多様、かつ、研究手法もそれぞれ異なる植物考古学研究者が、環境利用、生業活動といった過去の社会復元にかかわる共通のテーマについて、意見をだしあい、議論を戦わせている。まさに、新しい時代の植物考古学があるべき姿を、体現できたといえよう。本書の刊行が、多くの研究者にとって刺激となり、日本の植物考古学の活性化に貢献できることを願ってやまない。

はじめに：本書の目的と構成

庄田慎矢（奈良文化財研究所／ヨーク大学）

本書は、2018年1月27日・28日に奈良文化財研究所平城宮跡資料館（奈良市佐紀町）にて開催された国際シンポジウム「アフロ・ユーラシアの考古植物学 *Afro-Eurasian Archaeobotany: New perspectives, new approaches*」において行われた11の講演の内容とともに、関連する内容を扱う論文4編を増補し、一書として編んだものである。このシンポジウムは、日本の考古学界にはあまり知られていないアフリカ、ヨーロッパ、そして東アジアだけでなく西アジアや中央アジア、すなわちアフロ・ユーラシアの各地で繰り広げられているさまざまなかたちの考古植物学ないし植物考古学の研究を日本に紹介するとともに、日本で行われている考古植物学的研究の現状を海外の研究者と議論する場を設けようという意図によって開催された（**図1**）。

このうち後者の部分は、編者が英国ヨーク大学に在籍中の2016年2月5日に同大学において開催したセミナー*Japanese Archaeobotany*（**図2**）の続編とも言えるものである。このセミナーには、本書にも寄稿してくださった能城修一・那須浩郎・佐々木由香の各氏のほか、世界的な考古植物学者であるドリアン・フラー（Dorian Q. Fuller）氏からも話題提供をいただいた。このワークショップでの感

図1　国際シンポジウム「アフロ・ユーラシアの考古植物学 *Afro-Eurasian Archaeobotany: New perspectives, new approaches*」当日の様子（栗山雅夫撮影）

想は、日本で行われている研究に対する海外での関心は、意外なほど高い、ということであった。

一方で、編者の知るかぎりにおいては、欧米圏で行われている考古植物学的研究の諸事例からは、出土植物遺体の属・種の同定や記載、計量、編年的位置づけに重きを置く日本の研究の方向性とは若干異なるイメージを受ける。植物遺体を遺跡に残した人々と生態系とのかかわりや、生業のあり方との関連性、そして実験的手法や民族誌調査によって得られる脈絡の解釈への援用の傾向がより強く、そして安定同位体や生体分子を対象とした新しい研究手法を積極的に導入しているのが例として挙げられるであろうか。本書では、こうした視点から、地理的な観点からだけでなく、方法論という面からも、多様な研究事例を集めることを試みた。基調講演を引き受けてくださったエイミー・ボガード氏の研究は、まさに上記の多角的アプローチを体現するものである。すなわち、出土種子の同定に基づく雑草植物相の復元という考古植物学の古典的な王道を進みつつ、一方で穀物の炭素・窒素安定同位体比という新しい研究手法の利点を存分に活かし、さらにこれらを論理的に解釈するための実験的研究や民族誌調査を実践している。こうした多角的アプローチは、本書の縮図といっても過言ではないであろう。

ところで、21世紀にはいり、考古植物学の対象とする範囲が顕微鏡レベルを超えたミクロの世界に大きく広がってきた。これは、上記の炭素・窒素安定同位体比や他の元素の同位体比を用いた研究だけでない。DNAやタンパク質、脂質といった生体分子を考古遺物から取り出す技術が格段に進歩したことで、イネをはじめとする植物遺体はもちろんのこと、今まで対象としてこなかった、土壌や土器胎土のなかの微量な証拠をもとにさまざまな議論がなされるようになったのである。本書では、こうした研究事例のほとんどが英文でしか発表されていない現況を鑑みて、編者自身の研究を含め、現在さかんに進められている新しい試みについても紹介を試みた。無論、こうしたミクロな試料が蓄積される一方で、そ

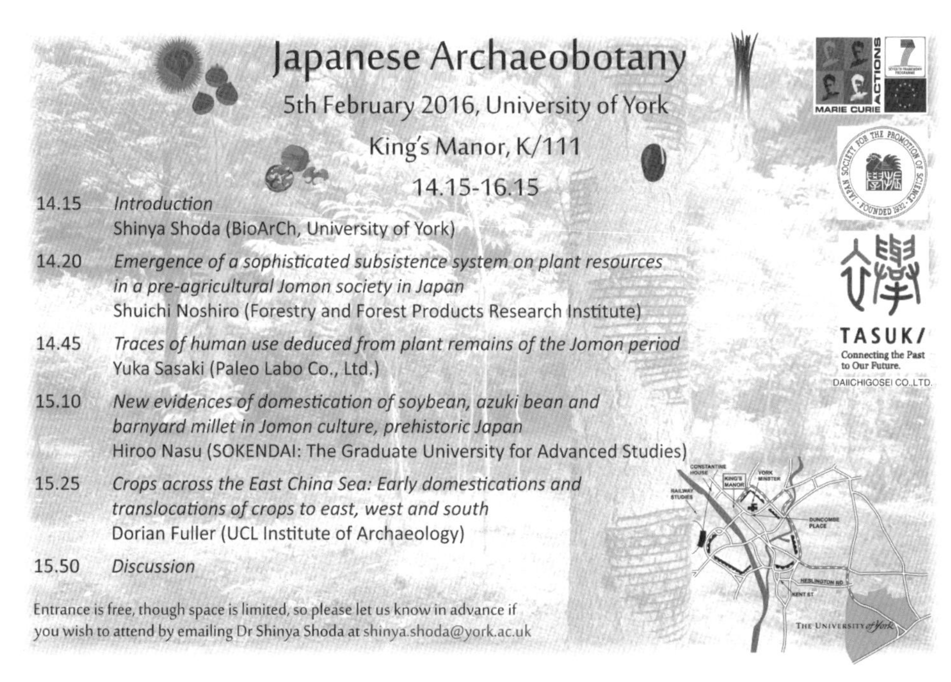

図2 2016年2月5日に英国ヨーク大学で行われたセミナー *Japanese Archaeobotany* のプログラム

の解釈のためには、実験や民族誌による参照の枠組みがますます重要になってきているのは言うまでもない。

本書の構成は、上記のような背景と目的に沿いつつ、地理的な分類に準じた第1～3章と、分子生物学的内容を扱う第4章からなっている。第1章では、文字通りアフロ・ユーラシア規模で繰り広げられる、各地での多様な研究事例を紹介する。ボガード論文「雑草生態学と穀物の安定同位体分析から復元する西アジア・ヨーロッパの初期都市の農生態系」では、メソポタミア・ギリシア・ドイツの各地において、雑草生態学と穀物の安定同位体比を用いたケーススタディを統合しモデル化するという、同氏の研究プロジェクトAGRICURBの成果がわかりやすくまとめられている。特に、都市化を促進する主要な農業戦略が集約化ではなく、粗放化であったという指摘は、「稲作集約化」の名のもとに農耕社会の形成を論じてきた日本考古学に向けての斬新なメッセージと言える。こうした研究が東ユーラシアにも展開することで、どのようなパターンの違いが見えてくるのか、今後の研究展開に大変興味を惹かれる。ウォルショー論文「アフリカにおけるアジアイネの導入の民族考古学的理解」では、アフリカのスワヒリ海岸におけるアジアイネをめぐる民俗誌的研究成果が紹介されている。日本考古学でアフリカの民族誌を参照する機会が稀なだけに貴重な成果と言えるが、籾殻をつけたままイネを保管することについての議論などは、日本人の我々にも親近感を持たせる内容である。遠藤論文「ユーラシア農耕拡散の十字路：ウクライナの新石器～青銅器時代の栽培穀物」では、日本人でありながら果敢にユーラシアの西側に研究フィールドを置き、20,000点以上の土器を調査するという精力的な研究活動の成果の一端が紹介されている。西ユーラシアにおける雑穀の起源については近年大幅な見直しが進んでおり、この論文のような実証的で着実な研究が今もっとも求められていると言えるであろう。劉論文「経路、季節、料理：コムギとオオムギの東方拡散」は、「食料グローバリゼーション」と表現される、紀元前5,000年から1,500年のあいだにユーラシア大陸において起こったさまざまな穀物の長距離移動のうち、肥沃な三日月弧に起源するコムギとオオムギがどのような脈絡によって東へと拡散していったのかをさまざまな証拠から議論している。昨年定年を迎えたマーティン・ジョーンズ氏を代表とするケンブリッジ大学の研究グループの壮大なスケールでの研究視野が遺憾なく発揮されている一編と言えよう。カスティヨ論文「東南アジアにおける考古植物学」では、東南アジア大陸部における著者自身の豊富な研究成果に導かれつつ、イネ(ジャポニカ・インディカ)やアワが、どのような自然的・社会的環境で栽培・受容されたのかが、多角的な証拠に支えられながら議論されている。

このように、第1章では西から東へとユーラシア大陸を縦断してきたわけであるが、第2章では中国における研究事例を3編収録した。楊論文「古デンプンの研究は中国新石器時代の生業パターンの理解をどう変えたか」では、最近十数年で急速に発展した古デンプン(粒)の研究が、従来考えられていた人間の植物利用に対する理解を大きく変えようとしている状況が語られている。原田論文「石器使用痕からみた新石器時代長江下流域の石製農具と農耕」では、氏のライフワークである石器の使用痕分析から、農具の使用方法について検討が加えられている。中国においても石器使用痕研究は行われているが、旧石器時代のものが重視されているなかで、氏の農具の研究は国際的にも重要度の高いものと言えよう。

大川論文「文献史料からさぐる植物と人の関係史」では、ヒシの利用について、文献史料からのアプローチを試みている。ヒシは日本人にとっても親しみのある植物であるが、中国の新石器時代においては現代よりも格段にその重要性は高かったものと考えられている。同論文で明らかにされたヒシ利用の通時的な変遷は、考古資料の解釈において大きな助けになるであろう。

第3章では、アフロ・ユーラシア世界の東端、日本列島について扱っている。無論、これら4編の論文で現在の日本における考古植物学のすべてが語れるわけではないが、編者がシンポジウムの開催にあたって海外の研究者に特に紹介したいと願う内容を盛り込むことができた。那須論文「縄文時代の狩猟採集社会はなぜ自ら農耕社会へと移行しなかったのか」では、近年縄文時代の高度な植物利用の実態が解明されてきた背景を受けつつ、単に植物利用技術の高度化が新石器化・農業化への動きを促すのではなく、植物の生物的・地理的な特性を踏まえたうえで、農耕社会への移行が行われなかった理由を論理的に説明している。先史時代の日本をグローバルな脈絡で相対化した、きわめて示唆に富む内容である。能城論文「縄文時代に行われていた樹木資源の管理と利用は弥生時代から古墳時代には収奪的利用に変化したのか？」は、遺跡出土の木材の樹種同定を基礎に日本における植物利用を通時的に明らかにしてきた著者への編者の要望でのテーマ設定による。同論文で示されている通り、先史時代の木製品や自然木の樹種同定の事例は圧倒的に縄文時代に集中しており、弥生時代以降の森林資源利用については縄文時代のような高水準での議論は行われていない。同論文はその意味で画期的であり、狩猟採集から農耕への転換における植物利用の変化や、農耕社会の拡大に伴う環境変化など、今後の議論の大きな展開を期待させるものである。佐々木論文「土器種実圧痕から見た日本における考古植物学の新展開」では、土器圧痕レプリカ法の伝道師でもある著者が、近年急速に普及したこの方法について解説するとともに、膨大なデータを整理して縄文時代から弥生時代開始期までの現時点での総括を行っている。今後の研究の基礎となる重要な内容と言える。菊地論文「過去の水田稲作を理解するために実験考古学でなにができるか」では、著者が20年以上もの期間継続して行ってきた、管理された実験水田でのイネ栽培プロジェクトの成果が紹介されている。考古学のみならず近年の学術界において、20年以上ものあいだ継続して研究プロジェクトを行っている事例はきわめて稀と言え、同氏の講演を聞いた外国人招待者たちが口々に述べたように、まさに驚くべき研究である。さまざまな問題意識を反映させることのできる実験場の存在は、さらなる研究展開の可能性をも約束している。

第4章では、顕微鏡でも観察することのできないミクロの世界を扱う論文を3編収録した。庄田論文「土器で煮炊きされた植物を見つけ出す考古生化学的試み」では、最近の数年間に行ってきた土器残存脂質分析による植物残滓の検出を中心に、字数のかぎられた既発表論文では紹介できなかったこの方法の詳細と、新たにわかってきた東アジアの新石器・青銅器時代における植物の調理について述べた。石川らの論文「イネの栽培化関連形質の評価：植物遺伝学と考古植物学との融和研究」は、イネの栽培化にかかわる形質がどのような遺伝子によって規定されているのかを実験によって明らかにし、イネの栽培化の過程を解明しようとするものである。著者が指摘するように、このような研究課題に対して遺伝学と考古学が協働できる部分は多いが、現状では交流が不足しているのは明らかである。今後の研究交流の進展がおおいに期待される。石川らの論文が現生イネのDNAを対象とするのに対し、熊谷らの論文「炭化米DNA分析から明らかになった古代東北アジアにおける栽培イネの遺伝的多様性」では、現生だけでなく、遺跡から出土した炭化イネ果実からもDNAを抽出する研究手法が、楽浪土城出土の炭化米がインディカイネと判断されたという最近の新発見とともに紹介されている。また、次世代シークエンサーの登場により各段に多くの情報を読み取る、「古ゲノミクス研究」の名にふさわしい新しい研究の展開にも言及している。

執筆を依頼するにあたって、特に海外からの寄稿者たちには、それぞれの方法論をわかりやすく解説するとともに、できるだけ多くのレファレンスを盛り込むようにお願いしたが、こうした各氏の配慮のおかげで、本書は現代における考古植物学の多様なアプローチを紹介する有用なテキストとなった。本書が、こうしたさまざまな分析方法と考え方が絡み合う、エキサイティングな考古植物学研究の日本でのさらなる展開と、分野外からも多くの関心を惹き寄せるための一助となれば、幸いである。

シンポジウムの開催および本書の刊行は、(株)クバプロ、(株)第一合成からの支援とともに、平成27年度－31年度文部科学省科学研究費補助金 新学術領域研究(研究領域提案型)『稲作と中国文明－総合稲作文明学の新構築－』(研究代表者：中村慎一)および、平成29年度－32年度文部科学省科学研究費補助金若手研究(A)『土器残存脂質分析を用いた縄文－弥生移行期における土器利用と食性変化の追跡』(研究代表者：庄田慎矢)による助成によって達成することができた。また、上記に加え、シンポジウムへの参加者(**図3**)・運営者や本書を作成するにあたってご尽力いただいた関係者各位に、末筆ながら改めて感謝申し上げる。

図3　国際シンポジウム「アフロ・ユーラシアの考古植物学 *Afro-Eurasian Archaeobotany: New perspectives, new approaches*」の登壇者たち(上段左から、劉歆益、佐々木由香、能城修一、細谷葵、サラ・ウォルショー、クリスティナ・カスティヨ。下段左から、石川亮、那須浩郎、エイミー・ボガード、楊暁燕、庄田慎矢、菊地有希子)(岡﨑美希撮影)

目　次

序　文 …… 3
細谷　葵

はじめに：本書の目的と構成 …… 4
庄田慎矢

第1章　アフロ・ユーラシアに展開する考古植物学

雑草生態学と穀物の安定同位体分析から復元する
西アジア・ヨーロッパの初期都市の農生態系 …… 14
エイミー・ボガード(庄田慎矢訳)
はじめに　14
1. 方法論的背景：「雑草と同位体」アプローチを用いた
都市化現象への取り組み　15
2. 北メソポタミア　17
3. クレタ島、クノッソス　23
4. 南西ドイツ　28
5. 結　論　33

アフリカにおけるアジアイネの導入の民族考古学的理解：
スワヒリ海岸沿いの農地と調理場から …… 39
サラ・ウォルショー(表谷静佳・庄田慎矢訳)
はじめに：現在を知り、過去を読み解く民族考古学　39
1. スワヒリ海岸：タンザニア、ペンバ島の
古代農業の形態からわいた疑問　41
2. 情報源と研究方法：人々と営み　43
3. 結　果　45
4. 考　察　48
5. 結　論　50

ユーラシア農耕拡散の十字路：
ウクライナの新石器～青銅器時代の栽培穀物 …… 53
遠藤英子
はじめに　53
1. ウクライナ考古植物学の課題　54
2. 現状でのウクライナの栽培穀物出現期－西アジア起源の穀物栽培　55
3. 東アジア起源の栽培穀物　56
4. レプリカ法の手順、種子同定、土器圧痕データの特徴　57
5. まとめ：レプリカ法の可能性と課題　64

経路、季節、料理：コムギとオオムギの東方拡大 …… 68
劉　歆益（庄田慎矢・岡本泰子訳）
はじめに 68
1. 異なるタイミング、異なる経路 69
2. 文書、遺伝子、季節の栽培化 70
3. 甘粛省における食物革命とその後 71
4. 小さな穀粒の長所 73
5. 結　論 74

東南アジアにおける考古植物学 …… 77
クリスティーナ・コボ・カスティヨ（庄田慎矢・遠藤眞子訳）
はじめに 77
1. 穀物栽培の受容 80
2. 拡散経路 80
3. 東南アジア大陸部における穀物類の証拠 82
4. 農業のさらなる発展 89
5. イネだけでなく 90
6. 結　論 92

第2章　中国大陸における過去の植物利用への多角的アプローチ

古デンプンの研究は中国新石器時代の生業パターンの理解をどう変えたか …… 98
楊　暁燕（庄田慎矢訳）
はじめに 98
1. デンプン粒の物理的・化学的特性と現生標本コレクション 100
2. 中国現生デンプン粒データベース 101
3. 古デンプンの研究は中国新石器時代の生業パターンの理解をどう変えたか 101
4. まとめ 111

石器使用痕から見た新石器時代長江下流域の石製農具と農耕 …… 114
原田　幹
はじめに 114
1. 石器使用痕分析 114
2. 長江下流域の稲作農耕と石製農具 118
3. 収穫具についての検討 119
4. 耕起具か除草具か 126
5. まとめ 131

文献史料からさぐる植物と人の関係史：中国・長江下流におけるヒシ利用の歴史 …… 133
大川裕子
はじめに 133
1. ヒシはどのように利用されたか 133
2. ヒシの品種分類 138
3. 水草による湖の淤塞の問題 142
おわりに 143

第3章　日本における考古植物学の今

縄文時代の狩猟採集社会は
なぜ自ら農耕社会へと移行しなかったのか …… 146

那須浩郎

はじめに 146
1. 縄文時代の栽培植物 146
2. 縄文時代のダイズとアズキ 152
3. 縄文時代のヒエ 155
4. クリの栽培・管理 157
5. 考　察 158

縄文時代に行われていた樹木資源の管理と利用は
弥生時代から古墳時代には収奪的利用に変化したのか？ …… 163

能城修一

はじめに 163
1. 検討資料と検討方法 165
2. 結　果 167
3. 考　察 169
4. 結　論 177

土器種実圧痕から見た日本における考古植物学の新展開 …… 180

佐々木由香

はじめに 180
1. 日本における土器圧痕調査 180
2. 種実圧痕の特徴 182
3. 種実圧痕の調査例 183
4. 関東地方における種実圧痕の時期別の植物種 186
おわりに 192

過去の水田稲作を理解するために実験考古学でなにができるか …… 195

菊地有希子

はじめに 195
1. プロジェクトの目的と課題 195
2. 実験田の赤米栽培 196
3. 実験考古学で検証できる課題 202
おわりに 216

第4章　分子レベルの考古植物学

土器で煮炊きされた植物を見つけ出す考古生化学的試み …… 220

庄田慎矢

はじめに 220
1. 土器残存脂質分析とは何か 221
2. 土器のなかの植物残滓を求めて 225
3. 初めて土器胎土から見つかったキビの生物指標 227
4. 中国の新石器時代の土器から見つかったデンプン質残滓 228
おわりに 231

イネの栽培化関連形質の評価：
植物遺伝学と考古植物学との融和研究 …… 234
石川　亮、杉山昇平、辻村雄紀、沼口孝司
クリスティーナ・コボ・カスティヨ、石井尊生
はじめに 234
1. 穂の開帳性の喪失がイネの栽培化のきっかけとなった可能性 235
2. 種子脱粒性の喪失にかかわった遺伝子座の同定 237
3. イネの栽培化過程の推定 239
おわりに 239

炭化米DNA分析から明らかになった古代東北アジアにおける
栽培イネの遺伝的多様性 …… 241
熊谷真彦、庄田慎矢、王　瀝
はじめに 241
1. アジア栽培イネの起源の問題 242
2. 考古遺物の分析 244
3. 炭化米DNA分析のためのリファレンス作成
－現生イネの多様性を評価する－ 246
4. 現生イネ葉緑体DNAの分子系統解析からわかったこと 248
5. 炭化米のDNA分析 250
6. 古DNAから古ゲノミクス研究へ 256

表紙・第1章扉　タンザニア Madaweni 地区 Songo Mnara の水田（Sarah Walshaw 撮影）
第2章扉　『経史証類大観本草』（朝鮮刊・国立公文書館所蔵）
第3章扉　奈良県明日香村の稲刈り風景（栗山雅夫撮影）
第4章扉　土器残存脂質の抽出実験からのひとコマ（Alexis Pantos 撮影）

第1章
アフロ・ユーラシアに展開する考古植物学

雑草生態学と穀物の安定同位体分析から復元する西アジア・ヨーロッパの初期都市の農生態系

Reconstructing the agroecology of early cities in western Asia and Europe using weed ecology and crop stable isotope analysis

エイミー・ボガード　Amy Bogaard

オックスフォード大学

略歴
2002年シェフィールド大学博士号取得
ノッティンガム大学講師、オックスフォード大学講師を経て、現在オックスフォード大学考古学科教授
研究分野　考古植物学、新石器・青銅器時代
2015 Shanghai Archaeology Forum Research Award受賞
主要著作
Neolithic Farming in Central Europe (Routledge, 2004)
Plant Use and Crop Husbandry in an Early Neolithic Village: Vaihingen an der Enz, Baden-Württemberg (Habelt, 2012)
Bogaard, AM *et al.* 2018 Of cattle and feasts: multi-isotope investigation of animal husbandry and communal feasting at Neolithic Makriyalos, northern Greece. *PLoS ONE* 13(6): e0194474.
Bogaard, AM *et al.* 2016 From Traditional Farming in Morocco to Early Urban Agroecology in Northern Mesopotamia: Combining Present-day Arable Weed Surveys and Crop Isotope Analysis to Reconstruct Past Agrosystems in (Semi-)arid Regions. *Environmental Archaeology*, 23:4, 303-322

はじめに

この論文の目的は、先史時代の比較的新しい時期に、さまざまなかたちで都市化をなしてきた西ユーラシアにおける主要食物(穀類や豆類)の生産の変遷に関する研究において、近年発展し洗練化されてきた考古植物学の方法論を解説することである。よって本論では、初期の都市へどのように食料が供給されていたのかを明らかにしようと試み、また農業戦略の社会的・生態的因果関係について明らかにしようとした。本論にまとめた研究内容の一部は、ヨーロッパ・リサーチ・カウンシルの支援によって行われたオックスフォード大学のプロジェクト「都市文明における農業の始源(AGRICURB)」の研究成果として、今後出版される予定である。

都市化の初期のプロセスは、さまざまな面で農業の「集約化(単位面積あたりの肥料などの投入を増やす)」や「粗放化(単位面積あたりの投入を減らして耕地を拡大する)」、または両者の組み合わせ(異なる景観において異なる作物を植えるなど)と密接に結びついている(Bogaard *et al.* 2016a, b; Styring *et al.* 2017a, b他)。AGRICURBプロジェクトの主要な目的は、仮説検証のために、2つの相互補完的な方法を総合することであった。すなわち、耕地雑草植物相に対する機能生態学的分析と、穀物遺体の安定炭素・窒素同位体分析である。次に、農業の集約化と粗放化のプロセスを比較し認識することは、気候条件の変化に伴う長期的な持続可能性(Bogaard *et al.* 2017)と同時に、物質的な富の不平等の形態を含む都市化の社会的・政治的な前提条件や結果を理解することにもつながる(Halstead, 1995; Kohler *et al.* 2017; Bogaard *et al.* in press)。

本稿では、方法論的背景を整理したのち、3つの異なる事例研究から得られた結果についてまとめる。すなわち、

① 北メソポタミアにおける新石器時代から青銅器時代前期にかけての複数の遺跡の分析

② クレタ島のクノッソス遺跡における新石器時代から青銅器時代後期にかけての農業についての通時的分析
③ 南西ドイツにおける新石器時代と鉄器時代前期の農業の比較研究

である。これらの3つの明確に異なる生態的、文化的条件での研究を比較することで、さまざまな都市化の過程における農生態系の類似性とともに、その多様性を明らかにしようとした。各事例研究のあいだには共通点も見られたが、それぞれがきわだって独自性を持っており、その地域ごとの条件のなかで農生態系を理解していく必要がある。

1. 方法論的背景：「雑草と同位体」アプローチを用いた都市化現象への取り組み

植物の機能的形質は、維管束植物の進化の過程で繰り返し獲得されてきたかぎられた組み合わせで発現することが世界的に示されてきた（Diaz *et al.* 2004, 2016）。耕作地の雑草植物相における機能的形質の変異は、ストレス耐性があり荒地や生存競争相手に対し戦略的であるという、一般的なパターンに収束する（Grime 2001）。AGRICURBプロジェクトでは、相対的に高投入と低投入の対照的な（たとえば、集中的な施肥や手作業による除草、灌漑の有無）「伝統的」畜産形態に伴う現代の雑草生態系と、植物の機能的形質の組み合わせに基づいて、モデルを構築した。植物の機能的形質については、かつて南ヨーロッパにおいて示された相対的に高い集約度と低い集約度の栽培形態（たとえば、土壌生産性の高低や機械による土壌撹乱の有無）の雑草植物相を区別する生態学的理論予測（Jones *et al.* 2000）と整合的である。この理論では、次のような相関関係が指摘されている。すなわち、雑草種のキャノピー（植物の葉の部分）の高さと直径は、土壌（機械的）撹乱がさほど過酷ではない環境下においては生存競争能力の高さと結びつき、葉の乾燥重量に対する面積の比と葉の厚さに対する面積の比は、成長率を反映する。また、開花期間の長さは、その種が外的撹乱から回復する能力に関係する（Jones *et al.* 2000; Bogaard *et al.* 2016a, b）。

現代の野外調査において、よく知られた雑草分類群の標本の機能的形質を測定する目的は、さまざまな土壌生産性と撹乱の条件下での種の潜在能力を測ることにあるという点が、強調されなくてはならない。南西ヨーロッパにおいて、集約的（小規模、高投入）農業システムと粗放的（大規模、低投入）農業システムをうまく区別することに成功した初歩的な研究（Bogaard *et al.* 2016a）の後、我々は北部の亜湿帯／半乾燥帯から南部の半乾燥帯／乾燥帯の気候条件を持つモロッコにおいて、段階的な肥沃度に沿った、雑草植物相の機能的な生態系変動を調査した。北メソポタミアのような（半）乾燥地帯での植物遺体群に適用するためにモロッコでのデータを組み込んだ結合モデルを開発し（下記参照）、南西ドイツにおける古雑草植物相を解析するためにヨーロッパの気温モデルを使用した（下記参照）。モデルの適用にあたっては、考古植物学的に同定された雑草分類群の現代標本を対象とした、関連する機能的形質の測定が必要とされた（Bogaard *et al.* 2016a, b）。研究対象としている考古学的な時代以降、個々の雑草種が進化し変化してきた可能性はある。しかし、この方法は一様に進化するとは考えにくい雑草群のまとまりを対象とすることで、過去の生育状況を特定する。したがって、完新世における雑草の進化が、我々が考古学的に見つけだしたパターンを偶然に作りだす可能性は低く、むしろ実際よりも不明瞭なパターンを示しやすいことになる(Jones 2002)。

作物の安定同位体比は、農業戦略が都市化の過程でどのように変化してきたのかをよりよく理解するための補足的な機会を提供し、特定の作物の栽培状況の「直接的な」証拠にもなる。作物の安定窒素同位体比(δ^{15}N)は、それらが栽培された土壌のδ^{15}Nを色濃く反映しており、したがって土地利用歴の影響を強く受けている(Peukert *et al.* 2012)。特に、動物性肥料の活用は、肥料の濃度(量と頻度)(Fraser *et al.* 2011; Styring *et al.* 2016a)や、有機物の種類(堆肥、動物ふん尿や家庭廃棄物)次第では、土壌や穀物のδ^{15}Nを10‰前後も増加させることがわかっている(Szpak 2014)。我々は、有機物が土壌に加えられる可能性のあるさまざまな手段をまとめて表現するために、施肥/ミドニングという語を用いている。集約的な施肥/ミドニングは、重量物の運搬と拡散のために高い労働力の投入を必要とし、また現代の農作業においては通常、土の取り扱いやすさを高めるための除草や掘り起しなどの手作業による労働集約的な栽培行為とともに行われる(Halstead 1987)。したがって、作物のδ^{15}Nは、農作業の一般的な労働度合、または単位面積あたりの労働投入量を測る指標として用いることができる。

一方、作物の安定炭素同位体比(δ^{13}C)は、気孔を通る二酸化炭素の動きを反映するが、その気孔自体は、乾燥気候において生育期間中の作物の水分状況にもっとも強く影響される(Farquhar *et al.* 1989)。我々の研究で扱ったいくつかの遺跡や特定の時期においては、雨量が比較的少なく天水栽培の限界に近かったため、直接灌水したり、水の供給力が高い地域において比較的栽培の難しい作物を戦略的に栽培したりするなど、作物の水分状態を何らかの方法でコントロールしていた可能性がある。したがって、作物のδ^{13}Cは、その土地でどのように栽培が行われたかを解明し、水資源に関連した作物の栽培管理戦略(おそらく高投入)を明らかにする手がかりとなり得る。

植物遺体の安定同位体比に炭化や埋没が与える影響に関する初期の研究(Fraser *et al.* 2013; Styring *et al.* 2013)に続き、ニッチら(Nitsch *et al.* 2015)は、種または品種の形態学的同定に最適な条件下(Charles *et al.* 2015)での炭化の影響を系統的に調査した。ここで議論するデータすべてにおいて、炭化した作物遺体のδ^{13}Cとδ^{15}Nは、測定されたδ^{13}Cから0.11‰、δ^{15}Nから0.31‰、炭化による効果としてそれぞれの値を引いた値に補正されている。この補正値は、炭化していない作物種子と未炭化のそれを、215℃、230℃、245℃、260℃で4時間、8時間、24時間加熱した後の差の平均値である(Nitsch *et al.* 2015)。他の方法論的研究では、ヴァイグローヴァら(Vaiglova *et al.* 2014b)が、炭化した穀物遺体から汚染物質を除去するための異なる前処理方法を比較し、(弱い)前処理の前にFTIRスクリーニングすることを推奨した。これらの手法は、本論でまとめられたすべての研究において適用されている。しかしながら、最後に強調しておくべき点は、遺跡において何百年、何千年ものあいだ埋没していた炭化作物遺体やその安定同位体比に対する潜在的な続成作用の影響が、完全に理解されているわけではないということである。たとえば、スティリング(Styring *et al.* 2013)は、安定同位体比を変動させる可能性のある微生物の作用を発見した。よって、考古植物学上のδ^{13}Cとδ^{15}Nの変動幅は、部分的にはさらなる研究を必要とする続成作用を反映しているかもしれない。しかし、我々が本論で報告するさまざまな事例

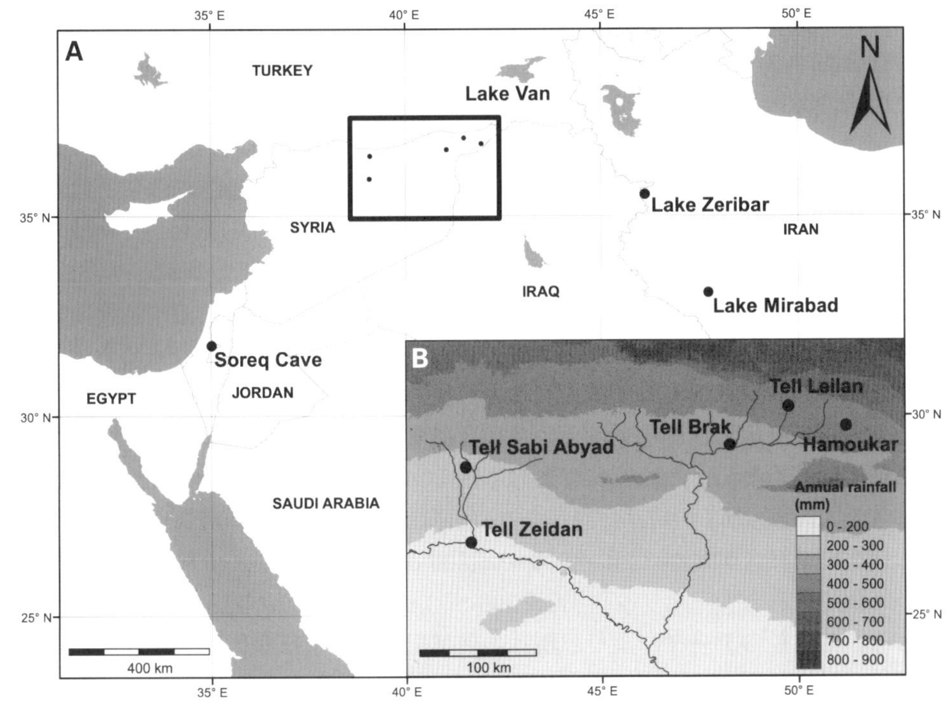

図1　北メソポタミアにおける調査地域(Styring *et al.* 2017aによる)
A：北メソポタミア概略図。古気候記録のあるソレク鍾乳洞(Soreq Cave)、ヴァン湖(Lake Van)、ゼリバル湖(Lake Zeribar)ミラバド湖(Mirabad)の位置。
B：本研究に含まれる考古学的遺跡であるテル・サビ・アビヤド、テル・ゼイダン、テル・ブラク、ハモウカル、テル・レイランの所在地。
年間降雨量は、世界気候データベースより入手可能な1960～1990年の平均月気候データ(Hijmans *et al.* 2005)。

研究では、独立変数と測定値の相関関係やこれらの合致を示すパターンが見られ、考古植物学的な作物のδ^{13}Cおよびδ^{15}Nが高い信頼性を持つことを示している。

2. 北メソポタミア

西アジアにおける中心的都市の出現をめぐる議論は、灌漑に基づいた社会(Marcus & Stanish 2006)を重視するあまり、農業「集約化」の一般化された言説に長いあいだ依存してきた。灌漑が必須であり、収穫量の多い南メソポタミア地域における影響力のある研究では(Adams 1981; Algaze 2001)、雨量の多い北部の都市文明が単位面積あたりの労働投入量を高めることによって支えられている、という見解を強調している(Sherratt 1980; Ur & Colantoni 2010; Wilkinson 1994; Wilkinson *et al.* 2014)。近年の北メソポタミアの生産力は、第1次世界大戦後の効率的な輸送・流通システムや、トラクター・ポンプ灌漑・農薬などを利用した大規模栽培に委ねられてきた(Weiss 1983, 1986)。ところが、農業粗放化の起源や、それが紀元前4千年紀から3千年紀の初期の都市と関連していることの重要性については、あまり研究がなされていない。そこで本研究では、炭化穀物およびマメ類のδ^{13}Cとδ^{15}Nの測定を通じて、北メソポタミアにおける都市化の2つの段階、すなわち金石併用時代後期(4,400～3,000 cal BC)と青銅器時代前期(4,400～3,000 cal BC)に、農業の集約度がどのように変化してきたかについて、より深く理解しようと試みた。

作物同位体分析の試料は、さまざまな居住形態の都市からのデータを取り入れるために、北メソポタミアのテル・サビ・アビヤド(Tell Sabi Abyad)、テル・ゼイダン(Tell Zeidan)、ハモウカル(Hamoukar)、テル・ブラク(Tell Brak)、テル・レイラン(Tell Leilan)の各遺跡から戦略的に選ばれた(**図1**)。さらに、テル・ブラク出土作物遺体の安定同位体分析の結果は、耕作地の管理を推察するための複合的アプローチの一環として、前3千年紀の考古植物試料に対する雑草機能生態系の分析結果と統合された(Bogaard *et al.* 2016)。ローレンスとウィルキンソン(Lawrence and Wilkinson 2015)は、さまざまな遺跡の種類を特徴づけることによって都市化への3つの異なる経路を設定した。その遺跡の種類とは、①すでに密集しており、人口が徐々に増加し、ゆっくりと規模を拡大した地域「中心拠点」(たとえば、テル・ブラクと金石併用時代後期のハモウカル)、②地元人口の都市中心部への移動によって急速に発展した「内因性新興都市」(たとえば、テル・レイラン)、そして③既存の居住域がほぼ見られなかった地域に急速に発展した「外因的新興都市」である。この枠組みを用いて、我々はテル・ブラク、ハモウカルとテル・レイランにおいて相互に異なる農業形態が、これらの対照的な都市の形成過程に必然的に伴うものであるかどうかを判断することができる。これらの大規模な人口中心地の政治的・生産的経済は、新石器時代後期の集落であるテル・サビ・アビヤド(c. 6,500 ~ 5,200 cal BC)やウバイド後期金石併用時代の集落であるテル・ゼイダン(c. 5,300 ~ 3,850 cal BC)に関連するものとみなされる。これらのデータにより、現行の農業集約化のモデルに制約を加え、集落が拡大・縮小しながら都市国家が樹立するに伴って変化する農業のあり方に対し、これまでにない新しい考察が可能になる。

2-1 分析結果

1)施肥の度合と変異

北メソポタミアにおいては、乾燥状態が植物のδ^{15}Nを増加させる可能性があ

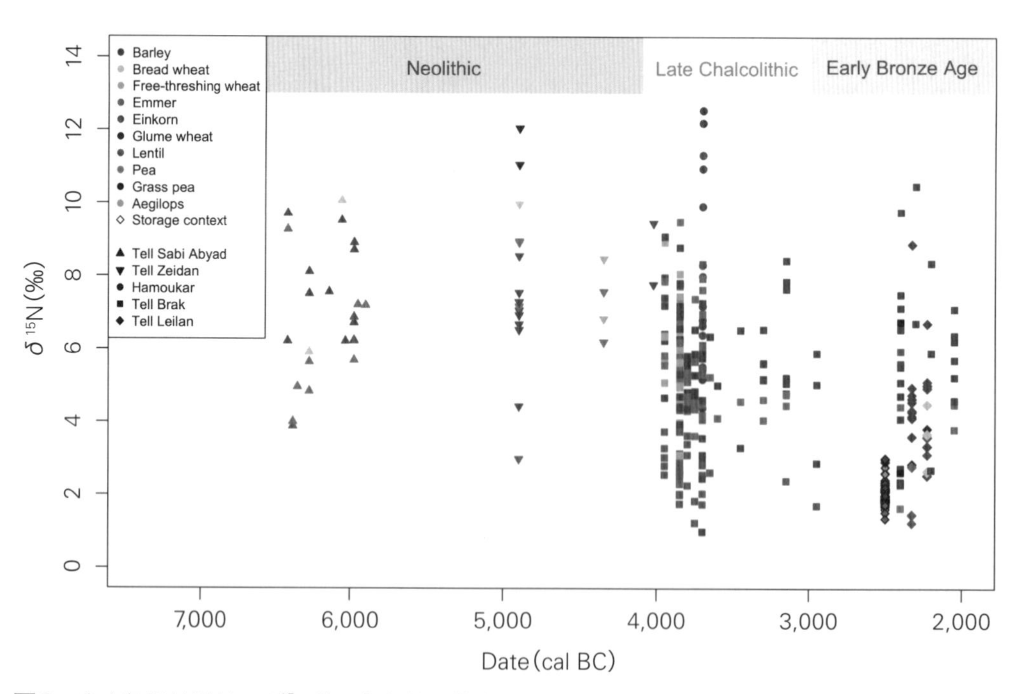

図2 出土穀類粒試料のδ^{15}N値と年代値の散布図
遺跡別に異なる記号を用い、作物分類群ごとに色分け(原色は原典を参照のこと)。黒で囲んだ点(Early Bronze Age)は、単一の貯蔵庫から出土した試料を示す。穀物試料の年代測定は、放射性炭素年代測定と層位学的関係に基づいている(Styring *et al.* 2017aによる)。

るため、穀物粒のδ^{15}Nから施肥度合を推測する際に乾燥率を考慮しなくてはならない(Handley *et al.* 1999)。スティリングら(Styring *et al.* 2016a, 2017a)は、現代の施肥された植物のδ^{15}Nと、それらの既知の施肥状況および地域降水量の関係を用いて、考古植物学的な施肥率を推測した。これを踏まえると、対象としたすべての穀物遺体のδ^{15}Nの変異が、施肥が行われた範囲内に収まることを表している(**図2**)。テル・サビ・アビヤドにおける高いδ^{15}Nを有する多数の穀物粒標本は(つまり、中程度またはそれ以下の施肥状態を伴う可能性がある)、施肥／ミドニングが、北メソポタミアにおいて増加する都市人口に対応するための方法として後に開発されたのではなく、紀元前7千年紀の古い時期から農業戦略の重要な部分を形成していたことを示している(Boserup 1965)。肥料の輸送は困難であるため、施肥度合は一般的に距離に左右される。したがって、飼育された家畜やその排泄物の堆積などの累積物からでる動物堆肥のある地域から近いほど、施肥の度合が高くなる可能性がある(Wilkinson 1994)。よって、空間的には、遺跡内の施肥状態の変異は、集中的に管理された「内野」地域から、より粗放的に管理された遠く離れた地域へと、その集落から放射状に伸びるかたちで施肥度合領域を形成する。このモデルは、多くの紀元前3千年紀の都市遺跡において見られる摩耗した土器片の散乱状況を示す「光の輪現象」や、これらの散乱を超えて形成され、耕作栽培地の輪郭を表すものと信じられている放射状軌跡(Wilkinson 1994)のあり方と合致する。

したがって、都市集落が拡大するのに伴って穀類は低い施肥状態を示す傾向がある、という仮説を立てられる。事実、この仮説は2つの統計学的なアプローチによって裏付けられる(単一・複数の帰属—Styring *et al.* 2017の統計学的補足を

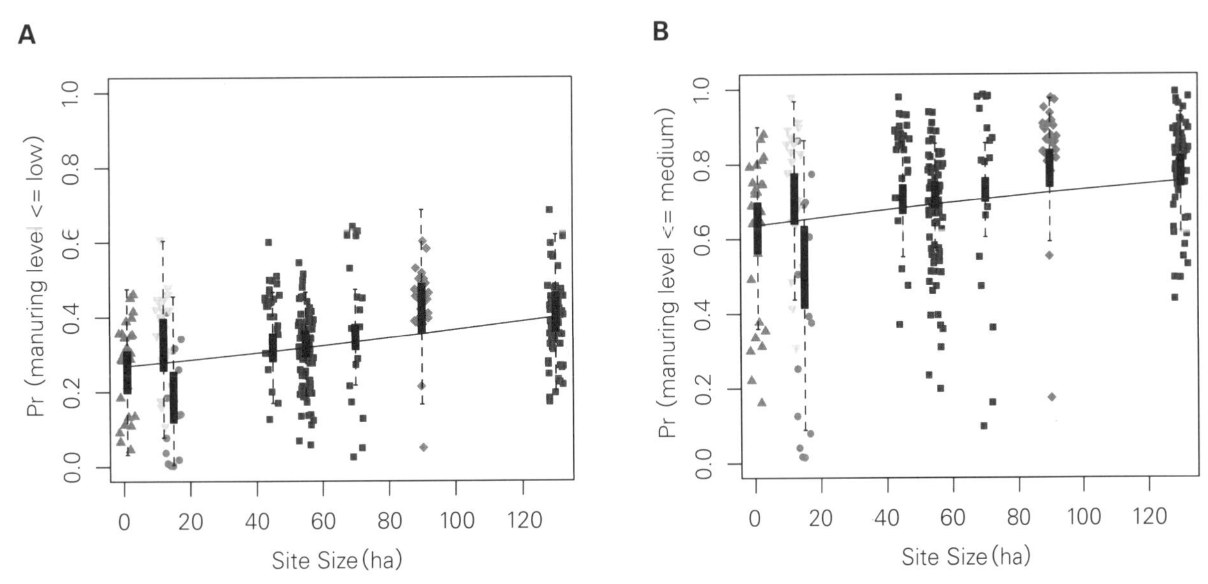

図3　遺跡規模によって出土穀物粒試料の施肥レベルがmまたはそれ以下となる確率
A：m＝低、B：m＝中(右)。
記号のかたちは各遺跡を表す(凡例は図2参照)(Styring *et al.* 2017aによる)。点はある穀物粒試料がmより低い投入が複数回行われた際に得られる施肥レベルを持つ事後確率。点はログ(降雨量)と施肥レベルのδ^{15}N回帰の通常線形モデルを使い、推論の第1段階に割り振られる。箱は、遺跡規模への施肥レベル比例オッズ回帰に適合した事後確率を表す。適合値は遺跡によるランダム効果により相殺される。線は特定の遺跡規模での穀物粒試料がmもしくはそれ以下の施肥レベルとなり、遺跡規模が増大すると施肥度が減少することを表している。

参照)(**図3a**)。テル・サビ・アビヤドの1haの村から紀元前4千年紀初のテル・ブラクの130haもの広範囲に散在する集落規模を考慮すると、集落規模を人口と直接関連づけることには不確実性を伴うが(Postgate 1994)、遺跡サイズを少なくとも「一般的な」人口指標として扱うことは有効であろう。補完モデルの結果からは、北メソポタミアの集落が拡大し農業生産が増加するにつれて、穀類はより低い単位面積あたりの肥料投入により生育していたことから、高い農業生産性を維持するために、耕地は粗放化のプロセスを通して広がったであろうと考えられる。施肥区画で行われるあらゆる労働が、集落の大型化に伴って増大した可能性が考えられるが、作物同位体分析の結果は、むしろ穀類生産の大半が、都市中心部から離れた比較的集約度の低い施肥区画において行われていたことを示している。これまで、紀元前第3千年紀の摩耗した土器片の散乱は、テル・ブラクにおける施肥の最初の痕跡と解釈され、さらに青銅器時代前期における農業集約化を反映しているものとされてきた(Wilkinson 1994; Ur & Colantoni 2010)。しかし、我々の新しい研究結果は、これらの破片散乱物の出現が、少なくとも穀類においては、施肥レベルの増加とは相関しないということを明らかにした。したがって、破片散乱物は家庭有機廃棄物の拡散の可視的で耐久性のある兆候と考えられる一方で、おそらくこの慣習は主に園芸作物にとって有益であり(Wilkinson 1982, 1994)、燃料としての需要との競合から動物堆肥の利用可能度が低下するなかで、必要に迫られて行われた行動の結果であろう(Smith *et al.* 2015a)。今回の分析で得られた低い堆肥状態を示す穀物の比較的高い割合は、刈り痕地や休耕地で放牧された動物による施肥によっては、規則的に配置された畜舎からの施肥によって得られる穀物粒のδ^{15}Nに匹敵するような値は示されないということを物語る。

2)水資源に関連した作物管理

穀物遺体とマメ類遺体のΔ^{13}C(水分状態と正の相関関係を持つ炭素同位体比の差。Wallace *et al.* 2013, 2015を参照)は、作物管理の戦略や、耕作地がどのように地形の水文学的特徴を利用しているかを検討する指標となる。**図4**は、ある期間のカワムギ、コムギ(脱粒しやすく、小穂コムギ)やマメ類(レンズマメ、エンドウマメ、ガラスマメ)のΔ^{13}Cを示している。作物の水分状態が降水量の変動によって規定されていると判断できる場合もあるが、研究期間においては作物のΔ^{13}Cに顕著な変化は見られなかった(Wick *et al.* 2003: Bar-Matthews & Ayalon 2011)。作物のΔ^{13}Cが時間によって有意な差を示さないことは、すべての遺跡において水資源と関係するある程度の管理が行われていたことを示唆する。この観察を、灌漑や意図的な水の供給に結びつける必要はないが、少なくとも、低降水量の影響から作物を守るために、ワジや貯えられた水源に近い場所など、よりよい水供給地に作物を播種するなどの戦略的措置がとられたことを暗示する。リーフル(Riehl *et al.* 2014)による肥沃な三日月弧に分布する考古学的遺跡におけるオオムギ粒のΔ^{13}Cの研究は、農業のための限界地においてのみ乾燥期間に低いΔ^{13}C(低い水分状態を示す)を計測した。したがって、我々の結果とリーフル(Riehl *et al.* 2014)によって報告された結果は、作物δ^{13}Cを気候変動そのものの証拠として使用することは難しいが、かわりに(独立して検証された)気候変動に対する作物栽培学的な適応の検証に適用できる可能性を示す。

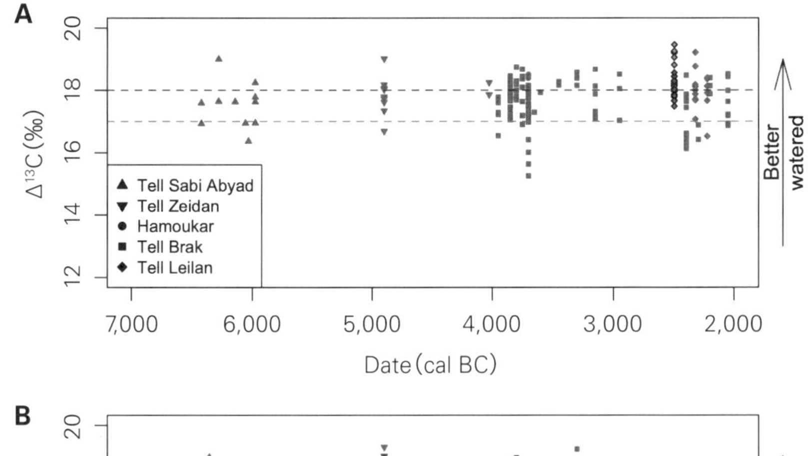

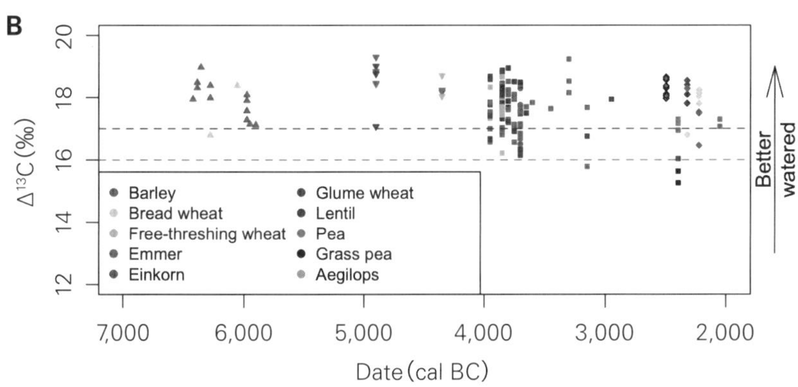

図4　年代値ごとの出土穀物粒とマメ類試料のΔ^{13}C値(Styring *et al.* 2017aによる)
A：オオムギとエギロプス属穀類試料。
B：コムギ粒とマメの種の試料。
記号のかたちは遺跡別、作物分類群によって色分け(原色は原典を参照)。2,500 cal BC前後の黒で囲んだ点は、単一の貯蔵庫からの出土試料を示す。水平の破線はΔ^{13}C範囲の「境」を示す。現代の作物分析を基にし、水分供給が少ない(低Δ^{13}C)、中程度、良好(高Δ^{13}C)な状態を表す(Wallace *et al.* 2013参照)。エギロプス属はオオムギの貯蔵庫で見つかったため、オオムギと同じ農地で栽培されたと推測される。そのためオオムギ粒とともに表示される。

オオムギ、コムギ、マメ類のΔ^{13}Cにも、顕著な差異は見られない(Wallace *et al.* 2015)。オオムギ(主に二条)と他の作物との生理学上の違いを、調整した水環境を示す帯状の範囲に作物Δ^{13}Cをプロットすると(**図4**)、オオムギ粒試料の大部分は、ウォレスら(Wallace *et al.* 2013)によって定義された貧弱な水供給の範囲から中位の水供給の範囲に分類され、収穫高が水供給によって制限されていたことを示唆している。一方で、コムギやマメ類の標本の大部分はよく給水されている範囲にはいる。少なくとも今日、一般的にオオムギが、コムギ・エンドウマメ・レンズマメなどよりも乾燥した条件に耐性があることを勘案すれば、オオムギに比べてコムギやマメ類がよりよい水環境にあったことは、戦略的な農業慣行が存在したという仮説を裏付ける。したがって、この戦略によって、水供給が作物の最適な成長に重要な制限を与える可能性が高い地域で、すべての作物収穫高が最大化されていたであろうといえる。

3)機能的生態学の作物形態区分

図5は、異なるレベルの集約度で管理された現代のモロッコ、ギリシア、フランス、スペインにおける耕作地と、判別関数との関係性を示したものである。判別関数は、土壌肥沃度および外乱に関連する機能的属性による、半定量的(存在／非存在)雑草機能特性のスコアに基づいて求めている(Bogaard *et al.* 2016b)。この判別関数は、紀元前3千年紀のテル・ブラクの植物遺体を分類するために用いられた(**図5d**)。テル・ブラクのすべての試料は、判別関数の軸の負の側に配置され、「低強度」に分類された。この結果は、テル・ブラクでの降雨量がこの期間相当多いにもかかわらず、多くの試料がモロッコ南部の降雨耕作地よりもさ

らに負の判別スコアを有していることから、テル・ブラクと近代的な研究地域とのあいだの気候の相違に起因するものではないといえる。かわりに、これらの結果は、雑草植物相が発生する耕作地の状態は、現代の広範囲にわたって管理された耕作地よりも生産性が低いことを明確に表しており(Bogaard *et al.* 2015, 2016b)、したがって上記に示した安定窒素同位体比の分析結果と同様、極端な粗放化を反映しているものと判断される。

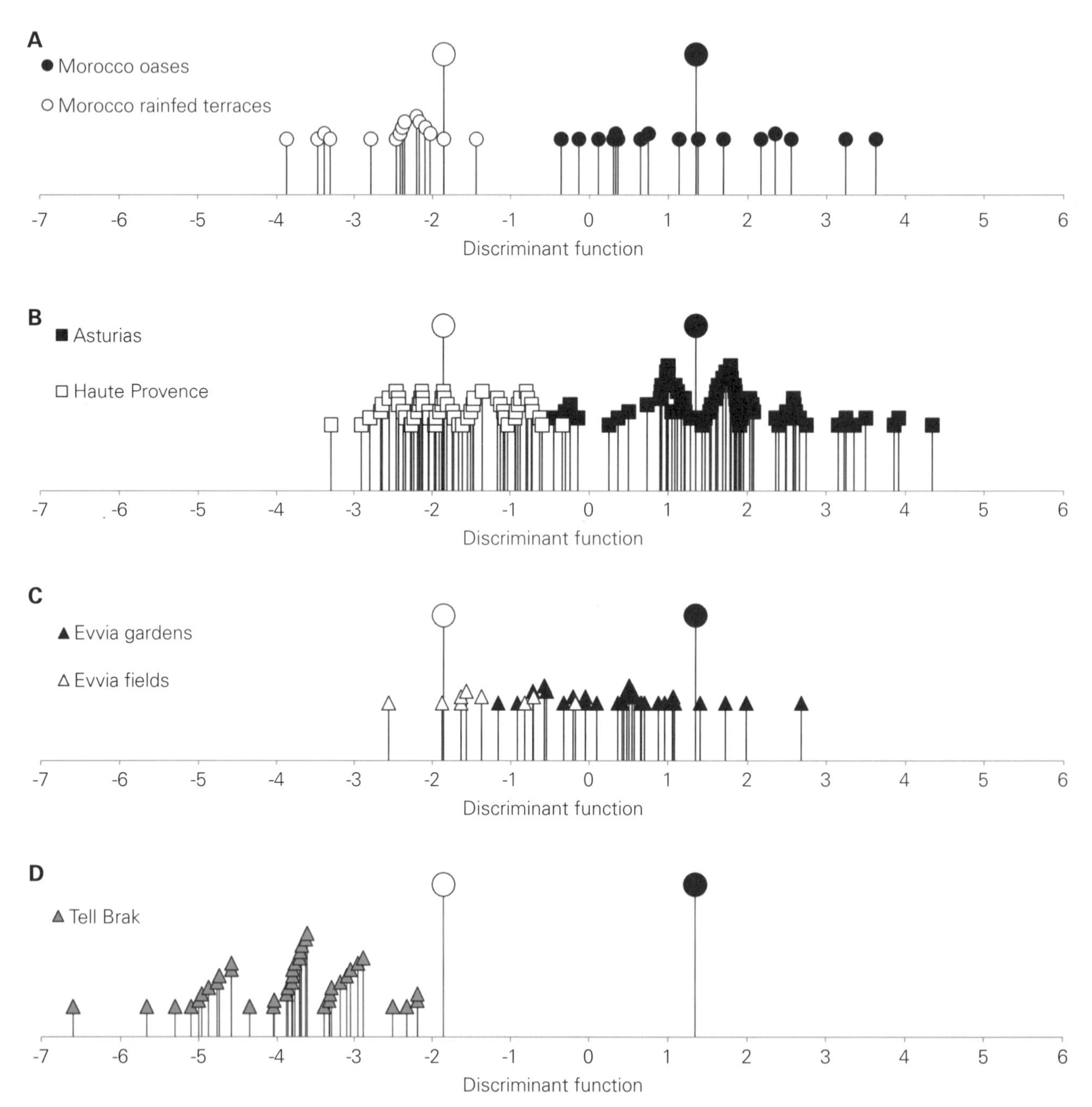

図5 半定量的データ(大きなシンボルのほうがグループの重心を示す)を基にし、低い集約度(白抜きの円)と高い集約度(黒塗りの円)の形態を区別するために抽出した判別関数との関係
A:南部の天水栽培段々畑(n=15)とオアシス畑(n=16)。B:オート・プロヴァンスの畑(n=56)とアストゥリアスの畑(n=65)。C:エッヴィアのマメ畑(n=9)と庭園(n=29)。D:判別関数とテル・ブラクからの考古植物学的試料の関係(Bogaard *et al.* 2016bによる)。

2-2 考 察

ハブール(Khabur)川やバリフ(Balikh)川流域の遺跡における穀物の安定同位体比は、都市化以前と2段階の都市化過程における農作業の変化を時空間的に把握する手助けとなる。古い時期の施肥の証拠は、施肥のような高い労働集約的な作業は都市人口の圧力に誘発された場合にのみ行われるとしていた農業開発の進化モデル(Boserup 1965)に反している。さらに我々は、水がかぎられた地域においても、一定の生産を確保しようとする水資源と関連した戦略的な作物管理が、古い時期の遺跡における穀物やマメ類の栽培においても重要な役割を果たしていたことを見いだした(Smith *et al.* 2015b; Wallace *et al.* 2015)。

穀物粒の窒素同位体比により、北メソポタミアにおける都市人口の増加を支えるための農業生産が、単位面積あたりの施肥/ミドニング投入量を低くすることによって、より広い耕作地において栽培を行うことで達成されたこと、すなわち粗放化(Weiss 1983)によったことが明らかになった。可耕地の拡大の証拠は、都市周辺の(主に紀元前3千年紀の)広範囲にわたる耕作可能な集水域における遺跡外調査で得られた証拠と一致している。すなわち、放射状に広がった道路遺構(Wilkinson 1994)や遺跡の分布調査(Weiss 1986, 2002)によって示された証拠である。さらに、紀元前3千年紀のテル・ブラクでは、安定同位体分析の結果から、穀類生産がこのとき大規模かつ低い集約度での管理下にあったという仮説が提示されたが、これは雑草機能生態学によって裏付けられている(Bogaard *et al.* 2016)。しかし、農業の集約度と集落の規模の関係は、社会の複雑性と都市形態における紀元前4千年紀と紀元前3千年紀の違いよりも顕著である(Lawrence & Wilkinson 2015)。したがって、より大きな都市圏における低投入農業へのシフトは、家口レベルで徐々に進行した可能性がもっとも高い。加えて、我々のデータは、全体的な粗放化の戦略と一致している一方、この幅広い枠組みは、農業における変化のトップダウンによる要因というよりは、むしろボトムアップによるという証拠を示す幅広い行動のバリエーションを含む。それにもかかわらず、この粗放的農業は、労働投入による単位面積あたりの収穫量ではなく、耕作地の広さと生産量を直接結び付け、世代間で受け継がれる土地を基準にした富に重きを置いている(Borgerhoff Mulder *et al.* 2009)。したがって、農業粗放化は、政治的権力の原因となり得る相続財産の不平等を引き起こす可能性がある(Kohler *et al.* 2017)。結局のところ、この研究によって、粗放化を志向する農業経済が、都市化という軌道に沿った広い範囲での社会的変化の原因にも結果にもなるものであり、当初の北メソポタミアにおける都市の発展に不可欠であったことが明らかになった。

3. クレタ島、クノッソス

エーゲ海地域における新石器時代の農業は、さまざま穀類やマメ類を対象としており(Halstead 1994; Valamoti & Kotsakis 2007)、家口や地域共同体へのわずかな余剰を確保するために、小規模範囲での集約的管理を行わざるを得なかった(Halstead 1981, 1987, 1989)。その結果、このシステム内で得られる余剰の量は、労働力が確保できるかどうかに規定されることになった。線文字Bの文書は、青銅器時代の新しい時期に、エーゲ海の中心的な宮殿都市が、宮殿エリートに後援されたより粗放的な低投入栽培から得られる余剰によって維持されていたということを示している(Halstead 1995a, 1995b, 1999a, 1999b, 2001; Killen 1993, 1998)。よって、クレタ島クノッソスの紀元前7～2千年紀は、エーゲ海における農業と地方の都市化に際してのこれらの変化を調査する重要な材料を提供する。農業における戦略的な宮廷の介入は、1種類の穀類、おそらく皮コムギに絞られていたと線文字Bで書かれている(Halstead 1995c)。

宮廷は、カワコムギの生産の際には宮廷が所有する耕作用雄牛の貸付けを伴うというかたちで介入を行った。おそらく、飼料の支払いとともに適切な維持管理を保証するためであり、共同栽培の形態をとっていた可能性が高い(Halstead 1995a, 1995b, 1999a, 1999b, 2001; Killen 1993, 1998, 2008)。対照的に、クノッソス、クレタ島およびエーゲ海南部の他の地域から入手可能な植物遺体から、線文字Bの文書では言及されていない一連の穀類やマメ類が栽培されていたことが実証された(Jones 1987, 1988; Livarda & Kotzamani 2014; Sarpaki 1992, 2013)。このように、農業経済のかなりの部分が宮廷の把握しない部分で行われていたに違いなく、この「宮廷外」農業の性格と規模は不明である(Bennet & Halstead 2014; Halstead 1999a, 1999b, 2001, 2014)。

この事例研究では、作物の生育条件を推測するために、クノッソスの主要遺跡群における新石器時代の始まりから青銅器時代の終わりにかけての植物遺体の炭素および窒素同位体分析を用いた。本事例での考古植物学的作物試料や貯蔵堆積物には雑草種子がなく、したがって補完的に雑草生態学アプローチを取り入れることはできなかった。採取試料は、ヘルバックが研究を行ったエバンズ(Evans 1968: 269)による1968年発掘の中央中庭下にある新石器時代層からの少量の穀類とマメ類遺体、およびジョーンズが研究を行った(Jones 1984, 1992; Sarpaki & Jones 1990)ミノス文明後期、いわゆる未踏の邸宅(Popham 1984)の貯蔵庫Pの被熱破壊層出土の青銅器時代後期の穀類およびマメ類の貯蔵堆積物である。特に、これらの結果は新石器時代と青銅器時代の作物成長状態の比較、さらに社会の上流層の建物に貯蔵された後期ミノス文明第Ⅱ期の農業戦略の性格や多様性を新たに見直すために用いられた。

3-1 結 果

1)穀物栽培実施の同位体的証拠

半乾燥地帯である北メソポタミアとは対照的に、現代のクノッソス周辺における年間降水量はおよそ500～600 mmであるため、クノッソスにおける土壌δ^{15}N値上昇の主な原因が乾燥とは考えにくい。そのかわり、新石器時代の穀類やマメ類でのδ^{15}N値の上昇は、施肥の集約度と一致しており、無土器新石器時代のクノッソスにおいて耕作可能地に労働力を投入する際には、施肥／ミドニングが重要な要因となったことを示唆している(**図6**)。これらの結果は、新石器時代中期から後期のスパルタ近辺にあるコウフォヴォーノ(Kouphovonuno)遺跡での脱粒性コムギや、新石器時代ヨーロッパのその他の場所での穀類(Bogaard *et al.* 2013; Styring *et al.* 2016b)での高いδ^{15}N値(Vaiglova *et al.* 2014a)に匹敵するものである。対照的に、未踏の邸宅から得られた青銅器時代後期のエンマーコムギのδ^{15}N値は、クノッソス(およびコウフォヴォーノ)の新石器時代の脱粒しやすいコムギより低い傾向を見せた。他の青銅器時代後期の穀類、特にオオムギのδ^{15}N値は中程度の施肥に対応している(**図7**)。クノッソスからの(六条)カワ

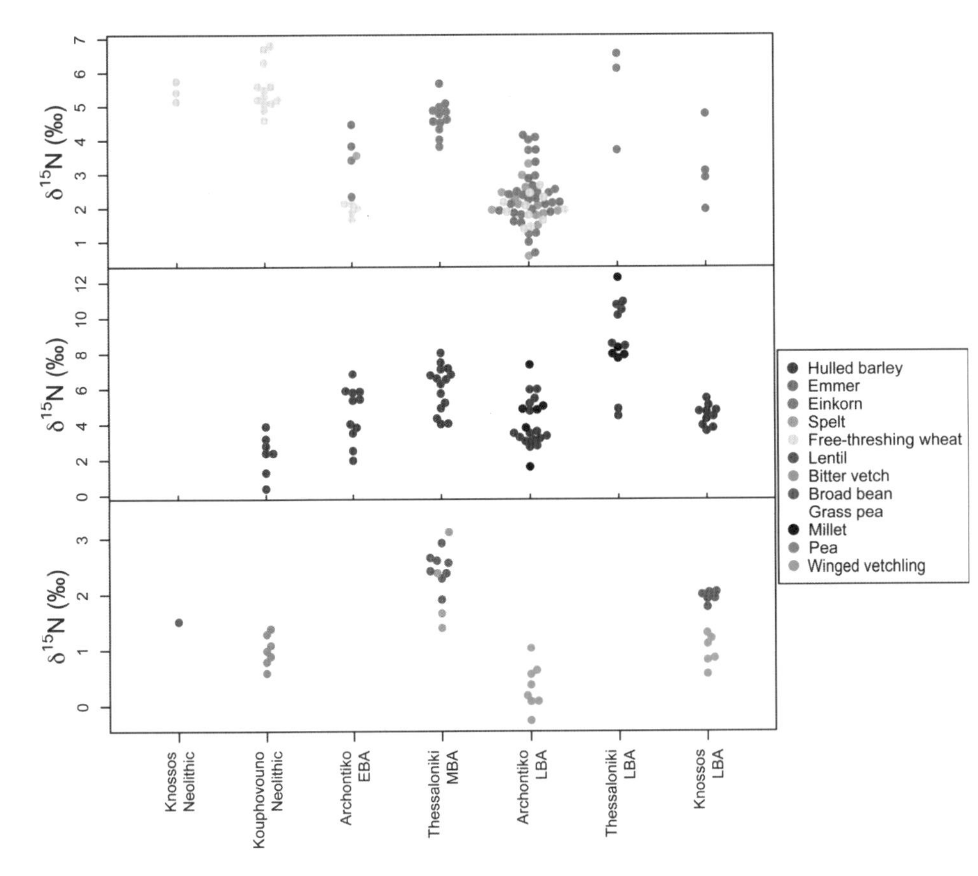

図6 新石器時代と青銅器時代のエーゲ海諸遺跡のコムギ、オオムギ、穀類のδ^{15}N値(Nitsch *et al.* 近刊)
ヴァイグローヴァら(Vaiglova *et al.*)の報告によるコウフォヴォーノからのデータ(2014)。ニッチら(Nitsch *et al.*)からのアルコンティコとテッサロニキ・トゥンバのデータ(2017)。

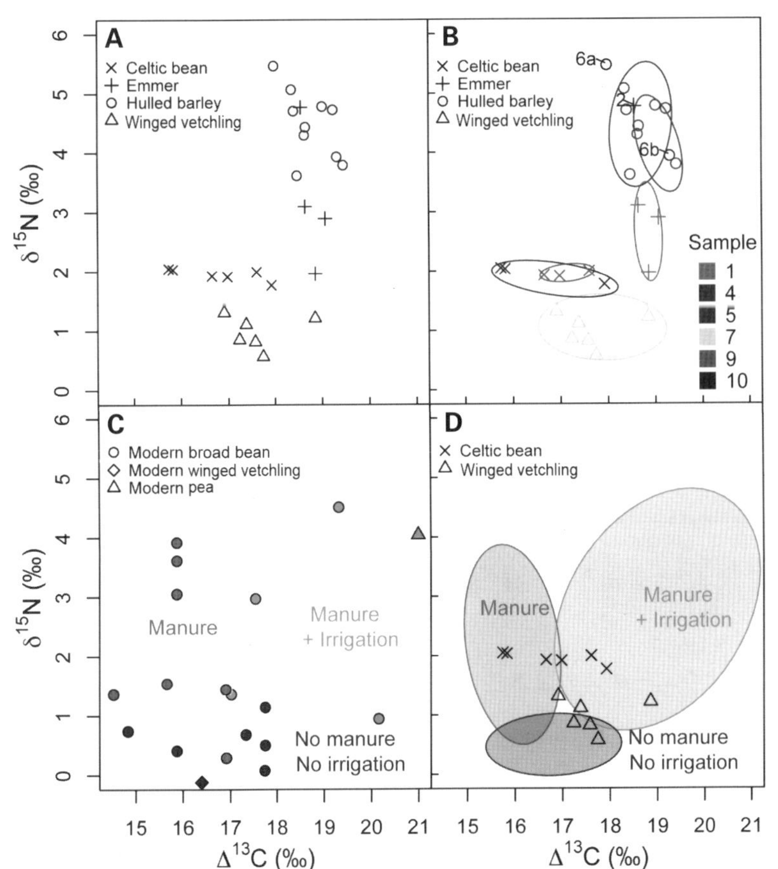

図7 A：クノッソス「未踏の邸宅」の破壊された貯蔵庫P出土の青銅器時代(後期ミノス文明第II期)の作物から得られたΔ^{13}Cとδ^{15}N値。
B：出土した壺(Jones 1984)ごとにまとめた副試料を示す。
C：ギリシアのエッヴィアでさまざまな施肥および灌漑形態のもとで栽培される現代のマメ類のΔ^{13}C値とδ^{15}N値(Δ^{13}Cはウォレスらが2013年に最初に報告；δ^{15}Nはフレーザーらが2011年に最初に報告)。
D：クノッソスの貯蔵庫P出土マメ類のΔ^{13}C値とδ^{15}N値、エッヴィアにおける現代のマメ類値の50%確率楕円と比較(Nitsch *et al.*, 近刊)。

ムギのδ^{15}N値は、新石器時代コウフォヴォーノの(二条)カワムギよりかなり高く、一方、クノッソスのオオムギδ^{15}N値は、エーゲ海北部の青銅器時代各所からの(二条と六条の混合)カワムギと比較すると、中程度から低くなっている(**図6**)(Nitsch *et al.* 2017)。

クノッソスの穀類の安定炭素同位体データ(**図8**)により、作物生育条件と土地管理の理論に新たな側面が加わることになった。クノッソス地域は天水栽培の維持ができたかもしれないが、地形や土壌の性質が局所的に異なっているため、他よりも干ばつになりやすい地域もあったであろう(Halstead 2008)。新石器時代のコムギ試料のΔ^{13}C値は、中程度から十分に水分を得られた状態を示し、エーゲ海の他の場所からの結果に類似している(Nitsch *et al.* 2017; Vaiglova *et al.* 2014a; Wallace *et al.* 2015)。クノッソス周辺の降水量は、変動があるとはいえ、一般的にアルコンティコ(Archonitiko)やテサロニキ・トゥンバ(Thessaloniki Toumba)などのエーゲ海北部の遺跡各所より高くなることはないため、未踏の邸宅からのオオムギ、特にエンマームギの比較的高いΔ^{13}C値は際立っている(**図**

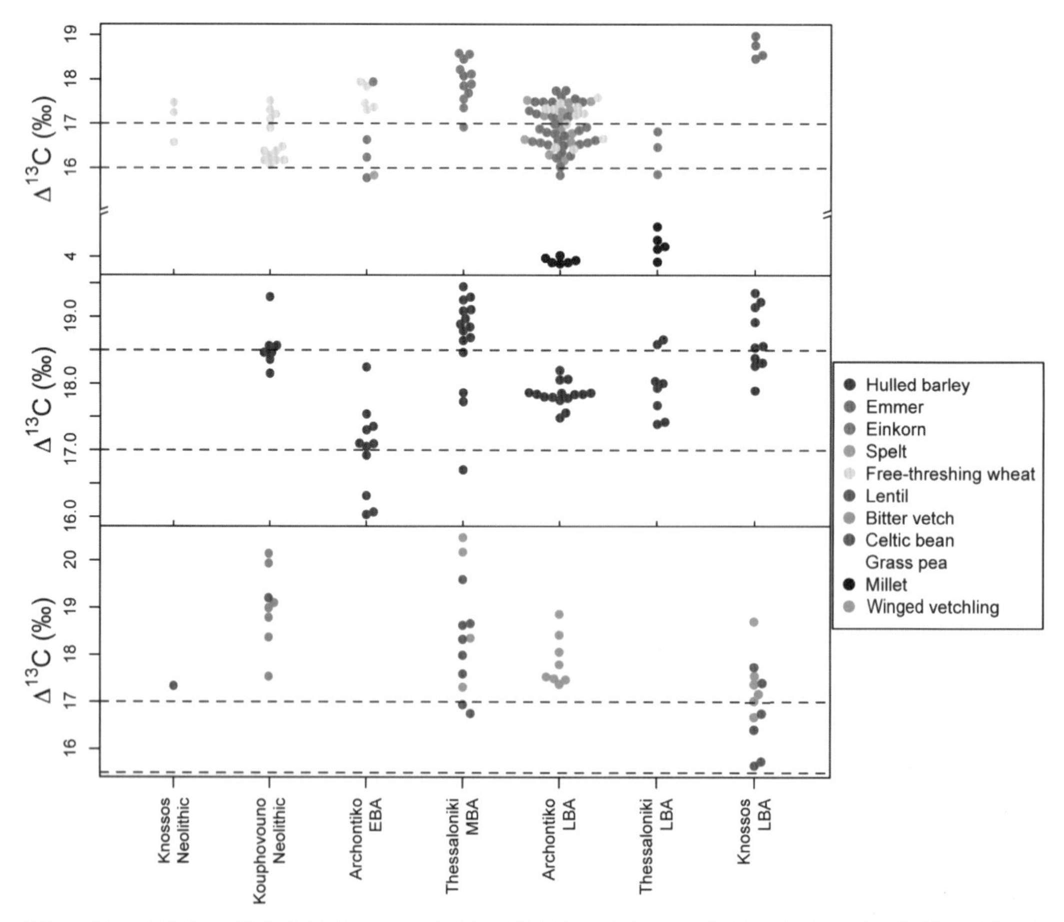

図8 新石器時代と青銅器時代のエーゲ海の諸遺跡におけるコムギ、オオムギ、穀類のΔ^{13}C値(ニッチらによる、近刊)
ヴァイグローヴァら(Vaiglova *et al.* 2014)が報告したコウフォヴォーノからのデータ。ニッチら(Nitsch *et al.* 2017)が報告したアルコンティコとテサロニキ・トゥンバからのデータ。水平の破線は現代の作物の農業経済学的研究(Wallace *et al.* 2013)を基にした「十分に水分供給された(上)」と「中程度に水分供給された(下)」の基準値を表す。オオムギの基準線は現代の二条および六条品種に相当する混合オオムギを想定している。

7)。以上より、これらの穀類が非常に水分に恵まれた条件、すなわち意図的な水分管理戦略に特権的にアクセスできたことが示唆される。

2)マメ類栽培実施の同位体的証拠

未踏の邸宅から出土した青銅器時代後期のマメ類は、施肥を行わないマメ類よりδ^{15}N値が高かった(**図7**)が、新石器時代クノッソスからの単独のレンズマメ試料も同様で、高度に施肥を行った例に匹敵するものである(Fraser *et al.* 2011; Treasure *et al.* 2015)。機械化される以前のギリシアにおける農業では、マメ類の収穫では多大な労働力を必要とし(刈るのではなく引き抜くため)、主に家庭での消費を目的に栽培されていた。また、乾燥したサヤから種子を落とさずに運搬することが困難だったこともその一因であったろう(Halstead 2014; Jones *et al.* 1999)。線文字Bの文書ではマメ類には触れられていないが(Halstead 1992)、上流層の未踏の邸宅や宮殿自体(Evans 1928, 1935)を含むエーゲ海南部の遺跡各所でこれらが豊富に見られること(Halstead 1994; Livarda & Kotzamani 2014; Sarpaki 1992)から、社会の各階層にわたりマメ類は人々の食生活の重要な要素となっていたことが示唆される。さらに、他の作物と輪作を行うことで土壌肥沃度を維持するという、農業面での重要な役割を果たしていた(Sarpaki 1992)。もっとも、未踏の邸宅の作物群では、高度に施肥を行ったマメ類を、中程度または施肥度の低い穀類と一緒に栽培、または輪作していなかったことが明らかである(**図6**)。また明らかに、レンリソウ属エンドウはケルトマメほど集中して施肥を行っておらず、おそらく差異状態、もしくは施肥への反応を反映していると思われる。

クノッソスにおけるマメ試料のΔ^{13}C値は、中程度から十分な水分状態に合致している(Nitsch *et al.* 2017; Vaiglova *et al.* 2014a; Wallace *et al.* 2015)。現代のエッヴィア(Evvia)で十分に灌漑を行っているマメ類と比較すると、未踏の邸宅のマメ類Δ^{13}C値は、人為的な灌水は変動が大きく、マメ類に手で水やりを行う状態と合致する(Wallace *et al.* 2013)。未踏の邸宅のマメ類はエンマーコムギよりΔ^{13}C値が低くなりがちで、より集中して施肥が行われていたようである。よって、これらの作物は異なった形態で栽培されていたことが示唆される。炭素同位体と窒素同位体の双方の値という点では、クノッソスからの新石器時代穀類やレンズマメ試料は、エーゲ海北部のマメ類や穀類に匹敵する条件下での栽培、すなわち一緒に、または輪作で栽培されていた一方、未踏の邸宅のマメ類はコムギとは別に、そしておそらくオオムギとも別に栽培されていたようである。

3-2 考 察

これらのパイロットスタディの結果から、新石器時代に穀類やマメ類の耕作は高度な労働力投入や施肥の影響を受けていたことが示唆される。クノッソスからの新石器時代作物群についてはさらなる研究が必要であり、生育環境における作物間のみならず作物内の多様性も探る必要がある。とはいえ、人力に頼る耕作で穀類やマメ類を集約的に「園芸」生産した場合、余剰生産はごくわずかで、生産性は労働力に左右されるものであった(Halstead 2014)。より多くの余剰を得たいという欲望は政治的な拡大をもたらし(Whitelaw 2017)、ついには線文字Bの文書に反映されるように、宮廷の管理による大規模な生産システムを確立した可能性がある（Halstead 1992, 1999a, 1999b; Killen 1993）。

青銅器時代において、エーゲ海の都市化の経済的基盤は農業であり、人口の大半が作物生産に携わる「農業都市」を特徴としていた（Whitelaw 2017）。クノッソスの未踏の邸宅から出土した青銅器時代の作物の同位体測定により、穀類とマメ類に対する明確な農業戦略が示唆された。すなわち、エンマーコムギと六条カワムギは低程度から中程度の施肥と十分な水分の供給下で栽培されたのに対し、マメ類には集中的に施肥が行われ、灌水は可変的だった。これらのマメ類に対する集約的な戦略は、線文字Bの文書に記録されている穀類の粗放的栽培と対照的である。未踏の邸宅の穀類が、粗放的な宮廷の介入による生産を表しているかどうかは不明瞭のままである。いずれにせよ、未踏の邸宅における貯蔵庫の穀類とマメ類が、これらの輪作の統合システムによっていたということはまずあり得ない。おそらく、この上流層の家庭は、青銅器時代後期クノッソスの都市周辺のスプロール地域内、もしくは端の「配分」区画で集約的に栽培されていたマメを食用としていた一方で、谷または他の水に恵まれた地区で栽培されていた穀類を食べていたのであろう。

最後に、線文字Bの文書を基に構築された穀類粗放化モデルは、青銅器時代のクノッソスにおける都市拡大の背後に、農業慣行の根本的に変化があったことを示唆する。それでも、クノッソスからの新石器時代と青銅器時代の作物の同位体を比較すると、線文字Bの文書には記されていないが、青銅器時代後期のある上流層の家庭が、少なくとも部分的には集約的に管理されたマメ類を食用としていた、というさらに複雑な筋書きが示唆される。この青銅器時代後期における上流層の家庭での穀類とマメ類栽培体制の生態的な差は、新石器時代に現れてきた集約的な自給自足を目的とする農業が解体されていくことを示唆しており（Halstead 1981, 2000）、これはコウフォヴォーノから（Vaiglova *et al.* 2014a）、そしていまはクノッソスからの同位体分析の結果に反映されている。さらに、青銅器時代の北ギリシアでも多様化したかたちで存続した（Nitsch *et al.* 2017）。

4. 南西ドイツ

鉄器時代後期の城市（oppida）は、「アルプスの北方の最初期の町」（Collis 1984a）と長らく考えられてきた。しかし、新たな発見によって、中央ヨーロッパにおける初期の中央集権化と都市化に対するこのような伝統的な見方が問われるようになり、この地域の最初の都市は紀元前7世紀の終わりに遡ることが判明した（Krausse 2008, 2010; Brun & Chaume 2013）。都市化の痕跡については、議論がいまだに交わされており、考古学的に明らかにすることは難しいが（Fernández-Götz *et al.* 2014）、鉄器時代前期の南西ドイツの「王子の席（Fürstensitze）」遺跡は、これまで考えられていたよりも人口が多く、政治と同じく経済面でも中心の座を占めていたことがわかった（Kurz 2010; Fernández-Götz & Krausse 2013）。先行研究は、これらの要塞化集落と地中海の交易に焦点を絞りがちであったが、そのような中央都市を支える社会的、政治的、経済的インフラなしに出現してきた可能性は低い（Collis 1984b）。本研究では、これらの人口や生産の新たな中心地を社会の農業的基盤がどのように支えることができたかの再現に焦点をあてる。こうした研究は、そのような都市への集中化が起こったということ、そしてさらに、この都市化のプロセスの原因と結果という、より大きな文脈を理解するうえできわめて重要である。

余剰生産の多様化と増加は、初期の農民がリスク管理および十分な食料供給を確実に行うためにとった戦略で、考古学的に明確なものである（Marston 2011）。作物が多様化していれば、万一特定の作物が不作の場合でも、全体的な生産量の変動を和らげることができ、考古植物学的には、中央ヨーロッパ（特に青銅器時代後期）ではキビ、アワ、スペルトコムギ、そしておそらくオートムギやライムギが、ハダカムギ、ヒトツブコムギ、エンマーコムギ、オオムギという「新石器時代の作物群」を補足し、作物相を拡大していたことが証明されている（Jacomet *et al.* 1998; Rösch 1998; Kreuz & Schäfer 2008）。生産量の増加が達成できたかどうか、そしてどのように集約化（耕作地単位面積あたりの労働力と肥料の投入を増やす）または粗放化（耕作地を拡大することにより、単位面積あたりの投入量が低くなりがち）が行われたのかを判断することは、さらに難しい（van der Veen & O'Connor 1998; van der Veen 2005）。本研究では、雑草機能生態学と作物安定同位体分析を使用し、農作業の集中度が新石器時代から鉄器時代前期にかけて南西ドイツでどのように変化したのかを判断し、鉄器時代前期の農村部と要塞化された丘陵地の遺跡での農作業の集約度を比較した。作物資料は最近の「Frühe Zentralisierungs- und Urbanisierungsprozesse（中央化と都市化プロセスの始まり）」プロジェクトの対象となった鉄器時代前期の遺跡5か所（**図9**）、要塞化された丘陵地集落ホイネブルク（Heuneburg）、および同地域の新石器時代の遺跡4か所から採取した。農業生産の規模と、どの社会階層で意思決定がなされたかを再現することは、鉄器時代前期の生活と政治経済の基礎を理解するうえで欠かせない。

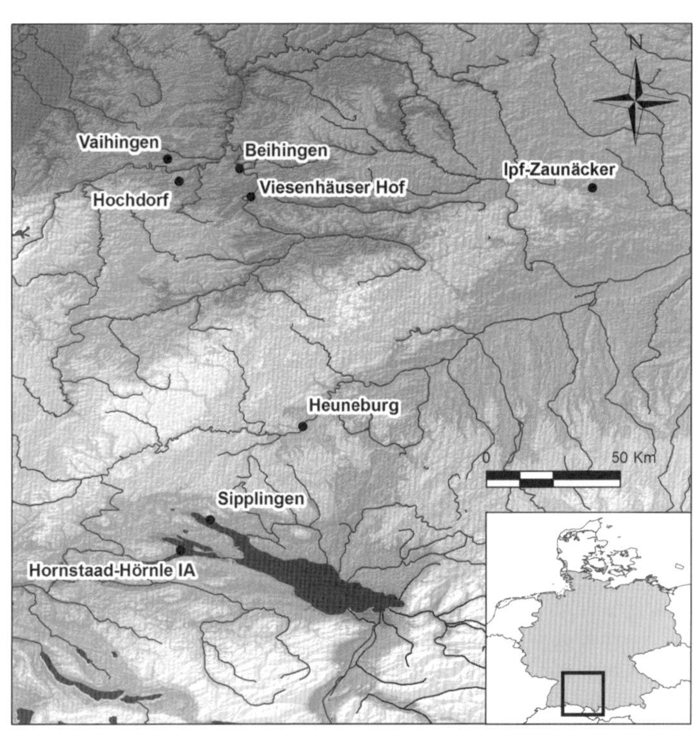

図9　本研究が対象とする南西ドイツの諸遺跡の所在地（スティリングら Styring *et al.* 2017b による）

4-1　結　果

1）作物δ^{13}Cとδ^{15}N値

炭化した穀物粒とマメ類の種子をオオムギ、コムギ、オートムギ、マメ類に分類して**図10**に示した。線状混合効果モデルは、オオムギ粒のδ^{13}C値がコムギ粒より0.8‰低いことを示す。オオムギの花期はコムギより早いため（Wallace *et al.* 2013）、この差は予想通りであり、すべての遺跡でオオムギとコムギが一般的に同じような灌水状況で生育していたことを示唆する。コンスタンツ湖畔のホルンシュタート-ヘンレ（Hornstaad-Hörnle）IAとジップリンゲン（Sipplingen）で育った穀類のδ^{13}C値が比較的低いのは、これらの作物が育ったのは日陰であり、他所よりも土壌に水分が豊富であった可能性を示唆する。花粉分析により木の生い茂った環境が復元されたので（Maier 1999）、これらの穀類畑のいくつか

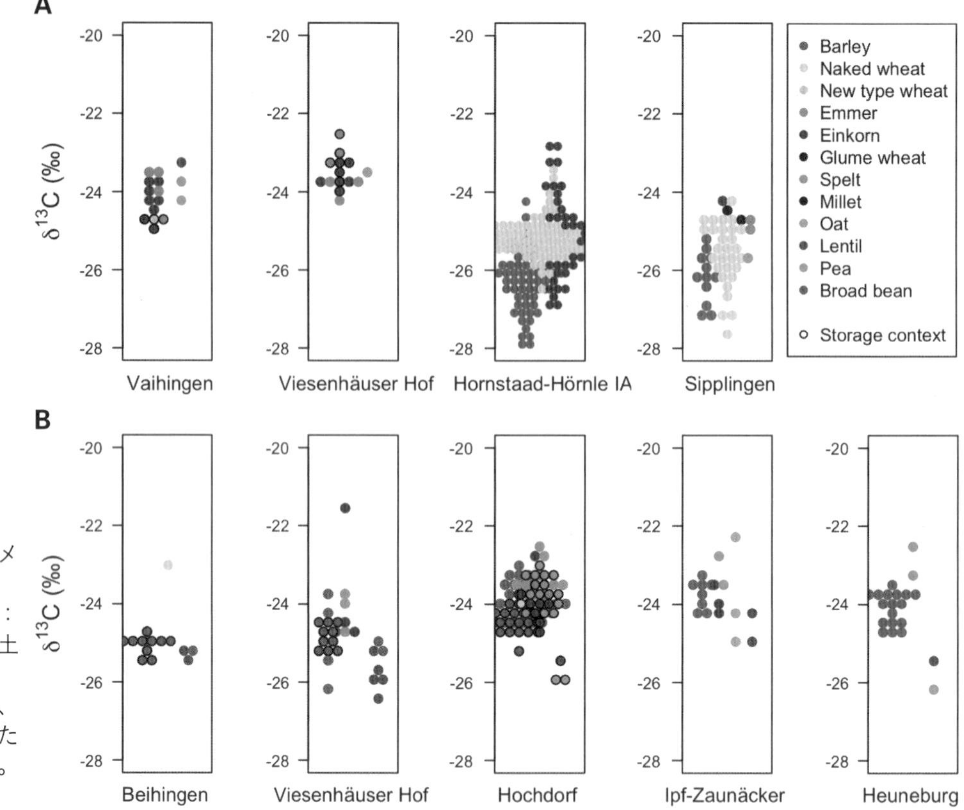

図10 炭化した穀物粒とマメ類の種子のδ[13]C値
A：新石器時代および、B：鉄器時代前期の遺跡から出土(Styring *et al.* 2017b)。
高いδ[13]C値は日陰が少なく、かつ、または、より乾燥した生育条件を示す傾向がある。原色は原典を参照。

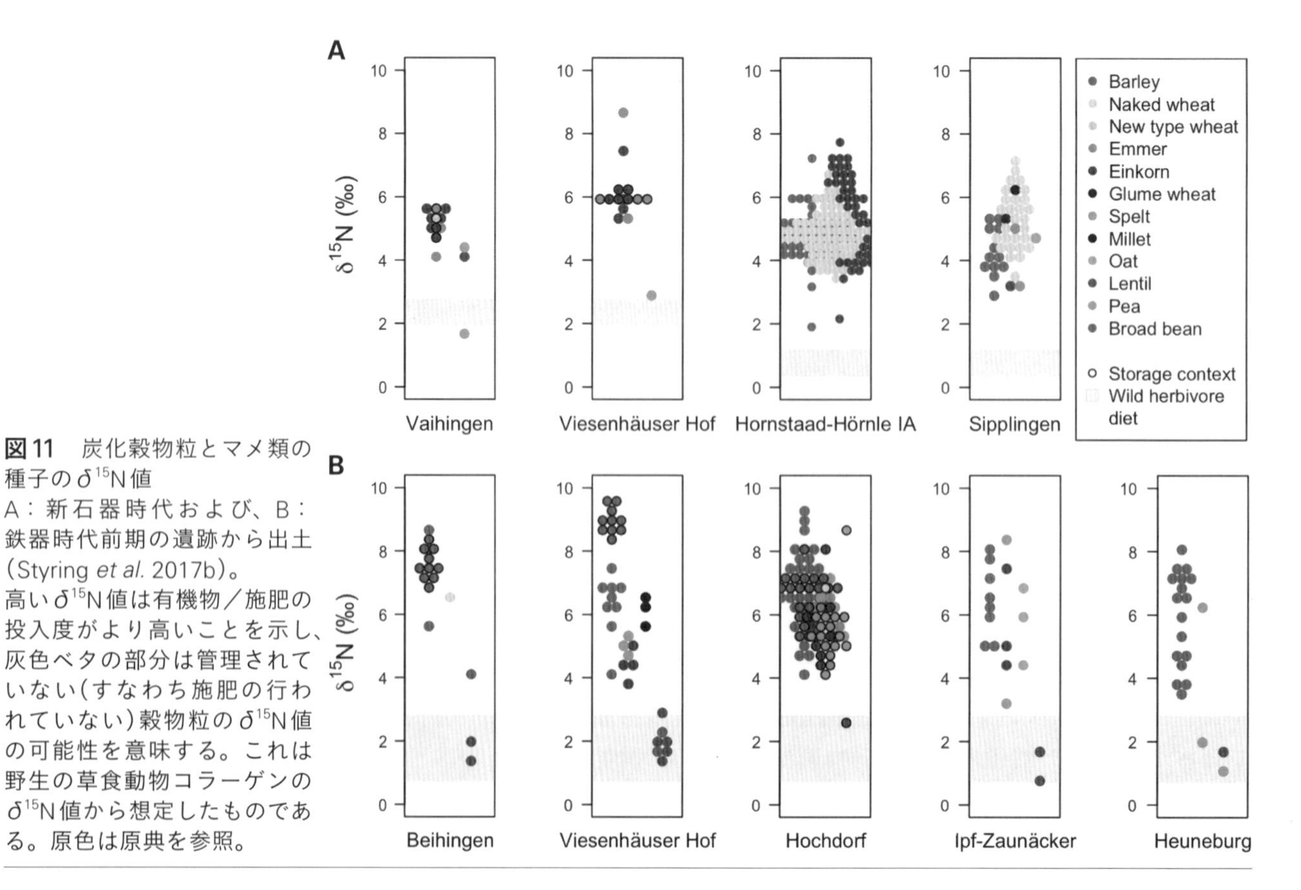

図11 炭化穀物粒とマメ類の種子のδ[15]N値
A：新石器時代および、B：鉄器時代前期の遺跡から出土(Styring *et al.* 2017b)。
高いδ[15]N値は有機物／施肥の投入度がより高いことを示し、灰色ベタの部分は管理されていない(すなわち施肥の行われていない)穀物粒のδ[15]N値の可能性を意味する。これは野生の草食動物コラーゲンのδ[15]N値から想定したものである。原色は原典を参照。

が実際に日陰にあった可能性は高い。

南西ドイツの新石器時代から鉄器時代前期遺跡でのオオムギ、コムギ、オートムギ、マメ類に分類される炭化穀物粒とマメ類の種子のδ^{15}N値を**図11**に示す。δ^{15}N値が高ければ有機物／肥料の投入がより高いことを表し、灰色の陰影は、有機物／肥料を追加せずに育った(管理されていない)穀類のδ^{15}N値の推定幅を表している。この管理されていない(すなわち施肥していない)δ^{15}Nの推定ベースラインは、野生草食動物骨のコラーゲンδ^{15}N値±標準偏差1で算出した。

新石器時代と鉄器時代前期のすべての遺跡で、穀物粒のδ^{15}N値の大多数(＞99％)は、管理されていない穀物粒の推定δ^{15}Nの最大値より高かった。混合効果モデルでは、鉄器時代前期の穀物粒δ^{15}N値が新石器時代のものより平均して1.2‰高いことを示している。すべての鉄器時代遺跡での穀物粒δ^{15}N値の範囲は大きく(1.9～9.6‰)、穀物粒δ^{15}N値のばらつきは新石器時代よりも大きかった。混合効果モデルは、マメ類のδ^{15}N値が穀類より低いことを示しているが、ホッホドルフ(Hochdorf)の倉庫に相当する部分から出土したエンドウマメ標本は、8‰以上のδ^{15}N値を示している。

2)雑草機能生態学的属性

図12は、現代のフランスのオート・プロヴァンス(Haute Provence)地方で大規模に管理されている農地と、スペインのアストゥリアス(Asturias)地方における労働集約性の高い農地における雑草の生態学的な対照性を示している(Bogaard *et al.* 2016a参照)。南西ドイツの新石器時代遺跡からの考古植物学的試料分類のために、判別関数を使用した(**図12e**)。対象遺跡は、バイヒンゲン(Beihingen)とヴィーゼンホイザー・ホーフ(Viesenhäuser Hof)の鉄器時代前期「農村」遺跡(**図12b**)、ホッホドルフ(**図12c**)、イップーツァウネッカー(Ipf-Zaunäcker)、そしてホイネブルク(**図12d**)である。新石器時代から鉄器時代前期にかけて、農業機能度(土壌肥沃度や撹拌)の減少が全般的に見られた(平均判別値はそれぞれ0.66と－0.40)。鉄器時代前期遺跡のあいだで判別値の差異は見られないが、ホッホドルフからの試料(ほとんどが穀類)のなかで、肥沃度と撹拌の度合いが一番高い位置にくるものがある。これは、新石器時代のどの試料よりも集約度が高い。しかし、全般的に鉄器時代の農地は新石器時代の農地よりも撹拌が少なく、かつ肥沃度が低い傾向がある。

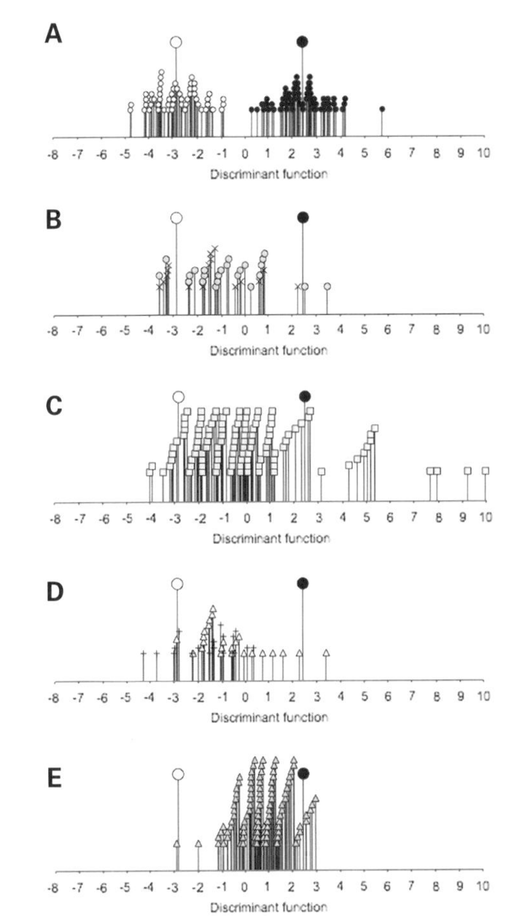

図12 雑草の半定量的スコア(存在／不在)を基にした集約的および粗放的農業形態を区別するために抽出した判別関数との関係
A：現代の伝統的に管理されたフランスのプロヴァンス(白抜きの円、n＝56とスペインのアストゥリアス(黒塗りの円、n＝65)の農地からの試料。B：鉄器時代前期のバイヒンゲン(クロス、n＝16)とヴィーゼンホイザー・ホーフ(灰色の円、n＝24)からの試料。C：鉄器時代前期のホッホドルフ(n＝113)。D：鉄器時代前期のイップーツァウネッカー(垂直のクロス、n＝19)とホイネブルク(白抜きの三角、n＝24)。E：南西ドイツの新石器時代遺跡(n＝141)。大きなシンボルのほうが高集約度(黒)低集約度(白)形態の重心を示す。

4-2 考　察

南西ドイツにおける安定同位体分析の結果は、鉄器時代前期の穀物粒のδ^{15}N値が新石器時代に比べて高い値を示し、高度の肥料または有機物(ミドニング／堆肥)の投入が示唆されるため、新石器時代から鉄器時代へとこうした投入が維持されたか、あるいは増加したことが考えられる。もし、施肥が千年以上にわたって行われたならば、^{15}Nが土壌内に蓄積されていた可能性もあるので、穀物粒δ^{15}N値が高い場合、新石器時代に比べて鉄器時代前期の施肥度がより高かったためかどうかを断定することは難しい。しかし、施肥度が顕著に低下しなかったことは明白である。同様に、鉄器時代前期の穀類のδ^{15}N値に大きな幅があるのは、耕作地によって施肥度のばらつきが大きかったことを示し、これは内陸のより広い農地において、集落と家畜を飼っている場所との距離がより遠くなったことを反映している可能性がある。このばらつきはまた、施肥使用に関しての意思決定は小規模だったことも示唆している。δ^{15}N値だけを取り上げると、農作物の栽培は新石器時代と同じくらい、もしくはそれ以上に労働集約性、施肥度が高かったことを示唆している。この解釈は、丘陵地の要塞化された頂上地域へ再移動したために行われることになった投入度のより低い大規模農耕条件下で、主にオオムギとスペルトコムギを栽培する農業システムにはそぐわない。

しかし、穀類のδ^{15}N値がより高くなり施肥度の増加を示す一方で、雑草機能生態学的には鉄器時代前期に土壌の肥沃度が低下したこと、そして土壌撹拌度も同様に明確に低下したことを示唆している。土壌の肥沃度増加を示す証拠が欠けているということは、継続的に収穫を行うあいだに取り除かれた栄養分が十分に補充されていなかったことを示す。おそらく、作物を根元近くから収穫したことにより、土壌に還元される植物物質が減少する結果となったのであろう(Willerding 1986, 319; Rösch 1998)。そのかわり、鉄器時代前期において集落周辺の肥沃度のより低い土壌に耕作が広がっていったこと、または犂の使用が拡大したために土壌が侵食されたことを反映している可能性もある(Fischer *et al.* 2010)。犂による耕作では、手作業がほとんどない、またはまったくない場合、土壌の犂き返しの集約度は低くなり(Isaakidou 2011; Halstead 2014, 44)、土壌の撹拌度も低くなったであろう。動物を放牧するための休耕地拡大は、鉄器時代前期の全般的な撹拌度低下に寄与した可能性がある。鉄器時代前期の遺跡における雑草機能生態学の幅のある判別値は、特にホッホドルフで区画ごとに土壌肥沃度や撹拌度に大きなばらつきがあったことを示し、施肥度の大きなばらつきを反映している。特に高い判別値を持つホッホドルフからの試料(主に穀物粒に関連する)は、集中的に作業を行っていた園芸区画から出土した可能性があり、これは区画の境界線を示していた杭の跡が証拠となっている(Biel 2015, 50)。

総合すると、同位体と雑草生態学の証拠から、鉄器時代前期の余剰穀類生産は、より大きな耕作地(より辺境にあった可能性はある)に持続して施肥を行うことによって達成できたことが示された。中程度の粗放化ともいえるこうした状況は、犂作業と動物による牽引がより広範に行われるようになったためであるが、区画ごとの労働力と肥料投入度のばらつきはかなり大きかった。特定の作物の大規模、低投入度耕作はなく、生産に社会の上流層が介入していたことを示すような、農村地と要塞化された丘陵地の遺跡のあいだの明確な耕作形態の差はない。

新石器時代には、作物によって施肥量が異なっていた兆候が見られ、これは社会的もしくは経済的地位に起因する可能性がある。たとえば、後期新石器時代のジップリンゲンでは六条ハダカオオムギのδ^{15}N値は、千年以上の断続的な耕作を通して常にハダカムギの値より低く、エンマーコムギがもっともありふれた穀類としてハダカムギにとってかわるとδ^{15}N値は増加した。これは経済的な重要度に応じて投入の転換が起こったことを示す(Styring *et al.* 2016b)。この傾向は鉄器時代前期にも長く続いた。六条カワムギがもっともありふれた作物で、コムギ類よりもきわめて高いδ^{15}N値を示している。作物^{15}Nの濃縮度の差異に関し、現在のところ施肥がもっとも高い蓋然性を持つ説明となっているが、他の要因(たとえば、土壌の種類、地形など)が農作業の違いを増幅(または減少)させた可能性もある。さらに、作物のδ^{15}N値は長期の土地利用歴を反映している(Fraser *et al.* 2011によれば長年にわたって施肥を続けなければ作物δ^{15}N値は上昇しない)ため、オオムギが長いあいださまざまな条件で耕作された区画で育ったことを物語る。すべての鉄器時代前期の遺跡で(全体的な施肥実施状況にばらつきがあるにもかかわらず)カワムギへの施肥が優先されていたのは、このムギが特に施肥によく反応するから(Viklund 1998, 139)という可能性がある一方で、現代の品種から作物の生態を推定するのには問題がある。そのため、オオムギのδ^{15}N値が高めになるのは、鉄器時代前期にオオムギが作物として経済的な重要性を持っていたことを反映している、としておくのが妥当に思われる。より視野を広げるならば、オオムギの特徴的な栽培条件は、ビールのより広い文化的重要性と結びついている可能性がある(Dietler 1990; Sherratt 1997など)。これは、発芽オオムギ粒がホッホドルフ集落のビール醸造用麦芽溝(「フォイエルシュリッツェ Feuerschlitze」)と解釈されている場所で見つかっていることからも示唆される(Stika 2009)。オオムギにビール醸造以外の用途があったことは疑いないであろうが、そのような権威ある活動との関連が、オオムギの耕作法を形づくった可能性はある。

5. 結　論

本稿に示した3つの事例すべてに、特に穀類において、都市化を促進する主要な農業生態学戦略としての粗放化の傾向が反映されていた。しかし、北メソポタミアの急激な穀類粗放化が非常に劣悪な栽培条件をもたらした(青銅器時代前期のテル・ブラクなど)のに対し、青銅器時代後期のクノッソス上流層の都市家庭である未踏の邸宅は、十分に水分のある土地で、おそらく誰もが欲しがるようなところにある穀類農地から利益を得ていた。さらにクノッソスでは、異なる場所、異なる形態のもとで穀類とマメ類の耕作が行われていた兆候が見られた。最後に、鉄器時代前期の南西ドイツでは、ビール製造に使われていた作物(六条カワムギ)に特に農村部で優先的に施肥されていたが、新石器時代から紀元前1千年紀にかけての雑草生態学的研究では、全体の傾向として明らかに全体の肥沃度と攪拌を減少させるものであった。これは、地中海東部で見られる粗放化よりも、はるかに緩やかな形態の粗放化だった。

今後の研究では、これらの異なった都市や農業生態学の軌跡が、地域の環境状況のみならず社会層の特定の輪郭をどのように反映しているのかを探っていく。たとえば、人口密度の高い北メソポタミアの都市主義は、はるかに密度の低い鉄器時代前期の南西ドイツの要塞丘陵地ホイネブルク周囲のウンターシュタット(Unterstadt)の農場とは明らかな対照を示している。粗放化の度合いと都市の密度には相関関係がある、というのが我々の仮説である。青銅器時代後期のクノッソスが示していることは中間的な事例であり、マメ類の「庭園」、もしくは割り当て区画は、町並みのなかで空いている区域に収められていたのかもしれない。

そのため最終的な結論としては、農業の集約化ではなく、むしろ粗放化がこれらの事例研究にわたる共通のテーマである一方で、各事例における粗放化傾向の変動の様相は異なっており、これは都市的生活様式がより広い生産性のある景観に課した経済面での要求と同程度に、地域の都市が描く軌跡の社会的な型式を反映したものである。農業生態学的に、どのようにさまざまな型式の都市「文明」が開発されてきたかを知るためには、西ユーラシアを越えた他の地域での比較事例とアプローチの開発が、次の課題である。

(庄田慎矢　訳)

翻訳にあたり、岡本泰子氏および有限会社ランゲージハウスのご協力をいただきました。記して感謝いたします。

引用文献

- Adams, R. 1981. *Heartland of Cities: Surveys of Ancient Settlement and Land Use On the Central Floodplain at the Euphrates*. Chicago: University of Chicago Press.
- Algaze, G. 2001. Initial social complexity in southwestern Asia: the Mesopotamian advantage. *Current. Anthropology* 42: 199–233.
- Bar-Matthews, M. & Ayalon, A. 2011. Mid-Holocene climate variations revealed by high-resolution speleothem records from Soreq Cave, Israel and their correlation with cultural changes. *The Holocene* 21: 163–71.
- Bennet, J. & Halstead, P. 2014. O-no! Writing and Righting Redistribution, in D. Nakassis, J. Gulizio & S. James (ed.) *KE-RA-ME-JA: Studies Presented to Cynthia W. Shelmerdine*: 271-82. Philadelphia: INSTAP Academic Press.
- Biel, J. 2015. *Hochdorf IX, Die eisenzeitliche Siedlung in der Flur Reps und andere vorgeschichtliche Fundstellen von Eberdingen-Hochdorf (Kreis Ludwigsburg)*. Forschungen und Berichte zur Vor- und Frühgeschichte in Baden-Württemberg Band 111. Darmstadt: Konrad Theiss Verlag.
- Bogaard, A., Fraser, R., Heaton, T. H. E., Wallace, M., Vaiglova, P., Charles, M., Jones, G., Evershed, R. P., Styring, A. K., Andersen, N. H., Arbogast, R-M., Bartosiewicz, L., Gardeisen, A., Kanstrup, M., Maier, U., Marinova, E., Ninov, L., Schäfer, M. & Stephan, E. 2013. Crop manuring and intensive land management by Europe's first farmers. *Proceedings of the National Academy of Science* 110: 12589–594.
- Bogaard, A., Hodgson, J., Nitsch, E., Jones, G., Styring, A., Diffey, C., Pouncett, J., Herbig, C., Charles, M., Ertuğ, F., Tugay, O., Filipovic, D. & Fraser, R. 2016a. Combining functional weed ecology and crop stable isotope ratios to identify cultivation intensity: A comparison of cereal production regimes in Haute Provence, France and Asturias, Spain. *Vegetation History and Archaeobotany* 25: 57–73.
- Bogaard, A., Styring, A., Ater, M., Hmimsa, Y., Green, L., Stroud, E., Whitlam, J., Diffey, C., Nitsch, E., Charles, M., Jones, G. & Hodgson, J. 2016b. From traditional farming in Morocco to early urban agroecology in northern Mesopotamia: combining present-day arable weed surveys and crop isotope analysis to reconstruct past agrosystems in (semi-)arid regions. *Environmental Archaeology*. doi: 10.1080/14614103.2016.1261217
- Bogaard, A., Filipović, D., Fairbairn, A., Green, L., Stroud, E., Fuller, D. & Charles, M. 2017. Agricultural innovation and resilience in a long-lived early farming community: the 1500-year sequence at Neolithic-early Chalcolithic Çatalhöyük, central Anatolia. *Anatolian Studies* 67: 1-28.
- Bogaard, A., Styring, A., Whitlam, J., Fochesato, M. & Bowles, S. in press, in T. A. Kohler & M. E. Smith (ed.) Farming, inequality and urbanization: a comparative analysis of late prehistoric northern Mesopotamia and south-west Germany. *Ten Thousand Years of Inequality: The Archaeology of Wealth Differences*. Amerind Seminar Series. Tucson: University of Arizona Press.
- Borgerhoff Mulder, M., Bowles, S., Hertz T., Bell, A., Beise, J., Clark G., Fazzio, I., Gurven, M., Hill, K., Hooper, P. L., Irons, W., Kaplan, H., Leonetti, D., Low, B., Marlowe, F., McElreath, R., Naidu, S., Nolin, D., Piraino, P., Quinlan, R., Schniter, E., Sear, R., Shenk, M., Smith, E. A., von Rueden, C., & Wiessner, P. 2009. Intergenerational wealth transmission and the dynamics of inequality in small-scale societies. *Science* 326: 682-88.
- Boserup, E. 1965. *The Conditions of Agricultural Growth*. London: Aldine Publishing Company.
- Brun, P. & Chaume, B. 2013. Une éphémère tentative d'urbanisation en Europe centre-occidentale durant les Vie et Ve siécles av. J.C.? *Bulletin de la Société Préhistorique Française* 110: 319–49.
- Charles, M., Forster, E., Wallace, M. & Jones, G. 2015. "Nor ever lightning char they grain": establishing archaeologically relevant charring conditions and their effect on glume wheat grain morphology. STAR10.1179/2054892315Y.0000000008
- Collis, J. 1984a. *Oppida: Earliest towns north of the Alps*. Sheffield: University of Sheffield.
- Collis, J. 1984b. *The European Iron Age*. London: Routledge.
- Diaz, S., Hodgson, J. G., Thompson, K., Cabido,

M., Cornelissen, J. H. C., Jalili, A., Montserrat-Martí, G., Grime, J. P., Zarrinkamar, F., Asri, Y., Band, S., Basconcelo, S., Castro-Díez, P., Funes, G., Hamzehee, B., Khoshnevi, M., Pérez-Harguindeguy, N., Pérez-Rontomé, M. C., Shirvany, F. A., Vendramini, F., Yazdani, S., Abbas-Azmi, R., Bogaard, A., Boustani, S., Charles, M., Dehghan, M., de Torres-Espuny, L., Falczuk, V., Guerrero-Campo, J., Hynd, A., Jones, G., Kowsary, E., Kazemi-Saeed, F., Maestro-Martínez, M., Romo-Díez, A., Shaw, S., Siavesh, B., Villar-Salvador, P. & Zak, M. R. 2004. The plant traits that drive ecosystems: Evidence from three continents. *Journal of Vegetation Science* 15: 295-304.

· Diaz, S., Kattge, J., Cornelissen, J. H. C., Wright, I. J., Lavorel, S., Dray, S., Reu, B., Kleyer, M., Wirth, C., Prentice, I. C., Garnier, E., Bönisch, G., Westoby, M., Poorter, H., Reich, P. B., Moles, A. T., Dickie, J., Gillison, A. N., Zanne, A. E., Chave, J., Wright, S. J., Sheremet'ev, S. N., Jactel, H., Baraloto, C., Cerabolini, B., Pierce, S., Shipley, B., Kirkup, D., Casanoves, F., Joswig, J. S., Günther, A., Falczuk, V., Rüger, N., Mahecha, M. D. & Gorné, L. D. 2016. The Global Spectrum of Plant Form and Function. *Nature* 529: 167-71.

· Dietler, M. 1990. Driven by drink: The role of drinking in the political economy and the case of Early Iron Age France. *Journal of Anthropological Archaeology* 9: 352–406.

· Evans, A. J. 1928. *The Palace of Minos at Knossos: A Comparative Account of the Successive Stages of the Early Cretan Civilization as Illustrated by the Discoveries at Knossos*. Volume 2. London: Macmillan.

· Evans, A. J. 1935. *The Palace of Minos at Knossos: A Comparative Account of the Successive Stages of the Early Cretan Civilization as Illustrated by the Discoveries at Knossos*. Volume 4. London: Macmillan.

· Evans, J. D. 1968. Knossos Neolithic, part II: summary and conclusions. *Annual of the British School at Athens* 63: 267-76.

· Farquhar, G. D., Ehleringer, J. R. & Hubick, K. T. 1989. Carbon isotope discrimination and photosynthesis. *Annual Review of Plant Physiology and Plant Molecular Biology* 40: 503-37.

· Fernández-Götz, M. & Krausse, D. 2013. Rethinking Early Iron Age urbanisation in Central Europe: The Heuneburg site and its archaeological environment. Antiquity 87: 473–87.

· Fernández-Götz, M., Wendling, H. & Winger, K. 2014. Introduction: New perspectives on Iron Age urbanism, in M. Fernández-Götz, H. Wendling & K. Winger (ed.) *Paths to Complexity – Centralisation and Urbanisation in Iron Age Europe*: 2-14. Oxford: Oxbow Books.

· Fischer, E., Rösch, M., Sillmann, M., Ehrmann, O., Liese-Kleiber, H., Voigt, R., Stobbe, A., Kalis, A.J., Stephan, E., Schatz, K. & Posluschny, A. 2010. Landnutzung im Umkreis der Zentralorte Hohenasperg, Heuneburg und Ipf: Archäobotanische und archäozoologische Untersuchungen und Modellberechnungen zum Ertragspotential von Ackerbau und Viehhaltung, in D. Krausse (ed.) *"Fürstensitze" und Zentralorte der frühen Kelten : Abschlusskolloquium des DFG-Schwerpunktprogramms 1171 in Stuttgart, 12.-15. Oktober 2009. Teil II*: 195-266. Stuttgart: Konrad Theiss Verlag.

· Fraser, R. A., Bogaard, A., Heaton T. H. E., Charles, M., Jones, G., Christensen, B. T., Halstead, P., Merbach, P. R., Poulton, P. R., Sparkes D. & Styring, A. K. 2011. Manuring and stable nitrogen isotope ratios in cereals and pulses: towards a new archaeobotanical approach to the inference of land use and dietary practices. *Journal of Archaeological Science* 38: 2790–804.

· Fraser, R., Bogaard, A., Charles, M., Styring, A. K., Wallace, M., Jones, G., Ditchfield, P. & Heaton, T.H.E.H. 2013. Assessing natural variation and the effects of charring, burial and pre-treatment on the stable carbon and nitrogen isotope values of archaeobotanical cereal and pulse remains. *Journal of Archaeological Science* 40 (12): 4754-66.

· Grime, J. P. 2001. *Plant Strategies, Vegetation Processes and Ecosystem Properties*. Chichester: Wiley.

· Halstead, P. 1981. Counting sheep in Neolithic and Bronze age Greece', in I. Hodder, G. Isaac & N. Hammond (ed.) *Pattern of the Past: Studies in Honour of David Clarke*: 307-39. Cambridge: Cambridge University Press.

· Halstead, P. 1987. Traditional and Ancient Rural Economy in Mediterranean Europe: plus ça change? *Journal of Hellenic Studies* 107: 77-87.

· Halstead, P. 1989. The economy has a normal surplus: economic stability and social change among early farming communities of Thessaly, Greece, in P. Halstead & J. O'Shea (ed.) *Bad Year Economics: Cultural Responses to Risk and Uncertainty*: 68-80. Cambridge: Cambridge University Press.

· Halstead, P. 1992. Agriculture in the Bronze Age Aegean: towards a model of palatial economy, in B. Wells (ed.) *Agriculture in Ancient Greece*: 105-17. Stockholm: Astrom Editions.

· Halstead, P. 1994. The North-South Divide: regional paths to complexity in prehistoric Greece, in C. Mathers & S. Stoddart (ed.) *Development and Decline in the Mediterranean Bronze Age*: 195-219. Sheffield: J. R. Collis Publications.

· Halstead, P. 1995a. From sharing to hoarding: The Neolithic foundations of Aegean Bronze Age society?, in R. Laffineur & W.-D. Niemeier (ed.) *Politeia: Society and State in the Aegean Bronze Age*: 11-22. Liège: Universitè de Liège, Aegaeum 12.

· Halstead, P. 1995b. Plough and power: The economic and social significance of cultivation with the ox-drawn ard in the Mediterranean. *Bulletin on Sumerian Agriculture* 8: 11-22.

· Halstead, P. 1995c. Late Bronze Age grain crops and Linear B ideograms *65, *120, and *121. *Annual of the British School at Athens* 90: 229-34.

· Halstead, P. 1999a. Towards a Model of Mycenaean Palatial Mobilizatio, in M. Galaty & W. Parkinson (ed.) *Rethinking Mycenaean Palaces: New Interpretations of an Old Idea* (Monograph 31): 35-41. Los Angeles: The Cotsen Institute of Archaeology.

· Halstead, P. 1999b. Surplus and Share-croppers: The

grain production strategies of Mycenaean Palaces, in P. Betancourt, V. Karageorghis, R. Laffineur & W.-D. Niemeier (ed.) *MELETEMATA: Studies in Aegean Archaeology presented to Malcolm H. Wiener as he enters his 65th Year* (Vol. II): 319-26. Liège: Université de Liège.
· Halstead, P. 2001. Mycenaean wheat, flax and sheep: palatial intervention in farming and its implications for rural society, in S. Voutsaki & J. Killen (ed.) *Economy and politics in the Mycenaean palace states: proceedings of a conference held on 1-3 July 1999 in the Faculty of Classics*: 38-50. Cambridge: Cambridge Philological Society.
· Halstead, P. 2008. Between a rock and a hard place: Coping with marginal colonisation in the Later Neolithic and Early Bronze Age of Crete and the Aegean, in V. Isaakidou & P. Tomkins (ed.) *Escaping the Labyrinth: The Cretan Neolithic in Context* (Sheffield Studies in Aegean Archaeology 8): 229-57. Oxford: Oxbow Books.
· Halstead, P. 2014. *Two Oxen Ahead: Pre-Mechanized Farming in the Mediterranean.* Cambridge: Wiley-Blackwell.
· Handley, L. L., Austin, A. T., Stewart, G. R., Robinson, D., Scrimgeour, C. M., Raven, J. A., Heaton, T. H. E. & Schmidt, S. 1999. The 15N natural abundance (δ^{15}N) of ecosystem samples reflects measures of water availability. *Functional Plant Biology* 26: 185–99.
· Hartman, G. & Danin, A. 2010. Isotopic values of plants in relation to water availability in the Eastern Mediterranean region. *Oecologia* 162: 837–52.
· Hijmans, R. J., Cameron, S. E., Parra, J. L., Jones, P. G. & Jarvis, A. 2005. Very high resolution interpolated climate surfaces for global land areas. *International Journal of Climatology* 25(15): 1965–78.
· Isaakidou, V. 2011. Farming regimes in Neolithic Europe: gardening with cows and other models, in A. Hadjikoumis, E. Robinson & S. Viner-Daniels (ed.) *The Dynamics of Neolithisation in Europe: Studies in honour of Andrew Sherratt*: 90-112. Oxford: Oxbow.
· Jacomet, S., Rachoud-Schneider, A.-M. & Zoller, H. 1998. Vegetationsentwicklung, Vegetationsveränderung durch menschlichen Einfluss, Ackerbau und Sammelwirtschaft, in *Die Schweiz vom Paläolithikum bis zum frühen Mittelalter, III. Bronzezeit*: 141-70. Basel: Schweizerische Gesellscahft für Ur- und Frühgeschichte.
· Jones, G. 1984. The LM II Plant Remains, in M. R. Popham (ed.) *The Minoan Unexplored Mansion, Knossos.* Supplementary volume 17: 303-306. London: British School at Athens.
· Jones, G. 1987. Agricultural practice in Greek prehistory. *Annual of the British School at Athens* 82: 115-23.
· Jones, G. 1988. The application of present-day cereal processing studies to charred archaeobotanical remains. *Circaea* 6: 91-96.
· Jones, G. 1992. Ancient and modern cultivation of Lathyrus ochrus (L.) DC in the Greek islands. *Annual of the British School at Athens* 87: 211-17.
· Jones, G. 2002. Weed ecology as a method for the archaeobotanical recognition of crop husbandry practices. *Acta Palaeobotanica* 42: 185-93.
· Jones, G., Bogaard, A., Halstead, P., Charles, M. & Smith, H. 1999. Identifying the intensity of crop husbandry practices on the basis of weed floras. *Annual of the British School at Athens* 94: 167–89.
· Jones, G., Bogaard, A., Charles, M., & Hodgson, J. G. 2000. Distinguishing the effects of agricultural practices relating to fertility and disturbance: a functional ecological approach in archaeobotany. *Journal of Archaeological Science* 27: 1073-84.
· Killen, J. T. 1993. The Oxen's Names on the Knossos Ch Tablets. *Minos* 27-28: 101-107.
· Killen, J. T. 1998. The rôle of the state in wheat and olive production in Mycenaean Crete. *Aevum* 72: 19-23.
· Killen, J. T. 2008. Mycenaean economy, in Y. Duhoux & A. M. Davies (ed.) *A Companion to Linear B: Mycenaean Greek Texts and their World Volume 1.* Bibliothèque des cahiers de l'Institut de Linguistique de Louvain 120: 159-200. Leuven: Peeters.
· Kohler, T.K., Smith, M.E., Bogaard, A., Feinman, G.M., Peterson, C.E., Betzenhauser, A., Pailes, M., Stone, E.C., Prentiss, A.M., Dennehy, T.J., Ellyson, L.J., Nicholas, L.M., Faulseit, R.K., Styring, A., Whitlam, J., Fochesato, M., Foor, T.A. & Bowles, S. 2017. Greater post-Neolithic wealth disparities in Eurasia than in North America and Mesoamerica. *Nature* 551: 619-22.
· Krausse, D. (ed.) 2008. *Frühe Zentralisierungs- und Urbanisierungsprozesse. Zur Genese und Entwicklung frühkeltischer Fürstensitze und ihres territorialen Umlandes.* Stuttgart: Konrad Theiss Verlag.
· Krausse, D. (ed.) 2010. *"Fürstensitze" und Zentralorte der frühen Kelten: Abschlusskolloquium des DFG-Schwerpunktprogramms 1171 in Stuttgart, 12.-15. Oktober 2009. Teil I.* Stuttgart: Konrad Theiss Verlag.
· Kreuz, A. & Schäfer, E. 2008. Archaeobotanical consideration of the development of Pre-Roman Iron Age crop growing in the region of Hesse, Germany, and the question of agricultural production and consumption at hillfort sites and open settlements. *Vegetation History and Archaeobotany* 17: 159–79.
· Kurz, S. 2010. Zur Genese und Entwicklung der Heuneburg in der späten Hallstattzeit, in D. Krausse (ed.) *"Fürstensitze" und Zentralorte der frühen Kelten: Abschlusskolloquium des DFG-Schwerpunktprogramms 1171 in Stuttgart, 12.-15. Oktober 2009. Teil I*: 239-56. Stuttgart: Konrad Theiss Verlag.
· Lawrence, D. & Wilkinson, T. J. 2015. Hubs and upstarts: pathways to urbanism in the northern Fertile Crescent. *Antiquity* 89: 328–44.
· Livarda, A. & Kotzamani, G. 2014. The Archaeobotany of Neolithic and Bronze Age Crete: Synthesis and Prospects. *The Annual of the British School at Athens* 108: 1-29.
· Maier, U. 1999. Agricultural activities and land use in a Neolithic village around 3900 B.C.: Hornstaad-Hörnle IA, Lake Constance, Germany. *Vegetation History and Archaeobotany* 8: 87–94.
· Marcus, J. & Stanish C. (ed.) 2006. *Agricultural Strategies.* Los Angeles: Cotsen Institute of Archaeology, University of California.
· Marston, J. M. 2011. Archaeological markers of

agricultural risk management. *Journal of Anthropological Archaeology* 30: 190–205.
- Nitsch, E. K., Charles, M. & Bogaard, A. 2015. Calculating a statistically robust δ^{13}C and δ^{15}N offset for charred cereal and pulse seeds. STAR20152054892315Y.0000000001
- Nitsch, E., S. Andreou, A. Creuzieux, A. Gardeisen, P. Halstead, V. Isaakidou, A. Karathanou, D. Kotsachristou, D. Nikolaidou, A. Papanthimou, C. Petridou, S. Triantaphyllou, S. Valamoti, A. Vasileiadou & Bogaard, A. 2017. A bottom-up view of food surplus: Using stable carbon and nitrogen isotope analysis to investigate agricultural strategies and diet at Bronze Age Archontiko and Thessaloniki Toumba, northern Greece. *World Archaeology* 49(1): 105-37.
- Peukert, S., Bol, S., Roberts, W., Macleod, C. J. A., Murray, P. J., Dixon, E. R. & Brazier, R. E. 2012. Understanding spatial variability of soil properties: a key step in establishing field- to farm-scale agro-ecosystem experiments. *Rapid Communications in Mass Spectrometry* 26: 2413-21.
- Popham, M. R. 1984. *The Minoan unexplored mansion at Knossos: text*. The British School at Athens: Thames and Hudson.
- Postgate, N. 1994. How many Sumerians per hectare? -probing the anatomy of an early city. *Cambridge Archaeology Journal* 4: 47–65.
- Riehl, S. 2009. Archaeobotanical evidence for the interrelationship of agricultural decision-making and climate change in the ancient Near East. *Quaternary International* 197: 93–114.
- Riehl, S., Pustovoytov, K. E., Weippert, H., Klett, S. & Hole, F. 2014. Drought stress variability in ancient Near Eastern agricultural systems evidenced by δ^{13}C in barley grain. *Proceeding of the National Academy of Sciences* 111: 12348–353.
- Rösch, M. 1998. The history of crops and crop weeds in south-western Germany from the Neolithic period to modern times, as shown by archaeobotanical evidence. *Vegetation History and Archaeobotany* 7: 109–25.
- Sarpaki, A. 1992. The palaeoethnobotanical approach: the Mediterranean triad or is it a quartet?, in B. Wells (ed.) *Agriculture in ancient Greece: proceedings of the seventh International Symposium at the Swedish Institute at Athens, 16-17 May 1990*: 61–76. Stockholm: Svenska institutet i Athen.
- Sarpaki, A. 2013. The economy of Neolithic Knossos: the archaeobotanical data', in N. Efstratiou, A. Karetsou & M. Ntinou (ed.) *The Neolithic Settlement of Knossos in Crete: New evidence for the Early Occupation of Crete and the Aegean Islands*: 63-95. Philadelphia: INSTAP Academic Press.
- Sarpaki, A. & Jones, G. 1990. Ancient and modern cultivation of *Lathyrus clymenum* L. in the Greek Islands. *Annual of the British School at Athens* 85: 363-67.
- Sherratt, A. 1980. Water, soil and seasonality in early cereal cultivation. *World Archaeology* 11: 313–30.
- Sherratt, A.G. 1997. Cups that cheered: The introduction of alcohol to prehistoric Europe, in A.G. Sherratt (ed.) *Economy and Society in Prehistoric Europe: Changing perspectives*: 376-402. Edinburgh: Edinburgh University Press.
- Smith, A., Dotzel, K., Fountain, J., Proctor, L. & Baeyer, M. von. 2015a. Examining fuel use in antiquity: archaeobotanical and anthracological approaches in southwest Asia. *Ethnobiology Letters* 6: 192–95.
- Smith, A., Graham, P. J. & Stein, G. J. 2015b. Ubaid plant use at Tell Zeidan, Syria. *Paléorient* 41: 51–69.
- Stika, H.-P. 2009. Landwirtschaft der späten Hallstatt- und frühen Latènezeit im mittleren Neckarland – Ergebnisse von pflanzlichen Großrestuntersuchungen, in K. Schatz & H.-P. Stika (ed.) *Hochdorf VII*: 125-239. Stuttgart: Konrad Theiss Verlag.
- Styring, A. K., Manning, H., Fraser, R., Wallace, M., Jones, G., Charles, M., Heaton, T.H.E., Bogaard, A. & Evershed, R. P. 2013. The effect of charring and burial on the biochemical composition of cereal grains: investigating the integrity of archaeological plant material. *Journal of Archaeological Science* 40 (12): 4767-79.
- Styring, A. K., Ater, M., Hmimsa, Y., Fraser, R., Miller, H., Neef, R., Pearson, J. A. & Bogaard, A. 2016a. Disentangling the effect of farming practice from aridity on crop stable isotope values: A present-day model from Morocco and its application to early farming sites in the eastern Mediterranean. *The Anthropocene Review* 3: 2–22.
- Styring, A.K., Maier, U., Stephan, E., Schlichtherle, H. & Bogaard, A. 2016b. 'Cultivation of choice: new insights into farming practices at Neolithic lakeshore sites', *Antiquity* 90: 95-110.
- Styring, A. K., Charles, M., Fantone, F., Hald, M. M., McMahon, A., Meadow, R. H., Nicholls, G. K., Patel, A. K., Pitre, M. C., Smith, A., Soltysiak, A., Stein, G., Weber, J. A., Weiss, H. & Bogaard, A. 2017a. Isotope evidence for agricultural extensification reveals how the world's first cities were fed. *Nature Plants* 3: 17076.
- Styring, A., Rösch, M., Stephan, E., Stika, H.-P., Fischer, E., Sillmann, M. & Bogaard, A. 2017b. Centralisation and long-term change in farming regimes: comparing agricultural practice in Neolithic and Iron Age south-west Germany. *Proceedings of the Prehistoric Society* 83: 357-81.
- Szpak, P. 2014. Complexities of nitrogen isotope biogeochemistry in plant-soil systems: implications for the study of ancient agricultural and animal management practices. *Plant Physiology* 5: 288.
- Treasure, E. R., Church, M. J. & Gröcke, D. R. 2015. The influence of manuring on stable isotopes (δ13C and δ15N) in Celtic bean (Vicia faba L.): archaeobotanical and palaeodietary implications. *Archaeological and Anthropological Sciences* 8(3): 555-62.
- Ur, J. & Colantoni, C. 2010. The Cycle of Production, Preparation, and Consumption in a Northern Mesopotamian City, in E. Klarich (ed.) *Inside Ancient Kitchens: New Directions in the Study of Daily Meals and Feasts*: 55-82. Boulder: University Press of Colorado.
- Vaiglova, P., Bogaard, A., Collins, M., Cavanagh, W., Mee, C., Renard, J., Lamb, A., Gardeisen, A. &

FRASER, R. 2014a. An integrated stable isotope study of plants and animals from Kouphovouno, southern Greece: a new look at Neolithic farming. *Journal of Archaeological Science* 42: 201–15.

· VAIGLOVA, P., SNOECK, C., NITSCH, E., BOGAARD, A. & LEE-THORP, J. 2014b. Impact of contamination and pre-treatment on stable carbon and nitrogen isotopic composition of charred plant remains. *Rapid Communications in Mass Spectrometry* 28: 2497-510.

· VALAMOTI, S. & KOTSAKIS, K. 2007. Transitions to agriculture in the Aegean: the archaeobotanical evidence', in S. Colledge & J. Conolly (ed.) *The Origins and Spread of Domestic Plants in Southwest Asia and Europe*: 75-92. Walnut Creek, CA: Left Coast Press.

· VAN DER VEEN, M. 2005. Gardens and fields: The intensity and scale of food production. *World Archaeology* 37: 157–63.

· VAN DER VEEN, M. & O'CONNOR, T. 1998. The expansion of agricultural production in later Iron Age and Roman Britain, in J. Bayley (ed.) *Science in Archaeology: An Agenda for the Future*, London: 127-43. London: English Heritage.

· VIKLUND, K. 1998. *Cereals, Weeds and Crop Processing in Iron Age Sweden: Methodological and interpretative aspects of archaeobotanical evidence:* Umeå: University of Umeå.

· WALLACE, M., JONES, G., CHARLES, M., FRASER, R., HALSTEAD, P., HEATON, T. H. E. & BOGAARD, A. 2013. Stable carbon isotope analysis as a direct means of inferring crop water status and water management practices. *World Archaeology* 45: 388–409.

· WALLACE, M. P., JONES, G., CHARLES, M., FRASER, R., HEATON, T. H. E. & BOGAARD, A. 2015. Stable carbon isotope evidence for Neolithic and Bronze Age crop water management in the eastern Mediterranean and southwest Asia. *PLoS ONE* 10: e0127085.

· WEISS, H. 1983. Excavations at Tell Leilan and the origins of north Mesopotamian cities in the third millennium B.C. *Paléorient* 9: 39–52.

· WEISS, H. 1986. The origins of Tell Leilan and the conquest of space in third millennium Mesopotamia, in H. Weiss (ed.) *The Origins of Cities in Dry-Farming Syria and Mesopotamia in the Third Millennium B.C.*: 71–108. Guilford: Four Quarters Publishing Co.

· WEISS, H., DELILLIS, F., DEMOULINS, D., EIDEM, J., GUILDERSON, T., KASTEN, U., LARSEN, T., MORI, L., RISTVET, L., ROVA, E. & WETTERSTROM, W. 2002. Revising the contours of history at Tell Leilan. *Annales Archéologiques Arabes Syriennes Cinquantenaire* 45: 59–74.

· WHITELAW, T. M. 2017. The development and character of urban communities in Prehistoric Crete in their regional context: a preliminary study, in Q. Letesson & C. Knappett (ed.) *Minoan Architecture and Urbanism. New perspectives on an ancient built environment*: 114-80. Oxford: Oxford University Press.

· WICK, L., LEMCKE, G. & STURM, M. 2003. Evidence of Lateglacial and Holocene climatic change and human impact in eastern Anatolia: high-resolution pollen, charcoal, isotopic and geochemical records from the laminated sediments of Lake Van, Turkey. *The Holocene* 13: 665–75.

· WILKINSON, T. J. 1982. The definition of ancient manured zones by means of extensive sherd-sampling techniques. *Journal of Field Archaeology* 9: 323-33.

· WILKINSON, T. J. 1994. The structure and dynamics of dry-farming states in upper Mesopotamia [and comments and reply], *Current Anthropology* 35: 483–520.

· WILLERDING, U. 1986. *Zur Geschichte der Unkräuter Mitteleuropas*. Göttinger Schriften zur Vor- und Frühgeschichte. Wachholz: Neumünster.

アフリカにおけるアジアイネの導入の民族考古学的理解：スワヒリ海岸沿いの農地と調理場から

Ethnoarchaeological approaches to understanding African adoption of Asian rice: lessons from Swahili coastal fields and kitchens

サラ・ウォルショー　Sarah Walshaw

サイモン・フレイザー大学／オックスフォード大学

はじめに：現在を知り、過去を読み解く民族考古学

考古資料や残留物から過去の人々の営みを解釈し理解するために、考古学者は類推し、推論することによって解明を図る。類推は、文献から得られる情報、原材料や道具を用いた実験、そして現在の人々を観察することによって行われる。現在の人々の生活習慣を原型に、古代の人々の営みの形態を解明する研究法を、民族考古学と呼ぶ。この学問は、一般に民芸品や道具の製作、建築物、集落の形成、そして食料生産に関する疑問の解明に適用される（David & Kramer 2001）。民族考古学は、同じく現在あるものを観察し類推するもう一つの研究方法である実験考古学（本書所収の菊地論文参照）とは違い、ほとんどの場合、変動する物事を意図的に管理する実験的方法はとらない。むしろ、民族考古学者は人間の営みから生じるものを観察、記録、そして計量することで仮説を構築し、過去の物質文化の形成過程を理解しようとする。ここで留意すべき点は、民族考古学者の推論は過去からの継続に依存するわけではなく、実際に観察可能な現在の人々の行動と、計量可能な物質との類推的関係を基に推論するという点である（Wylie 1985）。つまり、民族考古学研究の手がかりは、人々の生活習慣と物質との相互関係から織りなされるものであり、過去から変わりなく続けられてきた営みや文化に依存するものではない。

考古植物学においては、古代農耕集落における農業技術と食料生産の社会的構造を明らかにするために、現在行われている手作業での農業形態と食とのかかわり方が研究されている。現在起きている事象に基づくデータを用いる理由はさまざまである。一般に、植物学的・生態学的な情報は、現在採集可能なサンプル、もしくは過去に記録の残っている植物から得ることが一般的である。植物研究を専門とする生物学者や考古学者が実験を行うことで、ある状況下における観察可能な研究対象の領域を広げることができる。同様に、過去の人々の営みに関連する文化的背景をよりよく理解し、その人々について疑問を投げかけるために、考

略歴
2005年 Ph.D. Anthropology (Washington University in St. Louis)
サイモン・フレイザー大学歴史学科助教授などを経て、現在同大学アフリカ史シニア・インストラクター
研究分野：考古植物学、民族考古学
主要著作
Walshaw, S. C. 2015. *Swahili Trade, Urbanization, and Food Production: Botanical Perspectives from Pemba Island, Tanzania*. Oxford: Cambridge Monographs in African Archaeology 90 (British Archaeological Reports series 2755, ArchaeoPress)
Walshaw, S. C. 2010. Converting to rice: urbanization, Islamization and crops on Pemba Island, Tanzania, ad 700?1500. *World Archaeology* 42(1): 137-153.

古植物学者は民族考古学の研究方法を利用する。すなわち、人々の行動とそれによる物理的な結果(農耕、植物の加工、調理、食事)を記録・分析することによって、過去への理解を深めようというのである。

穀物加工法に対する最初の民族考古学的研究は、ユーラシアでの農業において重要な穀物を対象に行われた。これは、伝統的な農法を記録し、その生産方法を基に近東から地中海沿岸にかけての出土試料群を解釈するという試みであった。コムギ(*Triticum*属)とオオムギ(*Hordeum*属)の穀物加工法を民族考古学的に考察すると、いくつもの段階もの過程で大多数の他の穀物との共通点が確認された(Hillman 1973, 1981; Jones 1984)。穀物の加工過程の各段階でサンプルが採取され、段階ごとに穀物、雑草、籾殻の相対的含有量が調査された。考古植物学者は、民族考古学研究の例に見られる、食品と調理の際に発生する生ゴミとの比率に基づき、生産者(直接的観察)と消費者(非直接的観察)の関係を表すモデルを考案した(Dennell 1974, 1976; Hillman 1973, 1981, 1984; Jones 1984; Jones 1985)。しかしながら、この代表的ともいえるモデルは、対象地区以外での研究には応用されないことが多い。それは、世界各地の植物試料に大きさや形状の違いが見られることや、降水量による影響、穀物の加工と貯蔵にかかわる社会的構造の違いによるものとされる(Smith 2001; Stevens 2003)。

生産者と消費者の関係を基準にしたモデルは論争を引き起こし(Smith 2001; Van der Veen 1991)、そしてさらなる研究を導いた(Stevens 2003)。ヴァンダベイン(Van der Veen) は、1991年の研究で、それまでの生産者と消費者の二分法を発展させ、4つの視点を設けるべきであると論じた。それは、生産と消費の分類の延長線上に、生活の糧としての生産物と余剰生産物、そして小規模な消費者居住区と都市における大規模な住宅地を加えるというものである。スティーブンズ(Stevens)は2003年の研究で、1農家単位で行われる穀物加工と共同作業の場合の二分法をモデルとするほうが、より正確に考古植物学研究の代表的手法である生産対消費のモデルを解釈することができると主張した。スティーブンズの1農家での穀物生産のモデルは、穀物の貯蔵前の加工が少ないことに特徴づけられており、調理前の穀物の籾摺りなど、日常的に発生する穀物加工と比較されている。それとは対照的に、地域の共同作業で穀物加工がなされた場合は、調理前に必要な加工がある程度施された状態で貯蔵されている割合が高い。

上記の研究は、他の地域で別の穀物や、穀物の違う部位の調査を行っている考古学者の関心を集めた。レッディ(Reddy 1997)は1997年の研究で、インドのグジャラート州のハラッパーの人々の農業生産とその売買の原型を突き止めるため、手作業で行われるモロコシ(*S. bicolor*)の穀物加工の各段階を検証した。また、ヒルデブランド(Hildebrand)は、2003年に行った民族考古学調査で、エチオピア南西部のシェコ族(Sheko)居住区でのヤムイモ(*Dioscorea cayenensis*)の用途と栽培法を研究し、単独の若い男性農業者のほうがヤムイモを育てる傾向にあると発表した。そして、その研究結果を基に、ドメスティケーションや農業の起源について、特に性別、家族構成、身近な環境、人々の移動形態が要因となった可能性が高いと論じた。さらに、ハーヴィー(Harvey)とフラー(Fuller)は、2005年にイネと雑穀(*Brachiaria ramosa*や*Setaria verticillata*)の加工について、プラント・オパールと呼ばれる多くの草植物の穀粒以外の部分に形成される物質を調査研究した(Harvey & Fuller 2005)。ダンドレア(D'Andrea) とミトゥク・

ヘイル(Mituku Haile)は、エチオピア北部で紀元前500年以前に遡るとされるエンマーコムギ(*Triticum dicoccum*)の栽培と、収穫後の加工について調査した(D'Andrea *et al.* 1999; D'Andrea & Mituku Haile 2002)。

本研究は、アフリカ社会と穀物に対するこれまでの民族考古学研究の成果に触発されたものである。タンザニアのペンバ(Pemba)島の農業従事者に対して行われた民族考古学的な研究の調査は、いまだに疑問の残る考古植物学的資料を解釈するために行ったものである。筆者は特に、なぜ穀物が籾摺りされずに貯蔵されるのかということについての理解を図り、この地域の農業の特色である手作業での収穫と脱穀後の穀物加工の特徴を明らかにする。本稿では、ペンバ島で行われた調査内容を報告し、イネの加工法から解明された研究結果を論じる。はじめに、ペンバ島のスワヒリ時代の居住区から得られた考古学的、また考古植物学的に有効な知見を基に本研究の背景を説明する。続いて、筆者の研究方法と、質的ならびに量的研究の結果を述べる。最後に、調査の結果を解釈し、古代スワヒリ文化圏における農業の実像を描く。

1. スワヒリ海岸：タンザニア、ペンバ島の古代農業の形態からわいた疑問

スワヒリ海岸(**図1**)には、ソマリア南部からモザンビーク北部にかけて細長く帯状に集落が形成され、一方にインド洋を臨み、もう一方は不毛で定住に不向きな西アフリカ内地に面している。スワヒリ語は、中央アフリカ言語族に起源を持つバントゥー語から派生しており、鉄器を使用しモロコシやキビを栽培していたアフリカの人々により、2,000年前までには広められていた(Nurse & Spear 1985; Horton & Chami 2018)。海岸沿いの集落では、紀元後100年までにはすでに海洋貿易が行われていたとされ(Periplus Maris Erythrae, Anon; Casson 1989)、考古学的調査の結果から、7世紀までにはペンバ島のトゥンベ村(Tumbe)などが栄えていたと考えられる(Fleisher & LaViolette 2013)。そして、石とサンゴでできたスワヒリ独特の建築様式を持つチワカ(Chiwaka)やキルワ(Kilwa)などの街は、11世紀までには重要な居住地区となっていた(Chittick 1974; LaViolette 2018; LaViolette & Fleisher 2009; Wynne-Jones 2018)。9世紀までには、シャンガ(Shanga)などのスワヒリ民族居住区でモスクが建造されており、イスラム教の影響が確認される(Horton 1996)。イスラム化はこの後さらに発展し、14世紀から15世紀までにはモスクや墓など、儀式用建造物の建立に重点を置くかたちで頂点に達した(Horton & Chami 2018)。この代表的な例はソンゴ・ムナラ(Songo Munara)に見られ、街にイスラム教が浸透してから1世紀のあいだに、5つのモスクといくつかの墓、2つのイスラム墓地が作られた(Wynne-Jones & Fleisher 2010, 2011; Fleisher 2014;

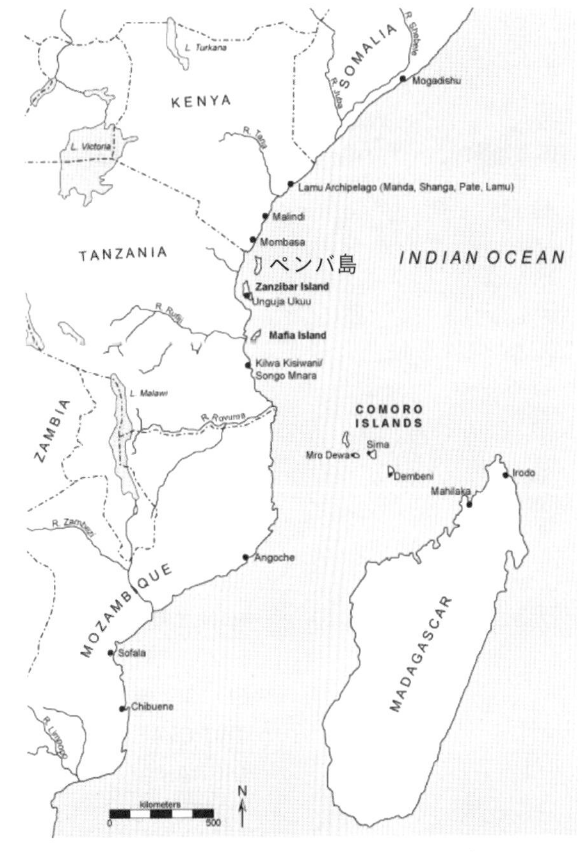

図1　マダガスカルやコモロ諸島を含む、東アフリカの主なスワヒリ考古遺跡の所在地

Wynne-Jones 2018)。

スワヒリ海岸での考古植物学に脚光が集まったのは、過去わずか20年ほどのことである。本格的なデータ採集は、2002年にペンバ島のトゥンベならびにチワカで行われた例が最初である(Walshaw 2005)。熱帯では微細な植物遺体の保存が困難であると懸念されたが、一般的な浮遊選別法でも識別可能なサンプルを十分に採取することができた。この最初の研究で得られた主な発見は、トゥンベの村(7世紀から10世紀)では、トウジンビエ(*Pennisetum glaucum*)とその他数種の地物の穀物に依存していたのが、同地に11世紀にチワカの街が成立すると、アジアイネ(*Oryza sativa*)がアフリカ系穀類よりも重要視されるようになったという事実である(**表1**)(Walshaw 2010. 2015)。

表1 ペンバ島トゥンベ村とチワカにおける種子と籾殻の割合

seeds by number found	採取された種子の数量による分類	
RICE GRAINS	米粒	15146
RICE RACHILLAE	米小穂軸	5172
COTTON	綿	591
RICE EMBRYOS	米胚芽	112
ALL REMAINING SEEDS AND CHAFF	残りの種子と籾殻	178
UNID SEEDS	未確認種子	50
PISUM SP.	エンドウ	43
PEARL MILLET	トウジンビエ	10
POACEAE LIKE PEARL MILLET	イネのようなトウジンビエ	10
FABACEAE	豆類	7
DOCK	ギシギシ	7
UNID POACEAE CHAFF	イネ科植物籾殻	6
FABACEAE LIKE PISUM	エンドウのようなマメ科植物	6
UNID POACEAE	イネ科植物	5
CARYOPHYLLACEAE	ナデシコ科植物	5
SORGHUM	モロコシ	4
V. RADIATA	ヤエナリ	4
POLYGONACEAE	タデ科植物	3
UNID MILLET CHAFF	キビ類殻	3
VIGNA SP.	ササゲ	2
UNID MILLET	キビ類	2
FIG	イチジク	2
SETARIA	エノコログサ	1
RANUNCULACEAE	キンポウゲ科植物	1
F MILL CT	シコクビエ	1
SORGHUM CHAFF	モロコシ殻	1
TRITICEAE	コムギ	1
DIGITARIA	フォニオ	1
PORTULACACEAE	スベリヒユ科植物	1
CHENOPODIACEAE	アカザ科植物	1
POPPY	ケシ	1

このような変化は、海岸沿いの他の居住区で行われた本格的な考古植物学的調査からは確認されていない。ソンゴ・ムナラとミキンダニ(Mikindani)地方では、イスラム教の時代となった後も、スワヒリ民族のあいだではアフリカ系穀類が継続して重要視されていた可能性がある(Pawlowicz 2011; Walshaw & Stoetzel 2018)。

スワヒリ民族の石造りの街、チワカ(タンザニア、ペンバ島)から採取された考古植物学的資料から、イスラムの貿易中心地として栄えた時代と同時期に、アジアイネがアフリカ系穀類にとってかわった事実と、さらにそれ以上の知見が明らかになった。収集された試料からはイネの小穂軸が多量に見つかった。チワカのある1軒の家屋からは、当時の貯蔵形態を示すと考えられる状況が確認され、15,040粒のイネと4,218本の小穂軸が採集された(Walshaw 2010, 2015)。別の家屋では逆に、茎部がイネ果実をはるかに上回った(イネ果実106粒に対し茎部1,193本で約10倍)。このパターンから考えられることは、イネは収穫後すぐにそのまま貯蔵され、その後の加工は日常生活の一環として家庭内で執り行われたということであろう。ペンバ島での考古植物学的調査からは、さらに雑草等の種子が混在する割合が比較的低いという重要な結果が得られた。雑草の混入率が低く、籾殻が確認できる点は、トウジンビエやモロコシが主流だった過去の時代のそれと相似する。

結果として、考古資料である植物遺体から新たな疑問が生まれることになった。
・なぜ籾殻、特に小穂軸が多く見られるのか。
・なぜ雑草の種子の混入が少ないのか。
・穀物の貯蔵は地域で集団的に行われたのか、それとも各家庭で行われたのか。
・イネの加工法はモロコシやトウジンビエの場合と同様か。

このような疑問を抱えながら、筆者は2007年にポスドクとして研究のため再びペンバ島を訪れた。現在のスワヒリ民族が手作業での農業方法によって、いかにイネ、トウジンビエ、そしてモロコシを生産し調理しているのかを調査するためである。これは、現在行われている農業が古代同様手作業であるという類似点から、類推し研究を進めるためである。本論文の後半では、上記のうち上の3点の疑問に焦点を絞りながら、スワヒリ民族の食料生産についての民族考古学研究の方法と調査結果を述べ、議論を展開する。

2. 情報源と研究方法：人々と営み

筆者は、2007年7月と8月、イネとモロコシの収穫期にあたる6週間余りの期間に、タンザニアはペンバ島の農地3か所にて、計15名の男女に対する聞き取り調査を行った(**図2**)。調査地域は以下の通りである。すなわち、トゥンベー島の北部、トゥンベの街近郊の丘と谷の地形を利用した農耕地、マダウェニ(Madaweni)、島北東部の半島に位置し、珊瑚が突出し土壌層も薄く

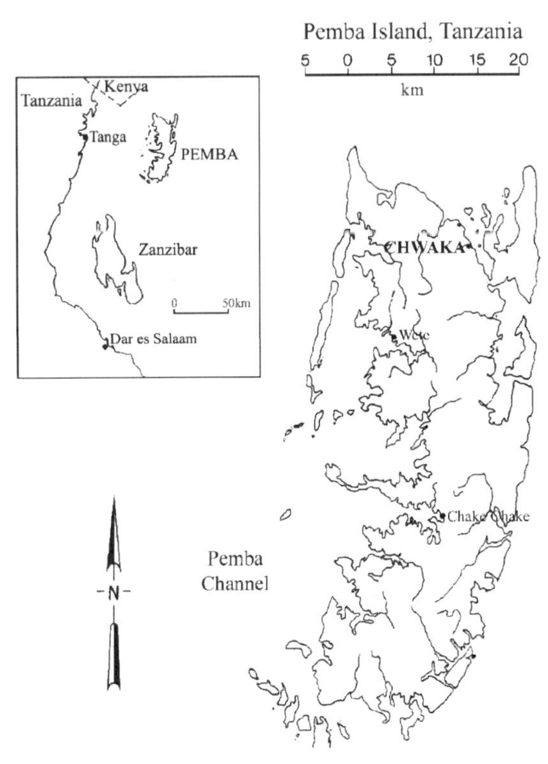

図2 民族考古学調査を行った地点

貧弱な土地、そしてプジニ(Pujini)、平坦な平野で知られる島南部である。調査には、調査助手のハッジ・モハメド・ハッジ(Hajj Mohammed Hajj)氏、ザンジバル自然史博物館の学芸員であり、植物収集家でもあるマネノ・カーミス(Maneno Khamis)氏の協力を得た。そして、古代研究専門家であるセリム・セイフ(Selim Seif)、カーミス・アリ・ジュマ(Khamis Ali Juma)両氏にも同行いただいた(うち1名には本研究の聞き取り調査でも回答をいただいた)。

聞き取り調査の対象となる人々は、「雪だるま」方式で選ばれた。最初に面識のある農業従事者から始まり、そこからの紹介を通してさらに繋がりを広げていくというものである。聞き取りはスワヒリ語で行われ、筆者もしくは研究チームによって訳されている。農業従事者への聞き取りは、口頭ならびに書面での同意を得た後、自宅もしくは畑で執り行われ、匿名厳守を保証した。穀物加工法について調査し記録するため、農業従事者に対しては1日につき1日分相当の労働賃金(または時間に対しそれ相当分)を支払った。また、研究のため採取された穀物に対しては、代償金が支払われた。聞き取り調査の対象者は、若い成人から高齢者までと幅がある。また、対象者の農業という職業に対するかかわり方も、プロの農業従事者(つまり農業官)から、他の職業(宗教者、彫り師、漁師、牧夫など)に従事しつつ、複数の副業のひとつとして農作業に携わる者までさまざまである。**表2**にはそれぞれの農業従事者の個人情報と穀物に関するデータが示されている。

農業従事者からの回答は幾通りかの方法で記録した。聞き取りシートにはある

表2　聞き取り調査に参加した農耕者の個人情報と職業

性別	年齢	他の職業	栽培作物B	家族	収穫			穀物処理			聞き取り		
					O	S	P	O	S	P	O	S	P
M	42	漁師	O, S, B, M	8	●			●			●	●	
M	44	牧夫(牛)	O, S, M, Z, C	7				●			●	●	
F	35	料理人、工芸師	O	6							●		
F	80	助産師	O, M, I	8	●			●			●		
F	40	海藻処理、工芸師	O, S, P	7		●			●	●		●	●
F	35	裁縫師	O	7							●		
M	47	学芸員	O, B, M, F	11				●			●		
F	45	陶芸家	O, S, M, P, T	11					●		●	●	●
F	60	織工	S, C	3								●	
M	65	農業官	O, B, M	20	●						●		
F	35	主婦	O, S, B, M, Z, F	9								●	
M	80	漁師	O	9							●		
M	52	大工、教師	O, S, B, M, P,	10					●			●	●
M	70	漁師、牧夫	S, B, M, P, C	3								●	●
F	43	工芸師	O, S, B, M, V	6							●	●	
7M/8F	x= 51			x= 8.3	3	1	0	4	3	1	10	9	4

氏名は研究対象者協定により保護されている
O：米、S：モロコシ、B：バナナ、M：キャッサバ／マニオク、Z：トウモロコシ、P：トウジンビエ、C：ココナッツ、I：サツマイモ、F：豆類(グリーンピース、豆)、T：ジャガイモ、V：ホウレンソウ、カボチャ

特定の質問と、自由に回答できるかたちの質問を用意し、回答者が同じ質問に対してすべて回答できるように特に工夫をこらした。質問の回答には、対象者の個人情報と穀物の加工方法、そして穀物が農地でどのように扱われているのかが示されている（穀物の加工法と管理法についてはイネ、モロコシ、トウジンビエのそれぞれについて回答を求めた）。穀物の各加工段階の記録には、農業従事者の証言、作業中の写真撮影、ビデオ撮影を行った。穀物の収穫から籾摺りまでの加工作業では、それぞれの段階で穀物の重量を測定した。

3. 結　果

ここでは、穀物加工作業における人々と作物の相互関係について報告する。それに続き、穀物加工の段階終盤での籾殻の混在率を報告する。**図3**に、本研究で観察されたペンバ島の手作業でのイネ生産の各段階を提示している。

3-1　イネ生産の各段階

1）収　穫

イネは金属と木でできた小さなナイフを使い、手作業で稲穂から約1フィート

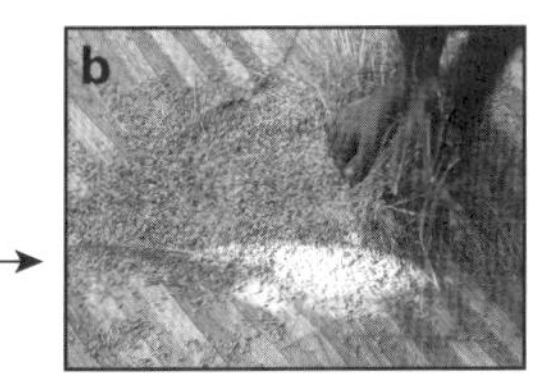
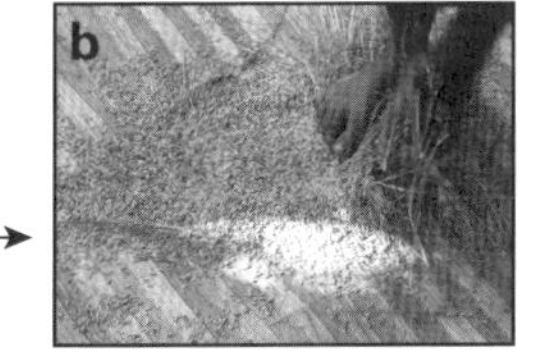

図3　ペンバ島における米の処理の各過程

(1フィート＝30.48 cm)で茎を切り取り収穫する。農業従事者のうち何名かは、一度にまとめて数本のイネを掴み、一気にナイフで切り落とす方法を用いる。作業に使用された道具は地元で作られており、金属製の刃が木製の柄に埋め込まれた小さなもので、街の市場で購入できる。収穫されたばかりの稲穂は、農家もしくは畑にて、マットの上で日干しするのが好ましい。しかし、場合によっては、屋内もしくはカバーをかけた状態で乾燥させることもある。稲穂はこのようにして茎が残ったまま貯蔵されることもあれば、脱穀後に貯蔵されることもある。イネ1本1本を切り取ることで雑草類の混入を大幅に防げるが、この点に関しては後述する。

2)脱　穀

収穫後、穂先は茎部から分離される。この手法には幾通りかあり、畑で行われる場合と、農家の敷地内、または畑小屋(畑付近に設けられた仮設小屋)で作業する場合もある。イネの脱穀の場合、損失のないようにマットの上で、足を素早くねじる動作で穂先を茎部から離す。他の一般的な手法は、乾燥させた稲穂を大きな袋に入れるか、もしくはマットで包み、棒で叩いて穂先を「打ち叩き」、茎部から分離するというものである。さらに、脱穀作業は人の手を使っても行われる。ナイフの刃の切れない側を稲先に押し当てる方法である。これらの方法はすべて稲先を茎部から分離するのに有効である。しかし、そのままでは穀粒を覆う籾(外穎、内穎と籾底辺部)が残っており、食べられるようにするにはイネ果実から籾殻を取りはずさなければいけない。

3)貯　蔵

農業従事者の多くは、穀物は脱穀後、いろいろな理由から籾殻を残したままの状態で貯蔵すると報告している。ある農業官は、それを「家のなかのまま」と表現している。この点に関しては後に再び言及する。

4、5)籾摺り

繰り返し強く打ち、吹き分ける作業を続けると、なかば籾摺りが施された状態となり、小穂軸、外穎、内穎を含む籾殻を取り除いて処分することができる。取り除かれた籾殻は鶏の飼料としたり、ごみ溜めに捨てられたりする。スワヒリ海岸地方では、ピラウと呼ばれる料理が好まれ、よく作られる。この料理には米粒が砕けていないほうが好ましい。したがって、強く打ちつける籾摺り方法は、必要十分になされていなければならないが、過剰ではいけない。この加工過程では特殊な道具が使われる。木製のキヌ(*kinu*、細長く深い穴のある木製容器)と、ンチ(*nchi*、丈夫な細長い棒)である。

3-2　もう一つのパターン：ペペタ(pepeta)を調理する

このようにしてイネが貯蔵、食品へと調理されていくパターンは、もっとも一般的ではあるが、他のパターンがないわけではない。イネが籾殻に包まれたまま調理される例は、ペペタと呼ばれるスパイスの効いた甘い料理に見られる。まず、籾殻がついたままの米を砂糖とスパイスがはいったミルクに一晩漬ける。その後、浅めの焼き物のボウルに入れて火にかけ、バナナの葉の茎でかき混ぜながら炒めるというものである(**図4**)。いったん火が通ると、米を叩いて吹き分け、小穂軸、外穎、内穎を取り除く。この調理過程で米粒は平たく潰され、冷まして乾かした後、さらに砂糖とスパイスを混ぜ合わせると美味しい一品となる。

図4 焼いた米の料理、ペペタを作る様子
米が籾殻のまま焼かれていることに注目。

表3 貯蔵された米を構成する物質の重量による区分

構成物	割合
小穂	79.1%
米粒（破片）	＜0.1%
茎と葉	13.6%
外頴／内頴	4.2%
稲先／包頴、小穂軸	2.1%
雑草	＜0.1%
植物以外、昆虫	0.1%
パン（容器）（＜0.500 mm）	1.0%
計	100.1%

3-3 「家のなか」のイネ

今回の民族考古学調査のもう一つの目的は、貯蔵されているイネと、貯蔵後の穀物加工がなされたイネの構成物質を明らかにするという点である。ひとつの家庭に貯蔵されているイネからサンプルを採取し、イネを構成する物質の割合を確認した。イネを構成する大部分が穂先で（重量79.1％）（**表3**）、穂軸（茎）と葉の断片も混在した（13.6％）。剥き出しのイネ果実はきわめて稀で、同様に雑草や植物以外の石や昆虫などの混入もほとんど見られなかった。穂先のいくつかは収穫時や脱穀時に形状が崩れ、籾の構成部分である内穎、外穎、護穎と小穂軸が剥がれ落ちそうな状態になっているものもあった。

木製すり鉢とすりこぎ（キヌとンチ）を使ったイネの籾摺りの過程で、米粒は割れ、米粒を構成する物質の断片の集まりとなった。叩き終わったイネの山は、籾摺り作業用の皿状の容器の上で揺すり続けることによって重量の軽い部分を浮かせ、重量の重い部分と分離される。この作業は、完全に籾殻をはずし、米粒以外のものが取り除かれるまで数回繰り返された。この調査から、いくつかの興味深いパターンが明らかになった（**表4**）。最初の籾摺りでは、0.1％以外のすべての籾をイネ果実から取り除くことができ、以降の籾摺りでは、イネ果実がますます小さく壊れてしまうという結果が得られた（3回目の籾摺りの後には、重量から見ると全体の3分の1がイネ果実の破片であった）。もともと微量しか確認できなかった雑草は、最初の籾摺りの後にはまったく見られなかった。

3-4 穀物を籾殻のまま貯蔵する文化的理論

筆者は、聞き取り調査を行った各家庭で、イネが未加工のまま貯蔵されていることに関心を寄せた。収穫や脱穀作業の一環として籾摺りを行い、イネをすぐに調理が可能な状態にしてから貯蔵できないものだろうか。農業従事者たちは、なぜ籾殻がついた状態で貯蔵したほうが好ましいのか、理由を複数述べた（**図5**）。そして数名からはいろいろな利点を聞かされた。もっとも一般的だった回答に、籾殻は穀物の傷みやカビの発生を防ぎ、昆虫やドブネズミなどに食い荒らされるのを防ぐ、という点があげられた。また、子どもがいる農家の親たちは、籾殻がついていることで子どもたちが勝手に米をとるのを防げると確信しているようだった。籾がついたままだと、時間のかかる大変な作業を前に、子どもたちは米をおやつに食べようとはしないであろうとのことだった。興味深いことに、農業従事者たちは、米が籾殻に包まれたまま保存されているほうが味がよいと報告している。よって、そのような米は店で購入される精米よりも好まれている。籾殻に包まれている米は、おそらく家庭での炊事の際の煙や、その他の米の品質に影響を及ぼす環境から守られていると考えられている。そして最後に、籾殻がついている穀物のほうが、栽培用種子としての品質が優っているとのことである。

4. 考　察

今回の民族考古学研究では、過去の人々の行動や意思決定を知るうえで有益と思われる、質的ならびに量的な研究データを得ることができた。今回の植物学的調査から得た結果のいくつかは、収集された古代スワヒリ植物遺体とほぼ重ね合わせて見ることができる。

第1に、栽培時と収穫時に手作業で雑草を除去することにより、イネの貯蔵場所や調理場、ならびに穀物加工を行う場所でほとんど雑草の種子が見られない。この結果から、古代スワヒリの植物遺体群のなかに、雑草の分類群があまり見られないことに対する説明がつく。さらに、考古植物学的研究の対象として採取された雑草類のいくつかは、食用として分類されている。

第2に、植物遺体である籾殻を理解するにあたり、籾殻がほぼすべて残されたまま貯蔵される現在の加工法と照らしあわせて解釈することができる。興味深いことに、チワカでの貯蔵の様子から、過去の貯蔵の様子がどのようなものであったかを知ることができる。しかしながら、これはペンバ島の各地から集められた大多数の考古資料の記録とは対照的である。それらはおそらく、貯蔵後の加工過程もしくは調理過程を示すと思われる。採取された考古資料に多量の籾殻が含ま

表4　穀物処理された米を構成する物質の重量による区分(第1回、2回、3回目の籾摺り後の割合)

構成物	籾摺り後の残留物の割合		
	第1回	第2回	第3回
小穂	0.1%	0.0%	0.0%
小穂軸を伴う小穂断片	6.8%	3.6%	0.2%
米粒	0.0%	0.0%	0.0%
米粒断片	3.6%	8.4%	30.6%
胚芽	0.9%	0.5%	0.4%
茎部	0.2%	0.1%	0.2%
外穎／内穎／包穎	65.1%	36.4%	21.6%
小穂軸	4.0%	1.5%	3.7%
雑草	0.1%	0.0%	0.0%
植物以外、昆虫	0.2%	0.5%	1.5%
パン(容器)(<0.500 mm)	18.9%	49.0%	41.8%
計	100.0%	100.0%	100.0%

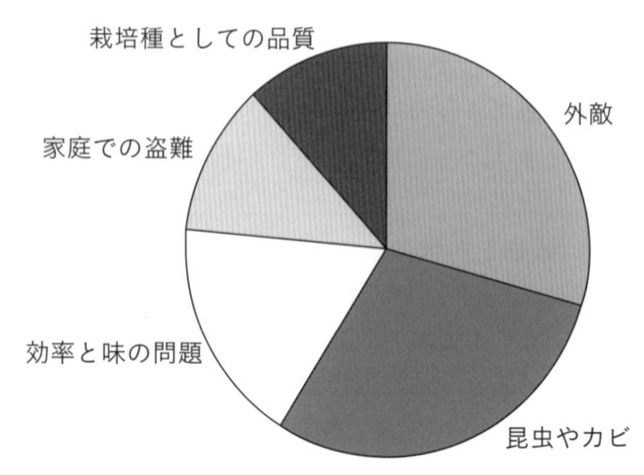

図5　ペンバ島の農耕者たち(15名)が語る地元の穀物貯蔵に対する理論

れることから、貯蔵前に行われる加工は必要最小限であったと予測される。この傾向が、石造りの街チワカと近隣の村カリワの双方に見られることから、都市部と田舎の食物生産法は類似していたと考えられる。つまり、どちらの場合も、小規模な一農家が家族単位で労働力を捻出する農業形態である。

第3に、各農家では叩いて吹き分ける籾摺りを、家の裏側(調理場の近く)もしくは横で行うことが観察された。このことから、なぜ常に籾殻が都市部で行われる調査から出土するのか説明がつく。籾殻は近くの炊事場の火を起こす場所や、ごみ溜に運ばれ、そこで燃やされることによって炭化し、その結果、よい保存状態が保たれ、将来的な発掘につながるというわけである。

第4に、穀物加工を最小限にとどめた状態で穀物を移動させて貯蔵している場合、他から入手した穀物と地物とを分別するのが困難になりうる。言い換えれば、古代の集落で食されたイネが、近隣の畑にて、土着の労働方式で栽培されたものであるとは断言できないのである。この問題の解決には、取引と流通網についての情報を入手し、広範囲にわたる環境のデータを加えることで、食料がどのようにして供給されていたのかを推論することができる。スワヒリ海岸に関していえば、イネは今日多くの低地やデルタ地帯で、雨水に依存し農地を灌漑することによって栽培できるため、過去にも地元で生産されていた可能性が示唆される。

農業従事者から聞き取りしたイネの貯蔵法に対する理由づけは、農作業や調理に関する問題と直結しており、納得がいく。だが、筆者はこれにはさらに、もっと根本的な理由があり、それは一家庭内で捻出される労働力のやりくりにあると見る。機械化されていない農業の場合、小自作農の農作業はほぼ例外なく家族、親戚、または親しい友人の労働力に依存する。賃金の支払いが発生する労働者を雇うことはきわめて稀である。この場合、労働力上の制限は農作業を遅らせる要因となり、収穫期はまるで交通渋滞のようにネックとなる。労働力のすべてを収穫と脱穀にあてがっている場合、そこからさらに穀物を叩いて吹き分ける籾摺りのための人手を分配することは不可能である。実際、仮に労働者を雇うことができる農家があったとしても、地域全体で農業が主体の場合、他へ人手を貸す余裕のある農家があるかどうかは不明である。したがって、家族単位の労働力を基盤とする場合、日々の作業にも従事することが必須で、さらに、一家族だけで無理なく栽培し収穫するのに適した大きさの畑にしておくことが要求される。

本研究で考察した、機械化されていない農業の特徴をまとめると、以下の通りである。収穫は手作業で行う。貯蔵前の穀物加工は必要最小限にとどめる。穀物貯蔵は農家内で行う。穀物貯蔵後は日常的に穀物加工を行う。すべての作業を家庭内の労働力に依存し、特に女性が重要な役割を担う。このような形態の場合、リーダー的存在の個人や家族には、多大な柔軟性と自主性がもたらされる。しかし、この生産方法でネックとなるのは、労働力に関する点である。混合経済社会においては、それぞれの世帯が無数の経済活動に従事し、さまざまな社会活動を行っている。このような農業形態の場合、穀物貯蔵後の加工を調理寸前まで遅らせることによって労働力を調節し、収穫時の収穫高を最大限に高めることができるのである。農家での日々の作業の多くが女性に課されるのは間違いない。男性は畑での農作業の他、漁業の大部分、牧畜とそれに関連する作業に従事する。

5. 結　論

本研究では、スワヒリ海岸沿岸部での古代農業の実態を探るため、タンザニアのペンバ島にて、手作業で行われる現在の農業と食に関する事項を観察し、記録した。筆者は、そこでの収穫、脱穀、貯蔵、調理前に必要な穀物加工、そして穀物との相互関係の詳細を明らかにした。また、機械化されていない農業法に関し、現地での聞き取り調査で得られた土地の人々の考えや理論を説明した。以下にあげられる農業法が、記録されているペンバ島の植物遺体を解読する手がかりとなる。

① 草むしりを行い、手作業で収穫することにより、穀物加工の段階での雑草の混入をなくすか、または削減できる。

② 手作業での収穫と脱穀の場合、茎部と籾の底辺部が混在することが多く、内穎と外穎も貯蔵の段階でもついたままとなっている。事実上、穀物がまだ茎に繋がったままのほうが移動させるのが容易である。

③ 穀物は籾殻がついたままの状態で屋内に貯蔵する。

④ 穀粒を籾殻から離脱させる籾摺りは、調理場付近の屋外で、調理の直前に行うことが常である。

⑤ 農業従事者からの報告によると、籾殻がついたままの穀物貯蔵の場合、保管状態を良好に保つことができ、味もよく、食料供給の面や、栽培用の種子の質を保つうえでもよい。

本研究が行われて以来、ソンゴ・ムナラやキルワ列島を含め、スワヒリ海岸の別の地域でもイネの穀物加工に対する調査が行われた。採取された植物遺体からわかってきたことは、調査が行われた各地域で、イネの生産頻度や生産量に違いが見られることである(Walshaw and Stoetzel 2018)。この結果から、イネはチワカでより多く生産され、これよりさらに南の地方では、乾燥した土地柄が生産に不向きであったと見られる。今後の研究において有益なことは、考古学的記録が残るモロコシやトウジンビエなど、アフリカで重要視されてきた地物の穀物と照らしあわせながら、自然環境を念頭に置きつつタンザニア南部の穀物加工法の形態を探ることである。

雑草類がいかにして考古植物学的資料として分類され、記録されるに至ったか等、今後研究されるべき課題はまだ残っている。現在のところ、スベリヒユ(*Portulaca sp.*)やアマランサス(*Amaranthus sp.*)などは「野草・雑草」と分類されている。その理由は、荒れた土地にはびこっていることや、ンチチャ(*mchicha*)と呼ばれる伝統料理に入れられる緑色野菜として食されるからである。そのように分類されている植物が、家庭菜園で育てられていたと考えることははたして可能であろうか。それとも、それらは柔らかい葉が食用になるという理由で、あえて除去されないでいただけなのか。それらの環境的、また経済的役割は何か。そして、それらの種子をより的確に分類することはできるのであろうか。

最後に、スワヒリ海岸沿岸の人々が、いかにして今日でも家庭内の労働力に依存し、そして手作業で収穫し、脱穀した穀物を家屋内に貯蔵するのかを考察することは興味深い。そして、その農業形態はどの程度古代のイネの栽培と類似、または相違しているのであろうか。この地域は過去500年以上にわたり、政治的、経済的、社会的な混乱を経験してきた。ポルトガル軍の侵攻（16～17世紀）、18世紀から19世紀にかけてのオマーン帝国の侵略、そして19世紀後半から20世紀半ばまではドイツとイギリスによる帝国支配下に置かれた。その後の1970年代にはいってからは、ウジャマー（Ujamaa）と呼ばれる国家政策での入植が行われ、農業計画が打ち出された。結果として、植民地化以前の伝統や営みから離脱していてもまったく不思議ではない。ことに、20世紀においては、トラクターが導入されるなどしてその傾向は著しい。そして、近年には穀物加工の機械化も可能となった。ダルエスサラーム大学の研究者とその学生たちは、考古植物学的研究の記録から18、19世紀の北方および南方キャラバン貿易ルートを調査し、植民地時代の研究を行った（Kawiche 2016; Mgombele 2017）。これは、我々のスワヒリ時代の農業に対する知識と、現在行われている農業とを繋げる架け橋となる素晴らしい始まりである。

（訳　表谷静佳・庄田慎矢）

引用文献

- Casson, L. 1989. *The Periplus Maris Erythraei*. Princeton NJ: Princeton University Press.
- Chittick, N. 1974. Kilwa: an Islamic trading city on the East African Coast. Memoir 51: History and Archaeology Volume 2. Nairobi: British Institute in East Africa.
- D'Andrea, A. C. & Mitiku Haile. 2002. Traditional emmer processing in highland Ethiopia. *Journal of Ethnobiology* 22(2): 179-217.
- D'Andrea, A. C., D. E. Lyons, Mitiku Haile & E. A. Butler. 1999. Ethnoarchaeological approaches to the study of prehistoric agriculture in the highlands of Ethiopia, in M. van der Veen (ed.) *The Exploitation of Ancient Plant Resources in Ancient Africa*: 101-22. New York: Klewer Academic/Plenum.
- David, N. & C. Kramer. 2001. *Ethnoarchaeology in action*. Cambridge: University Press.
- Dennell, R. W. 1974. Prehistoric crop processing activitics. *Journal of Archaeological Science* 1: 275-84.
- Dennell, R. W. 1976. The economic importance of plant resources represented on archaeological sites. *Journal of Archaeological Science* 3: 229-47.
- Fleisher, J. 2014. The complexity of public space at the Swahili town of Songo Mnara, Tanzania. *Journal of Anthropological Archaeology* 35: 1-22.
- Fleisher, J. & A. LaViolette. 2013. The early Swahili trade village of Tumbe, Pemba Island, AD 600-950. *Antiquity* 87 (338): 1151-68.
- Harvey, E. L. & D. Q Fuller. 2005. Investigating crop processing using phytolith analysis: the example of rice and millets. *Journal of Archaeological Science* 32: 739-52.
- Hildebrand, E. 2003. Motives and opportunities for domestication: an ethnoarchaeological study in southwest Ethiopia. *Journal of Anthropological Archaeology* 22(4): 358-75.
- Hillman, G. C. 1973. Crop husbandry and food production: modern basis for the interpretation of plant remains. *Anatolian Studies* 23: 241-44.
- Hillman, G. C. 1981. Reconstructing crop husbandry practices from charred remains of plants, in R. J. Mercer (ed.) *Farming Practices in British Prehistory*: 123-62. Edinburgh: Edinburgh University Press.
- Hillman, G. C. 1984. Interpretation of archaeological plant remains: the application of ethnographic evidence from Turkey, in W. van Zeist & W. A. Casparie (ed.) *Plants and Ancient Man: Studies in Palaeoethnobotany*: 1-42. Proceedings of the Sixth Symposium of the International Work Group for Palaeoethnobotany, Groningen, 30 May-3 June 1983. Rotterdam: A.A. Balkema.
- Horton, M. 1996. *Shanga: a Muslim Trading Community on the East African Coast*. Nairobi: British Institute in Eastern Africa.
- Horton, M. & F. Chami. 2018. *Swahili Origins*, in A. LaViolette & S. Wynne-Jones (ed.) *The Swahili World*: 135-46. London: Routledge.
- Jones, G. E. M. 1984. Interpretation of archaeological plant remains: ethnographic models from Greece, in W. van Zeist & W. A. Casparie (ed.) *Plants and Ancient Man: Studies in Palaeoethnobotany*: 43-62. Proceedings of the Sixth Symposium of the International Work Group for Palaeoethnobotany, Groningen, 30 May-3 June 1983. Rotterdam: A.A. Balkema.
- Jones, M. K. 1985. Archaeobotany beyond subsistence reconstruction, in G. Barker & C. Gamble (ed.) *Beyond domestication in prehistoric Europe: investigations in subsistence archaeology and social complexity*:107-28. London: Academic Press.
- Kawiche, C. 2016. *Archaeobotanical evidence of crops production during the 19th Century caravan trade in Lower Pangani, North-eastern Tanzania*. MA Dissertation, Department of Archaeology and Heritage, University of Dar es Salaam.
- LaViolette, A. 2018. Pemba Island, C. 1000-1500 CE, in A. LaViolette & S. Wynne-Jones (ed.) *The Swahili World*: 231-38. London: Routledge.

- LaViolette, A. and J. Fleisher. 2009. The urban history of a rural place: Swahili archaeology on Pemba Island, Tanzania, 700-1500 AD. *International Journal of African Historical Studies* 42(3): 433-55.
- Mgombere, C. 2017. *Archaeobotanical evidence of crop economies practiced along the 19th century caravan route in southern Tanzania.* MA Dissertation, Department of Archaeology and Heritage, University of Dar es Salaam.
- Nurse, D. & T. T. Spear. 1985. *The Swahili: reconstructing the history and language of an African society, 800-1500.* Philadelphia: University of Pennsylvania Press.
- Pawlowicz, M. 2011. *Finding Their Place in the Swahili World: An Archaeological Exploration of Southern Tanzania.* PhD Dissertation, Department of Anthropology, University of Virginia. UMI Dissertation Publishing.
- Reddy, S. N. 1997. If the threshing floor could talk: integration of agriculture and pastoralism during the late Harappan in Gujarat, India. *Journal of Anthropological Archaeology* 16: 162-87.
- Smith, W. 2001. When method meets theory: the use and misuse of cereal producer/consumer models in archaebotany, in U. Albarella (ed.) *Environmental Archaeology: Meaning and Purpose*: 283-98. Dordrecht: Klewer Academic.
- Stevens, C. J. 2003. An investigation of agricultural consumption and production models for prehistoric and Roman Britain. *Environmental Archaeology* 8(1): 61-76.
- Van der Veen, M. 1991. Consumption or production: agriculture in the Cambridgeshire Fens, in J. M. Renfrew (ed.) *New light on early farming*: 349-61. Proceedings of the 7th symposium of the international work group for paleoethnobotany. Edinburgh: Edinburgh University Press.
- Walshaw, Sarah C. 2005. "*Swahili Urbanization, Trade, and Food Production: Botanical Perspectives from Pemba Island, Tanzania.*" Unpublished Doctoral Dissertation, Dept of Anthropology, Washington University in St. Louis.
- Walshaw, Sarah C. 2010. Converting to Rice: Urbanization, Islamization and Crops on Pemba Island, Tanzania AD 700-1500. *World Archaeology* 42(1): 137-53.
- Walshaw, Sarah C. 2015. *Swahili Trade, Urbanization, and Food Production: Botanical Perspectives from Pemba Island, Tanzania.* Cambridge Monographs in African Archaeology 90. British Archaeological Reports series 2755. Oxford: ArchaeoPress.
- Walshaw, Sarah C. & J. Stoetzel. 2018. Plant Use and the Creation of Anthropogenic Landscapes: Coastal Forestry and Farming, in A. LaViolette & S. Wynne-Jones (ed.) *The Swahili World*: 350-62. London: Routledge.
- Wylie, A.M. 1985. The Reaction against analogy, in M.J. Schiffer (ed.) *Advances in Archaeological Method and Theory* 8: 63-111. New York: Academic Press.
- Wynne-Jones, S. 2018. Kilwa Kisiwani and Songo Mnara, in A. LaViolette & S. Wynne-Jones (ed.) *The Swahili World*: 353-59. London: Routledge.
- Wynne-Jones, S. & J.B. Fleisher. 2010. Archaeological investigations at Songo Mnara, Tanzania, 2009. *Nyame Akuma* 73: 2-8.
- Wynne-Jones, S. & J.B. Fleisher. 2011. Archaeological investigations at Songo Mnara, Tanzania, 2011. *Nyame Akuma* 76: 3-8.

ユーラシア農耕拡散の十字路：ウクライナの新石器〜青銅器時代の栽培穀物

Ukraine as the crossroad for Agricultural dispersal in Eurasia

遠藤英子　Eiko Endo

明治大学黒耀石研究センター

はじめに

広く長いユーラシアの歴史のなかで、最初に大陸を横断したのは小さなタネだったかもしれない。モノ、ヒト、文化が東西に行き交うシルクロード成立のはるか千年以上前の紀元前2,200年頃、すでに中央アジア、カザフスタンのBegash遺跡では、西アジアで栽培化されたコムギと、東アジアで栽培化されたキビがともに出土している（Frachetti *et al.* 2010）。

ユーラシアの農耕拡散についてはこれまで、西アジアでのファウンダークロップ（創始者作物）と呼ばれるムギ類、マメ類の栽培化と、それら栽培植物のユーラシア各地への拡散という枠組みを中心に議論されることが多かったが（Zohary *et al.* 1988；ベルウッド2008）（**図1**など）、近年は中国での考古植物学の目覚ましい進展により、もう一つの重要なドメスティケーションセンター＝中国でのイネ・アワ・キビの栽培化とそのユーラシア各地への拡散についても、確実なデータに基づいて議論されるようになってきている（Hunt *et al.* 2008；Fuller *et al.* 2009；Jones *et al.* 2011；Stevens *et al.* 2016など）。したがって、ユーラシアの農耕拡散は今日、東に向かうベクトルと西に向かうベクトル、双方向から議論する必要があるのだが[註1]、ユーラシア大陸はあまりに広大なため、中央アジアや東ヨーロッパなどに多くのデータ空白地域が残され、面的な理解を困難なものとしている。

なかでも黒海の北側のステップ地帯から森林ステップ地帯に位置するウクライナは、今日でもヨーロッパの裏玄関（Backdoor of Europe）と呼ばれるように、ユーラシア大陸の東西をつなぐ結節点のひとつであり、またヨーロッパの穀倉（Granary of Europe）とも呼ばれる一大穀物生産地帯であるが、先史時代の確実な栽培穀物データは限定的である。ちなみに、上半分が青、下半分が黄色というウクライナの国旗は、青空の下、どこまでも広がる麦畑を象徴している。

本稿ではこのウクライナでの栽培穀物について、先行研究の到達点や課題を紹介しながら、栽培穀物出現期と拡散過程を明らかにするべく、現在著者らが実施中の調査についても言及したい。ただウクライナでの調査は現在も進行中のため途中報告であることをお断りしておきたい。

略歴
2015年　首都大学東京大学院博士後期課程修了
博士（考古学）首都大学東京
2015より明治大学黒耀石研究センター 客員研究員
専門分野：植物考古学
主要著作
2019「関東地方の弥生農耕」『農耕文化複合形成の考古学』（上）設楽博己編　雄山閣（印刷中）
2014「種実由来土器圧痕の解釈について」『考古学研究』60-4: 62-72 考古学研究会
2013「栽培植物からみた、近江盆地における農耕開始期の様相－滋賀県安土町上出A遺跡・草津市烏丸崎遺跡のレプリカ法調査から－」『日本考古学』35: 97-112 日本考古学協会
2012「縄文晩期末の土器棺に残された雑穀」『長野県考古学会誌』140; 43-59　長野県考古学会
2011「レプリカ法による、群馬県沖Ⅱ遺跡の植物利用の分析」『古代文化』63-3: 122-132 古代学協会

註1　本稿ではユーラシアにおける農耕の拡散について、ヨーロッパと東アジア間に限定して議論しているが、本来であれば南アジアでの栽培化とその拡散も検討するべきであり、本編のタイトル通り、アフロ・ユーラシアという視点も当然考慮する必要がある。

1. ウクライナ考古植物学の課題

冒頭に引用したFrachettiらの論文のなかでは、東ヨーロッパでの特異的に早い時期の栽培穀物として、紀元前6,000年に遡るウクライナのコムギやオオムギが紹介されているが、これらの資料は、種子が残したと思われる土器圧痕を肉眼で観察して種子同定したデータが根拠となっている（Kotova 2003；Paskevich 2003）。また、紀元前五千年紀に遡るとされるTrypillia culture期の栽培穀物のなかにキビやソバが含まれるとも紹介されているが（Kohl 2007）、周辺地域のキビやソバの出現状況から考えると、これまた突出して早い資料である。したがって最近では、ウクライナで報告されてきた紀元前三千年紀前半の雑穀（土器圧痕資料）について、同定に問題があり「野生種かイヌビエ属ではないか」との疑義も呈されている（Stevens *et al.* 2016）。

このようにウクライナでの農耕出現期や拡散研究を検証していくと、つねに課題のあるデータに突き当たってしまう。したがって筆者は、先行研究で示されてきた紀元前6,000年を遡る穀物栽培の開始や、新石器時代から金石併用時代のキビの利用（Kotova 2003；Paskevich 2003）については再検討が必要であり、加えて新たな確実性の高いデータの蓄積が喫緊の課題と考えている。

このようなウクライナの例外的に早い時期の栽培穀物データは、ウクライナ国

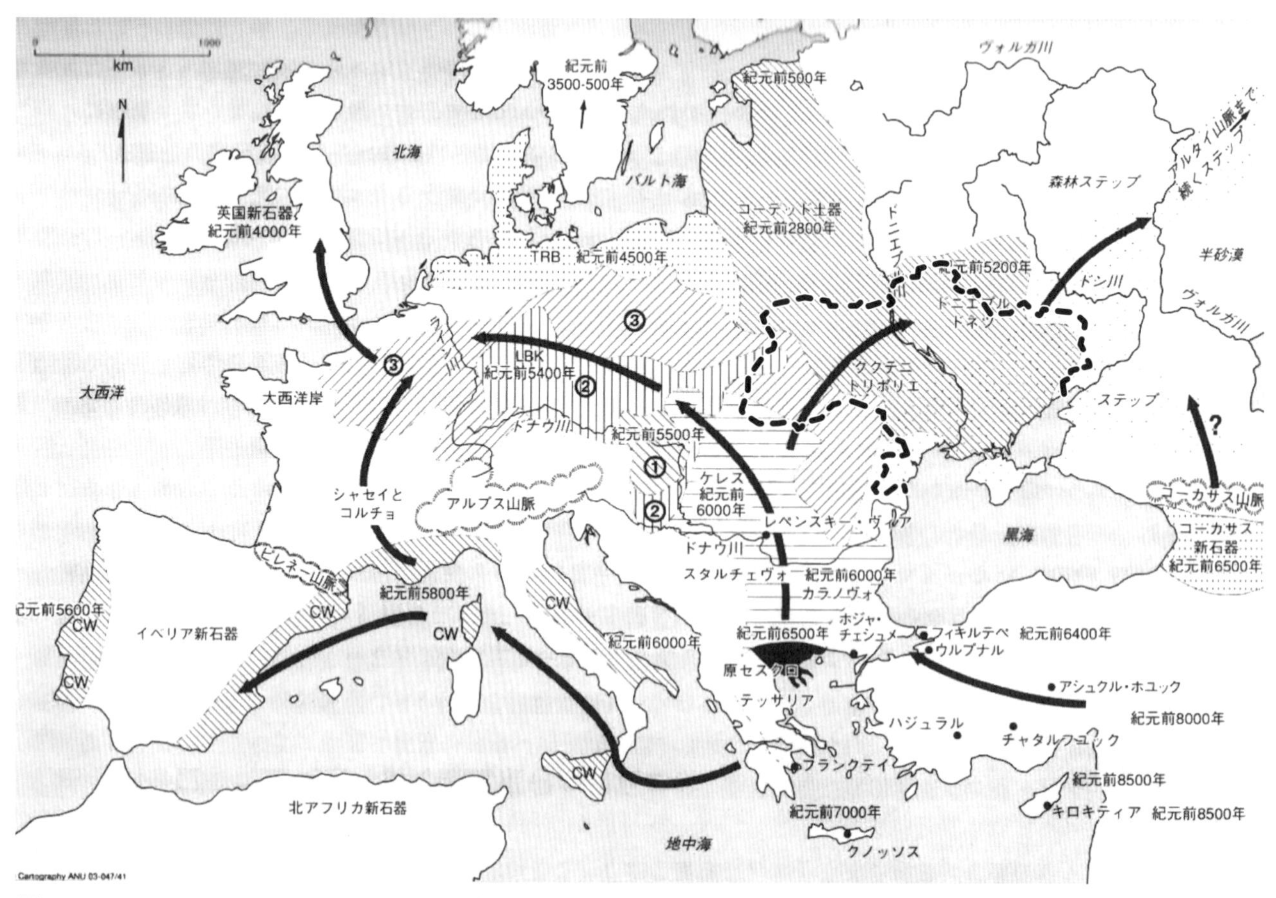

図1 西アジアからヨーロッパへの農耕の拡散とウクライナ
ベルウッド2008『農耕起源の人類史』図4-1「ヨーロッパの最初期の新石器文化」より転載、一部加筆

内の研究にかぎらず、ユーラシア農耕拡散研究の全体像の把握を妨げていると思われる。たとえば、中央アジアをフィールドとするSpenglerは、栽培穀物の東から西への拡散経路として従来予測されてきたモンゴルからウクライナに続くステップゾーンを通過するルート"steppe highway"について異議を唱えているが(Spengler 2015)、その根拠としたのは、青銅器時代のドン河以東のステップゾーンから検出されていないのと対照的に、ウクライナで報告されている栽培穀物データである。しかし、ここでとりあげられているのもまた土器圧痕資料から得られたデータで(Paskevich 2003)、やはり種子同定に疑問が残る資料群である。不確かな資料の存在が、資料の不在以上に問題を複雑にしてしまっているようだ。ゲノム解析からキビの栽培化起源地を検討した最近の論文のなかでも「現状でもっとも再検討が必要なのは黒海北側および西側ステップ地帯の土器圧痕資料の種子同定」と指摘されている(Hunt *et al.* 2018)。

2. 現状でのウクライナの栽培穀物出現期－西アジア起源の穀物栽培

一方で最近、今後ウクライナでの栽培穀物の出現期を検討するうえで定点的なデータとなると思われる報告があったので、これについて少し詳しく紹介しておきたい。

ウクライナ西部の新石器時代Linear Pottery Culture (LBK)のRatniv-2遺跡で住居址の炉の土壌を採取し、フローテーション法を実施したところ、オオムギ(*Hordeum vulgare*)やヒトツブコムギ(*Triticum monococcum*)、エンマーコムギ(*Triticum dicoccum*)が検出された(Motuzaite-Matuzeviciute *et al.* 2016)。この報告で注目されるのは、検出された穀物(エンマーコムギ2点)そのものが直接炭素年代測定され、それぞれ5,471～5,230 cal BC、5,341～5,215 cal BCという帰属時期が明らかとされた点である。これまでフローテーション法で検出される炭化種子の時期については、サンプリング土壌と同じ層位から出土した土器の編年など共伴する考古資料の時期から類推されることが多かった。ただ小さなタネにはつねに別の層位からの混入＝コンタミネーションの心配があったが、それが近年は年代測定技術の進歩によって小さなタネ1点の測定も可能となってきている。今後は今回の報告のように、炭化種子など大型植物遺体の時期については資料そのものの炭素年代測定が求められるだろう。

LBK文化(おおよそ5,500～4,500BC頃)は、中央ヨーロッパを中心に西はパリ盆地までの分布域を持ち、その東端がウクライナ西部とされている。そしてこのLBK文化は最古のヨーロッパ新石器時代文化で、ヨーロッパの初期農耕拡散に重要な役割を担った文化と考えられており、ヨーロッパではこのLinearbankermik potteryの出土が、日本列島における遠賀川式土器と似て、農耕到着の重要な指標となってきたという経緯がある。したがって、Ratniv-2遺跡から検出された栽培穀物は、LBK文化の伝播によりウクライナ西部でもすでに六千年紀中頃には農耕が開始されていたことを示す根拠と評価できるだろう。オオムギやコムギにかぎらずレンズマメ(*Lens culinaris*)、エンドウマメ(*Pisum sativum L.*)、アマ(*Linum usitatissimum/catharticum*)など、その他のファウンダークロップも検出されており、このように西アジア起源の栽培植物がパッケージとなって伝播していることからは、栽培植物がどこか別の場所からもたらされたというより、すでにRatniv-2遺跡に西アジア起源の農耕が定着していた可能性が高いのではないだろうか。しかも、これまでウクライナへのLBK文化の伝播は中央ヨーロッパよりやや遅れて紀元前五千年紀と考えられてきたが、今回の資料はポーランドやモルドバなどの農耕開始とほぼ並行する時期を示しており、LBK文化は予想以上に速いスピードでウクライナ西部まで到達したようだ。もちろん今後より古い資料が発見される可能性もあるが、今回報告されたこの資料が現状では時期・同定の確実性の高いウクライナ最古の栽培穀物と位置づけることができよう。

3. 東アジア起源の栽培穀物

一方、雑穀の出現期については、確実な情報はより限定的である。2013年刊行のオックスフォードハンドブック『ヨーロッパ青銅器時代』のなかでは、キビは東ヨーロッパやコーカサス地方にすでに新石器時代には出現しているが、主要な栽培穀物となるのは中期〜後期青銅器時代にはいってからであるとされている(Stika *et al.* 2013)。しかし、新石器時代に遡るヨーロッパでの雑穀資料については、今日多くの植物考古学者が懐疑的である。ユーラシアの紀元前5,000年より古い雑穀を集成した論文(Hunt *et al.* 2008)には、ウクライナ新石器6遺跡のキビも集成されているが[註2]、やはりいずれも土器圧痕の肉眼による同定であり(Kotova 2003)、確実性は低いものと思われる。また、ヨーロッパ各地の紀元前5,000年を遡るとされてきた炭化キビ10点を対象とした炭素年代測定も実施されたが、少なくとも3,500年以上新しいという衝撃的な結果が報告されており(Motuzaite-Matuzeviciute *et al.* 2013)、この論文ではキビは紀元前二千年紀までヨーロッパに到着していないと推定された。一方で、紀元前三千年紀末に中央アジアまで到着したキビが、紀元前二千年紀末になるとようやく残りの中央アジアや東ヨーロッパまで拡散するという見解もある(Miller *et al.* 2015)。また人骨の同位体分析からも、キビの青銅器時代のヨーロッパへの拡散は支持されている(Wang *et al.* 2017)。具体的なヨーロッパでの早いキビの出現例としては、ウクライナの南西に位置するハンガリー南東部の青銅器時代後期(1,300〜1,100BC)の遺跡で、すでにキビがもっとも出現率の高い栽培穀物となるという報告(Szeverenyi *et al.* 2015)や、イタリアの南チロル地方の1,400〜1,000BCの遺跡から122点の炭化キビを検出し、それは全同定穀物の82.9%に及ぶという報告(Schmidl *et al.* 2005)もある。

註2 2008年に発表されたこの論文では、ウクライナを含めてユーラシア各地の紀元前5,000年を遡ると報告されている雑穀資料が集成されているが、著者らは集成したすべての雑穀資料について、種子同定基準や種子分類の階層が曖昧であることや、報告に写真の掲載や種子同定基準に関する記載がないことなどを理由に、再検討が必要であると結論づけている。

ウクライナ国内では考古植物学のパイオニアであるPaskevichが、本格的な雑穀の検出はUsatovo culture(金石併用時代末、3,600〜2,900BC頃)からであるとしているが、やはりこれらの根拠も土器圧痕からの同定資料である。そして、近年彼女が実施したUsatovo cultureの土器圧痕調査では、ほとんどのキビ資料には?マークがつけられている。やはり、長軸4〜5mmほどのイネやムギ類はともかく、その半分以下のサイズの雑穀を、しかもその圧痕の肉眼観察から種レベルまで同定するのはほぼ不可能と思われる。

では、現状でのウクライナの確実な雑穀資料はいつ頃まで遡るかといえば、時期はスキタイ時代まで下り、ウクライナ東部ステップ地帯のZanovskoe遺跡から、フローテーション法によりキビ48点が検出されており、そのうち2点が直接炭素年代測定されて、2,275±45BPと2,227±32BPという鉄器時代(遊牧民スキタイ〜サルマチアンの時代)の年代値が得られている(Motuzite-

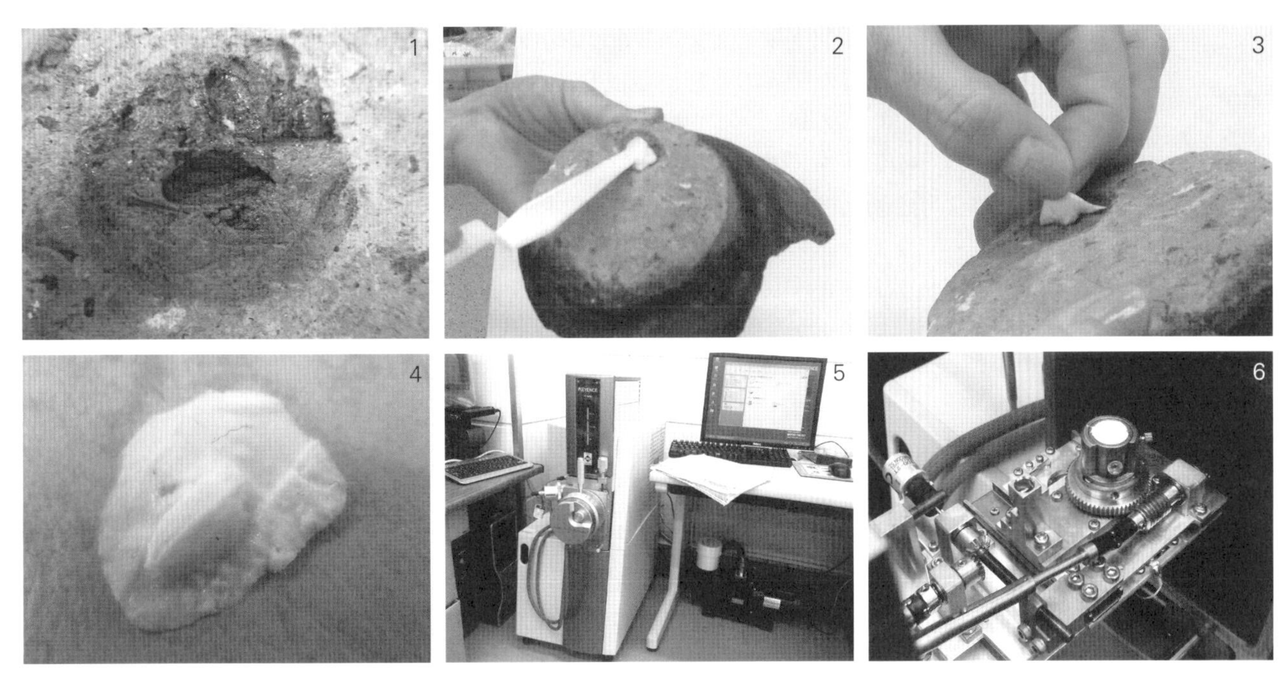

図2　レプリカ法の手順
1：土器から検出した圧痕に離型剤を塗布
2：圧痕へのシリコン樹脂の充填
3：硬化したレプリカのとりだし
4：とりだしたレプリカ
5：観察に用いた走査型電子顕微鏡(SEM)
6：SEMの試料台に設置したレプリカ

Matuzeviciute *et al.* 2012a)。ただ前述したヨーロッパでの雑穀の報告から見ると、ウクライナのキビの出現期も青銅器時代まで遡る可能性が高く、確実な資料から出現期を絞り込む必要がある。

4. レプリカ法の手順、種子同定、土器圧痕データの特徴

さてここで、ウクライナでの調査について紹介する前に、筆者が用いているレプリカ法について、その手順や種子同定について簡単に説明し、また土器圧痕の同定から得られるデータの特徴を、フローテーション法で得られる炭化植物遺体データと比較しながら説明しておきたい。

4-1　レプリカ法の手順

近年、土器圧痕から植物種子を同定する有力な手法として普及してきたのが、丑野　毅によって開発されたレプリカ法である(丑野・田川1991)。土器に残された圧痕にシリコン樹脂を充填してレプリカを採取し、走査型電子顕微鏡(SEM)などの顕微鏡で観察し、現生の物質と形態を比較して原因物質の同定を行うこのレプリカ法は、日本列島の縄文〜弥生時代の植物利用を中心に現在さかんに研究が進められている。

筆者は福岡市埋蔵文化財センター方式(比佐・片多2005)に基づきレプリカ法を実施しており、その主な手順は以下の通りである(**図2**)。

① 土器表面や断面を肉眼やルーペで観察し、種子と推定される圧痕を探索

② 柔らかい豚毛歯ブラシなどを用いての圧痕内のクリーニング(砂などの除去)
③ 土器の保護のため、圧痕やその周辺への離型剤(パラロイドB72を5%溶かしたアセトン)の塗布
④ シリコン樹脂(今回の調査ではトクヤマフィットテスターを使用)の充填
⑤ 硬化後、レプリカのとりだし
⑥ アセトンによる離型剤の除去
⑦ 圧痕を採取した土器や圧痕の写真撮影
⑧ レプリカの検鏡(明治大学日本古代学研究所所蔵の走査型電子顕微鏡(SEM) KEYENCE VE-8800を使用)
⑨ レプリカの同定、撮影、データの記録

4-2 種子同定

採取したレプリカの種子同定は、現生種子とのサイズ、形状、表面組織などの形態的比較によって行う。種子の産状は、フローテーション法で検出される炭化種子の場合、多くが内外頴の剥がれた穎果(grain)の状態であるのに対して、レプリカ法で同定される種子の場合、穎果が外頴(Lemma)と内頴(Palea)に包まれた有ふ果の状態であることが多い。

一部の炭化キビ・アワには内外頴が残る資料も見られることから、おそらく最終的な脱稃作業を終えた頴果ばかりでなく、炭化によって内外頴が失われ頴果の状態で検出された雑穀も多いと推定される。頴果の場合、種子同定基準は炭化頴果の胚の形態や、粒長に対する胚の長さの比率などで、キビとアワの区分もこの基準に沿って行われている(椿坂1993；Fuller 2006；Motuzaite-Matuzeviciute *et al.* 2012bなど)。

一方、レプリカ法では頴果が内外頴に包まれた有ふ果の状態がほとんどで、フレッシュな内外頴の表面情報が土器圧痕に残されており、アワ有ふ果では表面の乳頭状突起や内外頴境目の三日月状形の平滑な部位、キビ有ふ果では平滑な表面や内外頴境目の段差などが観察できる。

筆者が用いているアワとキビの同定基準は以下の通りである。

① アワ(*Setaria italica*)は、有ふ果の場合、背腹面観が卵状円形～楕円形で(**図3-1、3-3**)、側面観は外穎側が膨らみ内穎側が平坦な個体が多い(**図3-4**)。内外穎には乳頭状突起(15～20 μm)(Nasu *et al.* 2007)が観察されるが、内外穎境目には三日月状の平滑な部分が観察される(**図3-2、3-5**)。穎果には「粒長の2/3ほどの長さのA字形をした胚」(椿坂1993)が観察される(**図3-6**)。
② キビ(*Panicum miliaceum*)は、背腹面観は倒広卵形で両先端部がツンと尖る個体が多い(**図3-7**)。側面観は内外穎側とも膨らむ個体が多く(**図3-8**)、表皮は平滑で、内外穎の境目には外穎が内穎を包み込むような段差がみられる(**図3-9**)。穎果には「粒長の1/2ほどの胚」(椿坂1993)が観察される。

4-3 土器圧痕同定データの特徴

レプリカ法で得られた土器圧痕同定データをどのように解釈するべきか、その方法論は必ずしも確立していないが、ここではより普及しており、方法論の整備も進んでいる炭化大型植物遺体のデータと比較しながら、日本列島での事例など

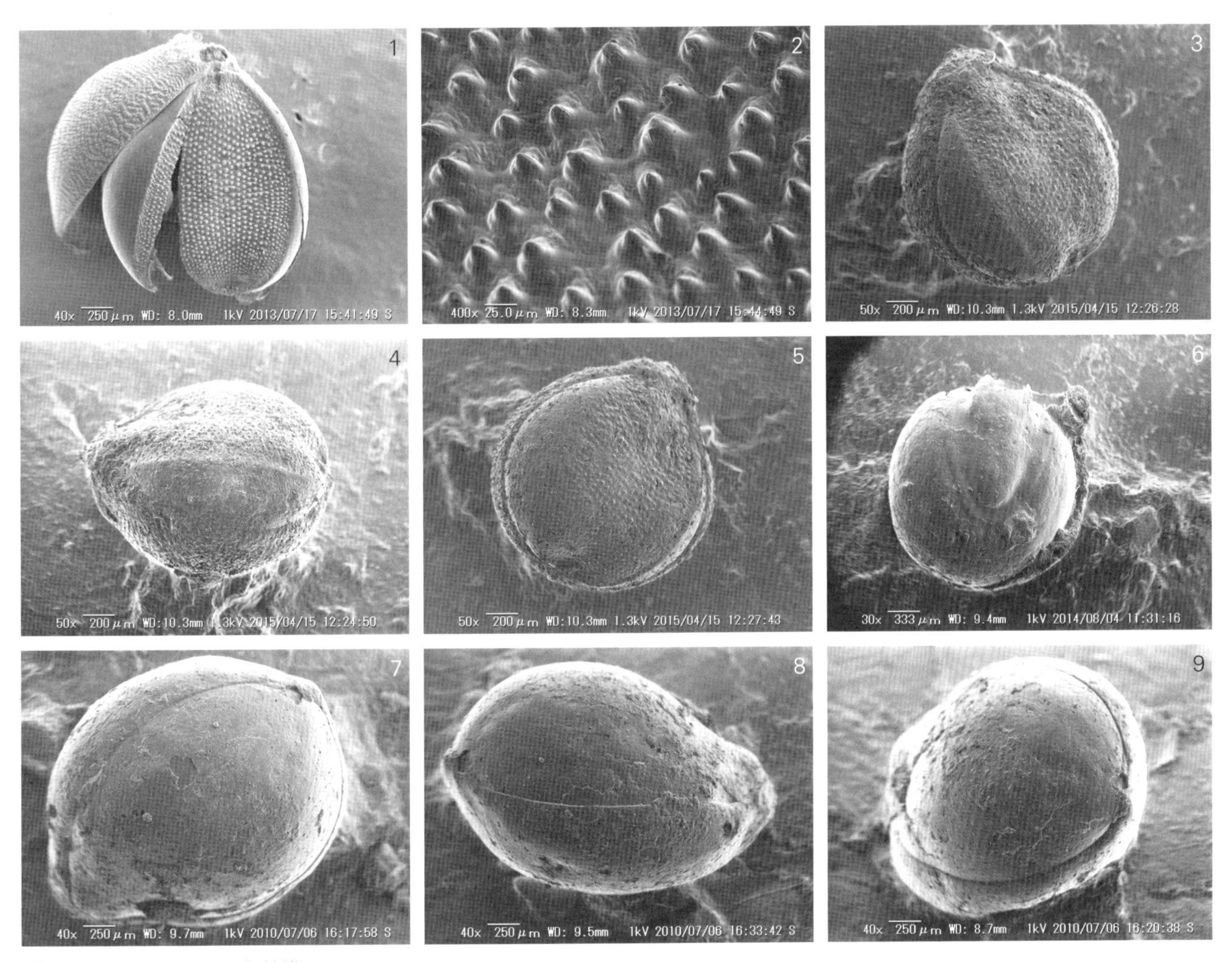

図3　アワ・キビの同定基準
1：アワ有ふ果内穎側（現生）
2：アワ乳頭状突起（現生）
3：アワ有ふ果内穎側（群馬県安中市上人見遺跡出土弥生時代中期土器圧痕資料）
4：外穎側が膨らみ、内穎側が平坦な側面観（同）
5：乳頭状突起と内外穎境目の平滑な三日月状部位（同）
6：アワ穎果のA字形の胚（長野県佐久市大豆田遺跡出土弥生時代後期土器圧痕資料）
7：キビ有ふ果内穎側（長野県飯田市北方北の原遺跡出土縄文時代晩期末土器圧痕資料）
8：内外穎側とも膨らむ側面観（同）
9：外穎が内穎を包み込むような段差（同）

も踏まえて（遠藤2014）筆者の考えを述べておきたい。

すでにフローテーション法で検出される炭化植物については、さまざまな形成過程やそこからの解釈モデルが提出されている（Miksicek 1987；Bakels 1991；Van der Veen 2007；Van der Veen *et al.* 2007；Maier *et al.* 2011；Kreuz *et al.* 2017など）。たとえば、同定された植物の産状から種子が多いサンプルは生産遺跡、雑草や殻が多いサンプルは消費遺跡との解釈が示されてきたが（Jones 1985）、このモデルについては、大量の栽培種子が検出されるピットは饗応を想定すべきという反論（Van der Veen *et al.* 2006）や、家畜の多寡を反映しているという解釈（Campbell 2000）、地域での共同貯蔵と個人の貯蔵という貯蔵形態の違いという指摘（Stevens 2003）など、さまざまな解釈がある。

いずれにしても炭化資料の場合、そのサンプルが回収された住居やピットなどの遺構が機能していた時間全体の資料の集積であることに対して、レプリカ法で得られる土器圧痕からの同定資料は、比較的限定的な条件下で形成されたと想定できる。つまり、土器胎土への種子の混入は粘土が生乾き状態の土器製作時の数時間にかぎられ、遺跡でのある日の一瞬の情報を切り取った資料と解釈でき、圧痕形成場所も土器製作場所周辺と絞り込める。また、その産状の多くが有ふ果であることからは、脱穀を終え最終的な調整前の貯蔵中の資料がほとんどである可能性が高い。しかも、同定される植物にはほとんど野生種が見られず栽培植物主体であることから、土器圧痕のもっとも一般的な形成理由としては、住居内に貯蔵されていた植物が床面などにこぼれ、それらが土器製作時に粘土に偶然混入したからと筆者は考えている。

なお、炭化資料の多くが調理や火災などの被熱により偶然遺存したのに対して、土器圧痕のなかには、一個体から大量の植物が同定されるなど意図的に残された可能性がある資料が含まれることにも注意が必要で、その場合は偶発的に形成された資料との単純な数の比較はできない。また、後述するTrypillia期の建築材として使われた粘土塊のように混和材として植物が利用された場合も人為的な混ぜ込みであり、同定種子の組み合わせや同定量を他のデータと比較することはできない。

4-4 ウクライナでのレプリカ法調査

明治大学黒耀石研究センターとウクライナ国立科学アカデミー考古学研究所との国際連携研究として2016年度より開始した調査では、すでに新石器時代25遺跡、金石併用時代15遺跡、青銅器時代13遺跡の計53遺跡出土資料20,000点以上の土器を対象にレプリカ法調査を実施し、現在も進行中である。

新石器時代の資料はすでに8,000点以上を観察したが、いまだ栽培穀物を同定できていない。当初計画した「すでに栽培穀物と報告されている膨大な圧痕資料の再検討」については、該当資料を見つけだすこと自体が難しく、現状では33点の既報告資料のみからレプリカを採取、顕微鏡観察を行ったにすぎないが、いずれも栽培穀物とは同定できなかった。たとえば、新石器時代Bug-Dniester culture（5,900 ～ 4,800/4,700BC[註3]）のBazkiv Ostriv遺跡出土の圧痕資料は、ヒトツブコムギ（*Triticum monococum*）と報告されているが（Paskevich 2003）、採取したレプリカからは栽培穀物と同定できない（**図4-1～3**）。また同じくBug-Dniester cultureのPechera-1遺跡出土圧痕は、皮性コムギ（*Triticum* (hulled)）の小穂軸（glume base）と報告されているが（Motuzaite-Matuzeviciute 2012）、これもレプリカ資料からは同定できなかった（**図4-4～6**）。オオムギ、コムギ、キビと報告されているそれ以外の資料も同様に、レプリカのSEM画像からは栽培穀物とは同定できない（**図4-7～13**）。一方で新たに観察したBazkiv Ostriv遺跡出土の新石器時代の資料（約700点）では、ニワトコの可能性のある資料*cf.Sambucus*（**図4-14**）、巻貝（**図4-15**）などを同定したが、栽培穀物はやはり同定できていない。

註3 ウクライナの絶対年代は現在も揺らいでおり、特に新石器時代の開始や各文化の時間幅などは研究者間で一致していない（Gaskevych 2011、Motuzaite-Matuzeviciute 2013など）。したがって本稿で示す年代はおおよその目安である。

このような状況が一変するのが、ウクライナやルーマニア、モルドバに分布域を持つ金石併用時代Tryipillia culture期（異論もあるが、おおよそ4,800 ～ 3,350 BC頃）で、先行研究からも各地での本格的農耕成立期と考えられている。150ha

ほどの広大な集落に2,500軒もの住居が存在したメガサイトが有名で、Tryipillia AからTryipillia CⅡまでの細分された土器編年を持つ（Müller *et al.* 2017）。このTryipillia cultureの15遺跡の出土土器資料を対象にレプリカ法調査を実施したところ、Maidanetske site（Trypillia CⅠ：3,800 〜 3,700BC）出土土器（**図5-1**）の圧痕（**図5-2**）から二条オオムギ（*Hordeum vulgar,* two-rowed barley, hulled）（**図5-3 〜 5-4**）、Chapaivka site（TrypilliaBⅡ:3,900-3,700BCE）出土土器圧痕からコムギ（*Triticum cf.spelta*）（**図5-5 〜 5-6**）など西アジア起源の栽培穀物を同定した。すでにMaidanetske siteでは2013年のドイツ／ウクライナ隊の発掘調査で6,400点にも及ぶ炭化大型植物遺体を検出しており、オオムギ、コムギも同定されているが、じつはTryipillia cultureの遺跡では層位的サンプリングが難しく、小動物による撹乱がひどくコンタミネーションの心配があるという（発掘実施者のDr. Videikoによる教示）。したがって、レプリカ法からのクロスチェックは有効と思われる。この報告には炭化キビ2点も含まれているが、レプリカ法では同定していない。また、Trypillia期の遺跡からは土器ばかりでなく建築材とされる粘土塊（daub）が大量に出土し、大量の植物由来と推定される圧痕が残されていることは古くから知られていたが、これらの圧痕からもレプリカを採取したところムギ類を同定した（**図5-7 〜 5-9**）。ただ、土器からは種子が同定されることがほとんどであるのと対照的に、粘土塊からはby-productsと呼ばれる脱穀で分離された種子以外の殻（chaff）や軸など非可食部位がほとんどで、また多くの資料から大量に検出されるため、混和材として人為的に粘土塊に混ぜ込まれたものと思われる。

一方、東アジア起源の雑穀については、前述した通り先行研究からは金石併用時代末のUsatovo culture期（3,600 〜 2,900BC頃）に雑穀栽培が予測されてきたが、今回の調査で雑穀が確認できているのは後期青銅器時代（おおよそ1,500 〜 1,300BC頃。同定したキビの詳細な帰属時期については現在検討中）の資料からである。なかでも後期青銅器時代（Sabatynivka culture）の遺跡とされるNovokyivka遺跡では約1,300点の土器を観察して、キビ有ふ果42点（**図6-1 〜 6-6**）を同定した。一方でこの遺跡資料からは西アジア起源の穀物としてオオムギ4点、コムギ1点、オオムギ／コムギ3点を同定した。今後データの蓄積が必要であるが、この遺跡にかぎれば後期青銅器時代には、西アジア起源の栽培穀物にかわって、東アジアから伝播した雑穀が栽培穀物の中心となるという生業の変化が読み取れる。

以上をまとめると、現状でのレプリカ法調査からは、Trypillia culture以前の新石器時代の栽培穀物はいまだ検出できていない。ただRatniv-2遺跡の5,471 〜 5,230 cal BC、5,341 〜 5,215 cal BCという年代値を持つ炭化コムギからは、ウクライナ西部のLBK土器を持つグループではすでに穀物栽培が始まっていたようである。したがって今後、地域や時間幅を持った資料の調査を継続して、LBK以外のBug-Dniester cultureなど在地の土器を使用するグループでは穀物栽培が導入されていなかったのかどうか、異なる生業形態が採用されていたのかを検討する必要がある。

また、金石併用時代のTrypillia cultureの遺跡群では、レプリカ法からも西アジア起源の穀物栽培を追認でき、そのような穀物栽培がTrypillia A期からTrypillia C期まで継続していたことは確認できた。

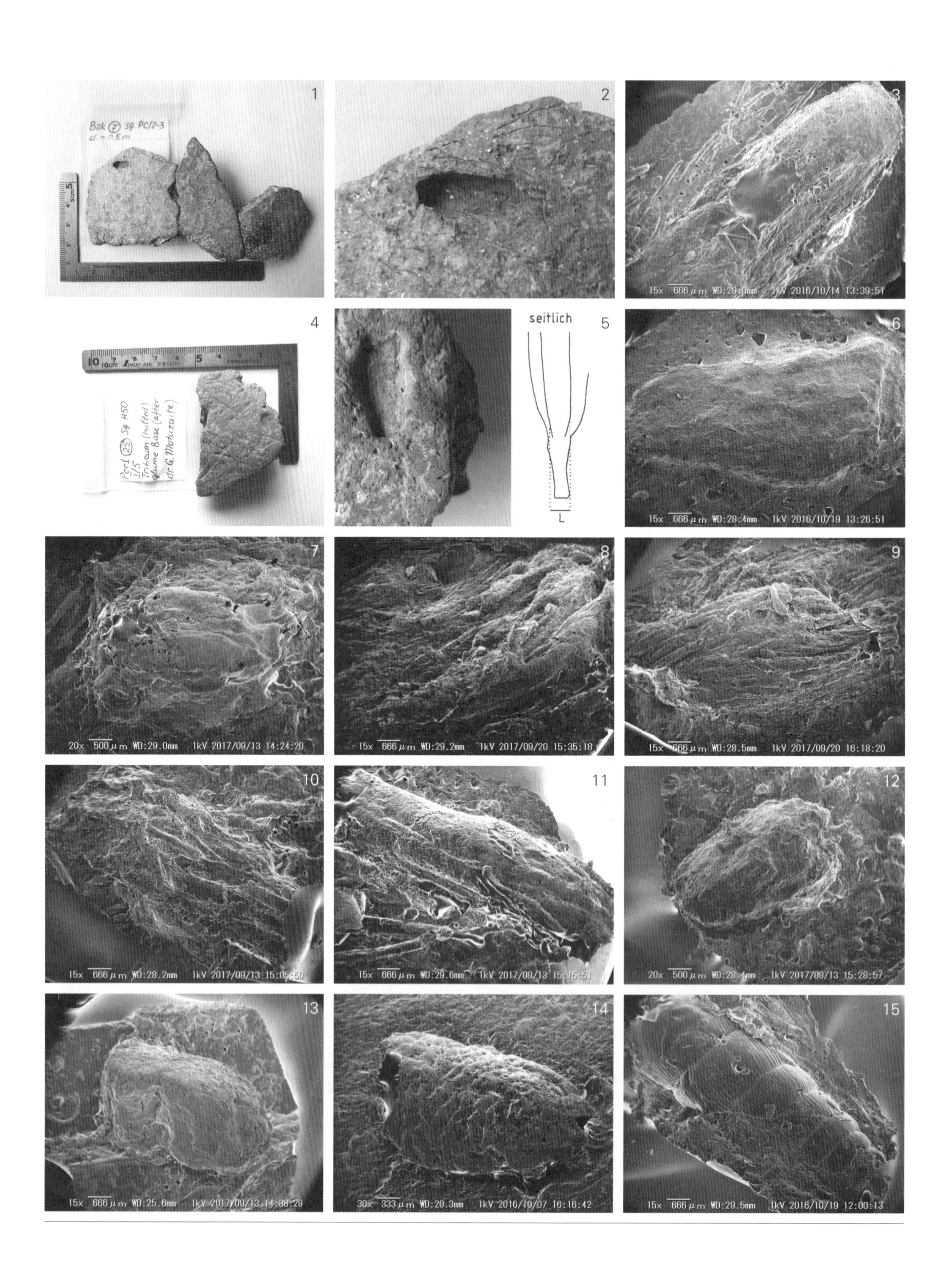
1
2
3
4
seitlich
5
L
6
7
8
9
10
11
12
13
14
15

(左ページ)
図4　新石器時代資料のレプリカ法による再検討
1～3：ヒトツブコムギと報告された圧痕のレプリカを採取したが、同定は不可能。
4～6：皮性コムギのglume base（穂軸）と報告された圧痕を採取したが、同定は不可能。
7：ヒトツブコムギとは同定できない
8：ヒトツブコムギとは同定できない
9：ヒトツブコムギとは同定できない
10：オオムギとは同定できない
11：オオムギとは同定できない
12：キビとは同定できない
13：キビとは同定できない
14：ニワトコ？(cf.Sambucus)
15：巻貝

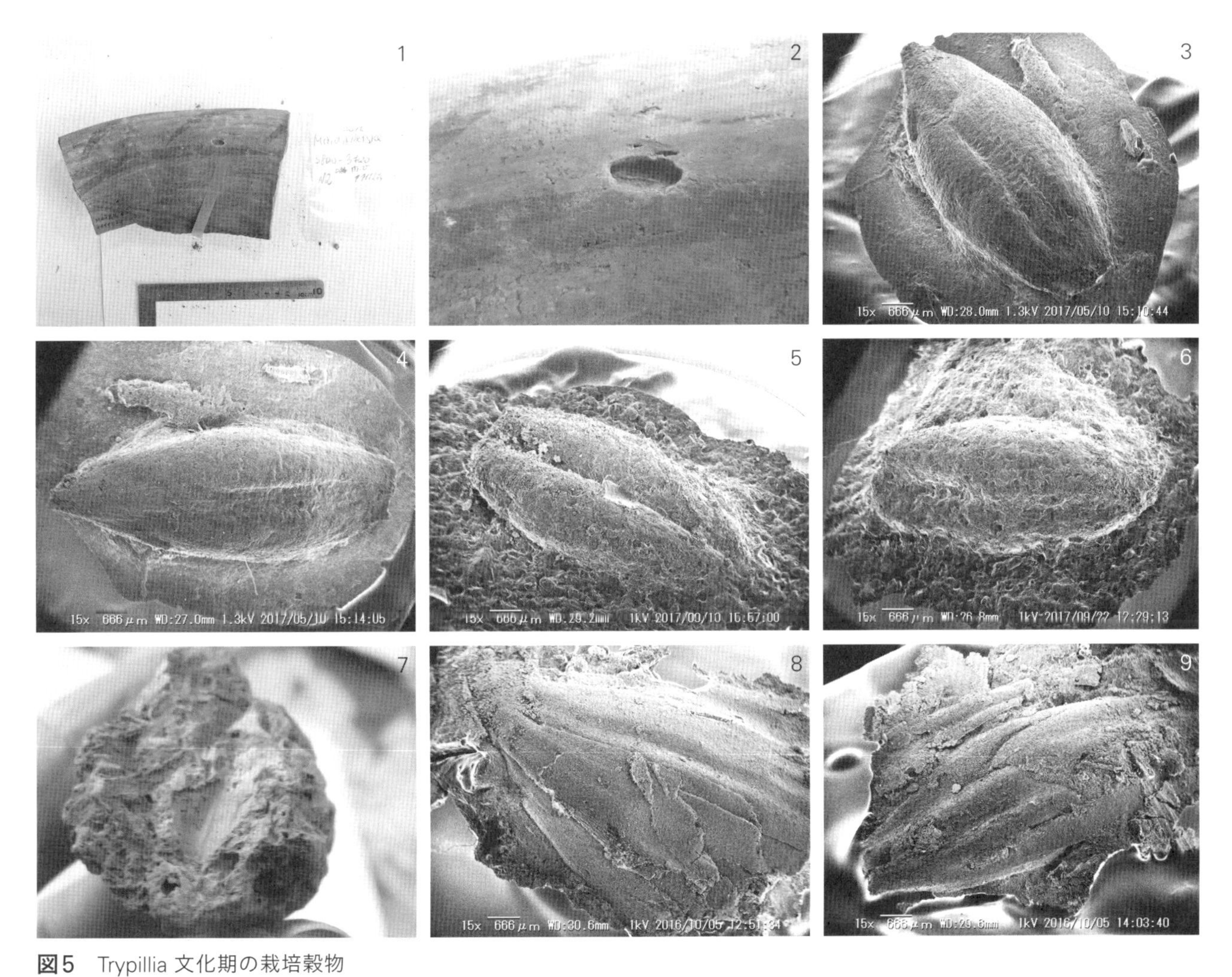

図5　Trypillia 文化期の栽培穀物
1：Maidanetske site出土土器
2：レプリカを採取した土器圧痕
3、4：二条オオムギ
5、6：Chapaivka site出土土器から同定したスペルタ？コムギ
7：Maidanetske site出土の粘土塊(daub)
8、9：オオムギ／コムギの殻(chaff)

一方で、後期青銅器時代資料からはキビを同定し、なかでもNovokyivka遺跡ではキビが穀物の主体であった。今後、資料の蓄積による検証が必要であるが、同様の傾向はヨーロッパの他の後期青銅器時代遺跡でも看取されており（Szeverenyi *et al.* 2015；Schmidl *et al.* 2005；Kneisel *et al.* 2015など）、ウクライナでの特異な状況というより、一部ヨーロッパの後期青銅器時代の穀物栽培の特徴と捉えられるかもしれない。

5. まとめ：レプリカ法の可能性と課題

残念ながら、定量的な分析手法が確立されているフローテーション法と比べて、レプリカ法によるデータから議論できることは少ない。しかし、これまで土器圧痕の肉眼による種子同定という確実性の低いデータから組み立てられてきたウクライナの農耕出現時期やその内容、地域的差異などについて、レプリカ法からの検証は有効な手法と考えている。

冒頭にも述べた通り、ウクライナも含めて、栽培穀物データの空白地域は広いユーラシアにたくさん残されている。その原因は、ただ「広い」という地理的要因ばかりでなく、経済的な問題や、新しい手法を学んだ研究者の不足から考古植物学を含めた発掘調査がなかなか実施できないなどさまざまな事情があるが[註4]、今回の調査を経験してレプリカ法はこのような空白地域のデータを埋める役割を担えるだろうと実感している。たとえば、ウクライナの北西に位置するベラルーシも同様に確実な栽培穀物データが限定的な地域であるが、現在ベラルーシの研究者自身の手でレプリカ法が実践されており、現地で採取したレプリカを、日本で検鏡・撮影し、その画像をベラルーシに戻して現地レファレンス情報に基づき種子同定するという流れが構築され、栽培植物データが蓄積されつつあ

註4　ウクライナにはこれ以外にも特別な事情があり、2014年のクリミア併合により、クリミア半島周辺地域の調査は不可能となり、研究はストップしている。

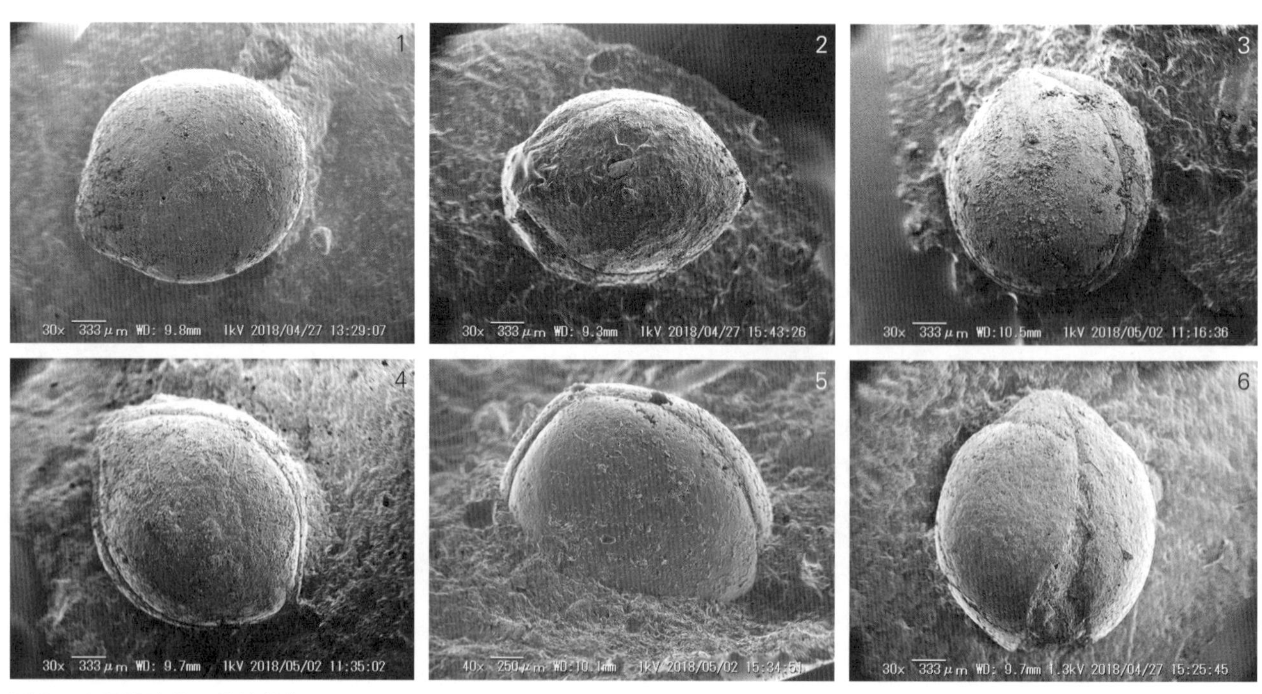

図6　青銅器時代の栽培穀物
1～6：Novokyivka遺跡（青銅器時代後期）出土土器圧痕から同定したキビ有ふ果

る（Grikpedis *et al.* 2018）。また、これも今回のプロジェクトではないが、筆者らはロシア極東アムール川流域の古金属時代の遺跡でもレプリカ法を実施してキビとアワを検出しており（福田ほか2019；遠藤ほか2016）、たまたまではあるがユーラシア大陸の東西両極でレプリカ法は着実に成果をあげてきている。

ただし、海外でレプリカ法を実践してみて実感した課題も多い。レプリカ法は近年、日本列島の縄文〜弥生時代の植物利用研究を中心に広く普及してきたが、これを支えているのは日本考古学が長年組み立ててきた精緻な土器編年である。しかし、残念ながら著者の知り得るかぎり日本以外ではこれほどの土器編年は存在せず、欧米の考古学者の多くは土器編年をそれほど信用していない。したがって、レプリカ法の大きな特徴である「土器編年を援用しての同定植物の時期比定」が困難となる。炭化種子であれば直接の年代測定も可能であるが、土器圧痕は土器胎土に残された種子表面のコピーにすぎない。そこで考えられるのは、圧痕土器に付着した炭化物の年代測定であるが、そんな恵まれた資料はなかなか見つからない。したがって、種子の帰属時期に関してはより慎重な検討が求められる[註5]。

註5　今回のプロジェクトでは現在、その打開策として、土器胎土そのものに含まれる炭化物の年代測定（Yoshida *et al.* 2004）を試みている。

今日の植物考古学ではフローテーション法がもっとも普及している方法論であるが、筆者はレプリカ法もまた、フローテーション法を補完できる有効な手法であると考えている。さらに近年は、イネやムギ類がC3植物であるのに対して、特殊な光合成をする雑穀は、重たい炭素13を多く含むC4植物であるという違いを利用して、人骨のコラーゲンの炭素窒素同位体比からそのヒトの雑穀の摂取割合がどれほどであったかを検討する研究もさかんに行われている（Svyatko *et al.* 2013；Lightfoot *et al.* 2015など）。さまざまな手法のそれぞれの特徴を生かし、相互補完的にクロスチェックが行われることが望ましい。

今後も確実性の高いデータを蓄積して、ユーラシア農耕の多様性を具体的に検討していきたい。特に今回の調査結果から推定されたように、ヨーロッパの青銅器時代に一部の遺跡でキビがムギ類にかわって主要な栽培穀物になるという穀物栽培の大きな変化があったとしたら、そのような変化が看取される遺跡の分布域では、どのような要因からそのような変化が引き起こされたのか、またそのような生業の変化がヨーロッパ青銅器時代の社会にどんな影響を与えたのかなど、解明すべき課題は多い。

本稿は、2017年第32回日本植生史学会大会で口頭発表した「ユーラシア農耕拡散の十字路─ウクライナ新石器時代〜金石併用時代の栽培穀物調査概報」遠藤英子／EikoEndo明治大学、那須浩郎／Hiroo Nasu岡山理科大学、D. Gaskevic、M. Videiko、O. Yanevich、Institute of Archaeology of National Academy of Sciences of Ukraine（NASU）をもとに、その後の調査結果も一部加えて書き下ろしたものである。なお掲載した走査型電子顕微鏡写真は、明治大学日本古代学研究所所蔵のKEYENCE-VE8800を使用させていただいた。

引用文献

・丑野　毅・田川裕美1991「レプリカ法による土器圧痕の観察」『考古学と自然科学』24: 13-36.
・遠藤英子2014「種実由来土器圧痕の解釈について」『考古学研究』60(4): 62-72.
・遠藤英子・福田正宏・那須浩郎・國木田大・Yanshina, O., Deryugin, V., Gorshkov, M., Shapovalova, E. 2016「アムール川流域古金属時代の雑穀栽培」『第31回日本植生史学会要旨集』61.

・椿坂恭代 1993「アワ・ヒエ・キビの同定」『先史学と関連科学：吉崎昌一先生還暦記念論集』(吉崎昌一先生還暦記念論集刊行会編) 吉崎昌一先生還暦記念論集刊行会:261-281.

・比佐陽一郎・片多雅樹 2005『土器圧痕レプリカ法による転写作業の手引き』福岡市埋蔵文化財センター.

・福田正宏・國木田大・遠藤英子・ゴルシュコフM・那須浩郎・北野博司 2019 (印刷中)「ポリツェ文化の穀物利用と食生活」設楽博己編『農耕文化複合形成の考古学』雄山閣.

・ピーター・ベルウッド 2008『農耕起源の人類史』京都大学学術出版会.

・Bakels, C. 1991. Tracing crop processing in the Bandkeramik culture. in: J.M. Renfrew (ed.) *New Light on Early Farming: Recent Developments in Palaeoethnobotany*: 281-88. Edinburgh: Edinburgh University Press.

・Campbell, G. 2000. Plant utilization: the evidence from charred plant remains, in B. Cunliffe (ed.) *The Danebury Environs Programme: The Prehistory of a Wessex Landscape*: 45-59. Oxford: Oxford University School of Archaeology.

・Frachetti, M.D., Spengler, R.N., Fritz, G. & Mar'yashev, A.N. 2010. Earliest direct evidence for broomcorn millet and wheat in the central Eurasian steppe region. *Antiquity* 84(326): 993-1010.

・Fuller, D.Q. 2006. A millet atlas-some identification guidance. *Institute of Archaeology University College London.* Available at: http://www.homepages.ucl.ac.uk/~tcrndfu/Abot/Millet%20Handout06.pdf.

・Fuller, D.Q., Qin, L., Zheng, Y., Zhao, Z., Chen, X., Hosoya, L.A. & Sun, G.P. 2009. The domestication process and domestication rate in rice: spikelet bases from the lower Yangtze. *Science* 323(5921): 1607-10.

・Gaskevych, D. 2011. A new approach to the problem of the Neolithisation of the North-Pontic area: Is there a north-eastern kind of Mediterranean Impresso pottery? *Documenta Prehistorica* 38: 275-290.

・Grikpedis, M., Endo, E., Motuzaite-Matuzeviciute, G., Kryvaltsevich, M., Tkachova, M. 2018. Plants in pots: SEM research of ceramic silicon casts from river Prypiat basin, SEM-Исследование Отпечатков Растений на Неолитической Керамике Бассейна Реки Припять,in Lozovskaya, O., Vybornov, A. & Dolbunova, E. (ed.) *Subsistence Strategies in the Stone Age, Direct and Indirect Evidence of Fishing and Gathering.* IHMC. The International Conference titled (abstract, in Russian).

・Hunt, H., Rudzinski, A., Jiang, H., Wang, R., Thomas, M.G. & Jones, M. 2018. Genetic evidence for a western Chinese origin of broomcorn millet (*Panicum miliaceum*). *The Holocene* 28(12): 1968-78.

・Hunt, H.V., Linden, M.V., Lui, X., Motuzaite-Matuzeviciute, G., Colledge, S. & Jones, M 2008. Millets across Eurasia: chronology and context of early records of the genera *Panicum* and *Setaria* from archaeological sites in the Old World. *Vegetation History and Archaeobotany* 17(1): 5-18.

・Jones, M., Hunt, H., Kneale, C., Lightfoot, E., Lister,D., Liu, X. & Motuzaite-Matuzeviciute, G. 2016. Food globalisation in prehistory: The agrarian foundations of an interconnected continent. *Journal of the British Academy* 4: 73-87.

・Jones, M., Hunt, H., Lightfoot, E., Lister, D., Liu, X. & Motuzaite-Matuzeviciute, G. 2011. Food globalization in prehistory. *World Archaeology* 43(4): 665-75.

・Jones, M. 1985. Archaeobotany beyond subsistence reconstruction. in: Barker, G.& Gamble, C. (ed.) *Beyond domestication in prehistoric Europe : Investigations in Subsistence Archaeology and Social Complexity.* 107-128. Academic Press.

・Kneisel, J., Corso, M.D., Kirleis, W., Scholz, H., Taylor, N. & Tiedtke, V. 2015. The third food revolution? Common trends in economic and subsistence strategies in Bronze Age Europe. *The Third Food Revolution?*: 275-87. Velbert: Rudolf Habelt Verlag.

・Kohl, P.L. 2007. *The making of Bronze Age Eurasia (Cambridge World Archaeology).* Cambridge University Press.

・Kotova, N.S. 2003. *Neolithisation in Ukraine.* Oxford.

・Kreuz, A.& Marinova, E. 2017. Archaeobotanical evidence of crop growing and diet within the areas of the Karanovo and the Linear Pottery Cultures: a quantitative and qualitative approach. *Vegetation History and Archaeobotany* 26: 639-57.

・Lightfoot, E., Slaus, M., Sikanjic, P.R., O'Connell, T.C., 2015. Metals and millets: Bronze and Iron Age diet in inland and coastal Croatia seen through stable isotope analysis. *Archaeological and Anthropological Sciences* 7(3): 375-86.

・Maier, U. & Harwath, A. 2011. Detecting intra-site patterns with systematic sampling strategies. Archaeobotanical grid sampling of the lakeshore settlement Bad Buchau-Torwiesen II U, southwest Germany. *Vegetation History and Archaeobotany* 20(5): 349-65.

・Miksicek, C.H. 1987. Formation Processes of the Archaeobotanical Record. *Advances in Archaeological Method and Theory* 10: 211-247.

・Miller, N.F., Spengler, R.N., Frachetti, M. 2016. Millet cultivation across Eurasia: Origins, spread, and the influence of seasonal climate. *The Holocene* 26(10): 1566-75.

・Motuzaite-Matuzeviciute, G. 2012. The earliest appearance of domesticated plant species and their origins on the western fringes of the Eurasian Steppe. *Documenta Praehistorica* 39: 1-21.

・Motuzaite-Matuzeviciute, G. 2013. Neolithic Ukraine: A review of Theoretical and Chronological Interpretations. *Archaeologoca Baltica* 20:100-11.

・Motuzaite-Matuzeviciute, G. & Telizhenko, S. 2016. The First Farmers of Ukraine: an Archaeobotanical Investigation and AMS Dating of Wheat Grains from the Ratniv-2 Site. *Archaeologia Lituana* 17: 100-11.

・Motuzaite-Matuzeviciute, G., Staff, R.A., Hunt, H.V., Liu, X. & Jones, M.K. 2013. The early chronology of broomcorn millet (Panicum miliaceum) in Europe. *Antiquity* 87(338): 1073-85.

・Motuzaite-Matuzeviciute, G., Telizhenko, S.& Jones, M.K. 2012. Archaeobotanical investigation of two Scythian-Sarmatian period pits in eastern Ukraine: Implications for floodplain cereal cultivation. *Journal of Field Archaeology* 37: 51-60.

· MOTUZAITE-MATUZEVICIUTE, G., HUNT, H.V. & JONES, M.K. 2012b. Experimental approaches to understanding variation in grain size in *Panicum miliaceum* (broomcorn millet) and its relevance for interpreting archaeobotanical assemblages. *Vegetation history and archaeobotany* 21(1): 69-77.

· MÜLLER, J., HOFMANN, R., KIRLEIS, W., DREIBRODT, S., OHLRAU, R., BRANDTSTATTER, L., CORSO, M.D., OUT, W., RASSMANN, K., BURDO, N. & VIDEIKO, M. 2017. *Maidanetske 2013. New Excavations at a Trypillia mega-site*. Rudolf Habelt Verlag.

· NASU, H., MOMOHARA, A., YASUDA, Y. & HE, J. 2007. The occurrence and identification of *Setaria italica* (L.) P. Beauv. (foxtail millet) grains from the Chengtoushan site (ca.5800 cal B.P.) in central China, with reference to the domestication centre in Asia. *Vegetation history and Archaeobotany* 16(6): 481-94.

· PASHKEVICH, G. 2003. Paleoethnobotanical evidence of agriculture in the steppe and the forest-steppe of East Europe in the Late Neolithic and Bronze Age, in: K. Boyle, M. Levine & C. Renfrew (ed.) *Prehistoric steppe adaptation and the horse*: 287-297. Cambridge: McDonald Instisute Monographs.

· SCHMIDL, A. & OEGGL,K. 2005. Subsistence strategies of two Bronze Age hill-top settlements in the eastern Alps- Friaga/Bartholomaberg (Vorarlberg, Austria) and Ganglegg/Schluderns (South Tyrol, Italy). *Vegetation History and Archaeobotany* 14(4): 303-12.

· SPENGLER, R.N. 2015. Agriculture in the Central Asian Bronze Age. *Journal of World Prehistory* 28(3): 215-53.

· STEVENS, C.J. 2003. An investigation of agricultural consumption and production: models for prehistoric and Roman Britain. *Environmental Archaeology* 8(1).61-76.

· STEVENS, C.J., MURPHY, C., ROBERTS, R., LUCAS, L., SILVA, F. & FULLER, D.Q. 2016. Between China and South Asia: A Middle Asian corridor of crop dispersal and agricultural innovation in the Bronze Age. *The Holocene* 26(10): 1541-55.

· STIKA, H.P. & HEISS, A.G. 2013. Plant Cultivation in the Bronze Age. in: Fokkens, H. & Harding, A. (ed.) *The Oxford Handbook of the European Bronze Age*. doi:10.1093/oxfordhb/9780199572861.013.0019

· SVYATKO, S.V., SCHULTING, R.J., MALLORY, J., MURPHY, E.M., REIMER, P.J., KHARTANOVICH, V.I., CHISTOV, Y.K. & SABLIN, M.V. 2013. Stable isotope dietary analysis of prehistoric populations from the Minusinsk Basin, Southern Siberia, Russia: a new chronological framework for the introduction of millet to the eastern Eurasian steppe. *Journal of Archaeological Science* 40(11): 3936-45.

· SZEVERENYI, V., PRISKIN, A., CZUKOR, P., TORMA, A., TOTH, A. 2015. Subsistence, settlement and society in the Late Bronze Age of Southeast Hungary: A case study of the fortified settlement at Csanadpalota-Foldvar, in J. Kneisel(ed.) *The Third Food Revolution?*: 97-118. Velbert: Rudolf Habelt Verlag.

· VEEN, M.V. 2007. Formation processes of desiccated and carbonized plant remains-the identification of routine practice. *Journal of Archaeological Science* 34(6): 968-90.

· VEEN, M.V. & JONES, G. 2006. A re-analysis of agricultural production and consumption: implications for understanding the British Iron Age. *Vegetation History and Archaeobotany* 15(3): 217-28.

· VEEN, M.V. & JONES, G. 2006. The production and consumption of cereals: a question of scale. in: Haselgrove, C. & Moore, T. (ed.) *The Later Iron Age in Britain and Beyond*: 419-29. Oxford: Oxbow Books.

· WANG, T., WEI, D., CHANG, X., YU, Z., ZHANG, X., WANG, C., HU, Y. & FULLER, B.T. 2017. Tianshanbeilu and the Isotopic Millet Road: reviewing the Late Neolithic/Bronze Age radiation of human millet consumption from north China to Europe. *National Science Review* 00:1-16.

· YOSHIDA, K., OHMICHI, J., KINOSE, M., IIJIMA, H., OONO, A., ABE, N., MIYAZAKI, Y. & MATSUZAKI, H. 2004. The application of 14C dating to potsherds of the Jomon period. *Nuclear Instruments and Methods in Physics Research Section B: Beam Interactions with Materials and Atoms* 223-224: 716-22.

· ZOHARY, D. & HOPF, M. 1988. Domestication of Plants in the Old World. Gloucestershire: Clarendon Press.

経路、季節、料理：コムギとオオムギの東方拡大

Route, Season and Cuisine: The Eastern Expansions of Wheat and Barley

劉 歆益 Xinyi Liu

セントルイス・ワシントン大学

はじめに

近年、ユーラシア全体からの新しい考古学的証拠の収集が強化され、より豊かでより詳細な農業の広がりのイメージが浮かびあがってきた(e.g. Bogaard 2004; Colledge and Conolly 2007; Liu *et al.* 2009; Zhao 2011; Fuller 2011; Fuller *et al.* 2011; Zohary *et al.* 2012; Boivin *et al.* 2014; Spengler *et al.* 2014; Stevens *et al.* 2016; Jones *et al.* 2016b)。さまざまな穀物が紀元前5,000年から紀元前1,500年のあいだに旧世界にまたがって長距離を移動したことが明らかになり、そのプロセスは先史学においてさまざまな著者により「食料グローバリゼーション」として表現されてきた(e.g. Bogaard 2004; Colledge and Conolly 2007; Liu *et al.* 2009; Zhao 2011; Fuller 2011; Fuller *et al.* 2011; Zohary *et al.* 2012; Boivin *et al.* 2014; Spengler *et al.* 2014; Stevens *et al.* 2016; Jones *et al.* 2016b)。ここでの「グローバリゼーション」とは、エコノミストのセオドア・レビット(Levitt 1983)の本来の定義にしたがうと、世界各地の異なる場所で、異なる文化を越えて消費される同じ資源についての現象を表すために使用される。このプロセス以前は、ユーラシアとアフリカにおける複数の農業中心拠点は互いに比較的離れており、一般的にはその地域内で活用されていた。紀元前1,500年以降、以前には隔離されていた農業システムが集められ、分解・再構築され、複数の作物の持つ可能性を基に新しい種類の農業が構成された。

これらすべての文脈において、南西アジアに起源しユーラシアにおいて再編成された「新石器時代初期の作物」の拡大の年代および経路については、多くの議論がなされてきた(Liu *et al.* 2017)。コムギとオオムギは他の南西アジア作物と同様に、紀元前12,000年から紀元前8,000年のあいだに肥沃な三日月地帯で栽培された。紀元前500年までに、易脱穀性コムギ(*Triticum aestivum*)や裸オオムギ(*Hordeum vulgare* ssp. *vulgare*)などの肥沃な三日月地帯の作物の地理的分布は、大西洋から太平洋、北はスカンジナビア、南はインド洋まで広がった。本稿では、コムギとオオムギの東方拡大を文脈にあてはめ、肥沃な三日月地帯の作物が東ユーラシアにおける既存の農業システムへ適応した要因を理論的に説明するために、さまざまな考古学的、遺伝学的および同位体学的証拠を検証する。

略歴
2010年 Ph.D. University of Cambridge
現在 Assistant Professor of Archaeolosy, Washington University in St. Louis
研究分野：先史時代の食糧グローバリゼーション、中国の先史時代
主要著作
Liu X. *et al.* 2019. From ecological opportunism to multi-cropping: mapping food globalisation in prehistory. *Quaternary Science Reviews* 206: 21-28.
Liu X. *et al.* 2017. Journey to the East: diverse routes and variable flowering times for wheart and barley en route to prehistoric China. *PLOS ONE* 12: e0209518.

1. 異なるタイミング、異なる経路

南西アジアからヨーロッパへの肥沃な三日月地帯「初期作物」の拡散については、多くの議論がなされ、発展してきた（Zohary *et al.* 2012; Colledge and Connolly 2007）。最近の学術的関心としては、「東方への旅」に焦点があてられている（Betts *et al.* 2014; Barton and An 2014; Liu *et al.* 2017）。南西アジアから中央・南アジアへのコムギやオオムギ栽培の東方拡大はきわめてよく記録されている。これらを示す証拠としては、少なくとも紀元前8,000年からの南西アジアにおけるさまざまな皮コムギ・オオムギ、易脱穀性コムギ・オオムギの耕作や栽培化を示す考古学的データ（Weiss and Zohary 2011）、および紀元前6,500年頃から紀元前3,000年頃のトルクメニスタン（Harris 2010; Miller 2003）や紀元前6,000年頃から紀元前3,000年頃のパキスタンにおけるそれぞれの穀物データ（Petrie 2015, 2010; Tengberg 1999; Meadow 1996; Fuller 2006）などがあげられる。これらの初期の記録の後、皮コムギ・オオムギ、易脱穀性コムギ・裸オオムギは、紀元前3千年紀のあいだにインドに向かってさらに広がった（Weber 1999, 2003; Fuller 2006; Fuller and Murphy 2014）。北部では「内アジア山脈回廊」（Frachetti 2012）に沿って、紀元前3千～2千年紀の易脱穀性コムギ・裸オオムギが報告されたアフガニスタン、タジキスタン、カザフスタン、キルギスタンの各遺跡において、易脱穀性と裸形態に限定されるさらなる拡大が見られた（Motuzaite Matuzeviciute *et al.* 2015b; Spengler 2015; Spengler *et al.* 2014; Spengler and Willcox 2013; Frachetti *et al.* 2010, Willcox 1991）。

さらに拡散して紀元前2,500年から紀元前1,500年のあいだ、南部インドと中国にコムギとオオムギの栽培がもたらされ、それらの軌跡はコムギとオオムギの粒子から得られた直接的放射性炭素年代によって裏付けられた（Liu *et al.* 2016a; Liu *et al.* 2017）。興味深いことは、中国におけるもっとも古いコムギの記録は、東部のものであるということだ。中国でもっとも東部に位置する山東省では、コムギ遺体は紀元前2,500年と紀元前2,000年の年代に直接的に定められてきた（Jin *et al.* 2008; Long *et al.* 2018）。福建省と韓国や日本の他の古い時期の記録を集めると（それらのどれもが直接的に年代が測られていないが）（Crawford and Lee 2003; Matsui and Kanehara 2006; Jiao 2016）、コムギやオオムギはおそらく海上航路を経て中国へ初めてもたらされたのではないかという疑問が起こる（Zhao 2009）。この問題はさておき、コムギやオオムギのより実質的な動きは紀元前2,000年以降、大陸をまたがって起こった。易脱穀性コムギと裸オオムギの中国への拡大は空間的にも時間的にも明らかであるようだ（Liu *et al.* 2017; Liu *et al.* 2016a）。直接的放射性炭素年代測定から得られたデータに基づくと、コムギとオオムギは紀元前2千年紀と1千年紀のあいだに中国中部に現れた（山東省における古いコムギの年代は上記の通りだが）。劉ら（Liu *et al.* 2017）は、コムギ栽培がチベット高原北部の一連の山脈回廊に沿って中国中部に移っていったと報告している。オオムギは一方で、南アジアからチベットを経由し中国へ広がったと考えられ、この過程は得られた放射性炭素年代にちょうど一致する。

コムギとオオムギの東部拡散の歴史は、初期拡大の後の出来事を含めて長期的な視点で考えると、学者たちが以前に想定していたよりも複雑かもしれない。ゲノムデータを利用し、オオムギ栽培がいくつかの異なる経路を経てユーラシアに

広がったことを解明した最近の研究は、オオムギ栽培がいくつかの時間的・空間的まとまりをもって別個に展開している可能性が高いことを示唆している。考古学的証拠から得られた、時系列的な文脈に見られるこれらの系統地理パターンを考慮して、著者らはユーラシアをわたったオオムギ栽培の拡大について7つのエピソードを提案した(Lister *et al.* 2018)。これらのパターンは、時には新しい環境における生態学的便宜性によって、時には料理保守主義によってもたらされる異なるコミュニティーが作り出したさまざまな選択肢を反映しているようだ(Fuller and Castillo 2016; Liu *et al.* 2016a)。

先史時代の食料グローバリゼーションを考察するうえで注目されるのは、このプロセスのあいだに、かつて組み合わさっていた作物群のいくつかが分離され、個々の作物の異なる移動パターンが現出したことである。このような分離と独立した動きの後に、新たな組み合わせによる作物群の再構築がなされた。これらの新しい作物群において、異なる生物地理学的および生態学的歴史を持つ作物は、年に複数種の作付けと、一年のうちのより長い期間を農作物の育成にあてることで、さまざまな季節、土壌状態において栽培可能となった(Liu *et al.* forthcomming; Jones *et al.* 2016b)。コムギとオオムギの東方拡大は時間と空間ともに明らかであり、キビやアワの西方への動きもこの文脈から推測することができる。

2. 文書、遺伝子、季節の栽培化

ユーラシアを横断する穀物交換の過程のある時点において、ユーラシアの農業コミュニティーは以前には耕作できなかった土地も含めて景観を十分に活用し始めた(cf. Liu *et al.* 2009)。彼らは水供給の季節格差を軽減し、年間を通して効果的に土壌環境を管理できる新しいシステムで新しい土地を活用した。この新しいシステムにおいて、彼らは地域に根差した地元の作物だけでなく、食料グローバリゼーションの一部として遠く離れた環境からもたらされた外来作物も栽培した(Jones *et al.* 2016a)。これらの外来作物は地元の作物には適さない環境でも成長する可能性があるが、しかしまた興味深いことに、外来作物においては環境や季節性に応答する遺伝子が無効になっている可能性もある。非応答作物は作物遺伝子によって予め定められた季節や土地ではなく、農業者によって選択された季節に栽培されたと思われる。複数種の作付けが可能になり、マーティン・ジョーンズは食料グローバリゼーションのエピソードとして「季節の栽培化」という言葉を造った(Jones *et al.* 2016b)。オオムギの東方拡大はこれまでのところもっともよい例を提供する(Jones et al. 2016b; Liu *et al.* 2017)。

中国中部へのオオムギの到着は、中国のもっとも古いいくつかの文書の出現と一致し、かなり後代であったと考えられる。中国における肥沃な三日月地帯由来の作物のもっとも古い文書の証拠は、紀元前2千年紀の河南省安陽市で収集された甲骨文から得られた。紀元前1千年紀の文書のいくつかには中部および東部中国の農業慣行について詳細な記載があり、コムギやオオムギの栽培に関しても頻繁に言及されている(Zeng 2005)。これらから、紀元前1千年紀のオオムギ(およびコムギ)の栽培には、春と冬両方の形態が特徴づけられていたと推察される。文書からは、コムギとオオムギには春と秋、少なくとも2つの異なる播種期があり、収穫時期は5月と9月のあいだであることも判明した。

一方で、文書の記録は紀元前2千年紀から1千年紀の中国中央部で栽培されていたオオムギ(およびコムギ)のなかには、*Ppd-H1*のような開花時期に関与する遺伝子の突然変異をすでに取得していたものがあったことを示唆する。この推論は、今日栽培されている現存の在来種の*Ppd-H1*ハプロタイプがユーラシアに差異的に分布しているという文脈のなかで理解できる(Jones *et al.* 2016a)。これらのハプロタイプのうちの2つは、*Ppd-H1*遺伝子AおよびBの非応答形態を有し、植物は長日に呼応して開花することはない(Jones *et al.* 2016a)。ハプロタイプBはほぼヨーロッパのオオムギ在来種に見られ、その地理的分布はより北方への適応と一致する。アジア在来種に見られる明らかなハプロタイプAの地理的分布は、単純にチベット高原のより高い高度に向けて東方に分散しており、これは前項で述べたオオムギにとって重要な経路である。

要約すれば、コムギとオオムギが初めて栽培化された地である、暑く乾燥した南西アジア地域では、夏の干ばつがくる前にそのライフサイクルを完了するために、秋と翌年春のあいだに栽培された。これらの初期の栽培種子は、夏の接近に連れて日照時間が長くなることで開花や作物生産が引き起こされる野生草からもたらされた遺伝子を含む。この春に開花するライフサイクルのために、コムギやオオムギのうち早期に栽培化された品種は、栽培化された土地以外の環境にはあまり適していなかった。以前の研究では、コムギやオオムギが日照時間にあわせて開花感知力を高める遺伝子をスイッチオフする突然変異を引き起こすことによって、春に播種し秋に収穫できるようになり、ヨーロッパの気候に適応したことが示された。劉ら(Liu *et al.* 2017)は、農業者たちがチベット高原の山々へと栽培を推し進めたため、オオムギは中国へ広がる過程で同様の突然変異を発生させたという仮説を立てた。オオムギが中国中部へ到達するまでに、その遺伝子構成が改変され、開花はもはや日照時間には左右されなくなり、農業者たちは生育期を選択できるようになったのである。

3. 甘粛省における食物革命とその後

主たる食物として使用する穀物の選択は、しばしば社会的または料理とかかわる要因によって左右される。3項と4項では、コムギとオオムギの東方分散に関連した料理の面での選択と対応について探る。まず初めに、遠く西方からもたらされた外来穀物に先立って、中国の先史時代コミュニティーにおける食事を取り巻く状況について検討する。

最近のさまざまな研究では、穀物の拡散のみならず、先史時代の食物消費の方法の広がりも考察されている。これらの研究は、安定同位体分析を用いて、青銅器時代や鉄器時代の、中央アジア東部や西部中国という広範な地域における食事パターンを明らかにしている(Lightfoot *et al.* 2013; Liu *et al.* 2014; Lightfoot *et al.* 2014; Motuzaite Matuzeviciute *et al.* 2015a)。考古植物学的証拠は場所、年代、遺跡の状況を提供するが、同時代の人間の食物連鎖のなかに転入してきた作物の重要性を解明するには至らない。一方で、安定炭素同位体や安定窒素同位体の証拠は、異なる同位体比によって食物の食事比率を定量化することを可能にする。中国から西方へ拡散する2種類の作物(キビとアワ)は、東方へ移動する南西アジアの作物(すべてC3植物)に残されるものとは明らかに異なる同位体の痕跡を食物連鎖のなかに残すC4植物である。

本稿で考察される課題と関連した特に興味深い事例として、中国西部の甘粛省河西回廊における食生活の変化を例にあげることができる。劉ら（Liu *et al.* 2014）によって研究された7つの墓地遺跡では、各個体の炭素同位体のデータが、明確に異なる2つのグループに分かれる。最初のグループの個体は、C4植物（アワ・キビ）が優位である食生活に対応し、もう一方のグループではC3植物のコムギおよび／またはオオムギとアワ・キビなどのC4植物の混合食生活に対応する。最初のグループは紀元前1,900年以前の年代の2つの遺跡のすべての個体を含む。2番目のグループは紀元前1,900年以降の年代の5つの遺跡から得られるほぼすべての個体を含む。各遺跡から採取されたすべての個体が共通の食生活パターンを共有していたことを表している。紀元前1,900年に見られたこのパターンの後、新たな「先駆者」の証拠はない。紀元前1,900年より後の西方作物の「大きな波」は、河西回廊のコムギとオオムギの導入時期と明らかに一致している。また、河西回廊からのこれらの埋没品は、一見すると公共墓地からのものであり、おそらく社会の断面を表すものであることにも注意すべきである。

記載された同位体データを理論化するために、劉ら（Liu *et al.* 2014）は、甘粛省におけるコムギとオオムギの急速な導入が、乾燥した中国北西部への人々の定住拡大に関連する社会的および生態的な挑戦という文脈で理解可能であると主張した。甘粛省では、紀元前2,500年から紀元前2,000年のあいだ、夏のモンスーンが広範囲で弱体化したことによって、当時の世界的な干ばつ現象が複雑化した（An *et al.* 2005a; An *et al.* 2005b）。この地域における急速な食生活の変化に対する妥当な説明は、初期の入植者が一連の生態学的また社会的困難に直面したことである。厳しい環境の脅威、飢餓の脅威、そして空間的に制限された耕作地に対する人口の圧迫である。このような課題に直面し、保守的な食物の選択は単純に持続可能ではなかったようだ。さらにこのデータは、コムギやオオムギが少数派の富裕層よりも多数派の貧困層の需要に応えるための新しい主要食物として当初中国南西部に導入された、という主張を裏付ける（Liu and Jones 2014）。

甘粛省におけるコムギとオオムギの急速な導入とは対照的に、中国中原においては、主食としてこれらの穀物が取り入れられた段階性が明らかである。紀元前2千年紀のあいだ、コムギとオオムギはともに畑で栽培され、甘粛省において広く多量に消費され、食文化革命の構成要素となった。対照的に、中国の中央部と東部では、考古学的記録におけるコムギとオオムギの最初の出現とその後の大規模（同位体データから検出可能）な消費のあいだにかなりの遅延があった。導入された作物が食物の微量成分として残存している理由はさまざまであり、現時点ですべての可能性を推測する証拠は不足している。しかしながら、興味深く説得力のある説明は、コムギやオオムギの最初の導入と、中国中央部と東部におけるその後の消費のあいだの時期差は、富裕層や儀礼の執行者、その他のかぎられた人々とこれらの作物の最初の消費が関連している可能性があるということである。もしくは、外来の、あるいは食物として新たに輸入された穀物の「特別な」性質は、かぎられた規模での不定期な消費しか行われなかった理由に対する説明となる。

これが中原での場合、対照的に当初はコムギやオオムギは少数派である富裕層よりも多数派である貧困層の需要に対応する新たな主食として河西回廊に導入された。この場合、河西回廊や中原は、外来作物が異なる因子を介して既存の農業システムにいかに適応できるのかという逆の例を提示する。いずれの場合も、新規作物の導入に対する既存農業システムの反応が重要な要因であると思われる。中原においては、新たな作物が課税や封建領主による徴税義務、神権に変化をもたらしたため、富裕層が保守的な食糧選択をしたのが最初の拒否反応の理由である。河西回廊においては、筆者が強調してきたように、通常の農業コミュニティーそのものが農業生産の主要因子としての役割を果たしていた（Liu *et al.* 2014; Liu and Jones 2014; Liu *et al.* 2016b）。

4. 小さな穀粒の長所

食生活上の選択から穀粒の形態的性質へと話題を移そう。穀物／種子の大きさの増大は植物の「栽培化現象」における重要な要素としてたびたび指摘される（cf. Zohary *et al.* 2012; Fuller *et al.* 2014）。しかし、ユーラシアをまたいだ拡散過程を見ると、コムギの種子の大きさはかなりの縮小をたどったと見られる。紀元前5千年紀から紀元前2千年紀までのあいだ、易脱穀性コムギの穀物の全長は約30％縮小した。穀粒測定の長さや幅はともに、特に長さにおいて、西から東にかけて減少するという一般的な傾向がある。もっとも小さいコムギ粒は東中国中央部で発見されたものである。それらは北西中国、西アジア、南アジアの穀粒の長さや幅と比べて、統計的に有意な差異を示す。北西中国の穀粒は西アジアや南アジアのものよりも平均的に小さめであるが、これらの差異は統計的には有意ではない。中国国内では、北西部から南東部にかけて穀粒の長さと幅が縮小するという明らかな傾向がある。インドでは、統計的な有意度は低めだが、インダス／北西インドからガンジス地方にかけて穀粒の長さは縮小し、幅は拡大する傾向がある。

化石生成論的あるいは生物学的な一連の因子が考古生物学的記録に小さな穀粒を生み出す一方、アジアの考古生態学的文脈のなかでのサイズの一貫性は、比較的短期間に、より小さい穀粒を持つ植物を選択していたという通底する変化を示唆している。フラーとローランズ（Fuller and Rowlands 2011）は、先史時代に遡ると思われる食料加工と摂取における東洋と西洋の伝統的違いについて議論した。民族誌と考古生態学の証拠は、対照的な2つの伝統を示している。東アジアと南アジアにおける粒食としての蒸し料理と茹で料理の伝統に対する、西アジア・中央アジア・北インドにおける製粉とパン焼きの伝統である。これらの料理の伝統の境界は、東アジアやインドの夏季モンスーンの限界と関連があることが提唱されている。したがって、易脱穀性コムギの中国への東方拡大は、環境的分離だけでなく、料理上の選択によってももたらされたといえる。

実際の選択の仕方はさらなる追求に値する。劉ら（Liu *et al.* 2016a）は、中国の場合、東方への拡散の進度を考慮すると、易脱穀性コムギの穀粒サイズは意識的に選択されたと推察する。これらの穀物の穂の性質を基にした集中的な選択が、穀粒の平均的なサイズにどれだけ迅速に影響を与えるかということを探索しモデル化することは興味深い試みとなるであろう。

また、播種慣行のような他の要因が、この形質とどのように関連しているかという問題もある。タイミング、進度、選択の圧力の地域的な変化は追及されるべきものではあるが、長年にわたる食生活の伝統の違いが、世界でもっとも重要な穀物の穀粒サイズにおける大幅な縮小の理由に対するより単純な説明であろう。

5. 結　論

コムギとオオムギは10,000年前の南西アジアの肥沃な三日月地帯で最初に栽培化され、異なる経路を経て中国へ広がった。コムギとオオムギの初期の東方拡散は、空間・時間ともに異なっていた可能性がある。現在得られている放射性炭素年代からは、コムギが紀元前3千年紀から紀元前2千年紀に中国中央部にもたらされたと推察されるが、一方でオオムギは紀元前1千年紀までは到達せず、おそらくコムギとは別の経路をたどった。実際の経路とタイミングについては、さらなる調査に値するものの、先史時代の食料グローバリゼーションの文脈において繰り返し問われているテーマは、個々の作物が異なる移動パターンを示すことで、特定の組み合わせからなる作物群から分離することである。最近の遺伝学的研究は、いくつかの異なる経路を介してユーラシアを横断したオオムギの拡散が、時間と空間の両方で複数に分離される可能性が高いことを示唆している。

これらのパターンは、時に新たな環境における生態学的な適切性によって、時に食生活上の保守主義によって動かされる異なるコミュニティーが作り出すさまざまな選択を反映する。コムギとオオムギは中国中央部に到達し、開花時期の応答に関連するある程度の遺伝的多様性をもたらし、農業者が生育期を選択することを可能にした。易脱穀性コムギは、東方の農業者たちが、穀粒を茹でたり蒸したりする中国の料理法に適した小さいサイズの穀粒を生み出す種を選んだことによって改変された。実際の消費に関しては、新しい作物の導入に対する既存の農業システムの反応が重要な因子になる。たとえば、河西回廊におけるコムギやオオムギの初期適応プロセスには重要なボトムアップ要素があったが、その結果として紀元前2千年紀の中国中原においては、トップダウンの階層化が大きく促進されることになった。

（庄田慎矢・岡本泰子　訳）

写真1　中央チベットのシャンナンにおける秋播きオオムギの畑。（著者撮影）

写真2　甘粛者における春播きコムギの畑。（著者撮影）

引用文献

・AN, C., TANG, L., BARTON, L. & CHEN, F. 2005a. Climate change and cultural response around 4000 cal yr B.P. in the western part of Chinese Loess Plateau. *Quaternary Research* 63(3): 347-52.
・AN, C.-B., FENG, Z.-D. & BARTON, L. 2005b. Dry or humid? Mid-Holocene humidity changes in arid and semi-arid China. *Quaternary Science Reviews* 25: 351-61.
・BARKER, G. & GOUCHER, C. (ed.) 2015. *The Cambridge World History Volume II - A World with Agriculture, 12,000 BCE-500 CE*: 289-309. Cambridge: Cambridge University Press.
・BARTON, L. & AN, C.-B. 2014. An evaluation of competing hypotheses for the early adoption of wheat in East Asia. *World Archaeology* 46(5): 775-98.
・BETTS, A., JIA, P.W. & DODSON, J. 2014. The origins of wheat in China and potential pathways for its introduction: A review. *Quaternary International* 348: 158-68.
・BOGAARD, A. 2004. *Neolithic Farming in Central Europe: An archaeobotanical study of crop husbandry practices: An Archaeobotanical Study of Crop Husbandry Practices C.5500-2200 BC.* London: Routledge.
・BOIVIN, N., CROWTHER, A., PRENDERGAST, M. & FULLER, D.Q. 2014. Indian Ocean food globalisation and Africa. *African Archaeological Review* 31(4): 547-81.
・COLLEDGE, S. & CONOLLY, J. 2007. A review and synthesis of the evidence for the origins of farming on Cyprus and Crete, in S. Colledge & J. Conolly (ed.) *The Origins and Spread of Domestic Plants in Southwest Asia and Europe: 53-74.* London: Routledge.
・CRAWFORD, G.W. & LEE, G.-A. 2003. Agricultural origins in the Korean peninsula. *Antiquity* 77(295): 87-95.
・FRACHETTI, M.D. 2012. Multiregional emergence of mobile pastoralism and nonuniform institutional complexity across Eurasia. *Current Anthropology* 53(1): 2-38.
・FRACHETTI, M.D., SPENGLER, R.N., FRITZ, G.J. & MAR'YASHEV, A.N. 2010. Earliest direct evidence for broomcorn millet and wheat in the central Eurasian steppe region. *Antiquity* 84(326): 993-1010.
・Fuller, D. & Rowlands, M. 2011. Ingestion and Food Technologies: Maintaining Differences over the Long-term in West, South and East Asia, in Wilkinson, T.C., Sherratt, S. & Bennet, J. (ed.) *Interweaving Worlds: systemic interactions in Eurasia, 7th to 1st millennia BC*: 37-60. Oxford: Oxbow Books.
・FULLER, D.Q. 2006. Agricultural origins and frontiers in South Asia: A working synthesis. *Journal of World Prehistory* 20(1): 1-86.
・FULLER, D.Q. 2011. Finding plant domestication in the Indian Subcontinent. *Current Anthropology* 52(S4): S347-62.
・FULLER, D.Q. & CASTILLO, C. 2016. Diversification and cultural construction of a crop: the case of glutinous rice and waxy cereals in the food cultures of eastern Asia, in J.A. Lee-Thorp & M.A. Katzenberg (ed.) *The Oxford Handbook of the Archaeology of Diet.* Oxford: Oxford University Press. doi:10.1093/oxfordhb/9780199694013.013.8.
・FULLER, D.Q. & MURPHY, C. 2014. Overlooked but not forgotten: India as a center for agricultural domestication. *General Anthropology* 21(2): 1-8.
・FULLER, D.Q., BOIVIN, N., HOOGERVORST, T. & ALLABY, R. 2011. Across the Indian Ocean: the prehistoric movement of plants and animals. *Antiquity* 85(325): 544-58.
・FULLER, D.Q., DENHAM, T., ARROYO-KALIN, M., LUCAS, L., STEVENS, C.J., QIN, L., ALLABY, R.G. & PURUGGANAN, M.D. 2014. Convergent evolution and parallelism in plant domestication revealed by an expanding archaeological record. *PNAS* 111(17): 6147-52. doi:10.1073/pnas.1308937110.
・HARRIS, D.R. 2010. *Origins of Agriculture in Western Central Asia : An Environmental-Archaeological Study.* Philadelphia: University of Pennsylvania Museum of Archaeology and Anthropology.
・JIAO, T. 2016. Toward an alternative perspective on the foraging and low-level food production on the coast of China. *Quaternary International* 419: 54-61.
・JIN, G., YAN, D. & LIU, C. 2008. Wheat grains are recovered from a Longshan cultural site, Zhaojiazhuang, in Jiaozhou, Shandong Province. *Cultural Relics in China* 22.
・JONES, H., LISTER, D.L., CAI, D., KNEALE, C.J., COCKRAM, J., PEÑA-CHOCARRO, L. & JONES, M.K. 2016. The trans-Eurasian crop exchange in prehistory: discerning pathways from barley phylogeography. *Quaternary International* 426: 26-32.
・JONES, M., HUNT, H., LIGHTFOOT, E., LISTER, D., LIU, X. & MOTUZAITE-MATUZIVICIUTE, G. 2011. Food globalization in prehistory. *World Archaeology* 43(4): 665-75.
・JONES, M., HARRIET, H., KNEALE, C.J., LIGHTFOOT, E., LISTER, D., LIU, X. & MOTUZAITE- MATUZEVICIUTE, G. 2016. Food Globalisation in Prehistory: the agrarian foundations of an interconnected continent. *Journal of the British Academy* 4: 73-87.
・LEVITT, T. 1983. The globalization of markets. *Harvard Business Review* 61: 92-102.
・LIGHTFOOT, E., LIU, X. & JONES, M.K. 2013. Why move starchy cereals? a review of the isotopic evidence for prehistoric millet consumption across Eurasia. *World Archaeology* 45(4): 574-623.
・LIGHTFOOT, E., MOTUZAITE-MATUZEVICIUTE, G., O'CONNELL, T.C., KUKUSHKIN, I.A., LOMAN, V., VARFOLOMEEV, V., LIU, X. & JONES, M.K. 2014. How 'pastoral' is pastoralism? Dietary diversity in Bronze Age communities in the central Kazakhstan steppes. *Archaeometry* 57(S1): 232-49.
・LISTER, D.L., JONES, H., OLIVEIRA, H.R., PETRIE, C.A., LIU, X., COCKRAM, J., KNEALE, C.J., KOVALEVA, O. & JONES, M.K. 2018. Barley heads east: Genetic analyses reveal routes of spread through diverse Eurasian landscapes. *PLoS one* 13(7). doi:10.1371/journal.pone.0196652.
・LIU, X. & JONES, M.K. 2014. Food globalisation in prehistory: top down or bottom up? *Antiquity* 88(341): 956-63.
・LIU, X., HUNT, H.V. & JONES, M.K. 2009. River valleys and foothills: changing archaeological perceptions of North China's earliest farms. *Antiquity* 83(319): 82-95.
・LIU, X., LIGHTFOOT, E., O'CONNELL, T.C., WANG, H., LI, S., ZHOU, L., HU, Y., MOTUZAITE- MATUZEVICIUTE, G. & JONES, M.K. 2014. From necessity to choice: dietary

revolutions in west China in the second millennium BC. *World Archaeology* 46(5): 661-80.

- Liu, X., Lister, D.L., Zhao, Z., Staff, R.A., Jones, P.J., Zhou, L., Pokharia, A.K., Petrie, C.A., Pathak, A., Lu, H., Motuzaite- Matuzeviciute, G., Bates, J., Pilgram, T.K. & Jones, M.K. 2016. The virtues of small grain size: Potential pathways to a distinguishing feature of Asian wheats. *Quaternary International* 426: 107-19.
- Liu, X., Reid, R.E.B., Lightfoot, E., Motuzaite-Matuzeviciute, G. & Jones, M.K. 2016b. Radical change and dietary conservatism: Mixing model estimates of human diets along the Inner Asia and China's mountain corridors. *The Holocene 26. 1556-65.* doi:10.1177/0959683616646842.
- Liu, X., Lister, D.L., Zhao, Z., Petrie, C.A., Zeng, X., Jones, P.J., Staff, R.A., Pokharia, A.K., Bates, J., Singh, R.N., Weber, S.A., Motuzaite-Matuzeviciute, G., Dong, G., Li, H., Lü, H., Jiang, H., Wang, J., Ma, J., Tian, D., Jin, G., Zhou, L., Wu, X. & Jones, M.K. 2017. Journey to the East: diverse routes and variable flowering times for wheat and barley en route to prehistoric China. *PLoS one* 12(11). @ doi:10.1371/journal.pone.0187405.
- Liu, X., Jones, P.J., Motuzaite-Matuzeviciute, G., Hunt, H.V., Lister, D.L., An, T., Przelomska, N., Kneale, C.J., Zhao, Z. & Jones, M.K. 2019. From ecological opportunism to multi-cropping: Mapping food globalization in prehistory. *Quaternary Science Reviews* 206. 21-28.
- Long, T., Leipe, C., Jin, G., Wagner, M., Guo, R., Schröder, O. & Tarasov, P.E. 2018. The early history of wheat in China from 14C dating and Bayesian chronological modelling. *Nature Plants* 4: 272-79.
- Matsui, A. & Kanehara, M. 2006. The question of prehistoric plant husbandry during the Jomon Period in Japan. *World Archaeology* 38(2): 259-73.
- Meadow, R.H. 1996. The origins and spread of agriculture and pastoralism in north western South Asia, in D. R.Harris (ed.) *The Origins and Spread of Agriculture and Pastoralism in Eurasia*: 390-412. London: UCL Press.
- Miller, N.F. 2003. The use of plants at Anau North, in F.T. Hiebert & K. Kurbansakhatov (ed.) *A Central Asian village at the dawn of civilization, Excavations at Anau, Turkmenistan*: 127-38. Philadelphia: University of Pennsylvania Press.
- Motuzaite-Matuzeviciute, G., Lightfoot, E., O'Connell, T.C., Voyakin, D., Liu, X., Loman, V., Svyatko, S., Usmanova, E. & Jones, M.K. 2015. The extent of cereal cultivation among the Bronze Age to Turkic period societies of Kazakhstan determined using stable isotope analysis of bone collagen. *Journal of Archaeological Science* 59: 23-34.
- Motuzaite-Matuzeviciute, G., Preece, R.C., Wang, S., Colominas, L., Ohnuma, K., Kume, S., Abdykanova, A. & Jones, M.K. 2017. Ecology and subsistence at the Mesolithic and Bronze Age site of Aigyrzhal-2, Naryn valley, Kyrgyzstan. *Quaternary International* 437(B): 35-49.
- Petrie, C.A. (ed.) 2010. *Sheri Khan Tarakai and Early Village Life in the Borderlands of North-west Pakistan: Bannu Archaeological Project Surveys and Excavations 1985-2001.* Oxford: Oxbow Books.
- Spengler, R., Frachetti, M., Doumani, P., Rouse, L., Cerasetti, B., Bullion, E. & Mar'yashev, A. 2014. Early agriculture and crop transmission among Bronze Age mobile pastoralists of Central Eurasia. *PROCEEDINGS OF THE ROYAL SOCIETY B: BIOLOGICAL SCIENCES* 281(1783): 1-7.
- Spengler, R.N. 2015. Agriculture in the Central Asian Bronze Age. *Journal of World Prehistory* 28(3): 215-53.
- Spengler, R.N. & Willcox, G. 2013. Archaeobotanical results from Sarazm, Tajikistan, an Early Bronze Age Settlement on the edge: Agriculture and exchange. *Environmental Archaeology* 18(3): 211-21.
- Stevens, C.J., Murphy, C., Roberts, R., Lucas, L., Silva, F. & Fuller, D.Q. 2016. Between China and South Asia: A middle Asian corridor of crop dispersal and agricultural innovation in the Bronze Age. *The Holocene.* doi:10.1177/0959683616650268.
- Tengberg, M. 1999. Crop husbandry at Miri Qalat, Makran, SW Pakistan (4000-2000 B.C.). *Vegetation History and Archaeobotany* 8: 3-12.
- Weber, S. 1999. Seeds of urbanism: palaeoethnobotany and the Indus Civilization. *Antiquity* 73(282): 813-26.
- Weber, S.A. 2003. Archaeobotany at Harappa: Indications of Change, in S.A. Weber & W.R. Belcher (ed.) *Indus Ethnobiology: New Perspectives from the Field*: 175-98. Oxford: Lexington Books.
- Weiss, E. & Zohary, D. 2011. The Neolithic Southwest Asian Founder Crops: Their biology and archaeobotany. *Current Anthropology* 52(4): S237-54.
- Willcox, G. 1991. Carbonised plant remains from Shortughai, Afhanistan, in J.M. Renfrew (ed.) *New Light on Early Farming : Recent Developments in Palaeoethnobotany*: 139-52. Edinburgh: Edinburgh University Press.
- Zeng, X. 2005. Lun xiaomai zai gudai Zhongguo zhi kuozhang [On the spread of wheat in ancient China]. *Zhongguo Yinshi Wenhua* [*Journal of Chinese Dietary Culture*] 1: 99-133.
- Zhao, Z. 2009. Eastward spread of wheat into China: new data and new issues, in Q. Liu & Y. Bai (ed.) *Chinese Archaeology* 9: 1-9. Beijing: China Social Press.
- Zhao, Z. 2011. New archaeobotanic data for the study of the origins of agriculture in China. *Current Anthropology* 52: S295-306
- Zohary, D., Hopf, M. & Weiss, E. 2013. *Domestication of Plants in the Old World: The origin and spread of domesticated plants in south-west Asia, Europe, and the Mediterranean Basin.* Oxford: Oxford University Press.

東南アジアにおける考古植物学
Archaeobotanical research in Southeast Asia

クリスティーナ・コボ・カスティヨ　Cristina Cobo Castillo

ユニバーシティ・カレッジ・ロンドン(UCL)

はじめに

イネは今日、世界人口の半数以上によって食されているが(www.fao.org、www.ricepedia.org)、本稿で扱う東南アジアにおいては、単に主要な作物であるというだけでなく、儀礼的・精神的にも重要な意味合いを持つ(Hamiltion 2003)。東南アジアにおける作物としてのイネの歴史は、少なくとも最初の栽培イネが発見されたタイ中央部にあるコックパノムディー(Khok Phanom Di)遺跡の年代である、紀元前1,500年頃まで遡る(Thompson 1996)。それまでは、狩猟採集民の生活残滓と関連する遺跡の発見が困難なことからか、東南アジアの遺跡から野生イネを管理・利用した証拠は見つかっていない。狩猟採集は常に移動する生業活動であるため、東南アジアで植物由来の食料の痕跡が残っている遺跡を発見することは、不可能ではないにしても、きわめて困難である(Castillo *et al.* 2017)。

東南アジアの先史時代の古い時期において消費されたイネ以外の穀物としては、カオウォンプラチャン渓谷(Khao Wong Prachan Valley)遺跡などから出土している、アワがある(Weber *et al.* 2010)。東南アジアの古い時期の農業についての議論は、イネを主たる対象としているが、この地域の考古植物学的調査は、イネ以外の作物も消費されていたことを示している。本稿では、東南アジアの先史時代における穀物農耕の発展と拡散の証拠資料を集めるだけでなく、マメ類、柑橘類の果実やワタなどの作物が使用され、消費されたことを示す最新の証拠を紹介する。

過去にある植物が利用された、あるいはその植物が実在したというもっとも明確な証拠は、その植物の遺体そのものである。このような植物遺体は考古植物学的サンプリングによって収集される。東南アジアの考古植物学的な研究事例は、過去10年間で3倍以上に増加している。この地域に考古植物学が初めて導入されたのは1960年代であるが(Castillo 2013)、植物遺体の採取を目的とする体系的なサンプリングがより定期的に野外調査で実践されるようになった2008年までは、東南アジア大陸部ではほんのわずかの考古植物学的な研究しか実施されていなかった(例：Thompson 1996; Weber *et al.* 2010)。そのため、過去の栽培方法や農耕拡散への言及は、大型植物遺体の証拠がないままの水田稲作をめぐる議論が中心となっていた(Higham 1995)。現在までのこの地域の農耕に関する諸

略歴
2013年 Ph.D. UCL考古学研究所
UCL 考古学研究所 リサーチアソシエイト(2013-2016)、日本学術振興会外国人特別研究員(神戸大学2016-2017)を経て、
現在 UCL 考古学研究所 リサーチアソシエイト
研究分野：考古植物学、東南アジア
主要著作
Castillo, C. (2018). Preservation bias: Is rice over represented in the archaeological record? Open fire charring experiments of Asian crops illuminate. *Archaeological and Anthropological Sciences.* https://doi.org/10.1007/s12520-018-0717-4
Castillo, C.C., Higham, C.F.W., Miller, K., Chang, N., Douka, K., Higham, T.F.G. and D.Q. Fuller. (2018). Social Responses to Climate Change in Iron Age Northeast Thailand: New Archaeobotanical Evidence. *Antiquity* 92(365): 1274-1291.
Castillo, C.C., Tanaka, K., Sato, Y.-I., Ishikawa, R., Bellina, B., Higham, C., Chang, N., Mohanty, R., Kajale, M., and Fuller, D.Q. (2016). Archaeogenetic study of prehistoric rice remains from Thailand and India: Evidence of early japonica in South and Southeast Asia. *Archaeological and Anthropological Sciences*, 8(3):523-543.

説の大半は、考古植物学以外の方法で得られた証拠に基づいて推論されている。

ごく最近になって、考古植物学的研究に基づくデータにより、この地域の農耕文化の複雑な歴史が明らかになってきた。同様に、中国における考古植物学は、揚子江におけるイネ(*Oryza sativa ssp.japonica*)の栽培拠点と、中国北部におけるアワ(*Setaria italica*)の栽培拠点に対する証拠を示すことで大きく前進した(Fuller 2011; Fuller *et al.* 2010; Jones and Liu 2009; Song 2011; Yang *et al.* 2012; Zohary *et al.* 2012)。南アジア、東アジア、そして東南アジアの出土イネを含む膨大なデータベースは、揚子江の中流域と下流域においてそれぞれ独自に、そして同時期(紀元前5,000年以前)にイネが栽培されていたことを示しているが、一方で、インドのイネ(*Oryza sativa ssp.indica*)は4,000年前に起きた別の馴化イベントから生じている(Silva *et al.* 2015)。物質文化(たとえば、土器のモチーフの共有や農具の存在)の考古学的証拠は、周辺地域や他との接点があったのか(またはなかったのか)を決定づけることに役立つだけでなく、農業とその集約化についてのさらなる証拠となる。

中国で馴化されたこれら2つの栽培種であるジャポニカイネとアワは、新石器時代に東南アジアへ拡散した。本稿の「1. 穀物栽培の受容」と「2. 拡散経路」の項では、先史時代の東南アジア大陸部でのジャポニカイネとアワの伝播と受容の概要を示す。本稿での筆者の議論は、中国南部と東南アジアの地域の交流にかぎったものとする。中国のイネとアワの起源については本稿の範囲ではないが、中国内部での拡散と南方への伝播についての仮説はいくつかの研究で紹介されている(Fuller *et al.* 2010; Fuller 2011; Guedes 2011; Jin *et al.* 2014; He *et al.* 2017; Del Martello *et al.* in press)。

「2. 拡散経路」の項では、インディカイネの東南アジア大陸部への伝播について簡潔に議論する。インディカイネは、今日の東南アジア大陸部で栽培されている優占種であり、水稲作はこの地域全体にわたって行われている。ジャポニカイネからインディカイネへの移行に関しての詳細は不明であるが、インディカイネはインドを起源とし、先史時代以降に東南アジア大陸部に伝播した。

以下で述べるように、先史時代の東南アジアのイネは中国を起源とするが、一方でどのようにしてこの地域で栽培されるようになったかは明らかでない。「3. 東南アジア大陸部における穀物類の証拠」の項では、東南アジア大陸部の穀物農耕の議論に用いられている証拠資料を報告する。多くの資料はバケツを使った浮遊選別法により検出された植物遺体である。本稿で報告するデータは網羅的ではないが、この地域の初期の穀物農耕に対する理解のために鍵となる遺跡の情報を提示する。

先史時代の東南アジアにおける穀物栽培についての議論をイネとアワにかぎっているが、これは他の穀類が栽培されていなかったからではなく、考古植物学的な証拠に欠けているためである。タイやベトナムで数例発見されているジュズダマ(*Coix lachrymal-jobi*)は、食用ではなくビーズ細工に用いる種であり、スズメノコビエ(*Paspalum scrobiculatum*)はイネの栽培時に生える雑草にすぎない。東南アジアでのイネの遺体に対する調査は、アワのそれをはるかに上回るため、議論の余地はかぎられている。イネにばかり注目しすぎたため、他の植物遺体がほぼ見落とされたといえるであろう。あるいは、イネのほうが遺跡における残存に有利というバイアスに起因しているという説明も可能である(Castillo 2011;

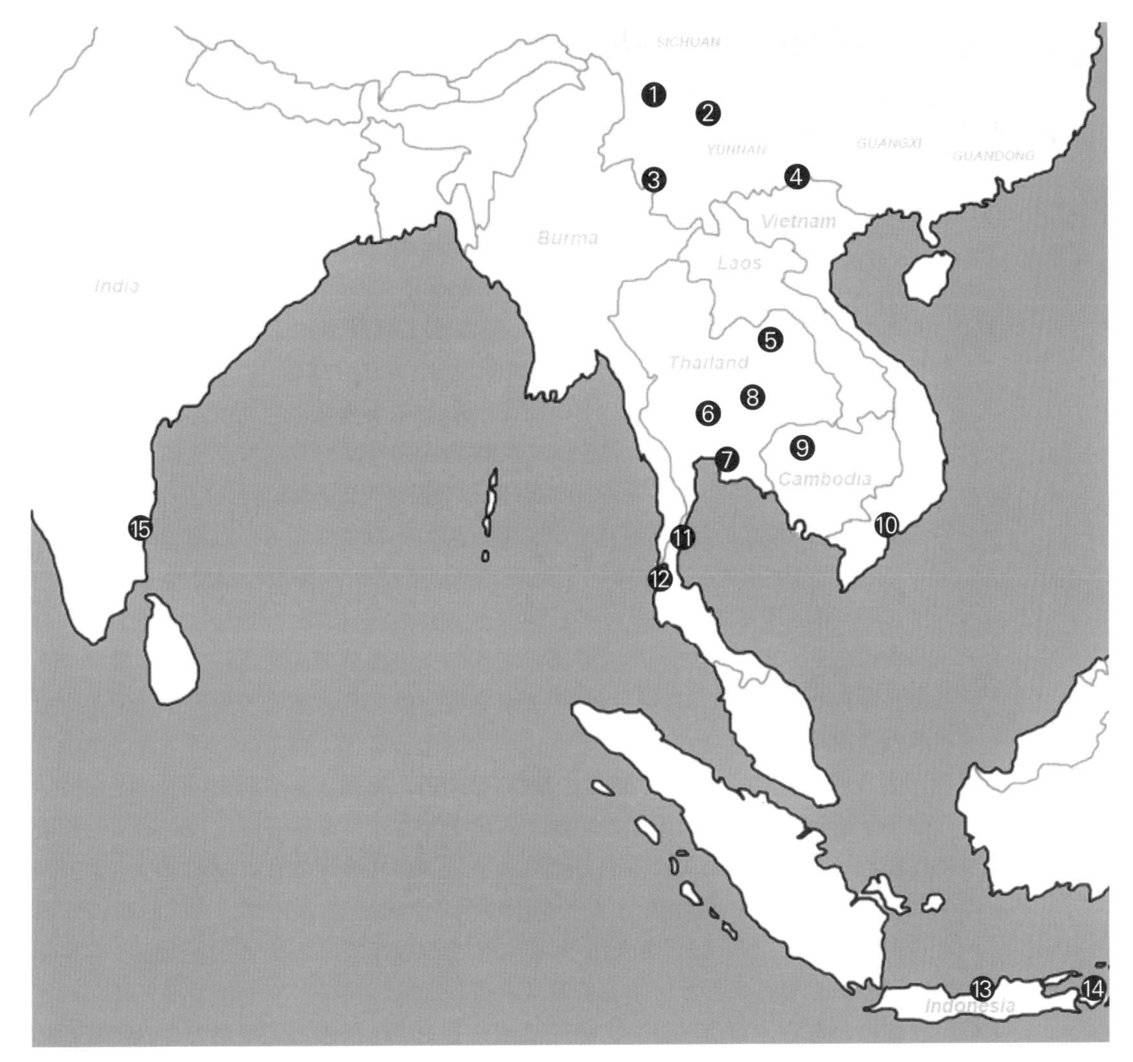

図1　本稿で言及する主な遺跡の位置
1：海門口(Haimenkou)、2：大墩子(Dadunzi)、3：石佛洞(Shifodong)、4：Gantouyan、5：Ban Chiang、6：カオウォンプラチャン渓谷遺跡、ノンパワイ(Non Pa Wai)、ノンマックラー(Non Mak La)、ニルカムヘーン(Nil Kam Haeng)、7：コックパノムディー、8：バンノンワット(Ban Non Wat)、ノンバンジャク(Non Ban Jak)とノーンウーローク(Noen U-Loke)、9：ライ王のテラス(Terrace of the Leper King)、アンコール・ワット(Angkor Wat)、タ・プローム(Ta Phrom)、10：ラックヌイ(Rach Nui)とアンソン(An Son)、11：カオサムケーオ(Khao Sam Kaeo)、12：プーカオトーン(Phu Khao Thong)、13：テマングン(Temanggung)、14：パチュンIX(Pacung IX)、15：アリカメドゥ(Arikamedu)

2013)。

本稿での検証結果は、東南アジア大陸部の穀類に関する証拠という脈絡のなかで議論される。遺伝学的調査および形態計測的調査は、イネが中国起源(ジャポニカ)かインド起源(インディカ)かを区別するために、重要な情報源である。この点は、特にインドとの接触後の時期の諸遺跡にとって重要である。

次に、農業システムや農耕文化の変遷をまとめる。先史時代の耕地利用と栽培方法が水田か否かを区別するために、穀類とかかわる雑草植物相を用いた。考古植物学的資料群中の雑草の検証は、主にヨーロッパや中東で利用されてきた(Bogaard *et al.*1999; Colledge 1994; Colledge *et al.* 2005; Jones 1981, 2002; Jones *et al.* 2010)。以下で紹介するが、この手法はこれまで東南アジアの遺跡でも利用され、成功を収めている。「4. 農耕のさらなる発展」の項では、特にムーン川渓谷から出土した他の遺物をもとに、農業システムの変化を検証していく。最後に、「5. イネだけでなく」の項では、東南アジアのなかのいくつかの鍵となる遺跡から出土した重要な大型植物遺体を手短に紹介する(**図1**)。

1. 穀物栽培の受容

今日、東南アジアにおいて食料としてもっとも重要な位置を占める栽培イネ(*Oryza sativa*)は、アジア圏で24億人によって消費されている。また、イネはおそらく先史時代の東南アジアの各地で栽培・消費された主要な作物であるため、東南アジアの先史学においてもっともよく研究されてきた(Castillo 2011, 2013)。アワ(*Setaria italica*)は、先史時代の古い時期の東南アジアの遺跡で発見されたもう一つの作物である。アワは今日の東南アジアにおいて広く栽培されているが、その用途は家畜の飼料や自家消費用、そして地元での取引にかぎられている(Burkill 1935; Leder 2004)。東南アジアで稲作と雑穀作が受容され始めたのは、紀元前3千年紀から紀元前2千年紀のあいだと推定される。

イネはおそらく東南アジア大陸部の多くの先史遺跡で消費された主な穀物であるが、残存しやすさにおけるバイアスがあるため、考古学的資料のなかでアワなど他の穀物よりも目立つ存在である。焚火による炭化実験では、イネがアワより残存する確率が高いことが実証された(Castillo 2013; Castillo under review)。この実験結果は、東南アジアの遺跡から出土したイネの残存優位性があまり極端には表れていないと思われる一方で、アワについての優位性は以前よりもより顕著に表れている可能性があることを示唆している。たとえば、Weberらによれば(2010)、カオウォンプラチャン渓谷遺跡の調査では、イネが紀元前1千年紀になってから現れており、新石器時代と青銅器時代にはアワが消費されていたという報告がある。東南アジア大陸部における先史時代の古い時期のこの消費傾向から見て、カオウォンプラチャン渓谷の事例が特異であるわけではなく、新石器時代において、イネよりもアワの消費と栽培がより広範囲に行われ、より重要であったであろうと思われる。

イネについては、先史時代の東南アジア大陸部において、当初はインド起源のインディカではなく、中国起源のジャポニカが栽培種として取り入れられた。これは、タイにある4か所の遺跡から出土したイネ遺体の形態計測分析と考古遺伝学的分析を行うことによって確認された(Castillo *et al.* 2015)。このジャポニカイネの存在は、東南アジア大陸部に到来したもっとも古いイネとアワの起源が中国揚子江の下流および中流、そして中国北部にたどれるということに符号する。ただし、ラオス、ミャンマーといった東南アジア大陸部の北部と境界地帯を形成する中国南部地方(雲南省・広西省・広東省)での考古植物学的研究が欠けているため、どのようにしてこれらの穀物が中国から東南アジア大陸部へ渡来したのかは、いまだに解明されていない。

2. 拡散経路

2-1 中国から東南アジアへ

東南アジアのいくつかの地点においては、イネとアワの受容が同時に起こった可能性がある。中国南部とベトナムの国境に位置する感駝岩(Gantuoyan)にある3,000〜4,000年前頃の遺跡(Lu 2009)や、雲南省にある3,100〜4,000年前頃の諸遺跡(Jin *et al.* 2014; Del Martello *et al.* in press)がその例である。しかし、現在の東南アジア大陸部の考古学的資料から見ると、概してこれら2つの穀物は、先史時代の古い段階で別々に受け入れられたと見られる。東南アジアにおける雑穀栽培の受容に地域差があることは、これまでに確認されているところである(King *et al.* 2014; White 2011)。

前述したように、この地域差が生まれる要因は、研究者が考古資料のなかにイネを志向するあまり雑穀の検出にバイアスがかかることに起因するだけでなく、環境条件によっても穀物の嗜好性は影響される。最低気温10℃、年間降水量1,000 mmの地域で育つイネに比べ、アワは丈夫で耐久性に優れていることから、最低気温5℃、年間降水量300 mmの地域でも生育可能である(www.ecocrop.com)。熱帯サバンナ気候(年間雨量1,214.8 mmで113日間が雨)、5〜6か月続く乾期、干ばつのあるカオウォンプラチャン渓谷において、アワがイネよりも先に受け入れられたのは、主に環境条件が原因と考えられる。この地域は湿地農業よりも乾燥地農業に適しており、今日まで雑穀栽培が続いている。

地域によっては、複数の拡散経路が存在したと考えられる場合もある。後述するように、アワはイネより先にタイへ渡来したと考えられる。いまのところ、東南アジア大陸部における証拠から見るかぎり、イネと雑穀の組み合わせがタイへはいってくる前に、分離解体したものと見られる。タイ中央部では、イネがコックパノムディー遺跡のような他の場所で受け入れられ始めた頃に、雑穀がカオウォンプラチャン渓谷で受け入れられ始めた。おそらく、雑穀の次にイネが雲南省経由でタイ中央部へ到来したのであろう(Higham 2005; Higham *et al.* 2011)。

この仮説は将来、ラオス北部とミャンマー東部の発掘調査により、雑穀の雲南経由ルートや、別々になる前のイネと雑穀の組み合わせが存在したことの証拠が提示されることで確認できるであろう。雑穀拡散の雲南省経由説を支持する物質文化を含めた証拠が求められることになるが、雲南省と東南アジアの接点を探る多くの考古学者たちの努力にもかかわらず、考古資料は物質文化における新石器時代のこの2つの地域のかぎられた接点しか示していないため、この拡散経路の仮説は疑わしいかもしれない(Higham and Thosarat 1998; Higham *et al.* 2011; Rispoli 2007)。

中国の南西部、雲南省の北にある四川省では、紀元前4,000年から紀元前2,500年頃のキビとアワの栽培の証拠や、紀元前2,700年頃のイネと雑穀の混合農業の証拠が得られている(Guedes 2011)。新しい調査でも、雲南省のいくつかの遺跡でアワとイネが同時に存在していたことが示されている。大墩子(Dadunzi)と白羊村(Baiyangcun)で4,000年前頃、海門口(Haimenkou)で3,700年前頃、さらに南の石佛洞(Shifodong)で3,100年前頃(Jin *et al.* 2014；He *et al.* 2017；Del Martello *et al.* in press)の事例がそれぞれ見つかっている。したがって、拡散経路としては、雑穀が稲作農耕とともに北(四川省)から南(雲南省)へ、そして別々のルートに分かれる前に、ミャンマーまたはラオスを経て、東南アジアへ到達したと見られる。しかし、雲南省でもっとも南にある石佛洞における雑穀・イネ栽培の年代は3,100年前頃とされ、タイにおけるアワの最古の証拠(3,670±40 BP、ノンパワイ(Non Pa Wai))よりかなり新しく、古い雑穀農業の遺跡が未発見の可能性を示唆している。さらに、ミャンマーとの国境にある雲南省西部は山岳地帯であり、人や物の動きに困難が伴ったと思われるため、広西省経由という別の選択肢もあり得る。

一方タイでは、新しい時期に到来した最初のイネの伝来ルートは、中国南部の雲南省、広東省、広西省のいずれからでも想定可能である。イネの存在は、雲南省では古くとも紀元前2,500～2,000年頃と推定される(Guedes 2011)。あるいは、イネと雑穀の混合農耕が新石器時代に広西を通ってベトナムへはいってきたかもしれない。土器の装飾モチーフの比較からもわかるように、新石器時代に広西省は東南アジア大陸部への「拡散場所」と称されている(Rispoli 2007)。前述したように、広西省の感驮岩遺跡からは、紀元前3千年紀～2千年紀とされるイネと雑穀の両方が出土している(Lu 2009)。東南アジアで最初にイネが発見され、紀元前2千年紀に比定されるコックパノムディー遺跡の事例により、広西経由のルートの可能性が考えられる。

2-2 インドから東南アジアへ

インディカイネの東南アジア大陸部への導入の証拠は、ジャポニカイネのそれよりも希薄である。東南アジアとインドの接触は紀元前1千年紀後半の半島とタイ中央部で記録されている(Bellina *et al.* 2014; Glover & Bellina 2011)。カオサムケーオ(Khao Sam Kaeo)やプーカオトーン(Phu Khao Thong)のような遺跡では、インド人の定住が示唆された(Bellina *et al.* 2014)。しかし、プーカオトーンやカオサムケーオのインド人がインド系のイネであるインディカイネを持ち込むことができたとしても、すでにイネは東南アジアにあったので、持ち込む必要性はなかった(Castillo 2011)。それよりもむしろ、この移民グループによって、現地にない品種のマメ類が持ち込まれた。労働集約的な(インディカイネの)水田稲作は、西暦7～9世紀まで続いたインドとの交易の後に登場し、東南アジア大陸部におけるインド圏の発展にも関係している(Castillo 2011; Castillo *et al.* 2016b; Fuller *et al.* 2010)。7世紀以降に比定される東南アジア大陸部のイネ試料は希薄であるが、カンボジアの事例は、インディカ亜種が少なくとも14世紀ないし15世紀までに確立したことを示している(Castillo *et al.* 2018)。どのようにインディカイネが拡散したかをたどるために、7世紀から14世紀のあいだの東南アジア大陸部の遺跡で、考古植物学的サンプリングを行う必要がある。

3. 東南アジア大陸部における穀物類の証拠

3-1 考古植物学

20世紀に発表された東南アジア先史時代の農耕に関する研究は、イネが中心となっていた(Thompson 1996; White 1995)。少数の例外はあるが(Oliveira 2008; Paz 2001; Thompson 1996; Weber *et al.* 2010)、最近まで東南アジアでの考古植物学的サンプリングが欠如していたことを考えれば、これらは農具とイネの圧痕またはイネを混和した土器のような農耕関連の遺物を基にした推論である(Yen 1982; Vanna 2001, 2002; Vincent 2002, 2003; Nguyen 1998; Castillo and Fuller 2010 Table 1:1)。Vincent (2002, 2003)は、タイで発見されたイネを混和した土器についてまとめ、Vanna (2001, 2002)はカンボジアについて、そして渡部(Watabe *et al.*1974)はミャンマーについて、それぞれまとめている。現在までに、東南アジアにおいて考古植物学が学問領域として発展するにしたがい、考古

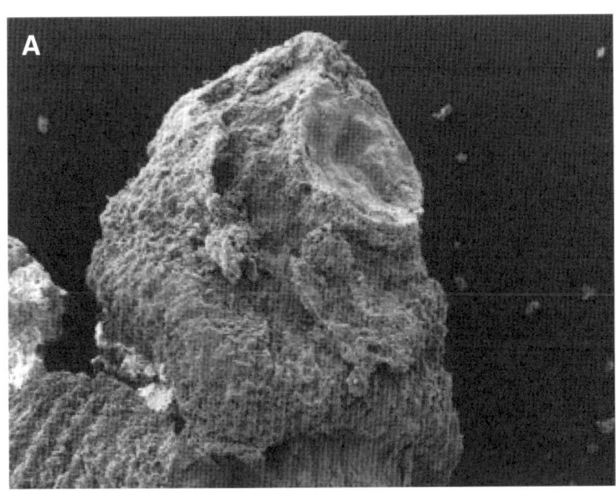

図2　野生型と栽培型の小穂
A：栽培型イネの小穂基部（バンドンタペット Ban Don Ta Phet遺跡出土）
B：野生型（非栽培型）イネの小穂基部（バンノンワット Ban Non Wat遺跡出土）

植物学的記録は7世紀から14世紀のあいだが断片的ではあるものの、東南アジア大陸部の遺跡調査によって紀元前2千年紀から紀元後15世紀までに及ぶ栽培イネが出土している。

Thompson（1996）とFullerら（2009）の方法論にしたがい、イネの小穂基部にある小軸痕が栽培型と野生型の区別のために検証された。現段階で、小穂基部が栽培イネと野生イネを見分ける際にもっとも特徴的で識別可能な部位である。小軸痕が平らで丸ければ野生型と考えられ、粗くて窪んでいれば栽培型と考えられている（**図2**）。一握りにすぎないアワの出土量に対し、栽培イネは東南アジア大陸部全体にわたってじつに20以上の遺跡から出土している。これらの遺跡から、いくつかの出土例を下記で検討する。

東南アジア大陸部でアワの出土例がかぎられていることは、試料採取における問題、タフォノミーの問題、または当然ながらアワ自体の欠如に起因しているかもしれない。東南アジアでもっとも古いアワの出土例は、タイ中央部に位置するカオウォンプラチャン渓谷にあるノンパワイ遺跡からである。アワの種子1粒がAMS放射性炭素年代測定され、紀元前2,470～2,200年という結果がでた（Weber *et al.* 2010）。アワはカオウォンプラチャン渓谷でイネが受け入れられた千年以上も前から栽培されていた。主食としてイネがアワにとってかわったが、アワは栽培され続け、今日に至っている（Weber *et al.* 2010）。

アワが出土した他の2つの遺跡は、マレー半島にある鉄器時代のカオサムケーオ遺跡とベトナム南部にある新石器時代のラックヌイ遺跡である。カオサムケーオとラックヌイではイネとアワの両方が食されていた（**図3**）。カオサムケーオへの穀物拡散ルートは、おそらくタイ中央を起点とした北から南への軌道であったと思われる。紀元前1千年紀にはすでにタイ中央部（たとえば、カオウォンプラチャン渓谷の諸遺跡：ノンパワイ、ニルカムヘーン（Nil Kham Haeng）、ノンマックラー）で、イネとアワが存在していたことからすれば（Weber *et al.* 2010）、マレー半島に紀元前1千年紀中頃かそれより古い時期には、これらが到達していたといえるであろう。

一方、ラックヌイではまったく別のシナリオが示されている。この新石器時代の遺跡は紀元前2千年紀(紀元前3,555～3,405年から紀元前3,845～3,385年)に比定され、イネやアワの消費に加え、ベジカルチャー(根茎栽培)に沿岸部での採餌を加えた生業を営んでいたと考えられる(Oxenham *et al.* 2015; Castillo *et al.* 2017)。ラックヌイは現地のさまざまな食料と多様な食性を人々に与えたマングローブ樹海に囲まれた場所であるが、生活条件や農業の面で大きく制限されていただろう。穀物栽培に関する証拠はでていないので、交易の存在が示唆される。これらの穀物がどこからやってきて、何と交換されたのかは、解明されないままである。しかし、ラックヌイは隣接する河川によって内陸世界と海洋世界の両方につながっていた。ラックヌイの南西にはイネが出土した新石器時代の遺跡(例：アンソン)があるが、雑穀は出土していない(Tan *et al.* 2012)。他の場所、特にドンナイ(Dong Nai)地域からの搬入品と思われる精製土器が出土し、他地域とのネットワークが存在したことが明らかになった(Sarjeant 2014)。ラックヌイで現地生産または加工したものを、穀類や土器と交換していた可能性がある。

3-2 遺伝学と形態計測調査

イネの研究は、2つの亜種、すなわちインディカとジャポニカを分別するために、現生イネと出土イネの形態計測分析から得られる情報も取り入れている。形態計測は有効で出費が少ないが、特に現生イネの形状と大きさは変異が大きいので、亜種を区別するための決定的な手法とはいえない。しかし、これらの分析は個別の単位ではなく、中間的な試料サイズ(20個以下)を用いた集団レベルに対して行うことで、その亜種である見込みが強くなる。結果は、その後に遺伝学的方法で確認できる。

形態学的研究は遺伝学的分析よりも経済的であるが、遺伝学によるほうがより確固たる発見を得られることが多い。古DNAによって解決した問題もあるように(Brown *et al.* 2015のレビューを参照)、植物遺存体を対象にした遺伝学的研究は世界の諸地域で成果をあげているが、同時に異論を生むこともある。イギリスにおけるオオムギの初現が、もっとも古い考古学的証拠よりも少なくとも2,000年遡るとする論文(Smith *et al.* 2015)などはその例である。古DNAの抽出は、乾燥した植物遺存体から行われた際にもっとも成功しているが、田中によって、先史時代の炭化した植物遺体からも古DNAの増幅と抽出に成功したと報告され

図3 出土したイネとアワ
A：イネ果実(カオサムケーオ遺跡出土)
B：アワ果実(ラックヌイ遺跡出土)

ている(Castillo *et al.* 2015)。

イネの馴化が起こった中心的な場所は2か所あり、遺伝学的に異なる少なくとも2つの亜種、中国の*Oryza sativa* spp. *japonica*と、インドの*Oryza sativa* spp. *indica*がある。最近までインディカイネの一部と見なされてきた3番目の亜種はアウス(*aus*)と同定され、インド北部、バングラディッシュとミャンマーの一部で見つかっている(**図4**)(Garris *et al.* 2005; Choi *et al.* 2017)。しかし、東南アジア大陸部の遺跡からは、古DNAと形態計測のどちらによっても、ジャポニカイネとインディカイネのみが検出されている。

東南アジアのなかでインドネシア、ジャワ島にあるテマングン(Temanggung)遺跡を含む計7か所の遺跡から出土したイネが、形態計測分析された。この分析方法は、先史時代のイネをジャポニカタイプとインディカタイプに分別するのに役立つ手法であると証明されている(Castillo 2011, 2013; Castillo *et al.* 2015; Fuller *et al.* 2007; Oka 1988)。

イネの形態がジャポニカ(短くて太いラウンドタイプ)あるいはインディカ(長くて細いスレンダータイプ)のように見えるというだけでは確証にならない。**図5**は、粒の長さと幅の比率が2未満ではジャポニカ、2.2以上ではインディカと考え、ジャポニカとインディカの比率が重なる中間が2.01 ～ 2.2である。これらの長さ/幅比率は、遺伝学的に現生イネ(ジャポニカ、インディカ、ルフィポゴン(rufipogon)、ニヴァラ(nivara))を識別した大量のデータ計測値から求めたものである(Castillo *et al.* 2015; Harvey 2006; Fuller *et al.* 2007)。青銅器時代から鉄器時代後期の遺跡(バンノンワット、カオサムケーオ、ノーンウーローク、ノンバンジャク、プーカオトーン)においては、ジャポニカタイプのイネが圧倒的であった。テマングンの歴史時代の遺跡のイネにはジャポニカとインディカの両タイプが見られるが、ライ王のテラスでは完全にインディカタイプで占められている。

東北タイの遺跡(バンノンワットとノーンウーローク)とマレー半島の遺跡(カオサムケーオとプーカオトーン)の同じ年代の層から出土したイネから古DNAを抽出し、分析した。古DNAの分析結果と形態計測分析結果は類似していた。この4か所の遺跡から出土したイネは、古DNA分析によってジャポニカであることが確認された。葉緑体の遺伝子配列(cpDNA)に比べて核の遺伝子配列の復

A

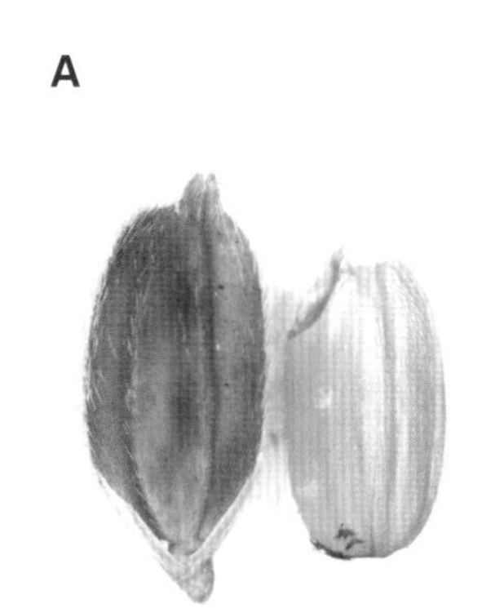

B

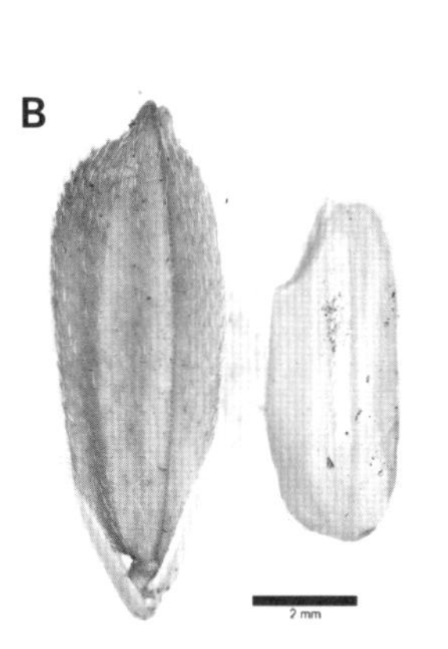

C

図4　現生イネの穂軸と現生イネ粒
A：*Oryza sativa* ssp. *japonica*(日本晴)
B：*Oryza sativa* ssp. *indica*(IR36)
C：*Oryza sativa* ssp. *aus*(Kasalath)
すべての現生イネは神戸大学農学部植物育種学研究室より入手

元率は低かったが、炭化米から両方の遺伝子配列を含んだ古DNAの抽出に成功した。核の遺伝子マーカーにより、栽培化後の文化的な嗜好とされる(Fuller and Castillo 2016)、粘着性(waxy)、白色果皮(RC)、イネの香り(BADH2)などの特徴が存在することが裏付けられた。一方、葉緑体の遺伝子配列の高い成功率は、亜種の同定を可能にしている。

インドとの接点を示すもっとも古い遺跡は、マレー半島にあるカオサムケーオとプーカオトーンなどの中継地点的遺跡である(Bellina *et al.* 2014)。この2つの遺跡からは、ブラーフミー文字がある印章、インド由来の技術で製作された硬い石やガラス製のビーズ、吉祥のシンボル、そして南インドのアリカメドゥ(Arikamedu)遺跡の出土品に類似する大量の回転文土器が出土している(Bellina *et al.* 2014; Bouvet 2011)。特に工芸に携わるインド系の人々は、これらの中継地点に住んでいたとされる。したがって、南アジアとの交易の始まった当初にマレー半島経由でリョクトウ(*Vigna radiata*)とホースグラム(*Macrotyloma uniflorum*)がまとまってはいってきたので、このようなインド系の集団がインディカイネを東南アジアへ導入した可能性はある(Castillo and Fuller 2010; Castillo *et al.* 2016)。

しかし、Castilloら(2015)による遺伝学的研究ではこのことは確認できず、むしろ紀元前400年前から紀元後100年のインドとの交易初期に、インディカイネが東南アジアへ受容されず、歴史時代にはいってから受容されたことが示唆された。特に紀元後1千年紀の考古植物学的研究が不足しているため、インディカイネの東南アジア渡来に関する証拠が不足している。しかし、歴史時代のイネの形態計測研究は、少なくとも14世紀にはインディカイネがカンボジアのライ王のテラスで現れていることを示唆している(**図5**)。試料は乾燥していて、建物の基礎の堆積物から他の2つの植物遺体、リョクトウとゴマ(*Sesamum indicum*)とともに検出された。形態計測分析ではインディカイネと同定されているが、この結

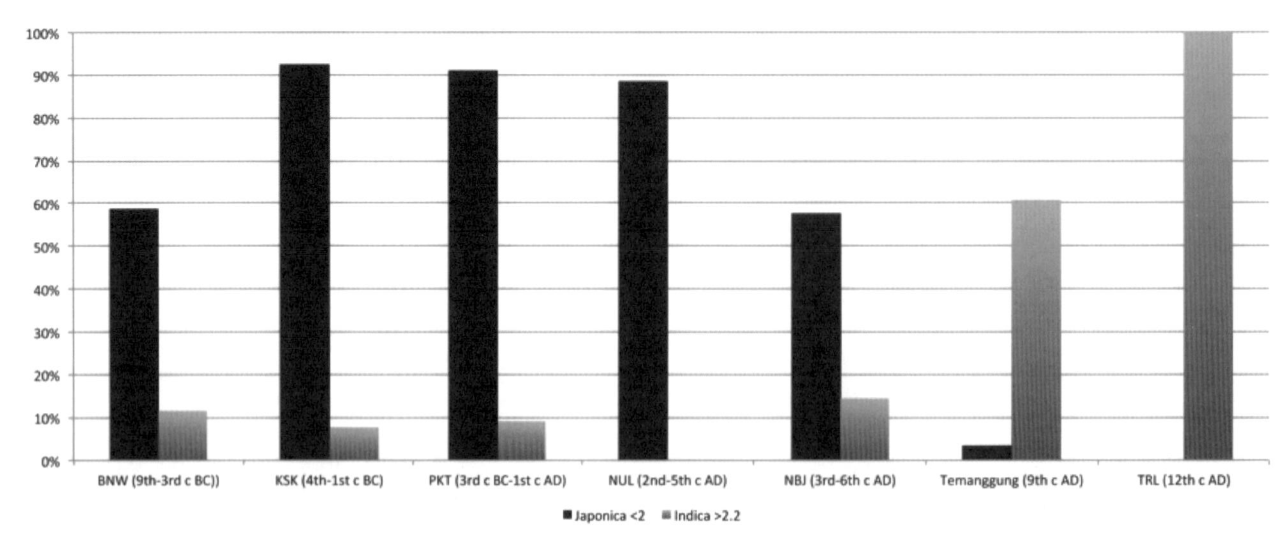

図5 東南アジアの青銅器時代前期から歴史時代にかけての遺跡7か所から出土したイネの形態計測値グラフ
年代範囲を遺跡コードとともに示している。
BNW：バンノンワット、KSK：カオサムケーオ、PKT：プーカオトーン、NUL：ノーンウーローク、NBJ：ノンバンジャク、テマングン、TRL：ライ王のテラス（データ：Castillo 2013 未発表；Castillo *et al.* 2015）

果を古DNA分析によって検証する必要がある。

前述したように、形態計測は指標になるだけであって、ほかの手段による情報収集が必要である。たとえば、紀元後9世紀頃とされるジャワ島にあるテマングン遺跡から出土したイネには、インディカタイプとジャポニカタイプの両方ある(Castillo 2014)。すなわち、古DNA研究によって、出土したイネ20粒のなかで4粒がジャポニカ、5粒がインディカと確認された(Tanaka 2014)。しかし、形態計測値の長さと幅の比率では、2未満と2.2以上のあいだ(ジャポニカとインディカが重なる範囲)に収まる数値の割合が多い(34%)。この結果を、イネの栽培化度合いの検証やイネの芒(のぎ)の有無など他の証拠とあわせて考えると、テマングン遺跡のジャポニカイネは(**図6**)、熱帯ジャポニカ種(ジャバニカ(*javanica*)または「ブル(*bulu*)」)と考えられる。熱帯ジャポニカは厚みがあり、ふっくらとして長く、しばしば芒があるが、インディカイネは一般的に細長く、比較的薄く、芒はない。テマングンのイネは、形態的な特徴が熱帯ジャポニカのそれとよく似ている。付言するならば、マレー半島のカオサムケーオとプーカオトーンで発見されたイネには芒があり、熱帯ジャポニカと考えられるが、古DNAによる検証は行われていない。

図6　テマングン遺跡から出土したイネ
A：イネ果実、B：イネ芒

上で論じた最新の形態計測学的分析と遺伝学的分析から得られた結論をまとめると、以下のようである。まず、東南アジアにおけるインドとの交易以前の先史時代のイネは、ジャポニカであった。そして、インドとの交易後も栽培イネはインドの亜種インディカへ変化することはなかった。紀元後1世紀までのマレー半島と紀元後6世紀までの東北タイでは、ジャポニカイネが主要な食料として継続的に栽培されていた。インディカイネは紀元後1千年紀のあいだに受容されたといえる。一方で、ジャポニカのうち特に熱帯ジャポニカは、紀元後9世紀のジャワ島で栽培されていたものとみられる。マレー半島では、テマングン遺跡よりも1,000年前のカオサムケーオとプーカオトーンではさまざまなイネの種類が栽培されていた。

東南アジアのなかでの交易と交流は古く紀元前1千年紀後半から知られており、インドとの交易が始まることによってさかんになったとされる(Calo *et al.* 2015)。したがって、熱帯ジャポニカは古くにマレー半島から東南アジア諸島へ渡来し、インディカは紀元後1千年紀のインドとの持続的交易後に伝播したものと考えられる。現在、ジャバニカイネは大多数がインドネシア、台湾高地やフィリピンのコルディレラ山脈で見られ(Barker *et al.* 1985)、インディカイネは東南アジアのほとんどの低地で栽培されている。

3-3　農業システム

カオウォンプラチャン渓谷でのウィーバー(Weber)による考古植物学的研究により、この地域の農業と食性についての理解が深まった。Weberら(2010)は、新石器時代および青銅器時代のタイ中央部において、イネ以前に雑穀が食料となっていたこと、複数の農業形態が存在したことを示した。考古学者がイネに熱を入れている地域にあって、ウィーバーによる研究は、先史時代のタイの農業体制について他の視点から追及するきわめて重要なものであった。そして、稲作農耕が行われているときにカオウォンプラチャン渓谷の雑草植物相は、イネの受容時における農業システムが不確かであること、そしてそれ以前には乾燥地環境での栽培があったことを示唆している。紀元前1千年紀にイネが主な栽培種になったとき、アカザやスゲのような湿地種と乾燥地種の両方が混在したため、雑草植物相から湿地か乾燥地かを判別することは難しい。カオウォンプラチャン渓谷でイネの栽培が始まったとき、アワ栽培を行っていた耕地をイネ栽培に転用した可能性がある。これは栽培という行為の継続性か、あるいは「日和見主義」的な農耕活動の存在を示していると考えられる。

東南アジア大陸部における栽培随伴雑草についての考古植物学的研究によれば、鉄器時代まではもっぱら乾燥地天水農業システムを営んでいたことが示唆されている(Castillo 2011)。一方で、東南アジア大陸部で最古の栽培イネの証拠は、紀元前1,500年頃と推定される沿岸のコックパノムディー遺跡である(Thompson 1996)。この遺跡では広範囲に及ぶ考古植物学的調査が行われたが、アワは検出されなかった。ここのイネは、おそらくほとんどが自然冠水に頼った湿地で栽培されていたであろう。カオウォンプラチャン渓谷のアワは、コックパノムディーの最古の栽培イネの年代よりも先行している。カオウォンプラチャン渓谷遺跡とコックパノムディーは、中部タイ国境から少し距離のあるタイ中央部に位置しているが、この2つの穀物の伝播経路とそれに関連する農業システムについて解明する研究は、いまだに不足している。

マレー半島のなかでさらに南にある鉄器時代の2つの中継地的遺跡が、カオサムケーオとプーカオトーンであり、イネを中心とした生業形態を示している。消費または栽培された他の穀物としては、アワ(カオサムケーオのみ)やリョクトウとホースグラムを含むインド系のマメ類(カオサムケーオとプーカオトーン)がある。もし、アワが栽培されていたならば、今日と同様に小規模な生産であったと思われる。20世紀初めのマレー半島において、アワが栽培されたのはイネが不作のときであったことが示すように、アワはイネについで重要とされている(Burkill 1935)。このケースは、先史時代の後半にもあてはまるかもしれない。

問題は、カオウォンプラチャン渓谷の場合と同様、マレー半島において雑穀がイネより先に栽培されていたかどうかである。もしそうならば、カオサムケーオでの稲作は、カオウォンプラチャン渓谷のように、同じ農業技術を維持したまま栽培する穀物を変更することで生じた可能性がある。

カオサムケーオとプーカオトーンのイネに関連する雑草分類群は、乾燥地システムに対応する(Castillo 2013)のと同様、この2つの遺跡で栽培されたマメ類など他の穀物も、乾燥地農耕のもとで生育していた。

東南アジア大陸部で最初の水田稲作の証拠が発見されたのは、東北タイのコラート高原にある紀元後1千年紀初めのバンノンワット遺跡とノンバンジャク遺跡である(Castillo *et al.* in press)。青銅器時代と鉄器時代前期のバンノンワット遺跡における稲作農業は、雑草分類群から見てわかるように、乾燥地で行われたが(Castillo 2011; Castillo *et al.* in press)、Miller (2014)による考古植物学的研究は、鉄器時代に水田稲作へ移行したことを示している。この移行は、大気が乾燥化した時期と重なる。考古植物学的分析によると、バンノンワットで鉄器時代前期(紀元前100年頃〜紀元後100年)に水田稲作が行われていたが、鉄器時代後期(紀元後200〜400年頃)にはより顕著な乾燥期となり、いくつかの遺跡の周囲に堀や貯水池が建設されたこの時期に、水田稲作が独占的となった(Castillo *et al.* in press)。一方、ノンバンジャク遺跡の植物相は、大部分が水なしには育たない植物(水生植物)で構成され、鉄器時代晩期のあいだのみ人々が居住していた。この遺跡から出土したイネは、すべて水田で栽培されていた(Higham *et al.* 2014)。

4. 農業のさらなる発展

近年行われたタイのムーン(Mun)川渓谷やサコンナコーン(Sakon Nakhon)盆地から出土した臼歯など歯牙の安定炭素同位体分析により、青銅器時代前期の始まり頃に安定炭素同位体比(δ^{13}C)が低くなり始めていることが示唆されている(King *et al.* 2013, 2014)。この傾向は、エリート階級が出現して社会的階層が顕著になる時期に、イネのようなC3植物に重度に依存していたためと解釈されている(King *et al.* 2014; Higham and Higham 2009)。バンノンワットのようなムーン川渓谷の遺跡群における考古植物学的分析は、青銅器時代の優先的穀物はイネであり、それは鉄器時代まで続いたというKingら(2014)の見解を裏付けている(Castillo 2011, 2013)。しかし、青銅器時代の試料からイネが豊富に検出されてはいるものの、それがKingらが述べるように、他の時代と比べてイネに「重度に依存していた」とまでいえるかどうかは、現段階で確証が得られていない。

ムーン川渓谷にあるノーンウーローク遺跡では、安定同位体分析によってC3植物の消費が鉄器時代にさらに増えたことが示され、農耕の発展期にさらにイネへの依存度が増加したものと解釈されている(King *et al.* 2014)。この傾向は、より北にあるサコンナコーン盆地(バンチェン遺跡など)では見られない。ムーン川渓谷における(例：鉄器時代のノンバンジャク)考古植物学的研究によって、イネが優占することや、さらに重要なことに、イネに伴う水生雑草の優越によって水田稲作が行われていたことが示されている(Higham *et al.* 2014; Castillo *et al.* in press)。

バンノンワット遺跡N96グリッドの大型植物遺体群の研究は、イネと雑草種を含んだ青銅器時代から鉄器時代にわたる連続した層序に基づいていたため、それ以前の考古植物学的研究を進展させた(Miller 2014)。これは、東南アジア大陸部において、あるひとつの栽培方法から他の栽培方法へ、すなわちイネが原始的天水栽培から水田栽培へ転じたことが示された最初の例であり、これは隣接する地域の遺跡から得られたより多くのサンプルによって地域的にも拡大された(Fuller 2011)。天水に頼った乾燥地栽培と違い、築堤され、耕された所定の耕地へ貯水池から給水・灌漑してイネを育てることは、より多くの人口と社会的複雑性を持つ集団を維持することができるだけでなく、社会的秩序も必要とするため、この移行にはきわめて重要な意義がある。

ノンバンジャク遺跡では、ノーンウーローク遺跡同様、イネの副葬や、鉄の鍬や鎌といった農具の出現などの技術革新が確認された。着柄斧などいくつかの農具は、森林を切り拓くために使用された可能性があり、石鍬や貝製ナイフについては、鉄器時代以前から報告例がある(Higham and Thosarat 2012; Higham *et al.* 2014)。しかし、鉄器時代においては、多種多様な農具が、ムーン川渓谷からだけでなく、タイ全域にわたり発見されている。これらは、鉄の鉈鎌や鋤、鎌、収穫用ナイフ、鍬を含む(Higham and Thosarat 2012)。その他に、ムーン川渓谷全域で囲壁遺跡が急増するなど、鉄器時代には明白な遺跡景観の変化が見られる。これらの遺跡の多くは、新石器時代から占地されていた証拠があるものの、主として紀元前500年〜紀元後500年と推定される(O'Reilly 2014)。これらの遺跡の堀は、多くの研究者たちによって調査・報告され、以前は防衛のために造られたと信じられていた(Higham and Kijngam 1982; O'Reilly 2000)。最近では、幅広い堀を掘削して住居を囲んだ土塁は、水を管理するシステムの一部であり、これは鉄器時代におけるこの地域の乾燥化と軌を一にしていると考えられている(Boyd 2008; Castillo *et al.* in press)。

現在、ムーン川渓谷のイネ栽培に関する考古植物学的研究は、乾燥地から水田栽培システムへの移行を示すことで、困難な時代があった証拠を提示している。さらに、イネで埋め尽くされた墓壙や、外来の装飾品(金、銀、紅玉髄、瑪瑙、ガラス製品や銅製品)を富の象徴として埋葬するなどの新しい埋葬儀式に見られるように、明白な社会的変化があった。どこで水田による栽培方法が出現したのかが現在の問題である。数名の研究者が主張するように、天候やその後の環境の劣化がムーン川渓谷の住民の技術革新を駆り立てたのであろうか(Boyd 2008; Boyd and Chang 2010; King *et al.* 2014)。それとも移入された技術なのであろうか。

5. イネだけでなく

東南アジア大陸部において重要な商品作物のなかではイネがもっともよく研究されているが、いくつかの遺跡からは他の経済的作物が同定されている。タイ南部のカオサムケーオとプーカオトーンでは、リョクトウ、ホースグラム、ケツルアズキ(*Vigna mungo*)やキマメ(*Cajanus cajan*)に加え、ゴマやワタも同定されている(Castillo *et al.* 2016)。タイ中央部のもう一つの遺跡、バンドンタペットは紀元前4千年紀に比定されるが、ここでもワタが確認され、タイ半島部の遺跡と同様に物質文化のうえでもインドとの交流を示唆している(Cameron 2010; Glover and Bellina 2011)。

前述したすべての植物遺体は、インドから東南アジアへ渡来した栽培種である。カオサムケーオとプーカオトーンから発見されたタイ原産の種を栽培化した食用植物は、タケアズキ(*Vigna umbellata*)とおそらくザボン(*Citrus maxima*)と思われる柑橘類の果皮のみである(**図7**)。リョクトウは、およそ2,100年前と推定されるバリ島北部にある沿岸部の遺跡パチュン(Pacung)Ⅸからも出土している(Calo *et al.* 2015)。リョクトウはおそらくタイ半島部を経てバリ島へ流入したと考えられる。リョクトウは、今日のタイに生育する経済的にもっとも重要なマメ類である(Prasertsri 2011)。タイやインドネシアでも大量にこのマメが使用されているという報告もある。リョクトウは、イネやアワとともに東南アジアへ伝播してからもなお栽培され、消費され続ける数少ない穀物のひとつである。

紀元後14世紀から15世紀に比定されるライ王のテラス遺跡の植物遺体群のなかには、ゴマ、リョクトウ、ジュウロクササゲ(*Vigna unguiculata subsp. sesquipedalis*)、フジマメ(*Lablab purpureus*)、キマメ、ワタ、キワタまたはカポック(cf. Bombax/cf. Ceiba)などの商品作物も含まれている(**図7**)。これらのなかには東南アジア原産のものはひとつもなく、多くはインドまたはインド

図7　植物遺体
A：リョクトウ(Vigna radiate)、B：ホースグラム(Macrotyloma uniflorum)、C：ケツルアズキ(Vigna mungo)、D：柑橘類果皮、おそらくザボン(Citrus maxima)、E：タケアズキ(Vigna umbellate)；F：ゴマ(Sesamum indicum)、G：ジュウロクササゲ(Vigna unguiculata ssp. sesquipedalis)、H：ワタ(Gossypium arboretum)
A、Dはカオサムケーオ遺跡から。B、C、Eはプーカオトーン遺跡から。F、G、Hはライ王のテラスから。

経由で渡来した植物である(Castillo *et al.* 2016a)。この遺跡からは儀礼用土器が出土したが、そのなかにはイネ、リョクトウ、ゴマがはいっていた。イネ、ゴマ、リョクトウの組み合わせは儀礼的な脈絡に関連がある。これらの植物は、アンコール寺院の奉納物や備蓄物に関する詳細が記された古クメール語の碑文において、通常は同じ順序で列挙されている(Castillo *et al.* 2018)。カンボジアの他の遺跡からもインド由来の穀物の証拠が得られている。アンコール・ワット(Angkor Wat)やプレア・カーン・コンポン・スヴァイ(Preah Khan of Kompong Svay、未報告)から出土したリョクトウや、タ・プローム(Ta Phrom)から出土したワタなどが、その例である。

6. 結　論

イネは中国から東南アジア大陸部へと導入されたが、その過程は十分に明らかになっていない。同様に、東南アジアにおいてジャポニカイネからインディカイネへの移行、そして乾燥地農耕から水田稲作への移行についても、その全容は明らかになっていない。現状では東南アジアと中国南部における考古植物学的研究が不足しているが、この状況は東南アジアの鉄器時代後期と歴史時代の古い時期に比定されている遺跡の調査についても同様である。しかし、数少ないながらも現在得られているデータが示していることは、この地域においてイネとアワが、多くの場合は別々に受容されたように、東南アジアにおけるイネの種類と農業システムの受容においても、そのタイミングや範囲が多様であったということである。したがって、結論としては、穀物の導入経路についての統一されたシナリオは存在しない。しかし、穀物栽培についての議論に他の学問領域を統合することで、解決した問題もある。東南アジアで浮かんできた事実は、穀物の拡散がおそらく一挙に押し寄せたわけではなかったということである。同様に、インドとの初期の交易がインド文化由来の食品や宗教による急激な変化を引き起こしたわけではなく、むしろ、インディカイネとリョクトウ、ゴマ、ワタなどの栽培種をゆっくりともたらした。

考古学的調査を通じ、私たちは限定的な結果に直面するが、この結果の裏にある過程を探らなければならない。しかし現在、東南アジアの考古学に必要なことは、考古植物学的方法論を取り入れたフィールドワークである。そうすることで初めて、東南アジアの先史時代の食性や農業体制のより完成した全体像を把握することができるであろう。

謝　辞

2018年に奈良で開催されたワークショップ「アフロ・ユーラシアの考古植物学」に招いてくださった庄田慎矢先生、ならびに細谷葵先生に感謝致します。また、以前からご協力いただいている考古学者の方々に感謝いたします。Berenice Bellina, Peter Bellwood, Alison Carter, Nigel Chang, Charles Higham, Sofwan Noerwadi,　Marc Oxenham, Philip Piper, Martin Polkinghorne, Miriam Stark, Ratchanie Thosarat。この方々の研究結果をいくつか本稿で取り上げています。BNW、KSK、NULとPKTのイネの古DNA研究をしてくださった田中克典先生へ特に感謝いたします。なお、著者によるこれらの遺跡の植物遺存体研究はAHRC Studentship, the CNRS and the French Ministry of Foreign Affairs, NERC（Grant#NE/K003402/1 Grant#NE/N010957/1）の助成により行われたことを明記します。

（訳　庄田慎矢・遠藤眞子）

翻訳にあたっては鈴木朋美氏のご協力をいただいた。記して感謝いたします。

引用文献

・Barker, R., Herdt, R.W. & B. Rose. 1985. *The rice economy of Asia* 2. Washington, D.C.: International Rice Research Institute.

・Bellina, B., Silapanth, P., Chaisuwan, B., Allen,

J., Bernard, V., Borell, B., Bouvet, P., Castillo, C., Dussubieux, L., Malakie, J., Perronnet, S. & T.O., Pryce. 2014. The development of coastal polities in the Upper Thai-Malay Peninsula of the late first millennium BCE and the inception of the long lasting economic and cultural exchange between the East of the Indian Ocean and the South China Sea, in Revire, N., Murphy, S.A.(ed.) *Before Siam: Essays in Art and Archaeology*. Bangkok: The Siam Society and River Books.

· Bogaard, A., Palmera, C., Jones, G., Charles, M. & J.G., Hodgson. 1999. A FIBS approach to the use of weed ecology for the archaeobotanical recognition of crop rotation regimes. *Journal of Archaeological Science* 26: 1211-24.

· Bouvet, P. 2011. Preliminary study of Indian and Indian style wares from Khao Sam Kaeo (Chumphon, Peninsular Thailand), fourth-second centuries BCE, in Manguin, P.-Y., Mani, A. & Wade, G.(ed.) *Early interactions between South and Southeast Asia: reflections on cross-cultural exchange*: 47-82. Singapore: Institute of Southeast Asian Studies Publishing.

· Boyd, W.E. 2008. Social change in late Holocene mainland SE Asia: A response to gradual climate change or a critical climatic event? *Quaternary International* 184(1): 11-23.

· Boyd, W.E. & N., Chang. 2010. Integrating social and environmental change in prehistory: a discussion of the role of landscape as a heuristic in defining prehistoric possibilities in NE Thailand, in S., Haberle, J., Stevenson & M., Prebble(ed.) *Terra Australis: 21: Altered ecologies-fire, climate and human influence on terrestrial landscapes* 273-97. Canberra: ANU E Press.

· Brown, T.A., Cappellini, E., Kistler, L., Lister, D.L., Oliveira, H.R., Wales, N. & A., Schlumbaum. 2015. Recent advances in ancient DNA research and their implications for archaeobotany. *Vegetation History and Archaeobotany* 24: 207–14. Oxford: The University of Manchester.

· Burkill, I.H. 1935. *A dictionary of the economic products of the Malay Peninsula*. Published on behalf of the Governments of Malaysia and Singapore by the Ministry of Agriculture and Co-operatives.: Kuala Lumpur.

· Calo, A., Prasetyo, B., Bellwood, P., Lankton, J.W., Gratuze, B., Pryce, T.O., Reinecke, A., Leusch, V., Schenk, H., Wood, R., Bawono, R.A., Gede, I.D.K., Yuliati, Ni L.K.C., Castillo, C., Carter, A., Reepmeyer, C. & J., Fenner, J. 2015. Sembiran and Pacung on the northern coast of Bali: a strategic crossroads for early trans-Asiatic exchange. *Antiquity* 89(344): 378-96.

· Cameron, J. 2010. The archaeological textiles from Ban Don Ta Phet in broader perspective, in Berenice Bellina, Elisabeth A Bacus, in Pryce, T.O., Wisseman Christie, J.(ed.) *50 Years of Archaeology in Southeast Asia: Essays in Honour of Ian Glover* 141-151. Bangkok: River Books.

· Castillo, C. 2011. Rice in Thailand: the archaeobotanical contribution. *Rice* 4(3-4): 114-20.

· Castillo, C. 2013. *The archaeobotany of Khao Sam Kaeo and Phu Khao Thong: The agriculture of late prehistoric Southern Thailand*. Unpublished PhD thesis. London: University College London, Institute of Archaeology.

· Castillo, C.C. 2014. The rice remains from Temanggung: First evidence of tropical japonica in Indonesia, in Abbas, N.(ed.) *Liangan: Mozaik Peradaban Mataram Kuno di Lereng Sindoro* 267-78. Yogyakarta: Kepel Press.

· Castillo, C. & Fuller, D.Q. 2010. Still too fragmentary and dependent upon chance? Advances in the study of early Southeast Asian archaeobotany, in Bellina, B., Bacus, E., Pryce, T.O., Wisseman Christie, J.(ed.) *50 Years of Archaeology in Southeast Asia: Essays in Honour of Ian Glover* 90-111. Bangkok: River Books.

· Castillo, C.C., Tanaka, K., Sato, Y.-I., Ishikawa, R., Bellina, B., Higham, C., Chang, N., Mohanty, R., Kajale, M. & D.Q., Fuller. 2015. Archaeogenetic study of prehistoric rice remains from Thailand and India: Evidence of early *japonica* in South and Southeast Asia. *Archaeological and Anthropological Sciences* 8(3): 523-43.

· Castillo, C.C., Bellina, B. & Fuller, D.Q. 2016. Rice, beans and trade crops on the early maritime Silk Route in Southeast Asia. *Antiquity 90*(353): 1255-69.

· Castillo, C.C., Fuller, D.Q., Piper, P.J., Bellwood, P. & Oxenham, M. 2018. Hunter-gatherer specialization in the late Neolithic of southern Vietnam–The case of Rach Nui. *Quaternary International* 489: 63-79.

· Castillo, C.C., Polkinghorne, M., Vincent, B., Suy, T.B. & Fuller, D.Q. 2018. Life goes on: Archaeobotanical investigations of diet and ritual at Angkor Thom, Cambodia (14th–15th centuries CE). *The Holocene*. doi:10.1177/0959683617752841

· Castillo, C.C., C.F.W., Higham, K., Miller, N., Chang, K., Douka, T.F.G., Higham & D.Q., Fuller. 2018. Social Responses to Climate Change in Iron Age North-east Thailand: new archaeobotanical evidence. *Antiquity* 92(365): 1274-91.

· Castillo, C.C. under review. Preservation bias: is rice over represented in the archaeological record? Open fire charring experiments of Asian crops illuminate. *Archaeological and Anthropological Sciences 1-21.*

· Choi, J.Y., Platts, A.E., Fuller, D.Q., Yue-Ie Hsing, Wing, R.A., Purugganan, M.D. 2017. The rice paradox: Multiple origins but single domestication in Asian rice. *Mol Biol Evol* 34(4): 969-79.

· Colledge, S. 1994. *Plant Exploitation on Epipalaeolithic and Early Neolithic Sites in the Levant*. PhD dissertation. Sheffield: The University of Sheffield.

· Colledge, S., Conolly, J. & S., Shennan. 2005. The evolution of neolithic farming from SW Asian origins to NW European limits. *European Journal of Archaeology* 8(2): 137-56. doi: 10.1177/1461957105066937

· Del Martello, R., R., Min, C., Stevens, C., Higham, T., Higham, L., Qin, D.Q., Fuller. 2018. Early agriculture at the crossroads of China and Southeast Asia: archaeobotanical evidence and radiocarbon dates from Baiyangcun, Yunnan. *Journal of Archaeological Science* 20: 711-21.

· Fuller, D.Q. 2011. Pathways to asian civilizations: Tracing the origins and spread of rice and rice cultures. *Rice* 4: 78-92. doi: 10.1007/s12284-011-9078-7

· Fuller, D.Q. & C., Castillo. 2016. Diversification and cultural construction of a crop: the case of glutinous

rice and waxy cereals in the food cultures of eastern Asia. *The Oxford Handbook of the Archaeology of Food and Diet,* in Lee-Thorp, J. & M., Anne Katzenberg(ed.) Oxford: Oxford University Press. doi: 10.1093/oxfordhb/9780199694013.013.8
· Fuller, D.Q., Harvey, E. & L., Qin. 2007. Presumed domestication? Evidence for wild rice cultivation and domestication in the fifth millennium BC of the Lower Yangtze region. *Antiquity* 81(312): 316-31.
· Fuller, D.Q., Qin, L. & E.L., Harvey. 2009. An evolutionary model for Chinese rice domestication: reassessing the data of the Lower Yangtze region, in Ahn, S-M. & Lee, J.-J.(ed.) *New Approaches to Prehistoric Agriculture* 312-45. Seoul: Sahoi Pyoungnon.
· Fuller, D.Q., Sato, Y.-I., Castillo, C., Qin, L., Weisskopf, A.R., Kingwell-Banham, E.J., Song, J., Ahn, S.-M. & J., Van Etten. 2010. Consilience of genetics and archaeobotany in the entangled history of rice. *Archaeological and Anthropological Sciences* 2(2): 115-31.
· Fuller, D.Q., Van Etten, J., Manning, K., Castillo, C., Kingwell-Banham, E.J., Weisskopf, A. Qin, L., Yo-Ichiro S. & Robert, J H. 2011. The contribution of rice agriculture and livestock pastoralism to prehistoric methane levels: An archaeological assessment. *The Holocene* 21: 743-59. doi: 10.1177/0959683611398052
· Garris, A.J., Tai, T.H., Coburn, J., Kresovich, S. & McCouch, S. 2005. Genetic structure and diversity in Oryza sativa L. *Genetics* 169(3): 1631–38.
· Glover, I.C. & B., Bellina. 2011. Ban Don ta phet and Khao Sam Kaeo; the earliest Indian Contacts re-assessed, in Manguin, P.-Y. & Mani(ed.) *Early interactions between South and Southeast Asia* 17-45.
· Guedes, J.d'A. 2011. Millets, rice, social complexity, and the spread of agriculture to the Chengdu Plain and southwest China. *Rice* 4(3): 104-13. doi: 10.1007/s12284-011-9071-1
· Hamilton, R.W. 2003. *The Art of Rice: Spirit and Sustenance in Asia.* 21–36. Los Angeles: UCLA Fowler Museum of Cultural History.
· Harvey, E.L. 2006. *Early agricultural communities in northern and eastern India: an archaeobotanical investigation.* Unpublished PhD thesis. London: University College London. Institute of Archaeology.
· He, K., Lu, H., Zhang, J., Wang, C. & X., Huan. 2017. Prehistoric evolution of the dualistic structure mixed rice and millet farming in China. *The Holocene* 27(12): 1885-98. doi: 10.1177/0959683617708455
· Higham, C.F.W., 1995. The transition to rice cultivation in Southeast Asia, in Price, T.D. & Gebauer, A.B.(ed.) *Last hunters first farmers,* First Farmers: New Perspectives on the Transition to Agriculture 127-55. Santa Fe: School of American Research.
· Higham, C.F.W. 2005. East Asian agriculture and its impact. in Scarre, C.(ed.) *The human past: world prehistory and the development of human societies.* 234-63. London : Thames & Hudson.
· Higham, C. & A., Kijngam. 1982. Irregular earthworks in N.E. Thailand: new insight. *Antiquity* 56(217): 102-10.
· Higham, C.F.W. & R., Thosarat. 1998. *Prehistoric Thailand: from early settlement to Sukhothai.* London: Thames & Hudson.
· Higham, C.F.W. & R., Thosarat. 2012. *Early Thailand: from prehistory to Sukhothai.* Bangkok: River Books.
· Higham, C.F.W. & T., Higham. 2009. A new chronological framework for prehistoric Southeast Asia, based on a Bayesian model from Ban Non Wat. *Antiquity* 83(319): 125-44. doi: 10.1017/S0003598X00098136
· Higham, C.F.W., Higham, T., Ciarla, R., Douka, K., Kijngam, A. & F., Rispoli. 2011. The origins of the Bronze Age of Southeast Asia. *Journal of World Prehistory* 24(4): 227-74.
· Higham, C., Cameron, J., Chang, N., Castillo, C., Halcrow, S., O'Reilly, D. & F., Petchey. 2014. The excavation of Non Ban Jak, Northeast Thailand-A report on the first three seasons. *Journal of Indo-Pacific Archaeology* 34: 1-41.
· Jin, H., Xu, L., Rui, M., Xiaorui, L. & W., Xiaohong. 2014. Early Subsistence Practices at Preistoric Dadunzi in Yuanmou, Yunnan: New Evidence for the Origins of Early Agriculture in Southwest China, in Hein, A.(ed.) *The 'crescent-shaped cultural-Communication belt': Tong Enzheng's model in retrospect: an examination of methodological, theoretical and material concerns of long-distance interactions in East Asia* (BAR International Series 2679) 133-40. Oxford: Archaeopress.
· Jones, G. 2002. Weed ecology as a method for the archaeobotanical recognition of crop husbandry practices. *Acta Palaeobotanica* 42(2): 185-93.
· Jones, G., Charles, M., Bogaard, A. & J., Hodgson. 2010. Crops and weeds: The role of weed functional ecology in the identification of crop husbandry methods. *Journal of Archaeological Science* 37(1): 70-7.
· Jones, M.K. 1981. The development of crop husbrandry. in Jones, M.K. & Dimbleby, G.W.(ed.) *The Environment of Man: the Iron Age to the Anglo-Saxon Period* (British Archaeological Reports, British Series 87) 95-128. Oxford: BAR.
· Jones, M.K. & X., Liu. 2009. Origins of Agriculture in East Asia. *Science* 324(5928): 730-31. doi: 10.1126/science.1172082
· Kealhofer, L. & D.R., Piperno. 1994. Early agriculture in Southeast Asia: Phytolith evidence from the Bang Pakong Valley, Thailand. *Antiquity* 68(260): 564-72. doi: 10.1017/S0003598X00047050
· King, C.L., Bentley, R.A., Tayles, N., Viđarsdóttir, U.S., Nowell, G. & C.G., Macpherson. 2013. Moving peoples, changing diets: isotopic differences highlight migration and subsistence changes in the Upper Mun River Valley, Thailand. *Journal of Archaeological Science* 40(4):1681-88.
· King, C.L., Bentley, R.A., Higham, C., Tayles, N., Viđarsdóttir, U.S., Layton, R., Macpherson, C.G. & G., Nowell. 2014. Economic change after the agricultural revolution in Southeast Asia? *Antiquity* 88(339): 112-25.
· Léder, I. 2004. Sorghum and millets, in Cultivated Plants, Primarily as Food Sources, in György, F.(ed.) *in Encyclopedia of life support systems (EOLSS),* Developed under the Auspices of the UNESCO, Oxford: Eolss

Publishers.
· Lu, T.L.D. 2009. Prehistoric coexistence: the expansion of farming society from the Yangzi River to Western South China, in Ikeya, K., Ogawa, H. & Mitchell, P.(ed.) *Interactions between hunter-gatherers and farmers: from prehistory to present:* 47-52. Osaka: National Museum of Ethnology.
· Miller, K. 2014. *Archaeobotanical remains from Ban Non Wat rice agriculture in Prehistoric Thailand.* Unpublished MSc thesis. London: Institute of Archaeology, University College London.
· Nguyễn, X.H. 1998. Rice remains from various archaeological sites in North and South Vietnam, in Klokke, M.J. & Bruijn, T.d.(ed.) *Southeast Asian Archaeology: Proceedings of the 6th International Conference of the European Association of Southeast Asian Archaeologists, Leiden, 2-6 September 1996,* 27-46. Hull: Centre for South-East Asian Studies, University of Hull.
· Oka, H.-I. 1988. *Origins of cultivated rice.* Amsterdam: Elsevier Science.
· Oliveira, N.V. 2008. *Subsistence archaeobotany: Food production and the agricultural transition in East Timor.* PhD dissertation. Canberra: Australian National University.
· O'Reilly, D.J.W. 2000. From the Bronze Age to the Iron Age in Thailand: Applying the heterarchical approach. *Asian Perspectives* 39(1):1-19.
· O'Reilly, D.J.W. 2014. Increasing complexity and the political economy model; a consideration of Iron Age moated sites in Thailand. *Journal of Anthropological Archaeology* 35: 297-309.
· Oxenham, M.F., Piper, P.J., Bellwood, P., Bui, C.H., Nguyen, K.T.K., Nguyen, Q.M., Campos, F., Castillo, C., Wood, R., Sarjeant, C., Amano, N., Willis, A. & J., Ceron. 2015. Emergence and Diversification of the Neolithic in Southern Vietnam: Insights from Coastal Rach Nui. *The Journal of Island and Coastal Archaeology* 10(3): 309-38. doi: 10.1080/15564894.2014.980473
· Paz, V. 2001. *Archaeobotany and cultural transformation: Patterns of early plant utilisation in northern Wallacea.* PhD dissertation, Cambridge: University of Cambridge.
· Prasetsri, P. 2011. *Thailand: Grain and feed annual.* USDA Foreign Agricultural Service (GAIN REPORT).
· Rispoli, F. 2007. The incised & impressed pottery style of Mainland Southeast Asia: Following the Paths of Neolithization. *East and West* 57: 235-304.
· Sarjeant, C. 2014. *Contextualising the Neolithic Occupation of Southern Vietnam: the Role of Ceramics and Potters at An Son.* Canberra: Australian National University Press.
· Silva, F., Stevens, C.J., Weisskopf, A., Castillo, C., Qin, L., Bevan, A. & Fuller, D.Q. 2015. Modelling the geographical origin of rice cultivation in Asia using the rice archaeological database. *PLoS One* 10(9): e0137024. doi: 10.1371/journal.pone.0137024
· Smith, O., Momber, G., Bates, R., Garwood, P., Fitch, S., Pallen, M., Gaffney, V. & R.G., Allaby. 2015. Sedimentary DNA from a submerged site reveals wheat in the British Isles 8000 years ago. *Science* 347(6225): 998-1001. doi: 10.1126/science.1261278
· Song, J. 2011. *The agricultural economy during the Longshan period, an archaeobotanical perspective from Shandong and Shanxi.* Unpublished PhD dissertation. London: Institute of Archaeology, University College London.
· Tan, M., Weisskopf, A., Fuller, D.Q. 2012. *An Analysis of Phytolith Samples from An Son.* Unpublished report.
· Tanaka, K. 2014. Report of Dna Analysis for Rice Remains at Javanese Settlement Site, Indonesia, in Abbas, N.(ed.) *Liangan: Mozaik Peradaban Mataram Kuno di Lereng Sindoro* 279-92. Yogyakarta: Balai Arkeologi Yogyakarta.
· Thompson, G.B. 1996. *The excavation of Khok Phanom Di, a prehistoric site in central Thailand. Vol. IV: subsistence and environment: the botanical evidence (the biological remains, part II).* London: The Society of Antiquaries of London.
· Vanna, L. 2001. Early rice cultivation in the central floodplain of Cambodia: evidence from rice remains in prehistory pottery. *Setsutaro Kobayashi Memorial Fund Research Paper* 1-62. Tokyo: Graduate Division of Foreign Studies, Sophia University.
· Vanna, L. 2002. Rice remains in the prehistoric pottery tempers of the shell midden site of Samrong Sen: implications for early rice cultivation in central Cambodia. *Aséanie* 9: 13-34.
· Vincent, B. 2002. Ceramic technologies in Bronze Age Thailand. *Indo-Pacific Prehistory Association Bulletin* 22: 73-82.
· Vincent, B. 2003. Rice in pottery: new evidence for early rice cultivation in Thailand. *Indo-Pacific Prehistory Association Bulletin* 23: 51-58.
· Yen, D.E. 1982. Ban Chiang pottery and rice. *Expedition* 24(1): 51-64.
· Watabe, T., Tanaka, K. & Nyunt, K. 1974. Ancient rice grains recovered from ruins in Burma: A study on the alteration of cultivated rice, in Watabe, T.(ed.) *Preliminary Report of the Kyoto University Scientific Survey to Burma*: 1-18.
· Weber, S., Lehman, H., Barela, T., Hawks, S. & Harriman, D. 2010. Rice or millets: early farming strategies in prehistoric central Thailand. *Archaeological and Anthropological Sciences* 2(2): 79-88.
· White, J.C. 1995. Modelling the development of early rice agriculture: Ethnoecological perspectives from northeast Thailand. *Asian Perspectives* 34(1): 37-68.
· White, J.C. 2011. Emergence of cultural diversity in Mainland Southeast Asia: the View from prehistory, in N.J., Enfield(ed.) *Dynamics of human diversity* 9-46. Canberra: Pacific Linguistics.
· Yang, X., Wan, Z., Perry, L., Lu, H., Wang, Q., Zhao, C., Li, J., Xie, F., Yu, J., Cui, T., Wang, T., Li, M. & Q., Ge. 2012. Early millet use in northern China. *Proceedings of the National Academy of Sciences of the United States of America* 109(10): 3726-30. doi: 10.1073/pnas.1115430109
· Zohary, D., Hopf, M. & E., Weiss. 2012. The origin and spread of domesticated plants in Southwest Asia, Europe, and the Mediterranean Basin. *Domestication of plants in the Old World 4th ed.* Oxford: Oxford University Press.

第2章

中国大陸における過去の植物利用への多角的アプローチ

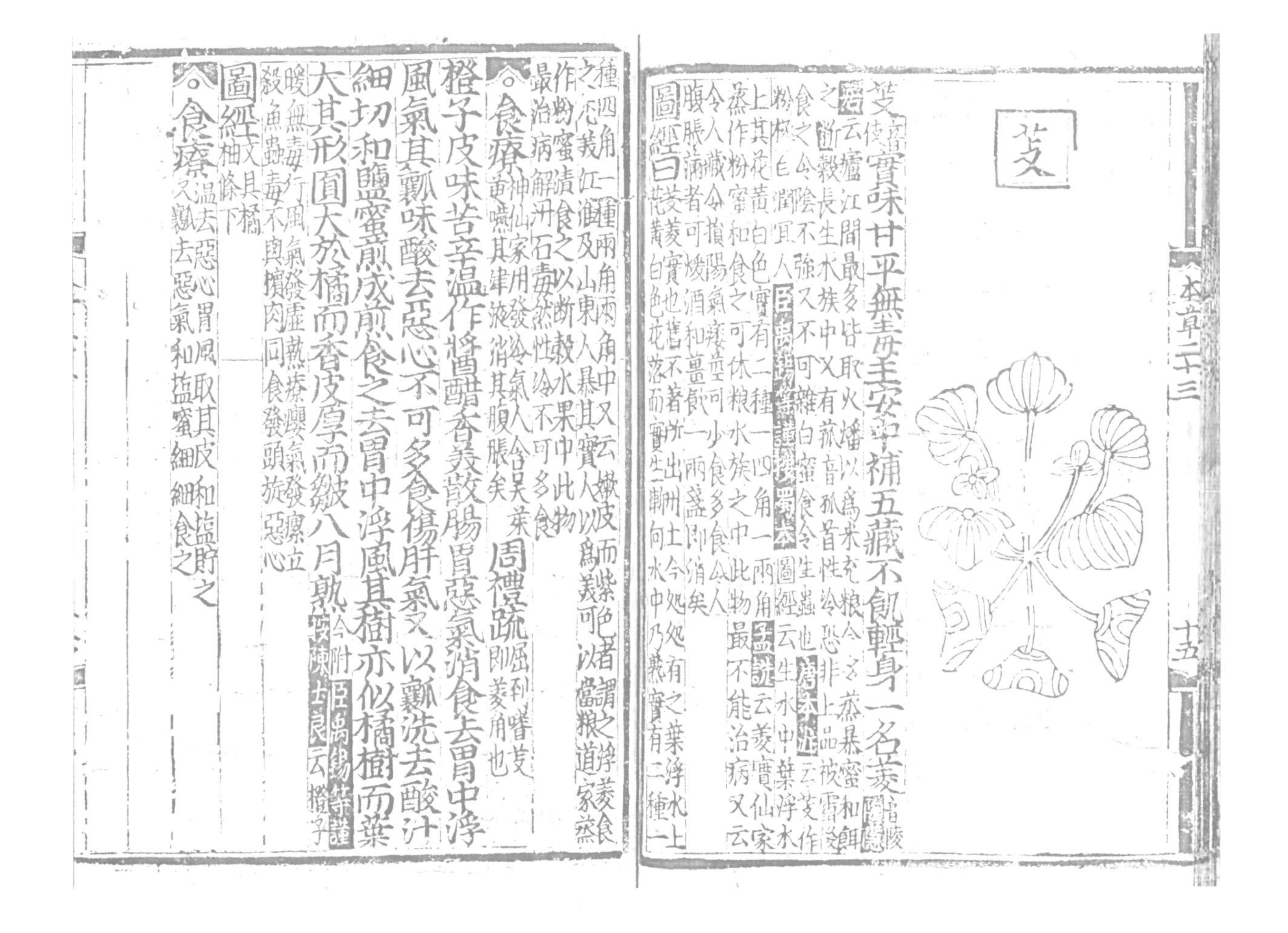

古デンプンの研究は中国新石器時代の生業パターンの理解をどう変えたか
How the study of ancient starches is changing our understanding of Neolithic subsistence pattern in China?

楊　暁燕　Xiaoyan Yang

中国科学院青藏高原研究所

略歴
2003年 Doctor of Philosophy (Peking University)
2006年 中国科学院地理科学与資源研究所 副教授
2016年 同教授を経て、2018年より中国科学院青藏高原研究所 教授
研究分野：考古植物学、環境考古学
主要著作
Yang X, Chen Q, Ma Y,Li Z, Zhang Q *et al.* 2018. New radiocarbon and archaeobotanical evidence outline the timing and route of southward dispersal of rice farming in south China. *Science Bulletin* 63, 1495-1501.
Yang X, Wu W, Perry L *et al.* 2018. Critical role of climate change in plant selection and millet domestication in North China. *Scientific Reports* 8, e7855.
Yang X, Wang W, Zhuang Y *et al.* 2017. New radiocarbon evidence on early rice consumption and farming in South China. *Holocene* 27, 1045-1051.

はじめに

大型植物遺体、植物珪酸体、そしてデンプン粒の分析は、考古植物学的研究の3つの主要な手段である。デンプン粒分析が考古植物学に導入される前は、大型植物遺体と植物珪酸体分析が広く用いられ、注目すべき成果をあげてきた(e.g. Fuller *et al.* 2009; Lee *et al.* 2007; Crawford 2009; Lu *et al.* 2009)。しかし、埋没環境や人間活動の影響のため、遺跡によっては植物遺体の遺存状態が良好でない場合もあり(赵 2010)、また人間が利用する多くの植物には植物珪酸体が含まれなかったり微量しかなかったりする(Chandler-Ezell *et al.* 2006)。これらは、遺跡から得られる植物に関する情報が不完全なものとなる一因となっていた。一方、デンプンはすべての植物に不可欠な物質で、根や茎、種のなかにデンプン粒の形で蓄えられている。異なる植物に含まれるデンプン粒は異なる形態学的特徴を示すため、植物種を分類するために用いることが可能である(Richert 1913; Pérez *et al.* 2010)。デンプン粒は準結晶物質で、道具の表面や歯石中に100万年も遺存することがあり、このため過去の植物利用の研究に有用である(Torrence and Barton 2006)。この有用性により、デンプン粒分析は1980年代後半から考古植物学の重要な研究方法となり、アメリカやオーストラリアにおいて、大型植物遺体や植物珪酸体分析といった従来の研究方法を補完しながら発展した(Ugent *et al.* 1986; Loy *et al.* 1992; Piperno *et al.* 1998; Barton *et al.* 1998)。

デンプン粒分析は、考古植物学の分野では世界的にも比較的最近になって用いられるようになったもので、知名度もそう高くはないが、この方法には独自の利点がある。デンプンは、種や根、茎や果実といった植物の可食部に含まれているため、食料生産や生活行動と直接的にかかわる情報を提供してくれる。また、デンプンはさまざまな自然環境のなかで長期間残存し(Torrence and Barton 2006)、人間の生計モデル(Revedin *et al.* 2010; Henry *et al.* 2011)、環境適応(Yang *et al.* 2015)や道具の機能(Barton 2007; Liu *et al.* 2010 a, 2010 b)などについて有用な情報をもたらす。

デンプン粒分析が考古学に応用できる潜在力については、100年以上前から

認識されていた。しかし、古デンプンの研究は1980年代になってようやく始まった(Ugent *et al.* 1981, 1982)。現在では、デンプン粒分析によって、植物の馴化に関する一連の重要な知識が得られている。すなわち、アメリカ大陸においてはトウモロコシ(*Zea mays*)(Piperno *et al.* 2009; Pearsall *et al.* 2004; Pagán-Jiménez *et al.* 2016)、サツマイモ(*Ipomoea batatas*)(Piperno *et al.* 1998)、キャッサバ(*Manihot esculenta*)(Perry 2002)、カボチャ(*Cucurbita moschata*)(Piperno *et al.* 2008)、トウガラシ(Perry *et al.* 2007)の、西南アジアにおいてはコムギ(*Triticum aestivum*)とオオムギ(*Hordeum vulgare*)(Piperno *et al.* 2004)の、オセアニアやニューギニアにおいてはタロやヤム(Fullagar *et al.* 2006; Summerhayes *et al.* 2010)の拡散と長期的な利用、そして栽培について、明らかにされてきている。さらには、ネアンデルタール人が植物を食べていたこと(Henry *et al.* 2011, 2014)、アフリカの中期石器時代の植物利用(Mercader *et al.* 2008, 2009)なども示された。その一方で、デンプンの研究は中国において継続的に進められてきており、考古植物学において不可欠のものとなっている。

中国におけるデンプン研究の適用は、主に薬用植物の研究において1950年代に始まった。Mi(1953)は、26の食用・薬用植物種についてデンプン粒の形態学的研究を行い、詳細な統計的記録を行った。しかし、こうした方法が中国考古学に適用されるようになったのは遅く、20世紀末ないし21世紀初めのことであった。于(1999)、呂(2002、2003)、Yang(2005)、そしてLu(2005)らの研究がこうした先駆けであった。古デンプンの研究は最近10年間で急速に普及し、中国で広く用いられるようになった。2016年までに75本以上の関連論文が出版され、特に最近5年間の出版物はそれ以前の15年間に比べて明らかに多くなっている。2016年までに、古デンプンが研究された遺跡は100を超えた。

古デンプンの研究が行われた遺跡は、後期旧石器時代から唐代までの長い時間幅にわたっているが、多くの研究は新石器時代中期から後期の遺跡において行われている。地理的対象範囲も広大で、中国のほぼすべての省をカバーしている。対象となる考古遺物は、各種石器(板、磨棒、ナイフ、臼、斧、手斧、チョッピングトゥール、スクレイパー、剥片など)、土器、貝器、乾燥した食物遺体(麺、菓子、餃子など)、歯石あるいは廃棄物などである。これまでに分析された試料数は600以上にのぼる(Yang 2017)。中国の研究者たちは、二分法によって異なる種のデンプン粒を形態学的に識別する方法を確立してきた(Wan *et al.* 2011, 2012; Yang *et al.* 2009, 2010, 2012, 2013)。また、現生デンプンの沈積過程の模擬実験が行われ、古デンプンデータの解釈のための理論的基盤が提供された(Wan *et al.* 2011)。基礎研究の成果が考古学の研究に広く用いられることで、雑穀農耕や稲作の起源・伝播や食用植物の馴化、食料生産、道具の機能、そして生業モデルなどが明らかにされてきた。

こうした背景を踏まえ、本稿では、古デンプンの研究がどのようにして中国新石器時代の生業パターンの理解を変えてきたのかについて述べる。最初に、デンプン粒の物理的・化学的特性と、中国で整えられた現生参照標本について紹介する。続いて黄河、長江、珠江流域における研究事例を紹介し、中国の北から南へと、古デンプンの研究がどのように中国新石器時代の植物利用の研究に貢献してきたのかを見ていくことにする。

1. デンプン粒の物理的・化学的特性と現生標本コレクション

デンプンは、グリコシド結合によって結びついた多数のグルコースを含む炭水化物である。粒状の形態で、植物細胞のなかに含まれる。デンプンは、私たちの生活のなかにあふれている。毎日、私たちは多くのデンプンを含む食物を摂取している。たとえば、パン、ピザ、サンドイッチ、ハンバーガーそして寿司などである。主たる穀物であるイネや雑穀、トウモロコシ、コムギはデンプンを含む。デンプンは、植物の根や茎に主に見られる。タロ、ナガイモ、サツマイモがその例である。しかし、パームヤシのように幹にデンプンを蓄える植物もある。

デンプン粒のもう一つの重要な側面は、デンプン粒が準結晶物質であるということである。偏光下で、デンプン粒は強い複曲折、あるいは偏光十字を示す。複曲折の特徴は、デンプン粒を顕微鏡で観察する際に大変役に立つ特性である。花粉や植物珪酸体にはこの特徴はない。我々はよく、デンプン粒を偏光下で探す。偏光十字を見つければ、デンプン粒が捉えられたことになる。その後非偏光下で粒を観察し、サイズを測って、形態的特徴を記録するのである。

細胞にはデンプン粒の合成にかかわるアミロプラストが存在する。デンプン粒は形成核から層が連続的に連なって形成される。これらの層は層紋と呼ばれる。通常の生成条件では、1日にひとつの層が粒に加わる。**図1**はハス(a)とヒシの根茎(b)のデンプン粒を示している。形成核(hilum)と層紋(lamellae)が見られる。これらの2つの画像を比較すると、形状や大きさに違いがあることがわかる。形成核の位置もまた異なっている。ヒシのデンプン粒の形成核は粒の中心にあり、一方ハスのデンプン粒は中心から離れたところにあるが、どちらも明瞭に識別可能な層紋を持ち、単独のデンプン粒(単粒)である。デンプン粒のなかに

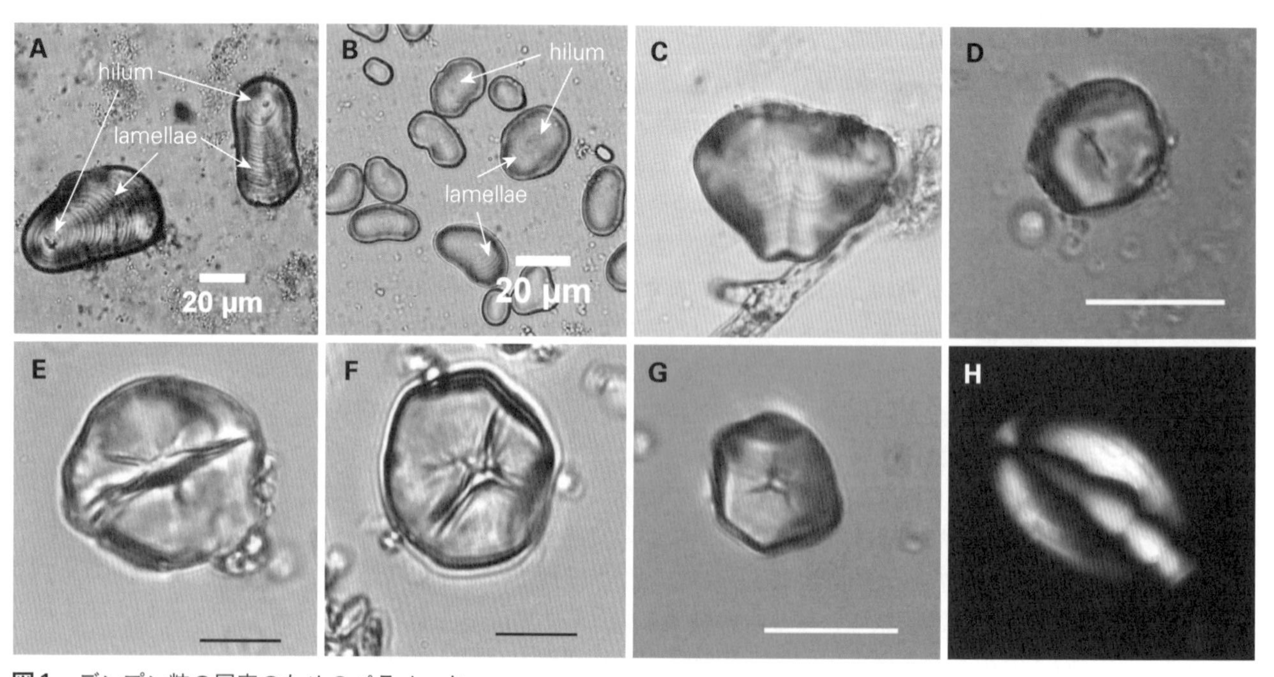

図1　デンプン粒の同定のためのパラメータ
A：ハスのデンプン粒、B：ヒシのデンプン粒、C：複合デンプン粒、D～G：直線、横断線、Y字、星形の亀裂を持つデンプン粒、H：偏光下で見られるデンプン粒の偏光十字

は複合したデンプン粒（複粒）（**図1c**）もあり、これらはしばしば2つの形成核を持つが、同じ層紋で構成される。亀裂はデンプン粒の同定におけるもう一つのパラメータであり、線状のもの、粒を横断するもの、Y型のもの、放射状のものがある（**図1d～g**）。いくつかの種においては、同定する際にデンプン粒の表面や偏光十字（**図1h**）の形態学的特徴が用いられることもある。

要約すると、異なる植物は異なるデンプン粒を生産するため同定が可能であり、デンプン粒の形態や大きさ、形成核の位置、層紋、亀裂、表面の紋様と偏光十字が、同定のための重要なパラメータとなる。

2. 中国現生デンプン粒データベース

デンプン粒分析を考古学に応用しようとするならば、花粉や植物珪酸体の研究と同様に、まず現生標本が必要である。中国においては筆者らが、東アジアによく見られるデンプンを産出する20科200種以上の現生標本を蓄積している。

属レベルでは、草本の*Panicum*、*Setaria*、*Oryza*、*Lolium*、*Hordeum*、*Triticum*、*Aegilops*、*Coix*そして*Sorghum*と木本の*Quercus*、*Castanea*、*Corylus*、*Aesculus*、*Fagus*、*Juglans*、水生植物の*Eleocharis*、*Trapa*、*Nelumbo*、*Sagittaria*、地上根の*Angiopteris*、そしてマメ類、エンドウなどである。すべての現生標本は、筆者の研究グループによって植物園や野外調査において採取された。デンプン粒の同定は、古デンプンとこれら現生標本の1対1の比較に基づいて行う。このデータベースは公開されており、ウェブサイトはhttp://cmsgd.igsnrr.ac.cn/にある。

データベースにおいては、同定のための二分法的項目を設定した。筆者らはミレットや関連する野生種であるコムギ連、堅果類、根茎類についての二分法的項目を出版している（Wan *et al.* 2011, 2012; 王ほか2013; Yang *et al.* 2009, 2010, 2012, 2013）。

3. 古デンプンの研究は中国新石器時代の生業パターンの理解をどう変えたか

一般に、中国の新石器時代には、黄河流域でアワ（*Setaria italica*）・キビ（*Panicum miliaceum*）などのミレット、長江流域ではイネ（*Oryza sativa*）が栽培化され、南部の亜熱帯地域や珠江流域ではイネの導入以前には根茎類が利用されていたと考えられている。

3-1　黄河流域

ミレット（ここでは*Setaria*属および*Panicum*属の草本と定義する）の植物遺体は世界中の遺跡から見つかっている。これらはマイナーな穀物として、中国では注目されてきた。なぜならば、アワとキビは今日においてこれらが伝統的・支配的な穀物となっている中国北部で馴化されたからである。華北平原の磁山遺跡における植物珪酸体の証拠により、キビの馴化は1万年前にも遡ることになったが、アワはそれより遅れておよそ8,700 cal BP（放射性炭素年代に基づく較正年代で、現在から遡って何年前かを表す）頃に利用されるようになった（Lu *et al.* 2009）。これらの植物珪酸体は、興隆溝遺跡（ca. 8,000 ～ 7,500 cal BP）（赵2005a）や月荘遺跡（ca. 7,870 cal BP）（Crawford *et al.* 2006）から出土した炭化アワ穎果よりもやや古い。

人々はいつから野生のミレットの成長に干渉し始めたのであろうか。ミレットの馴化にはどれくらいの時間がかかったのであろうか。中国北部においては、南庄頭遺跡と東胡林遺跡が新石器時代の重要な遺跡である(**図2**)。両者はともに華北平原に位置する。筆者らは、上記のような問題に関する新たな証拠を得るため、これらの遺跡から出土した石器に対してデンプン粒分析を行った。

筆者らは南庄頭遺跡出土の磨盤・磨棒の各1点の石器について分析を行った。南庄頭遺跡における廃棄単位は、河川堆積物および湖沼堆積物によって覆われていた。この遺跡は11,000年前以前から営まれていた。石器、少量の古手の土器、動物骨、そして葉や枝などの植物遺体が回収された。東胡林遺跡は清水川の河岸段丘に立地し、北京市から約78 km西に位置する。筆者らは東胡林遺跡出土の石器6点を分析した。これらは連続した2つの時期、すなわち前期(11,150～10,500BP)と後期(10,500～9,450BP)の層から発掘された。また、試料を採取した層の上下の土壌サンプルや遺物管理収蔵庫の埃が、コントロール試料として分析された。

筆者らの現生標本には、40種以上のイネ科植物が含まれている。多面体の形態、滑らかな表面、そして14 μm以上のサイズは、栽培アワのデンプン粒の重要な指標である。これに対して、皺のよった表面と14 μm未満のサイズは、野生のミレットのデンプン粒の2つの重要な形態学的特徴である。筆者らは、南庄頭・東胡林の2遺跡から800以上のデンプン粒を回収した。これら2遺跡から得られたミレットのデンプン群においては、前期と後期のあいだで違いが見られた。11,000～9,500 cal BPの期間に、野生のエノコログサの特徴である、皺のよった表面に粗い縁のデンプン粒の割合が、両遺跡において減少する。一方で、

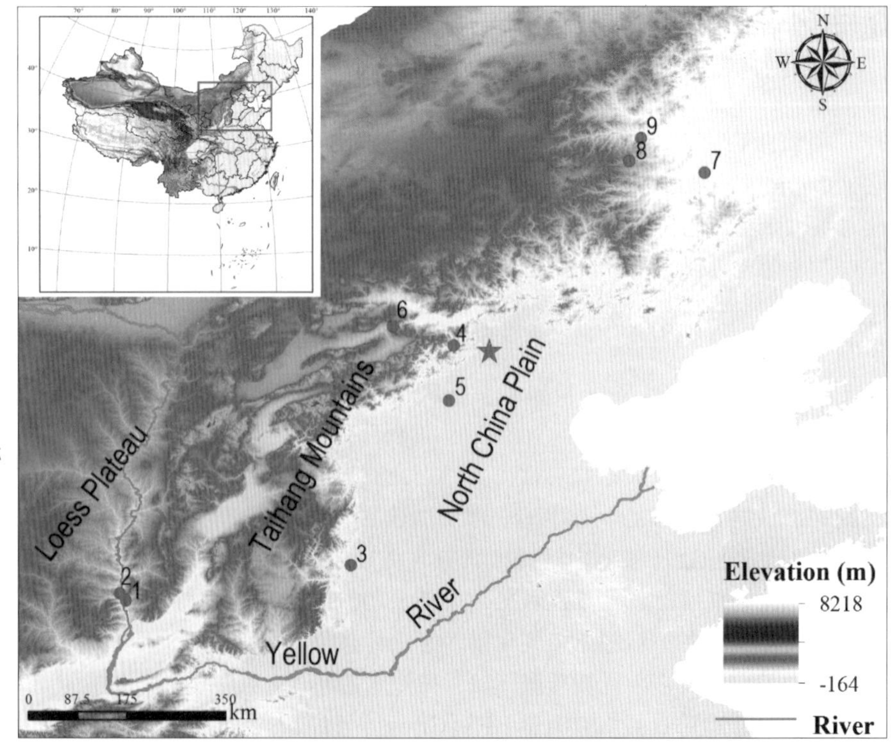

図2 黄河流域の主な分析対象遺跡
1. 柿子灘(23.0～19.5 ka BP)
2. 竜王辿(26/25.0 ka BP)
3. 磁山(～9.0 ka BP)
4. 東胡林(11.05～9.0 ka BP)
5. 南庄頭(～11.0 ka BP)
6. 姜家梁(7.7 ka BP)
7. 三間房(6.5～5.5 ka BP)
8. 羅家営子(6.5～5.5 ka BP)
9. 碱溝(6.5～5.5 ka BP)

栽培アワのみに見られる14 μm以上のデンプン粒は増加する(**図3**)。このパターンは、ミレットの馴化が進んでいることを示している。したがって、ミレットの馴化のプロセスは、少なくとも11,000年前には遡る。

柿子灘14地区(36°02′11″N, 110°32′40″E)における古デンプンのデータは、23,000 ～ 19,500 BPに比定される3点の磨盤から得られた(Liu *et al.* 2011)。これらの試料は、20のデンプン粒(全体の15%)が、ミレットの属するキビ連の植物であり、根茎類や草、マメ類のデンプンがこれに伴うことを明らかにした。この研究により、中国北部の後期旧石器時代における多角的な生業戦略の特徴が明らかになった。この地域に農業が興る以前、キビ連の草本植物はその栽培化の12,000年も前から人々によって利用されていたのである。

ある特定の植物を耕作や馴化の対象に選択したメカニズムを解明することは、中国北部における乾地農業の起源を理解する鍵である。先駆的な研究が栽培ミレットに注目してきたのに対し、最近の植物遺体の考古植物学的研究は、野生ミレットの他に、他の草本植物も食料源として利用されてきたという、馴化以前のより複雑な採集のパターンを示している(Liu *et al.* 2010a, 2010b, 2013; Yang *et al.* 2012, 2013; Guan *et al.* 2014; Bestel *et al.* 2014)。今後の研究により、食料源としてのミレットの栽培と馴化がどのような人間の選択によって興ったのかを明らかにする必要がある。

後期更新世最終氷期から完新世最温暖期まで(およそ25,000 ～ 5,500 cal BP)の9つの遺跡(**図2**)から出土し、食料加工に直接使われた磨臼から抽出され、同定された古デンプン粒に基づくと、イネ科植物の利用の軌跡を復元することができる(**図4a**)。こうした複数の遺跡からのデータにより、栽培化・馴化の過程における人間と穀物の関係の変化についての長期的・通時的な見方が可能になった。道具に付着したデンプンを研究することで、植物の残滓に基づいて、消費のためにすりつぶされた植物を特定することができる。この研究により、栽培者になりつつあった採集民たちが、初期の栽培植物としてのミレットが属するキビ連の植物だけでなく、コムギ連のものも食していたことが示された。

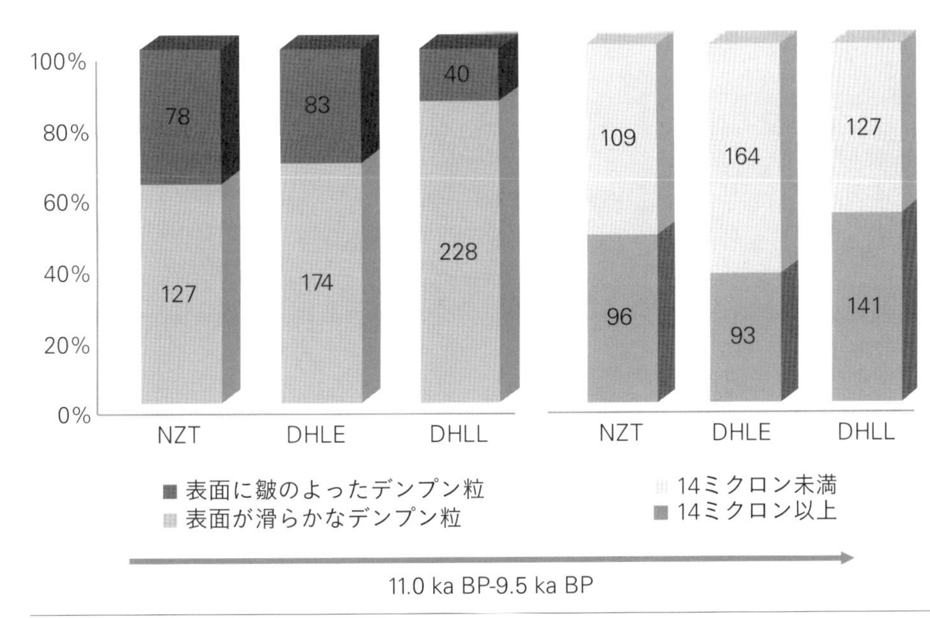

図3　ミレットに固有の特徴を持つデンプン粒の各遺跡における組成
左から右へ、南庄頭(NZT)、東胡林下層(DHLE)、東胡林上層(DHLL)。左のグラフは表面の皺型と平滑型の割合、右のグラフは14 μm以上とそれ以下のものの割合を示す。

食料加工具の表面から回収されたこれらの種類のデンプン粒の相対的な比率の増加は、穀物食への指向を示す信頼に足る証拠と考えられる。そしてこの比率は、馴化の対象としてミレットが好まれる穀物となった過程について知る手がかりとなる。こうした通時的な視点により、この過程を、復元されたこの時代の古気候の脈絡のなかに位置づけることができる(**図4**)。完新世にはいり、気候の温暖化がミレットの野生原種の生産安定性や収穫量、獲得容易性を増加させ、環境がミレットの成長に有利になっていく一方、コムギ連の草本には不利になっていった。仮説として、中国北部において8,700 cal BPまでに確認されるミレットの馴化に対する選択には、気候変動が決定的な役割を果たしたと考えておきたい。

キビ連(ミレットを含む)とコムギ連の草本は、最終氷期の新しい時期から完新世の中頃にかけてともに利用されていたが、ミレットだけが結局は初期の定住社会において馴化された。分析結果は、①最終氷期極大期には野生のミレットの習慣的な加工が行われており、②ミレットの馴化プロセスは遅くとも11 ka BPに始まり、③コムギ連の植物はミレット農耕が確立するまでは補足的な食料源として広く利用されたことを、それぞれ示している。

3-2 長江流域

長江流域は、イネの馴化の中心地である。しかし、イネのデンプン粒はきわめて小さく、5 μm前後である。この大きさのデンプン粒を顕微鏡下で見つけるのは、非常に難しい。このため、デンプン粒分析を直接的にイネの馴化の研究に適

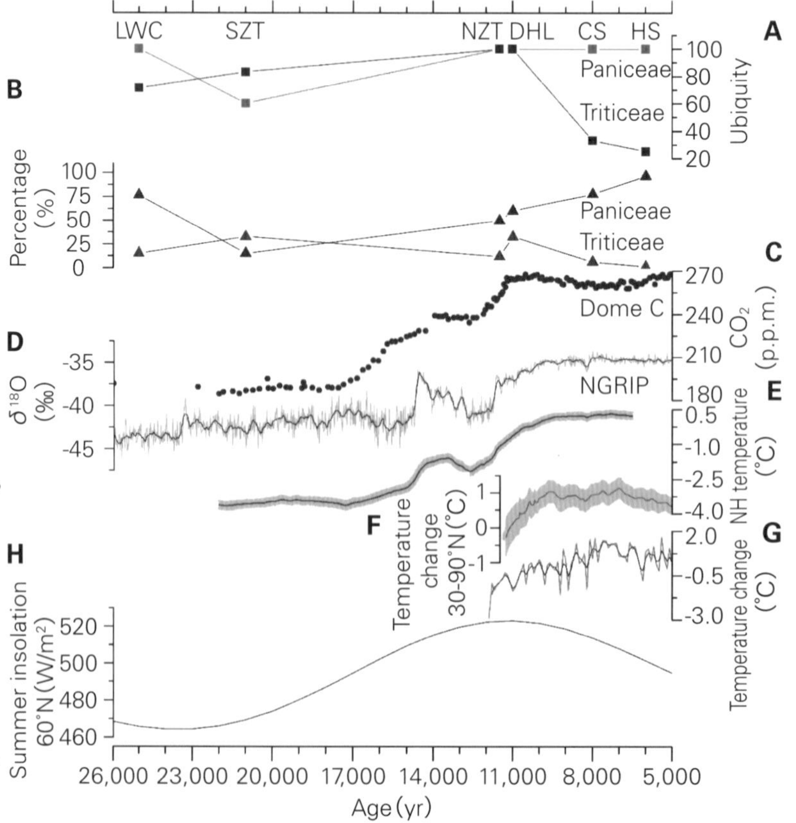

図4 後期更新世最終氷期から完新世にかけての古デンプン組成と気候変動
A:後期更新世最終氷期から完新世中期までの古デンプン組成。B:同時期におけるデンプン粒の出現率。C:南極コンコルディア基地における大気中のCO_2(Lüthi *et al.* 2008)。D:グリーンランドアイスコア(NGRIP)から得られた20年単位の安定酸素同位体比(δ^{18}O)の変動(Svensson *et al.* 2008)。E:北半球における気温変動(Shakun 2012)。F:90〜30°Nにおける気温異常(Marcott *et al.* 2013)。G:中国における復元気温(Hou & Fang 2012)。H:60°Nにおける夏季の日射(Berger 1991)。
LWC:竜王辿、SZT:柿子灘、NZT:南庄頭、DHL:東胡林、CS:磁山、HS:紅山文化の諸遺跡

用することはできない。しかし、イネとともに利用された植物のデンプンを調べることによって、稲作に伴う生態系に関する情報を得ることができる。

筆者らは、現在のところ長江流域でもっとも古い新石器時代の遺跡である上山遺跡において、古デンプンの分析を行った。植物珪酸体のAMS^{14}C年代によって、文化層は10,000～8,200年前に比定された(Zuo *et al.* 2017)。少数の炭化種子、栽培タイプのイネの植物珪酸体が古い時期からも回収され、上山遺跡において10,000年前頃からイネの馴化が始まっていたことが示された。同遺跡の層位は、3つの異なる連続した占有期間を示している。筆者らは、これら3つの文化層からそれぞれ8点の磨臼を分析した。

400以上のデンプン粒が、石器の表面から採取された15のサブサンプルから回収された。270以上のデンプン粒が、ベーシックな多面体と球体の形態であった。このうち261粒が5～17 μmのサイズに収まり、特徴的な亀裂を持つ。これらのうちサブグループの54デンプン粒、つまり21%が表面に孔を持っていた(**図5**)。こうした形態学的特徴は、我々の試料をもとにすると、イヌビエの特徴である。少数のコムギ連の草本植物のデンプン、ドングリ(*Lithocarpus*/*Quercus* sensu lato)、ヒシ(*Trapa*)も同定された(**図5**)。

植物遺体の残りがよいこの地域の比較的新しい時期の遺跡においては、ドングリとヒシはともに重要な食料源としてイネとともに記載されている(Fuller *et al.* 2009)。イネのデンプン粒は5 μm前後ともっとも小型の部類であるため、検出や同定が難しい。それに加え、もしイネが粒のまま煮炊きされていたら、磨臼の表面にイネのデンプンが見つかる可能性は低い。したがって、石器のデンプン分析によってはイネの存在は過小評価されやすい。それにもかかわらず、もう一つの湿地性の可食草本植物である*Echinochloa*は、明らかに磨臼で加工されていた。

植物珪酸体は、文化層の土壌および磨臼の表面から洗い落とされた堆積物の両方で調査された。文化層の堆積物において確認された植物珪酸体の数は500で、石器表面の残滓から得られた数は3,500であった。これらのうち、1.5%が属レベルまで、2.0%が種レベルまでそれぞれ同定可能であった。これらのなかには、イネ(*Oryza* sp.)由来の80の扇形およびダブルピーク形の植物珪酸体が検出され、前者は葉に、後者は籾にそれぞれ対応する(**図6A**)。その他の12の植物珪酸体はキビ連の包頴に特徴的なものであった(**図6B**)。そして、これらはイヌビエ(*Echinochloa* spp.)に特徴的な形質を持っている(**図6C～E**)。堆積物における*Echinochloa*の植物珪酸体の存在は石器のデンプン分析の同定を補完するものであり、この遺跡においてこの分類群が加工されていたことを示す。それに加え、イネの葉と籾の植物珪酸体が確認されたことは、この遺跡におけるイネの加工の重要性を示している。

ただし、イヌビエは水田においてもよく見られる雑草であり、地理的にもっとも広範囲に分布している。イヌビエはまた、イネの野生祖先種である*O.nivara*や*O.rufipogon*に伴う。考古学的コンテクストでのイヌビエ種子の出土に対する解釈はさまざまで、日本やアフリカでは食用の面が強調され(Crawford 2011; Barakat & Fahmy 1999)、中国やインドにおける研究では通常は雑草と見なされている(赵・张 2009; Fuller 2010; Zheng *et al.* 2009; Pokharia *et al.* 2013)。しかし、いくつかの証拠は、上山遺跡においてはイヌビエが食料として利用されていたことを信じさせる。第1に、イヌビエの残滓は食料加工に用いられる石器から直接採取されており、明らかに食料源であったイネとともに食用にされていたことを示している。第2に、石器からイヌビエのデンプンが検出される頻度が100%である。このことは、イネに伴う雑草としてたまたま加工されたというよりは、繰り返し利用されたことを示している。

したがって、上山において*Echinochloa*は重要な食料源であったと結論づける。イネは、おそらくイヌビエよりも高い収量により、上山文化に続く完新世最温暖期、およそ9,000～5,000年前に支配的な種となり、一方でイヌビエは稲作に適さない土地や稲作に向かない冷涼な地域で今日まで栽培されている。古代人は、少なくともイネ以外にもう一つの作物を馴化しようと実験したのである。

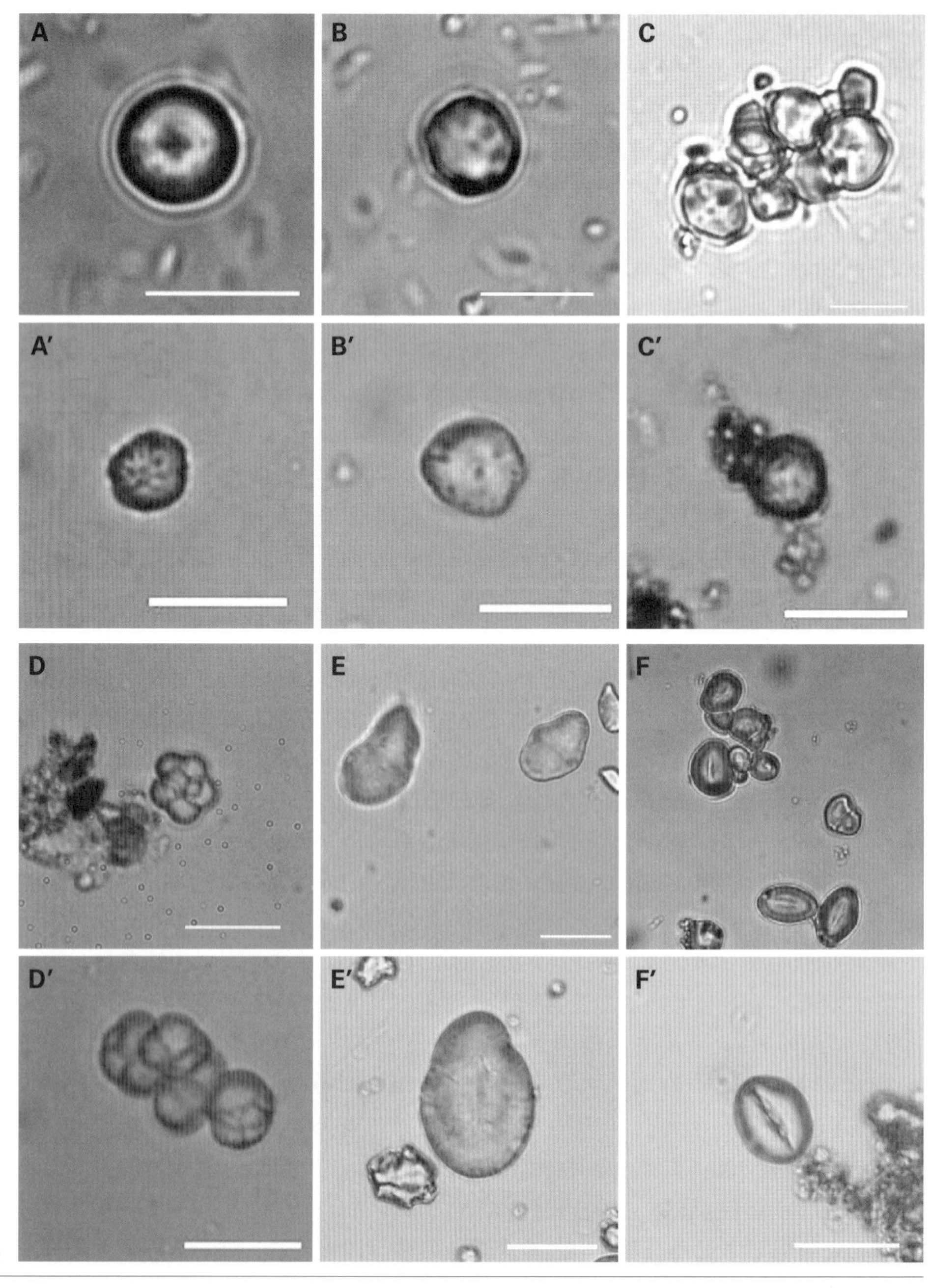

図5　現生および上山遺跡出土の石器から州出されたデンプン粒
A～D：現生イヌビエのデンプン粒、
E：現生ヒシのデンプン粒、
F：現生ドングリのデンプン粒、
A'～D'：イヌビエと同定された古デンプン粒、
E'：ヒシと同定された古デンプン粒、
F'：ドングリと同定された古デンプン粒。
スケールバーの長さは20 μm。

3-3 珠江流域

南中国および東南アジアにおける農耕の拡散に対するオーソドックスな見方は、新石器時代の農耕民が中国南部から台湾、そして東南アジア島嶼部へと広がったというものである。こうした考えのもと、栽培イネ、ブタ、土器の形態、そしてオーストロネシア語のパッケージが拡散したものと議論している。南中国からの初期の文化的移民は5,000年以前に遡り、紀元後1200年にリモートオセアニアの植民によって終わるものと考えられている(Diamond 1988; Diamond & Bellwood 2003; Bellwood 2004)。このモデルは考古学的、言語学的、遺伝学的データに基づいて構築されたものである(Diamond 1988; Diamond & Bellwood 2003; Bellwood 2004; Gary & Jordan 2000; Austin 1999)。しかし、重要なことは、このモデル構築に用いられた多くの考古遺跡には、考古植物学的データが欠けているという点である。南半球の亜熱帯地域における劣悪な有機物の遺存状態のため、長江流域以南の地域における植物食の典型について我々が知っていることはほとんどない。このため、考古学者はこの地域の生業を語るのに歴史時代の遺跡や文献記録に依拠せざるを得なかったのである(Bellwood 2004)。先史時代にもおそらく根茎類が主たる食料源となっていたであろうと推測しているのは、歴史記録に依拠してのことである(Li 1970; 童2004; 赵 2005b)。この見解は、かぎられた考古資料によって支持されているのみであり、その代表である中国南部の広西省にある完新世の古い時期の遺跡である甑皮岩洞窟(Zhao 2010)の炭化根茎類も、種レベルでは同定されていない。

新村遺跡(112° 59.9′ E, 21° 54.9′ N)は海抜7.0 mの弧状の砂丘に沿って立地し、広州市からおよそ180 kmの位置にある。集落は、かつて周囲の丘陵から淡水の流れ込む潟湖であった場所に形成された。発掘調査の結果、新石器時代後期の6つの文化層が15～40 cmの厚さの砂層と互層になって確認された。遺跡がたびたび廃棄されたことを示している。10件のAMS年代が炭化材と土器外面付着炭化物から得られ、その年代はおよそ3,500～2,470BCである。遺構として

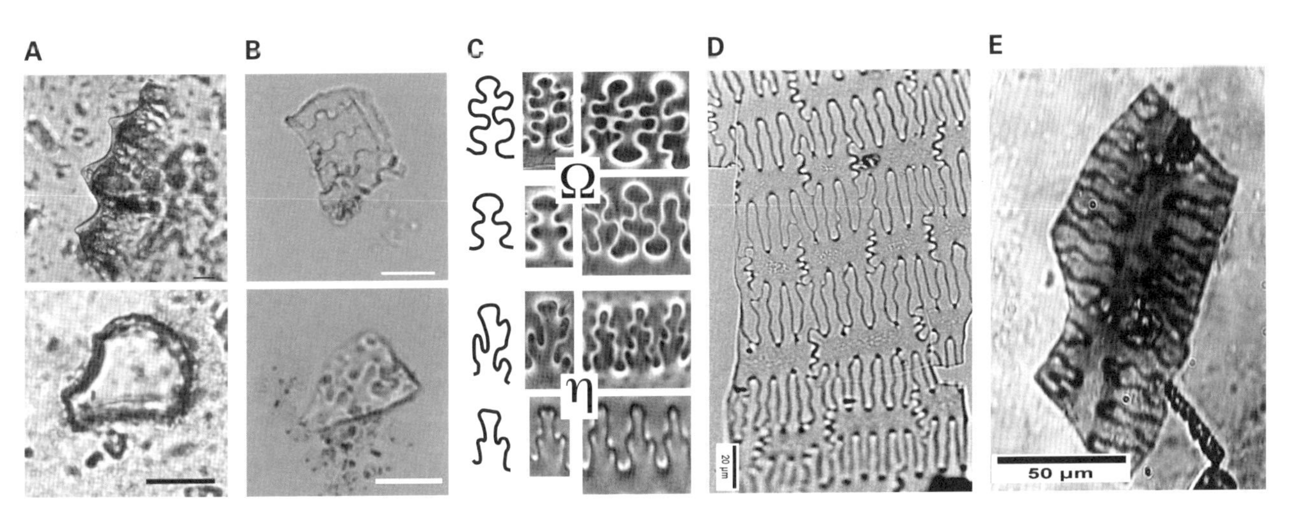

図6 現生および上山遺跡出土の植物珪酸体
A：遺跡出土のダブルピーク・扇形のイネの機動細胞、B：キビ連の草本の包穎の植物珪酸体。C：現生のアワおよびキビの植物珪酸体。D：現生のイヌビエの包穎の植物珪酸体。E：遺跡出土のイヌビエの包穎の植物珪酸体。A、Bのスケールバーの長さは20 μm。

は、生活面、柱穴、さまざまな土坑や炉が整然と検出された。物質文化は砂を混和した土器や、磨臼、有溝礫、漁網錘、有孔石錘などによって特徴づけられる。

この遺跡では、発掘調査中に浮遊選別が実施されたが、植物化石は回収されなかった。しかし、デンプン粒や植物珪酸体の分析のため、上層から下層にかけて、No.1、3、5の3つの生活面から体系的に試料が採取された。磨棒、磨盤、

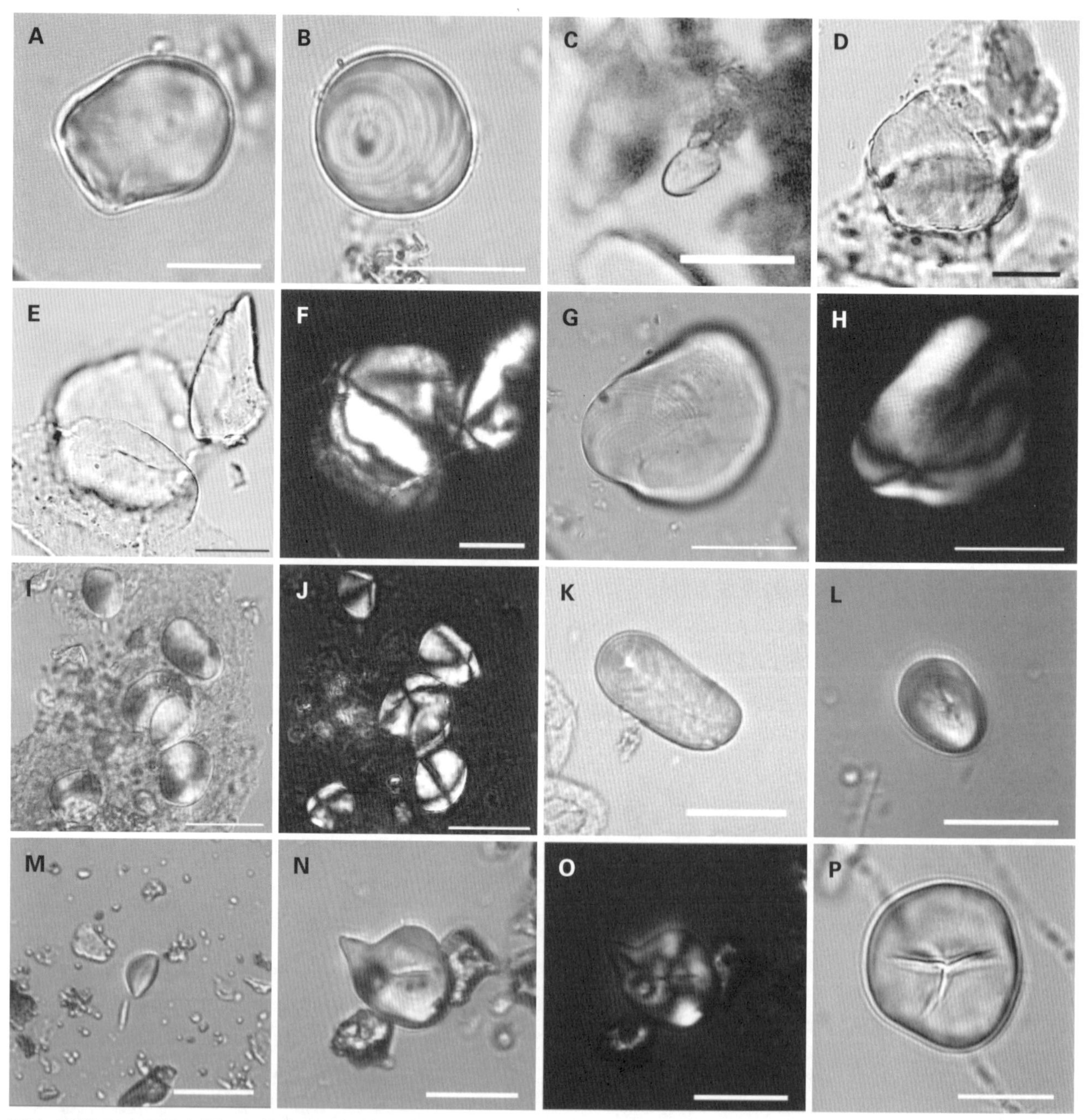

図7 遺跡出土石器表面から検出されたデンプン粒

A：*Caryota* sp. 12.1 ～ 25.8 μm、B：*Corypha* sp. 10.6 ～ 15.5 μm、C：*Arenga* sp.か、11.0 μm、D ～ J：*Musa*のデンプン粒、D, E, G：ハイブリッドタイプ類似、25.1 ～ 55.6 μm、F, H：偏光下、i：cf. *M. acuminata*, 11.7 ～ 18.0 μm、J：偏光下、K：cf. *Nelumbo nucifera*, 28.2 ～ 31.8 μm、L：*Sagittarria* sp. 14.2 ～ 21.8 μm、M：cf. *Eleocharis dulcis*, 8.8 ～ 12.7 μm、N, O：compound starch grains from *Angiopteris* spp.の複合デンプン粒、直光および偏光、12.1 ～ 32.4 μm、P：*Coix* spp. 9.4 ～ 22.5 μm。スケールバーの長さは20 μm。

そして石杵として用いられた典型的な12点の石器が選別され、このうち8点がデンプン粒分析に、4点が植物珪酸体分析に供された。デンプン分析のためのコントロール試料として、生活面2の直下から2点の土壌サンプルが採取された。

合計で454のデンプン粒と1,950の植物珪酸体が検出された(**図7**)。土壌サンプルからデンプン粒が回収されなかったことは、石器から回収された古デンプンが道具の使用とかかわるものであることを示唆している。

3つの属を含むヤシのデンプン粒は合計85点で、3つの生活面から出土した7つの石器から検出された。6点の石器から検出された85のデンプン粒のうち78がクジャクヤシ属(*Caryota* sp.)のものであった(**図7a、図8a**)。6点の石器から検出された6点のデンプン粒が現生標本との比較からコウリバヤシ(*Corypha umbraculifera*)と同定された(**図7b、図8c**)。1点のデンプン粒(**図7c**)は、その物理的特徴が現生標本の*Arenga undulatifolia*とよくマッチしたが(**図8d**)、現生標本や考古資料に他の*Arenga*属がないことから、この同定は確実性の高いもので

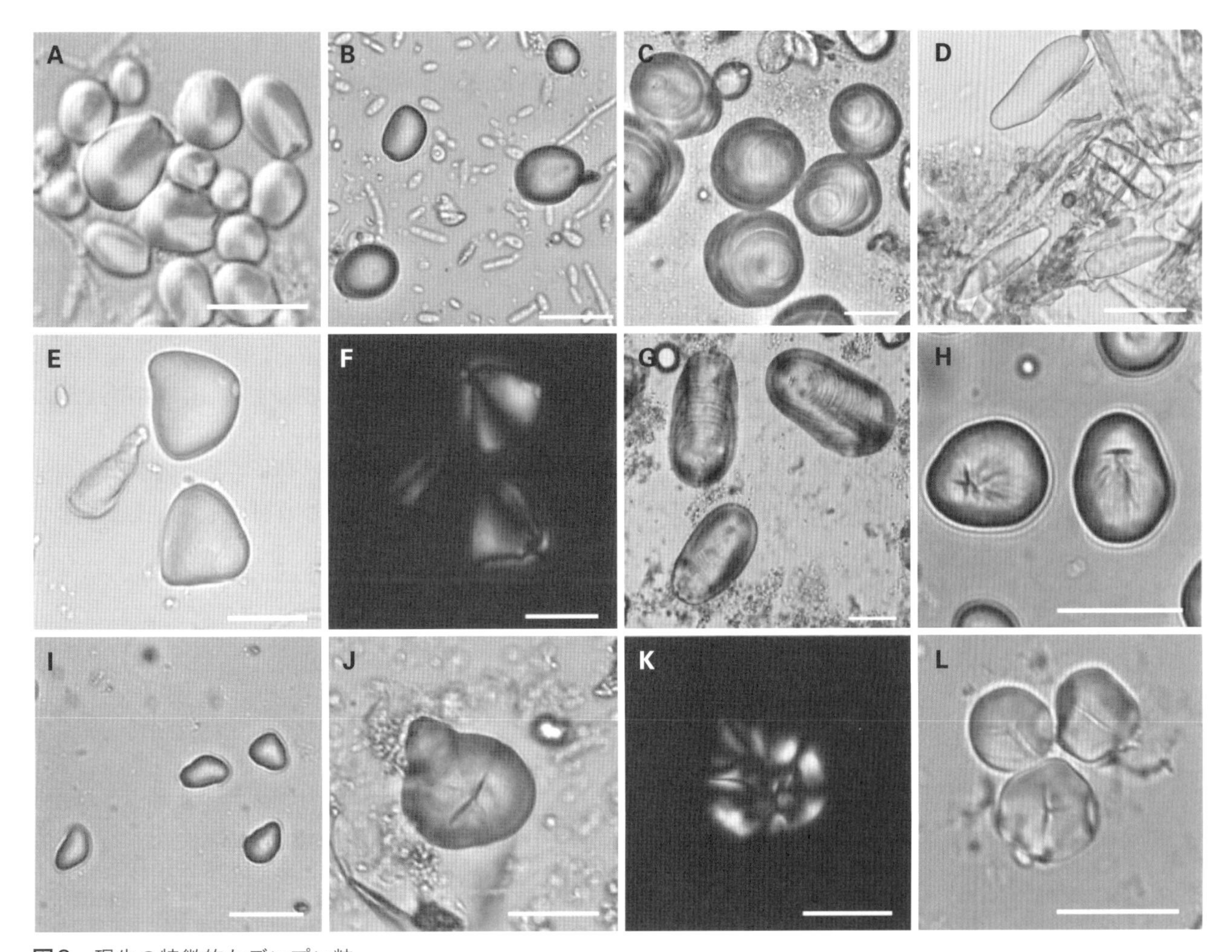

図8　現生の特徴的なデンプン粒

A：*Caryota mitis*, 3.3～10.7 μm、B：*Caryota urens*, 6.6～45.7 μm、C：*Corypha umbraculifera*, 11.4～48.7 μm、D：*Arenga undulatifolia*, 3.0～17.8 μm、E～F：*Musa acuminata*, 直光および偏光、6.2～41.3 μm、G：*Nelumbo nucifera*（根）、8.0～72.4 μm、H：*Sagittaria trifolia*, 9.7～27.6 μm、I：*Eleocharis dulcis*, 4.7～18.7 μm、J～K：*Angiopteris yunnanensis* under brightfield and polarized light, respectively, ranの複合デンプン粒、直光および偏光、9.3～149.4 μm、L：*Coix lacryma-jobi*, 5.4～20.4 μm。スケールバーの長さはAとCが10 μm、それ以外は20 μm。

はない。17のバナナ(*Musa* sp.)のデンプン粒(**図7d～h**)が過去の生活面から検出された(Lenfer 2009)。

淡水性根茎類(cf. *Nelumbo nucifera*)のデンプンが合計で48粒同定された(**図7k、図8g**)。オモダカ属(*Sagittaria* sp.)のデンプンが17粒、略卵型で形成核が中央ないしやや偏った位置に見られ、その形状はしばしば放射状である(**図7l、図8h**)。28粒はヒシ(cf. *Eleocharis dulcis*)のデンプンであり、小型で、三角形、卵形ないし不定形をなし、明るい亀裂が中央の形成核を貫通する(**図7m、図8i**)。38のデンプン粒が陸生のシダ(*Angiopteris* sp.)に由来する(**図7n～o**)。これには、*Angiopteris yunnanensis*(**図8j**)のような食用植物も含まれる。ジュズダマ(*Coix* spp.)もやはり、新村遺跡においてよく利用された資源であったようである(**図7p**)。53のジュズダマのデンプン粒が検出され、典型的なものは回転楕円体ないし多面体で、2、3の平面を持ち、中央部の形成核には通常T字形の亀裂を伴う(**図8l**)。

石器に付着した残滓から抽出された植物珪酸体は、イネ(*Oryza*)の植物珪酸体の存在を除けば、科レベルではデンプン分析の結果と整合的である(**図9**)。同定された1,950の植物珪酸体のうち、56%は球形で棘のあるヤシ(Aracaceae)の植物珪酸体である。また、多角形の錐体であるカヤツリグサ科(Cyperaceae、ヒシを含む)やシダ類の細長い三角柱も検出された。約1%の植物珪酸体はイネと同定されたが、これらは扇形、2つの頂部を持つ包頴と鱗状の球根のものが検出された。

ヤシ、バナナや根茎類はこの地域では通常の植生として繁茂している。野生のデンプン質植物が手にはいりやすいことは、この地域における生業を比較的容易にしていたであろう(Barton & Denham 2011)。さらに、これらの植物は年間を通じて人間の労働に依存しないので、人口や文化的重圧その他の理由で稲作への投資を行うようになるまでは、集中的な労働投下を必要とする稲作を拒絶するのに貢献したであろう(Fuller 2010)。

ヤシ科のデンプンと植物珪酸体が新村遺跡において卓越することは、中国南部の亜熱帯地域においてサゴヤシがイネに先んじて重要な食料であったことを示し

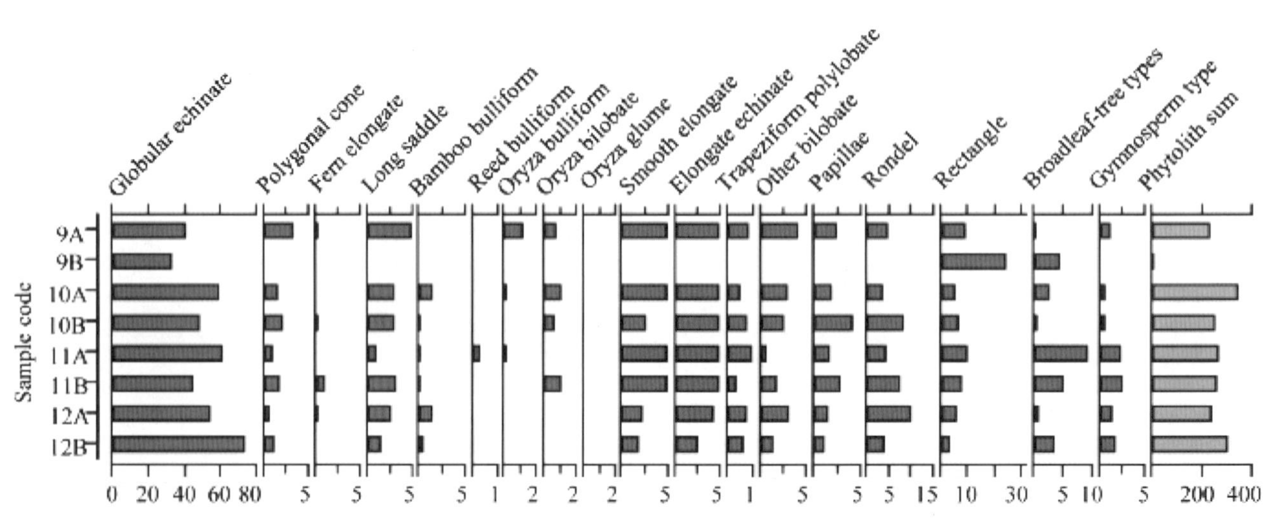

図9 石器表面から検出された植物珪酸体のタイプ別比率。9#–12#: A は使用面、B は非使用面を示す。

ている。これら一連の食用植物は、5,000年前頃に中国南部亜熱帯地域の沿岸部の居住者たちによる資源利用の最古の証拠であり、稲作が広く普及する以前の東南アジアで共通の戦略であったであろう。幅広い種類のデンプン質食料への依存により、労働集約的な稲作農業への変化は、ゆっくりとしたものであった。

4. まとめ

中国における古デンプンの研究は中国新石器時代における生業パターンへの理解を変えてきている。ミレットや稲作農業の起源と拡散、食料生産、道具の機能、そして生業モデルが明らかにされてきた。いまや、キビ連の利用は最終氷期極大期にまで遡り、またミレットの馴化のプロセスが長期的なものであったと理解されるようになった。コムギ連の植物はミレットともに加工されていたが、気候変動の影響が強くはたらいて次第に放棄されるようになり、キビ連が馴化にもっとも適した植物として選ばれた。これは、イネとともに加工されていたイヌビエと同じパターンである。そして、サゴヤシ、バナナ、根茎類などのデンプン質の植物が、イネの導入以前の中国の亜熱帯地域において利用されていたことも明らかになった。

(庄田慎矢　訳)

翻訳にあたり、渋谷綾子博士にご協力頂きました。記して感謝いたします。

引用文献

- Austin, C.C. 1999. Lizards took express train to Polynesia. *Nature* 397(397): 113-114.
- Barakat, H. & A.G. el-Din Fahmy. 1999. Wild Grasses as 'Neolithic' Food Resources in the Eastern Sahara, in M. van der Veen (ed.) *The Exploitation of Plant Resources in Ancient Africa*: 33-46. New York: Kluwer Academic/ Plenum Publishers.
- Barton, H. & T. Denham. 2011. Prehistoric vegeculture and social life in Island Southeast Asia and Melanesia, in G. Barker & M. Janowski(ed.) *Why cultivate?: anthropological and archaeological approaches to foraging-farming transitions in Southeast Asia*: 17-25. United Kingdom: McDonald Institute for Archaeological Research.
- Barton, H., R.Torrence & R. Fullagar. 1998. Clues to Stone Tool Function Re-examined: Comparing Starch Grain Frequencies on Used and Unused Obsidian Artefacts. *Journal of Archaeological Science* 25(12): 1231-1238.
- Barton, H. 2007. Starch residues on museum artefacts: implications for determining tool use. *Journal of Archaeological Science* 34(10): 1752-1762.
- Berger, A. & M.F. Loutre. 1991. Insolation values for the climate of the last 10 million years. *Quaternary Science Reviews* 10: 297–317.
- Bellwood, P. 2004. *First Farmers: The origin of agricultural societies*. London: Blackwell Publishing.
- Bestel, S., G.W. Crawford, L. Liu, J.M. Shi, Y.H. Song & X.C. Chen. 2014. The Evolution of Millet Domestication, Middle Yellow River Region, North China: Evidence from Charred Seeds at the Late Palaeolithic Shizitan S9 Site. *Holocene* 24(3): 261-265.
- Chandlerezell, K., D.M. Pearsall & J.A. Zeidler. 2006. Root and Tuber Phytoliths and Starch Grains Document Manioc (*Manihot Esculenta*), Arrowroot (*Maranta Arundinacea*), and Llerén (*Calathea* sp.) at the Real Alto Site, Ecuador. *Economic Botany* 60(2): 103-120.
- Crawford, G.W. 2011. Advances in Understanding Early Agriculture in Japan. *Current Anthropology* 52(S4): S331-S345.
- Crawford, G. W. 2009. Agricultural origins in North China pushed back to the Pleistocene–Holocene boundary. *Proceedings of the National Academy of Sciences of the United States of America* 106(18): 7271-7272.
- Diamond, J. M. 1988. Express train to Polynesia. *Nature* 336(6197): 307-308.
- Diamond, J. M. & P. Bellwood. 2003. Farmers and their languages: the first expansions. *Science* 300(5619): 597-603.
- Fullagar, R., J. Field, T. Denham & C. Lentfe. 2006. Early and mid-Holocene tool-use and processing of taro (*Colocasia esculenta*), yam (*Dioscorea*, sp.) and other plants at Kuk Swamp in the highlands of Papua New Guinea. *Journal of Archaeological Science* 33(5): 595-614.
- Fuller, D.Q., L. Qin, Y. Zheng, Z. Zhao, X. Chen, L.A. Hosoya & G.P. Sun. 2009. The Domestication Process and Domestication Rate in Rice: Spikelet Bases from the Lower Yangtze. *Science* 323(5921): 1607.
- Fuller, D. Q., Y. Sato, C. Castillo, L. Qin,

A.R.Weisskopf, E.J. Kingwell-Banham, J. Song, S-M.Ahn & J. van Etten. 2010. Consilience of genetics and archaeobotany in the entangled history of rice. *Archaeological and Anthropological Sciences* 2: 115-131.
・Gray, R. D. & F.M. Jordan. 2000. Language trees support the express-train sequence of Austronesian expansion. *Nature* 405(6790): 1052-1055.
・Guan, Y., D.M. Pearsall, X. Gao, F. Chen, S. Pei & Z. Zhou. 2014. Plant use activities during the Upper Paleolithic in East Eurasia: Evidence from the Shuidonggou Site, Northwest China. *Quaternary International* 347(1): 74-83.
・Henry, A. G., A.S. Brooks, D.R. Piperno. 2011. Microfossils in calculus demonstrate consumption of plants and cooked foods in Neanderthal diets (Shanidar III, Iraq; Spy I and II, Belgium). *Proceedings of the National Academy of Sciences of the United States of America* 108(2): 486-491.
・-2014. Plant foods and the dietary ecology of Neanderthals and early modern humans. *Journal of Human Evolution* 69(4): 44.
・Lee, G. A., G.W. Crawford, L. Liu, X. Chen. 2007. Plants and people from the Early Neolithic to Shang periods in North China. *Proceedings of the National Academy of Sciences of the United States of America* 104(3): 1087-92.
・Lentfer, C. J. 2009. Going bananas in New Papua New Guinea: A preliminary study of starch granules morphotypes in Musaceae fruit. *Ethnobotany Research and Applications* 7: 217–238.
・Li, H. L. 1970. The Origin of Cultivated Plants in Southeast Asia. *Economic Botany* 24(1): 3-19.
・Liu, L., S. Bestel, J. Shi, Y. Song & X. Chen. 2013. Paleolithic human exploitation of plant foods during the last glacial maximum in North China. *Proceedings of the National Academy of Sciences of the United States of America* 110(14): 5380-5385.
・Liu, L., J. Field, R. Fullugar, S. Bestel & X. Chen. 2010. What did grinding stones grind? New light on Early Neolithic subsistence economy in the Middle Yellow River Valley, China. *Antiquity* 84(325): 816-833.
・Liu, L., J. Field, R. Fullagar, C. Zhao, X. Chen & J. Yu. 2010. A functional analysis of grinding stones from an early holocene site at Donghulin, North China. *Journal of Archaeological Science* 37(10): 2630-2639.
・Loy, T. H., M. Spriggs & S. Wickler. 1992. Direct Evidence for Human Use of Plants 28,000 years ago: Starch Residues on Stone Artifacts from the Northern Solomons. *Antiquity* 66(253): 898-912.
・Lu, H., X. Yang, M. Ye, K-B. Liu, Z. Xia, X. Ren, L. Cai, N. Wu &T-S. Liu. 2005. Millet noodles in late Neolithic China. *Nature* 437(7061): 967-968.
・Lu, H., J. Zhang, K-B. Liu, N. Wu, Y. Li, K. Zhou, M. Ye, T. Zhang, H. Zhang, X. Yang, L. Shen, D. Xu & Q. Li. 2009. Earliest domestication of common millet (*Panicum miliaceum*) in East Asia extended to 10,000 years ago. *Proceedings of the National Academy of Sciences of the United States of America* 106(18): 7367-72.
・Lüthi, D., M. Le Floch, B. Bereiter, T. Blunier, J-M. Barnola, U. Siegenthaler, D. Raynaud, J. Jouzel, H. Fischer, K. Kawamura & T, F, Stocker. 2008. High-resolution carbon dioxide concentration record 650,000-800,000 years before present. *Nature* 453: 379–382.
・Marcott, S. A., J.D. Shakun, P.U. Clark & A.C. Mix. 2013. A Reconstruction of Regional and Global Temperature for the Past 11,300 Years. *Science* 339: 1198–1201.
・Mercader, J. 2009. Mozambican Grass Seed Consumption during the Middle Stone Age. *Science* 326(5960): 1680-1683.
・Mercader, J., T. Bennett & M. Raja. 2008. Middle Stone Age starch acquisition in the Niassa Rift, Mozambique. *Quaternary Research* 70(2):283-300.
・Mi, J. S. 1955. The starch grain morphology research of several edible and medical plants. *Acta Pharmaceutica Sinica B*(1).
・Pagán-Jiménez, J. R., A.M. Guachamín-Tello, M.E. Romero-Bastidas & A.R. Constantine-Castro. 2016. Late ninth millennium B.P. use of *Zea mays*, L. at Cubilán area, highland Ecuador, revealed by ancient starches. *Quaternary International* 404: 137-155.
・Pearsall, D. M., K. Chandler-Ezell & J.A. Zeidler. 2004. Maize in ancient Ecuador: results of residue analysis of stone tools from the Real Alto site. *Journal of Archaeological Science* 31(4): 423-442.
・Pérez, S. & E. Bertoft. 2010. The molecular structures of starch components and their contribution to the architecture of starch granules: A comprehensive review. *Starch-Stärke* 62(8): 389–420.
・Perry, L. 2002. Starch Granule Size and the Domestication of Manioc (*Manihot Esculenta*) and Sweet Potato (*Ipomoea Batatas*). *Economic Botany* 56(4): 335-349.
・Perry, L., R. Dickau, S. Zarrillo, I. Holst, D.M. Pearsall, D.R. Piperno, M.J. Bermans, R.G. Cooke, K. Rademaker, A.J. Ranere, J.S.Raymond, D.H. Sandweiss, F. Scaramelli, K. Tarble &J.A. Zeidler. 2007. Starch fossils and the domestication and dispersal of chili peppers (Capsicum spp. L.) in the Americas. *Science* 315(5814): 986-988.
・Piperno, D. R. &T.D. Dillehay. 2008. Starch grains on human teeth reveal early broad crop diet in northern Peru. *Proceedings of the National Academy of Sciences of the United States of America* 105(50): 19622-7.
・Piperno, D. R. & I. Holst. 1998. The Presence of Starch Grains on Prehistoric Stone Tools from the Humid Neotropics: Indications of Early Tuber Use and Agriculture in Panama. *Journal of Archaeological Science* 25(8): 765-776.
・Piperno, D. R., A. J. Ranere, I. Holst, J. Iriarte & R. Dickau. 2009. Starch grain and phytolith evidence for early ninth millennium B.P. maize from the Central Balsas River Valley, Mexico. *Proceedings of the National Academy of Sciences of the United States of America* 106(13): 5019-5024.
・Piperno, D. R., E. Weiss, Holst I & D. Nadel. 2004. Processing of wild cereal grains in the Upper Palaeolithic revealed by starch grain analysis. *Nature* 430(7000): 670-673.
・Pokharia, A. K., T. Jamir, D. Tetso & Z. Venuh. 2013. Late first millennium BC to second millennium AD

agriculture in Nagaland: A reconstruction based on archaeobotanical evidence and radiocarbon dates. *Current Science* 104(10): 1341-1353.
· Reichert, E. T. 1913. Differences in the Reaction-Intensities of Different Starches, in *The Differentiation and Specificity of Starches in Relation to Genera, Species, Etc.; Stereochemistry applied to protoplasmic processes and products, and as a strictly scientific basis for the classification of plants and animals:* 312-322. Washington, D.C.: Carnegie Institution of Washington.
· Revedin, A. & E. Trinkaus. 2010. Thirty thousand-year-old evidence of plant food processing. *Proceedings of the National Academy of Sciences of the United States of America* 107(44): 18815-18819.
· Shakun, J. 2012. Global warming preceded by increasing carbon dioxide concentrations during the last deglaciation. *Nature* 484: 49–54.
· Summerhayes, G. R., M. Leavesley, A. Fairbairn, H. Mandui, J. Field, A. Ford & R. Fullagar. 2010. Human Adaptation and Plant Use in Highland New Guinea 49,000 to 44,000 Years Ago. *Science* 330: 78-81.
· Svensson, A., K.K. Anderson, M. Bigler, H.B. Clausen, D. Dahl-Jensen, S.M. Davies, S.J. Johnsen, R. Muscheler, F. Parrenin, S.O. Rasmussen, R. Rothlisberger, I. Seierstad, J.P.Steffensen& B.M. Vinther. 2008. A 60 000 year Greenland stratigraphic ice core chronology. *Climate of the Past* 4: 47–57.
· Torrence, R. & H. Barton. 2006. *Ancient Starch Research.* Walnut Creek: Left Coast Press.
· Ugent, D., S. Pozorski, T. Pozorski. 1981. Prehistoric remains of the sweetpotato from the Casma valley of Peru. *Phytologia* 49: 401-415.
· -1982. Archaeological Potato Tuber Remains from the Casma Valley of Peru. *Economic Botany* 36(2):182-192.
· -1986. Archaeological manioc (Manihot) from Coastal Peru. *Economic Botany* 40(1): 78-102.
· Wan, Z., X.Yang, Q.Ge & M. Jiang. 2011. Morphological characteristics of starch grains of root and tuber plants in South China. *Quaternary Science* 31: 736-744.
· Wan, Z., X. Yang, M. Li, Z. Ma &Q.Ge. 2012. China modern starch grain database. *Quaternary Science* 32: 361-361.
· Yang, X.Y. 2017. Ancient starch research in China: progress and problems. *Quaternary Science* 37: 163-177.
· Yang, X. Y., Z.C. Kong & C.J. Liu. 2009. Characteristics of starch grains from main nuts in North China. *Quaternary Science* 29(1): 153-158.
· Yang, X. Y., Z.C. Kong, C.J. Liu & Q.S. Ge. 2010. Morphological characteristics of starch grains of millets and their wild relatives in North China. *Quaternary Science* 30 (2): 355-362.
· Yang, X.Y., H. Lu, T. Liu & J. Han. 2005. Micromorphology characteristics of starch grains from *P. miliaceum, S. italica* and *S. viridis* and its signification for archaeobotany. *Quaternary Sciences* 25: 224-227.
· Yang, X.Y., Z. Ma, Q. Li, L. Perry, Z. Huan, Z. Wan, M. Li & J. Zheng. 2013. Experiments with Lithic Tools: Understanding Starch Residues from Crop Harvesting. *Archaeometry* 56(5): 828–840.
· Yang, X.Y., Z. MA, J. Li, J. Yu, C. Stevens &Y. Zhuang. 2015. Comparing subsistence strategies in different landscapes of North China 10,000 years ago. *The Holocene* 25: 1957-1964.
· Yang, X.Y. & L. Perry. 2013. Identification of ancient starch grains from the tribe Triticeae in the North China Plain. *Journal of Archaeological Science*, 40(8):3170-3177.
· Yang, X.Y., J. Zhang, L. Perry, Z. Ma, Z.Wan, M. Li, X. Diao & H. Lu. 2012. From the modern to the archaeological: starch grains from millets and their wild relatives in China. *Journal of Archaeological Science* 39(2): 247-254.
· Zhao, Z. 2010. New data and new issues for the study of origin of rice agriculture in China. *Archaeological and Anthropological Sciences* 2(2): 99-105.
· Zheng, Y., G. Sun, L.Qin, C. Li, X.Wu & X. Chen. 2009. Rice fields and modes of rice cultivation between 5000 and 2500 BC in east China. *Journal of Archaeological Science* 36(12): 2609-2616.
· Zuo, X., H. Lu, L. Jiang, J. Zhang, X. Yang, X. Huan, K. He, C. Wang & N. Wu. 2017. Dating rice remains through phytolith carbon-14 study reveals domestication at the beginning of the Holocene. *Proceedings of the National Academy of Sciences of the United States of America* 114(25): 6486-6491.
· Crawford, G. W.・陈雪香・王建华2006山东济南长清区月庄遗址发现后李文化时期的炭化稻. 东方考古 3: 247-251.
· 吕烈丹2002 考古器物的残余物分析. 文物5: 83-91.
· 吕烈丹 2003 甑皮岩出土石器表面残余物的初步分析. 中国社会科学院考古研究所等编. 桂林甑皮岩. 北京: 文物出版社, 646-651.
· 童恩正 1998 南方文明. 重庆: 重庆出版社.
· 王强・贾鑫・李明启等 2013 中国常见食用豆类淀粉粒形态分析及其在农业考古中的应用. 文物春秋3: 3-11.
· 十喜凤 1999 察吾呼文化墓葬出土陶容器内残存食物的研究鉴定. 新疆文物考古研究, 新疆察吾呼-大型氏族墓地发掘报告, 北京: 东方出版社, 413-415.
· 赵志军 2010. 植物考古: 理论、方法与实践. 北京: 科学出版社.
· 赵志军 2009 张居中. 贾湖遗址2001年浮选报告. 考古8: 84-93.
· 赵志军 2005 有关中国农业起源的新资料和新思考. 中国社会科学院考古所编, 新世纪的中国考古学. 科学出版社, pp: 86-101.
· 赵志军 2005 植物考古学及其新进展. 考古7: 42-49.

石器使用痕から見た 新石器時代長江下流域の石製農具と農耕

Use-wear Analysis of Neolithic Agricultural Stone Tools in the Lower Yangtze River basin, China

原田　幹　Motoki Harada

愛知県教育委員会文化財保護室

略歴
1993年 財団法人愛知県埋蔵文化財センター
1997年 愛知県教育委員会文化財課
2015年 金沢大学大学院人間社会環境研究科後期博士課程修了、博士(文学)取得
現在 愛知県教育委員会文化財保護室主査
主要著作
『考古資料大観2　弥生・古墳時代　土器Ⅱ』(赤塚次郎編)小学館、2002年(共著)
「石製農具の使用痕研究－収穫に関わる石器についての現状と課題－」『古代』第113号、早稲田大学考古学会、2003年
「『耘田器』の使用痕分析－良渚文化における石製農具の機能－」『古代文化』第63巻第Ⅰ号、財団法人古代学協会、2011年
『シリーズ「遺跡を学ぶ」088 東西弥生文化の結節点・朝日遺跡』新泉社、2013年
『朝日遺跡　よみがえる弥生の技』愛知県教育委員会、2013年
『東アジアにおける石製農具の使用痕研究』六一書房、2017年

はじめに

新石器時代など初期農耕の研究において、農具としての石器研究は、農耕の技術的側面を明らかにするうえで、重要な意味を持っている。とはいえ、今日では石器に関する情報・知識の多くは失われており、その役割を正確に復元することは難しい課題である。本稿で扱う長江下流域の稲作地帯における多種多様な石器類についても多くの研究の蓄積があるが、石器の機能・用途をめぐる見解には複数の異なる意見が対立している状況である。

筆者は、石器使用痕研究の立場から、東アジア各地で、石器、特に農耕にかかわる石器の研究に取り組んでいる。石器の用途や役割について対立する意見があったり、異なる評価がなされていたりする場合でも、まず、石器に残された痕跡から使用に関する情報を引き出し、実験的な検証に基づき石器の機能・用途を評価するようにしている。この方法は、地域ごとの物質文化の表層的な類似あるいは相違に左右されずに、使用痕という独立した情報に基づいて石器を評価できることが強みである。

本稿では、まず石器使用痕分析の方法論的な枠組みについて概観する。特に植物にかかわる使用痕の特徴、観察記録とその表現手法のひとつである光沢強度分布図の意義について少し詳しく見ていきたい。次に、長江下流域の新石器時代後期を中心に、耘田器、有柄石刀、石鎌、石刀、破土器、石犂といった農具と見られている石器の使用痕とその機能について検討し、石器使用痕分析が農耕研究に果たしうる役割について考えてみたい。

1. 石器使用痕分析

1-1　石器の使用痕

石器使用分析とは、使用によって生じた物理的・化学的な痕跡をもとに、石器の機能を推定する研究である。使用痕研究の目的は、道具と作業対象との関係性、道具と人との関係性を復元することで、社会集団の技術的関係および行動様式を明らかにすることにある。

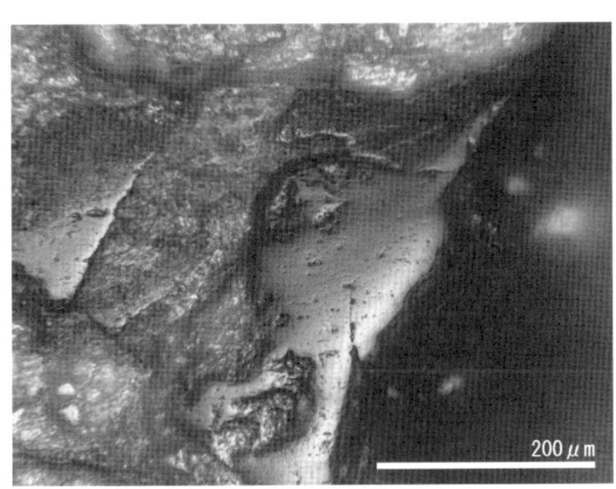

1 イネの根刈りによる使用痕

2 イネの穂摘みによる使用痕

図1　草本植物による使用痕

使用によって生じる痕跡は、①破損、②摩滅、③線状痕、④微小剥離痕、⑤微小光沢面、⑥付着物(残滓)の6種類に分けられる。①〜⑤は石材表面に生じた変化が観察対象となり、⑥は石器に残された物質そのものが分析対象となる。これらの痕跡は単独で生じるのではなく、多くの場合複合的に形成される。また、そのスケールもさまざまで、観察対象によって、肉眼・ルーペー、低倍率顕微鏡(10 〜 60倍)、高倍率顕微鏡(100 〜 500倍)と観察方法・機器を使い分けて分析する。

使用痕の種類のうち、⑤微小光沢面は、観察に際してやや特殊な機器を必要とするが、もっとも情報量が多く、特に作業対象物の推定に有効な情報である。また、③線状痕はさまざまなスケールで観察されるが、石器の操作方法(作業対象物との相対的な接触方向)を知るうえで重要な痕跡である。

筆者は高倍率の落射照明型顕微鏡(金属顕微鏡)による⑤微小光沢面、③線状痕をメインとした観察に加え、低倍率の実体顕微鏡、肉眼等による②摩滅、③規模の大きな線状痕等を含む補助的な観察により、使用痕の分析を行っている。

1-2　草本植物によって生じる使用痕

草本植物、特に珪酸体を含むイネなどの切断によって生じる特徴的な使用痕について、その特徴を整理しておこう。

イネ科等の草本植物の使用痕は、極度に発達した場合、肉眼でも光沢として識別できるようになる。コーングロス、シックルグロス、ロー状光沢などと呼ばれているもので、「摩滅」や「光沢」として認識されてきた痕跡にあたる。

この光沢部を落射照明型顕微鏡(金属顕微鏡)などの高倍率の機器で観察すると、より詳細な微小光沢面を観察することができる。微小光沢面は、対象物との接触によって生じた摩耗面が顕微鏡下で光沢をおびて観察される使用痕である。微小光沢面は、東北大学使用痕研究チームによる分類など、およそ10種類程度に分類されているが、草本植物との関係が強いのは、Aタイプ、Bタイプの光沢面である。

Aタイプの特徴は次のようなものである。明るく滑らかで、しばしばゆるやかなうね状を呈し、広い範囲を覆うように発達する。光沢部表面には、ハケでなでたような線状痕や縁辺が滑らかなピットが見られる場合がある(**図1-1**)。Bタイプの光沢面は、明るく滑らかな点はAタイプに似ているが、形成される範囲はより限定的で、水滴状を呈するあるいは光沢部が島状に広がるといった特徴がある(**図1-2**)。

Aタイプはイネ科草本植物に特徴的な光沢面で、Bタイプは木に対する作業、またはイネ科等草本植物の初期段階に形成される光沢面とされている(イネ科草本植物でも乾燥状態の場合Bタイプの光沢面が主に形成される)。草本植物による光沢面については、石器器面の比較的広い範囲に見られること、上記のようなBタイプからAタイプにかけての特徴を持つ光沢面が、発達程度を違えながら漸移的に分布していることが大きな特徴である。

1-3　光沢強度分布図

微小光沢面は、石材表面の摩耗現象のひとつであり、数回程度の軽度な作業で生じるものではなく、一定程度の継続的な作業によって形成される。そのため、微小光沢面の大きさや分布範囲は、一般的には作業の累積によって徐々に拡大していくと理解されている。また、同一の使用部においても、微小光沢面の発達に差が生じる場合があるが、これは対象物との接触頻度の差を表している。つまり、石器全体を観察したとき、微小光沢面が発達している部分は、機能部として対象物に対しより強く接した部分ということになる。

草本植物の場合、そのものが柔軟性を持っており、石器の広い範囲と接触しやすい。微小光沢面も面的に拡大しやすい特徴を持っている。これらのことから、草本植物による使用痕は、石器表面の比較的広い範囲に、発達程度の差を持ちながら分布することになる。

上記のような使用痕の特性を活かして考案されたのが、「光沢強度分布図」である(須藤・阿子島1985；阿子島1989)。石庖丁のコーングロスパッチが、点状光沢から面的広がりを持つ点状の光沢へと徐々に変化する過程をとらえ、点状の

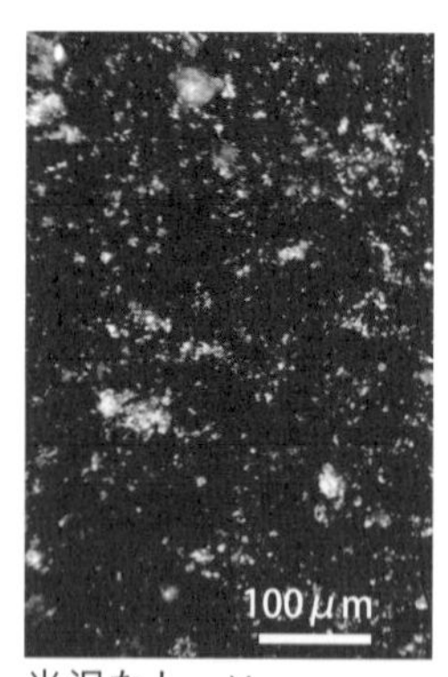

光沢なし　×

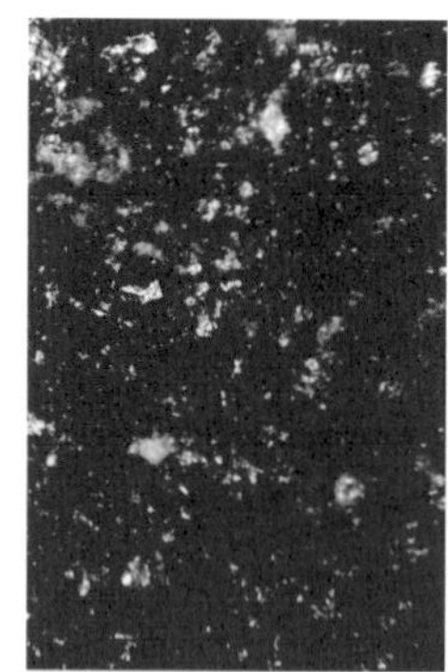
微弱　•

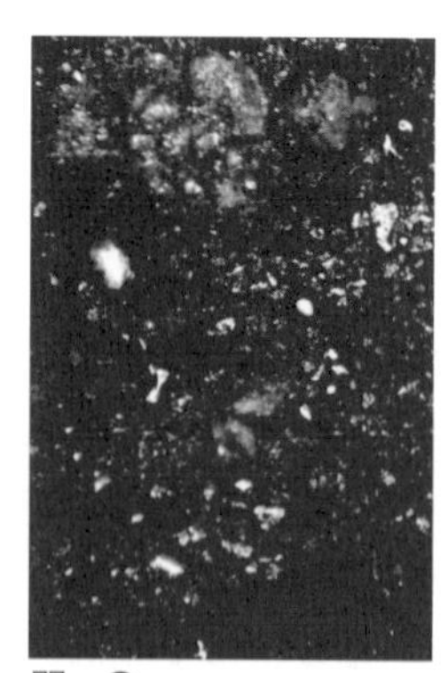
弱　○

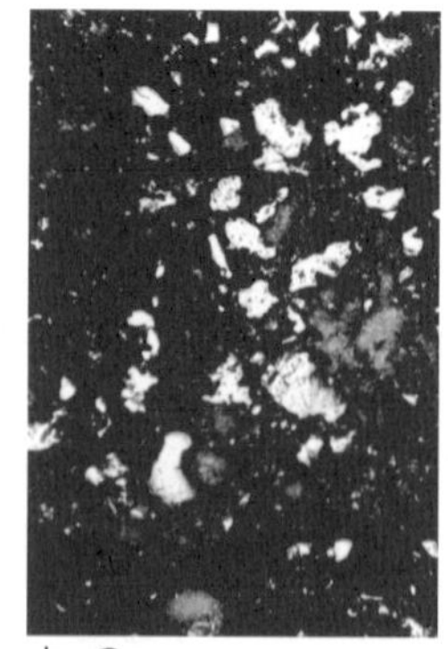
中　◉

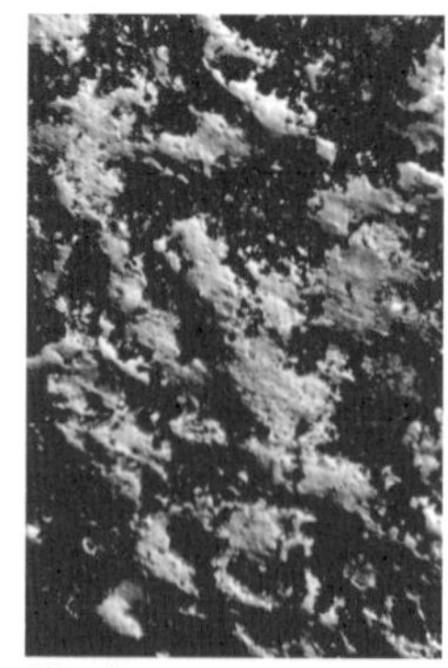
強　●

- ●　強：光沢面が大きく発達した状態。平面的に広範囲に広がるものを含む。
- ◉　中：小から中程度の光沢面が密集または連接し広がりつつある状態。
- ○　弱：小さな光沢面が単独で散在する状態。
- •　微弱：微小な光沢面がわずかに確認される状態。
- ×　なし：光沢面が認められない状態。

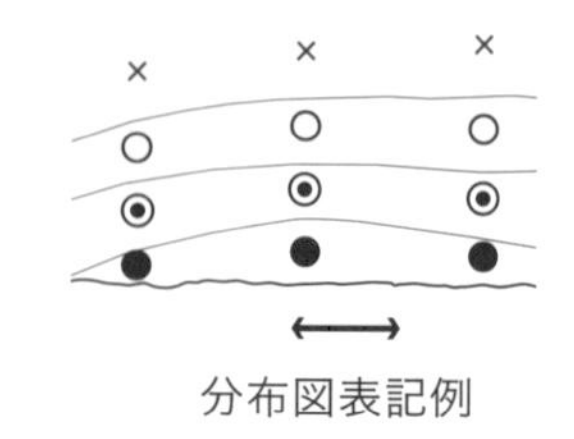
分布図表記例

図2　光沢強度分布図

光沢面の数・大きさを段階的に分布図として表記したものである。

本稿では、顕微鏡の観察視野中に占める光沢面の広がり方(大きさ、連接度、密度といった属性)を目安とし、光沢面の発達に応じて、強・中・弱・微弱・なし(場合によって弱に微弱を含める)と区分し、石器の実測図や写真上に表記する(**図2**)。

光沢面の大きさ、面積等は厳密に計測しているわけではないが、強はおおむね径100μm以上、中は50～100μm、弱は50μm以下を目安としている。また、補足的な情報として、光沢面上に観察される線状痕の特徴やその方向などを記載する。

光沢強度分布図は、草本植物など光沢面の分布範囲が広く、漸移的に発達を強める光沢面に有効な手法で、石器と作業対象物との接触範囲を知ること、線状痕の方向などとあわせて検討することで、石器がどのように操作されたかを知る大きな手がかりとなる。

1-4　実験使用痕分析と民族資料

使用痕分析によって得られる基礎的な情報は、次のように構造的に把握するとわかりやすいだろう。

① 石器が作業対象物と接触した範囲(使用部位)

② 石器と作業対象物との相対的な運動方向(操作方法)

③ 作業対象物の大別およびその状態(作業対象物・被加工物)

また、石器に残される痕跡としては、作業対象物との接触によって生じる機能部の痕跡(作用痕)と、石器の保持や柄等の装着によって形成される装着・保持の痕跡(装着痕)がある。いずれも石器の機能推定に必要な使用痕である。

しかし、顕微鏡を駆使してどれだけ微細な痕跡を検出しても、その痕跡がどのような要因で形成されたものかがわからなければ、石器の機能を推定することはできない。機能を推定するためには、遺物に認められる痕跡がどのような条件のもとで形成されたのかを明らかにする必要がある。使用痕研究における実験は、使用にかかわるさまざまな条件を制御したプログラムを多数実施することで、使用痕の形成過程を明らかにし、痕跡から過去の人間の行動を復元することを目的として行われる。

使用痕研究における実験には、使用痕を形成する条件と結果の因果関係を明らかにするために行われる基礎的な実験(網羅的な実験)と、時代背景や地域的な環境などを考慮し、石器が使用されたと想定される状況を復元的に再現し、石器の具体的な役割を絞り込んでいくための仮説検証型の実験(個別的な実験)の大きく2つの性格がある。いずれの場合も、実験にかかるさまざまな条件設定は、先の①使用部位、②操作方法、③作業対象物と関連づけて記録・整理していくと、使用痕の形成過程を理解しやすくなる。

また、実験計画を作成するうえで、民族学的な知見や民具等の使用にかかわる知識・記録を参考にすることも多い。特に個別的な実験では、道具の使用方法や使用環境がより複雑になるため、これらの知見を演繹的に採用することで、有効な作業仮説を立てるうえで助けになる。後述する収穫具の使用実験では、考古資料との比較のために、東南アジアの民族事例や日本の民具などを参考とした実験を行っている。

2. 長江下流域の稲作農耕と石製農具

中国北部の黄河流域がアワ、キビを主作物とする畑作地帯であるのに対し、南部の長江中下流域は稲作を主とする地域である。本稿では、長江下流域の右岸、太湖周辺から杭州湾周辺にかけての地域を検討対象とする(**図3**)。

この地域におけるイネの利用は、新石器時代初期の上山文化にまで遡ることがわかってきた。新石器時代中期の河姆渡文化では、浙江省余姚市の河姆渡遺跡が有名である(浙江省文物考古研究所2003)。また、近年では河姆渡遺跡の北に位置する田螺山遺跡でも発掘調査、研究が進められている(中村編2010)。太古周辺から杭州湾北岸の馬家浜文化では、原初的な水田も営まれていた。これらの遺跡は初期稲作遺跡として著名であるが、最近の研究では、稲作を行いながら多様な食料資源を利用した広範囲経済として認識されている。これらの段階のイネは、栽培型イネだけでなく、弥生型イネも多く利用されていたと見られている。また、農具については、骨耜(こっし)、木耜(もくし)といった耕作用の道具はあるが、定型的な収穫具等石製農具は見られない[註1]。

註1 河姆渡遺跡の第2層から石刀の出土例があるが、この資料が河姆渡文化に帰属するものか、あるいは河姆渡文化のなかで主体となるものかは疑問があり、慎重に取り扱うべきと思われる。

新石器時代後期の崧沢文化・良渚文化は、長江下流域新石器文化のひとつの到達点として、重要な位置を占めている。浙江省余杭市の良渚遺跡群は、良渚文化の中心的な集落であり、大規模な囲壁、環濠がめぐらされ、莫角山遺跡をはじめとする土台状の構築物、そして精緻な玉器に代表される高度な生産技術など、都市的な性格を持った遺跡として評価されている(中村編2015)。莫角山東縁のトレンチでは、総量10～15tとも推定される膨大な量の炭化米の層が検出され

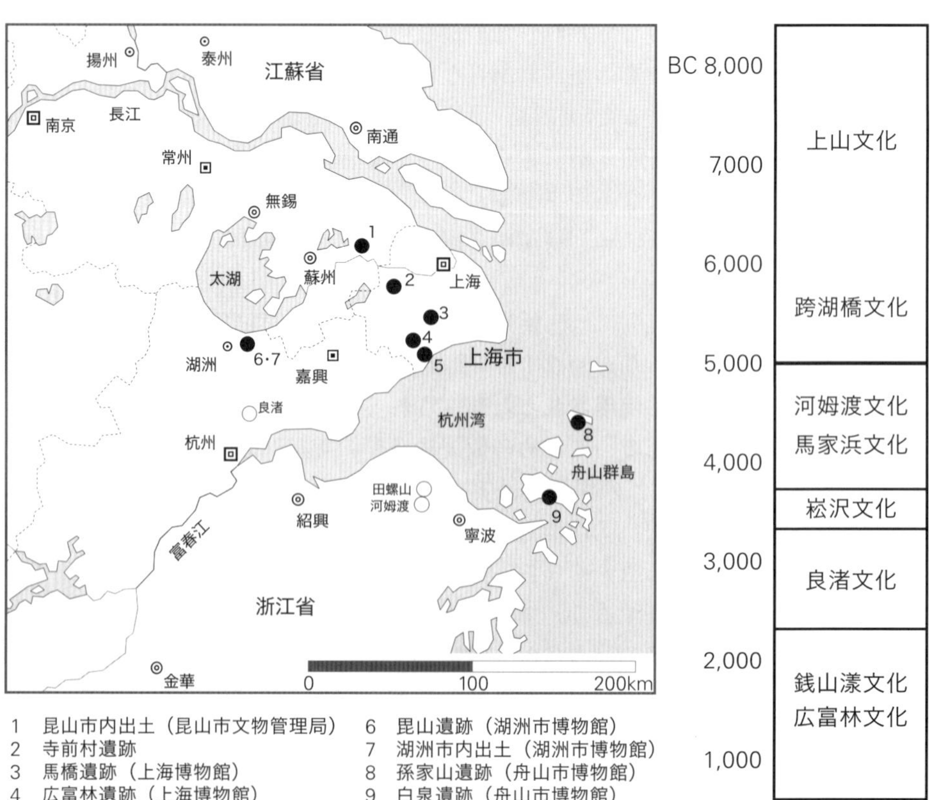

図3 長江下流域における遺跡等の位置図と文化編年

た。この時期の他の遺跡では、近年水田と推定される遺構の検出も相次ぎ、河姆渡文化・馬家浜文化に比べ稲作農耕の集約化が進んだ段階として理解されている。また、この段階の農耕技術の特徴として、さまざまな形態に器種分化した石器の盛行があげられる（中村2004）。石斧等の木材加工具、石鉞等の玉器と関連するもの、擦切具、砥石、穿孔器といった加工具の他、耘田器、有柄石刀、石鎌、破土器、石犂といった（**図4**）、農具と見られる器種のウェイトが高くなっている。これらの石器については、すでにさまざまな研究があり、特に破土器、石犂は耕起具として位置づけられ、農耕技術の発達度の指標となる資料として評価されてきた。しかし、個々の石器の具体的な機能・用途については諸説があり、見解の一致をみていないこともまた事実である。長江下流域の農耕技術を正しく位置づけるためには、これらの石器の機能・用途を特定する研究が不可欠である。

本稿では崧沢文化から良渚文化、そして一部次の初期青銅器時代を含め、石製農具とされる石器の使用痕分析から、使用部位、操作方法、作業対象物を特定し、また、柄の装着や保持の仕方など道具としての構造を含め、個々の石器の機能・用途の検討を進めていく。

3. 収穫具についての検討

3-1　耘田器の使用痕

長江下流域において、明確な収穫具が見られるようになるのは、新石器時代後期の崧沢文化から良渚文化にかけてである。

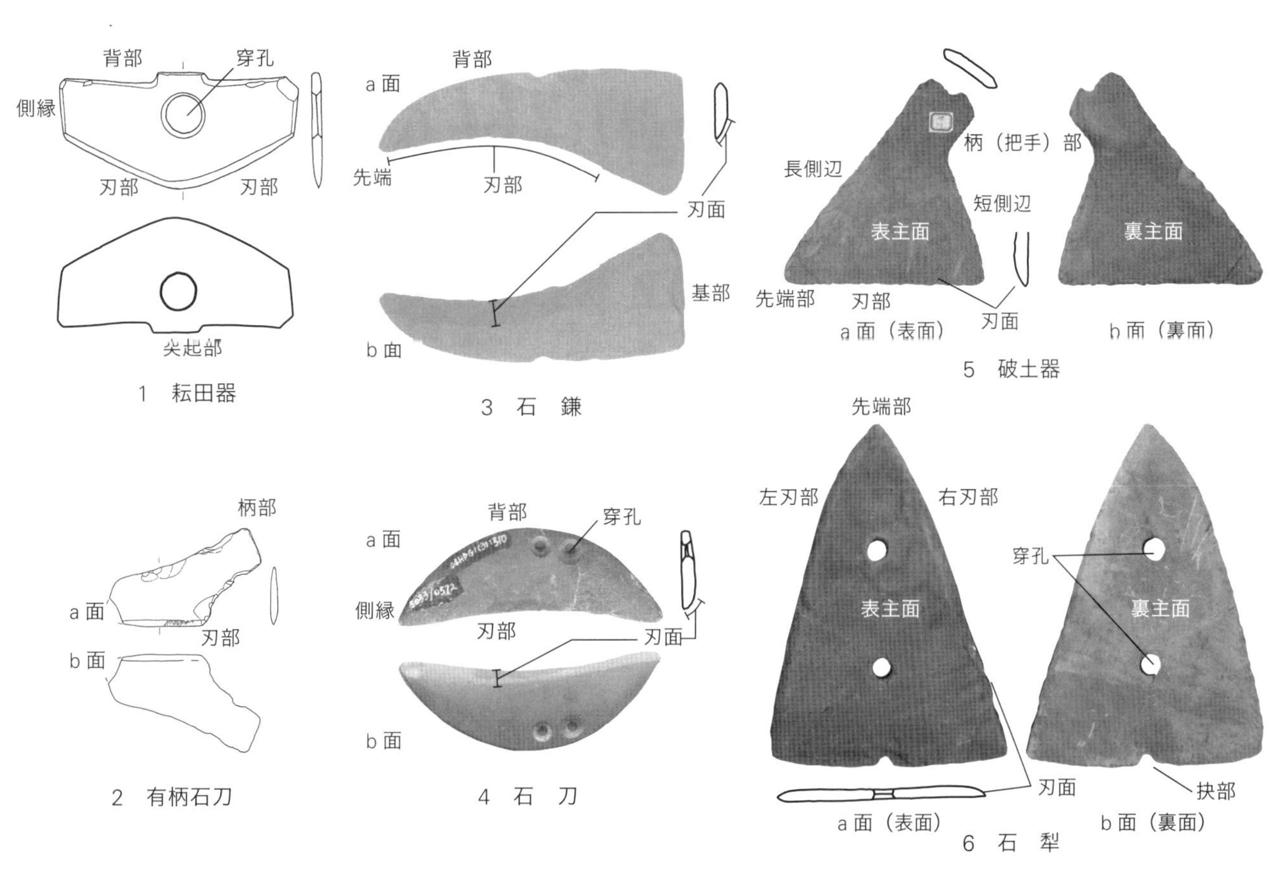

図4　長江下流域の石製農具

この時期の収穫具として考えられるのが、「耘田器」と呼ばれている磨製石器である。横幅10～15cmほどで、左右対称で鋭い刃部を持つ薄身の石器である。典型的なものは、刃部がV字形を呈し、中央に台形状の突起、円孔を持つ(**図4-1**)。ただし、形態は多様で、中間的な形態も多く見られる。

「耘田器」の名称は、この石器を除草具とする説に由来する。中国南方で使用されていた鉄製の除草具の刃部に形が似ていることから、除草具説が想定されたようだ。この他にも、耕起具の刃先とする説、収穫具の石刀とする説などさまざまな考えが提出されてきたが、その多くは石器の形態的な特徴から類推されたものである(**図5**)。

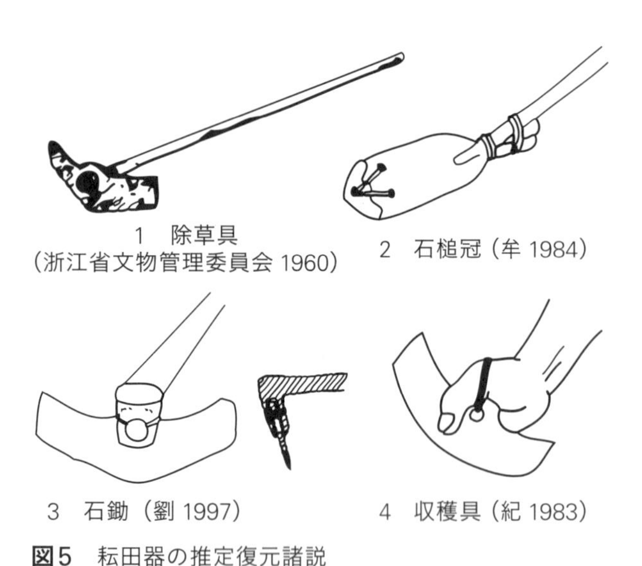

図5 耘田器の推定復元諸説

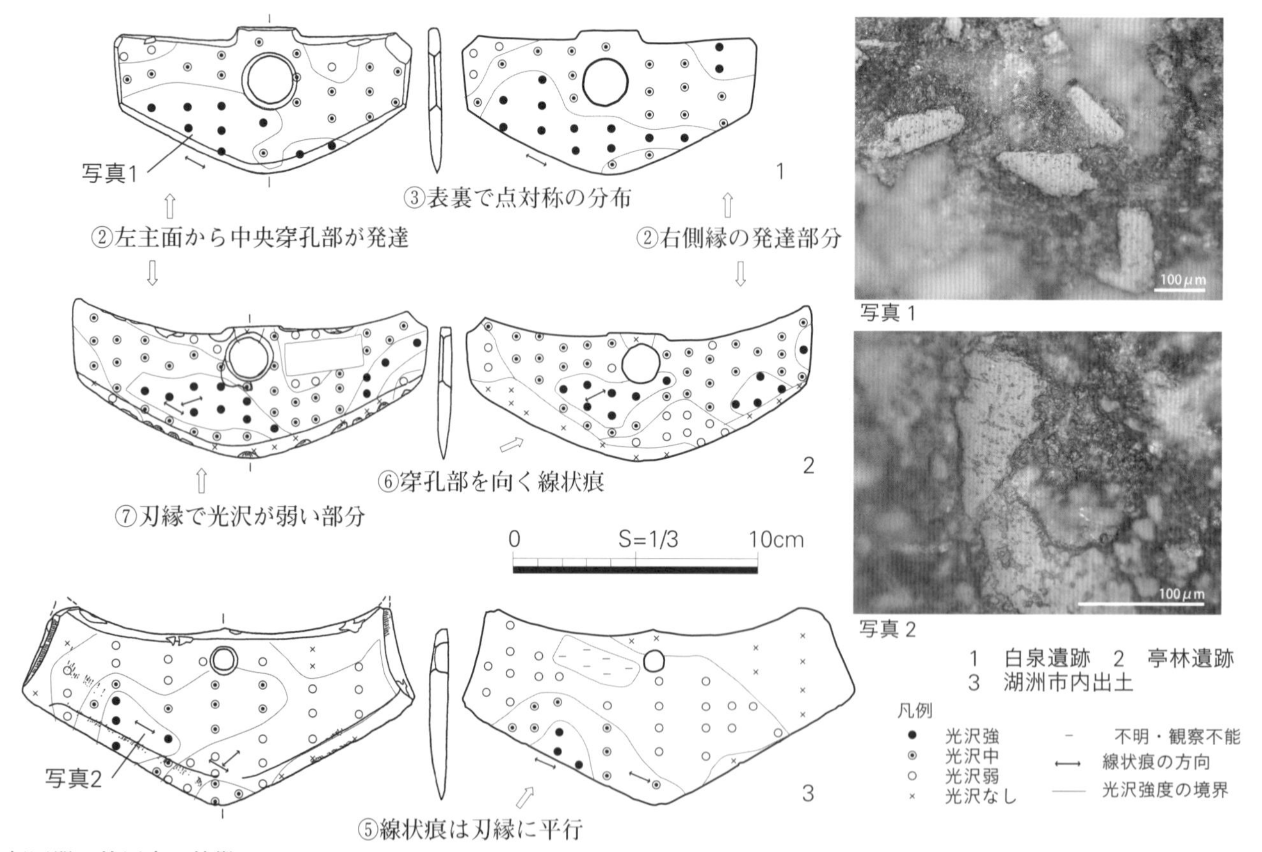

耘田器の使用痕の特徴

① 光沢面はBタイプ、Aタイプである。
② 光沢面は主面の広い範囲に分布。光沢は、主面の片側から中央の穿孔部にかけてよく発達し、総じて器面の左側で強い。また、右側縁に近い部分にも発達した光沢面が認められることがある。
③ 光沢面は両面に分布し、同様な分布の偏りが認められる。刃縁を挟んだ表裏面の分布は点対称の関係になる。
④ 穿孔部と背部の突出部のあいだで、帯状に光沢の空白が認められるものがある。
⑤ 刃縁の光沢面に観察される線状痕は刃部と平行。彗星状ピットは側縁の方向を向くものが多い。
⑥ 主面内側（特に左主面）では、光沢面に斜行する線状痕が観察され、穿孔部へ向かう方向性が認められる。
⑦ 刃縁では、光沢面が微弱か、まったく観察されない場合がある。

図6 耘田器の使用痕

筆者は、石器使用痕の分析から、この石器を収穫具と考え、収穫実験をとおして、その使用方法を検討してきた（原田2011）。この分析では、前章で言及した光沢強度分布図がおおいに役立った。以下、**図6**に示した「耘田器」に見られる使用痕の特徴①～⑦にしたがって、この石器の機能について見ていく。

①微小光沢面の特徴から、イネ科等の草本植物の切断に用いられたと推定される。②非常に広範囲に光沢面が分布しており、器面に植物を押さえつけるような使用方法が想定される。この場合、光沢面が強く発達している主面左側から中央部にかけて対象物と強く接触したことがうかがえる。⑤刃縁の線状痕と彗星状ピットは、刃を側縁に向かって平行に操作したことを示している。⑥ただし、刃縁より奥では斜行する線状痕も見られ、この方向に沿った運動も想定されるなど、実際の操作方法はより複雑なものである。③両面とも同様な光沢分布の偏りが見られることから、表裏を入れ替えて使用されたようである。この場合、左右の刃部はそれぞれ独立した刃部として機能していたことになる。④背部の非光沢部は直接石器の操作と関係するものではないが、柄や紐などが装着されていたことを示唆する。⑦刃縁で光沢面が微弱なのは、刃部の研ぎ直しによるものである。

註2　中国南部および東南アジアの収穫具の使用方法については、次のような記録・記述がある。中国の瑶族の収穫具(**図7-2**)：「把手を薬指と中指と人差し指で握り、小指を刃の下にあてがい手中に固定する。上面にそろえた三本の指と親指を動かして稲穂をつかみ、刃部を上方にはねあげる」(中原1988：10頁)。ヴェトナムのタイー族のレプ(**図7-1**)：「本体に交差している竹を親指と人差指、そして小指で固定し、木製本体（刃）部を中指と薬指の間に挟んで…（筆者略）…中指と薬指で稲穂を捉え、手首を外側に反らせる動作によって稲穂を刈り取る」（栗島2002：76～77頁）。ブルネイのイバン族の収穫具(**図7-5**)：「中指と薬指の間に台部

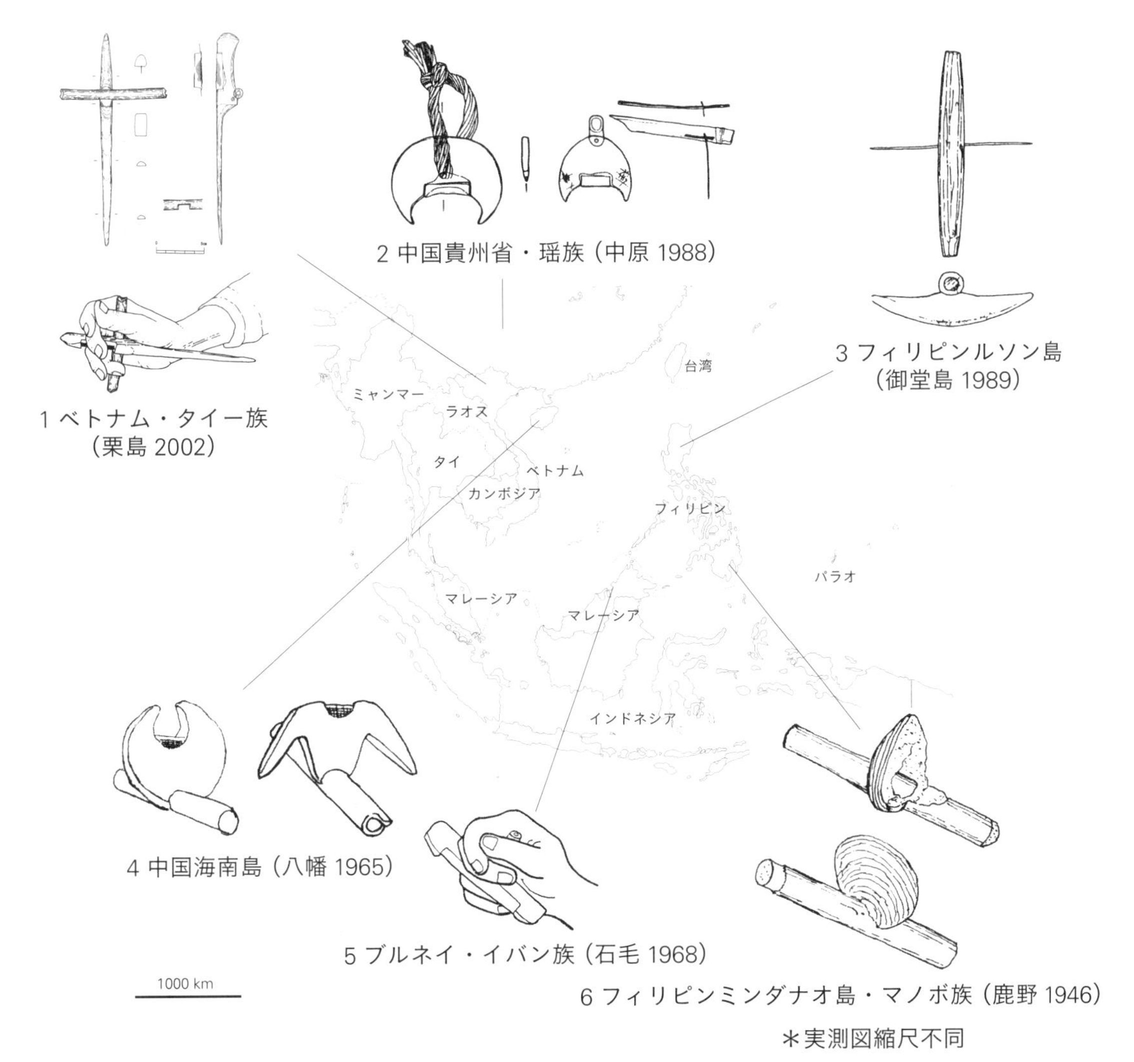

図7　東南アジアの収穫具と使用方法

がはさまるように柄を握る。すなわち、台部上面には、親指、人差指、中指が、台部下面には、薬指、小指がくるように柄部を握る。台部上面に持ちそえられた三指をうごかして、稲穂をつかみ、穂の直下の稈の部分に刃をあてて、刃部を上方にはねあげる動作で稲穂を摘む。」(石毛1968a：132頁)。

耘田器の具体的な使用方法を検討するうえで参考になったのが、現在の中国南部から東南アジアにかけて見られる穫具の「押し切り」による使用方法である(**図7**)。民族資料に見られる記述を参考にすると、「石器を指と指のあいだに挟んで保持し、刃の上面の指で穂をつかみ、手首を外側に反らし刃を押し出す動作で穂を切断する」という操作方法が推定できる[註2]。

この操作方法を検証するために、復元石器を用いたイネの収穫実験を行い、使用痕の形成過程を検討した(**図8**)。実験は、「押し切り」に基づく想定(実験1・

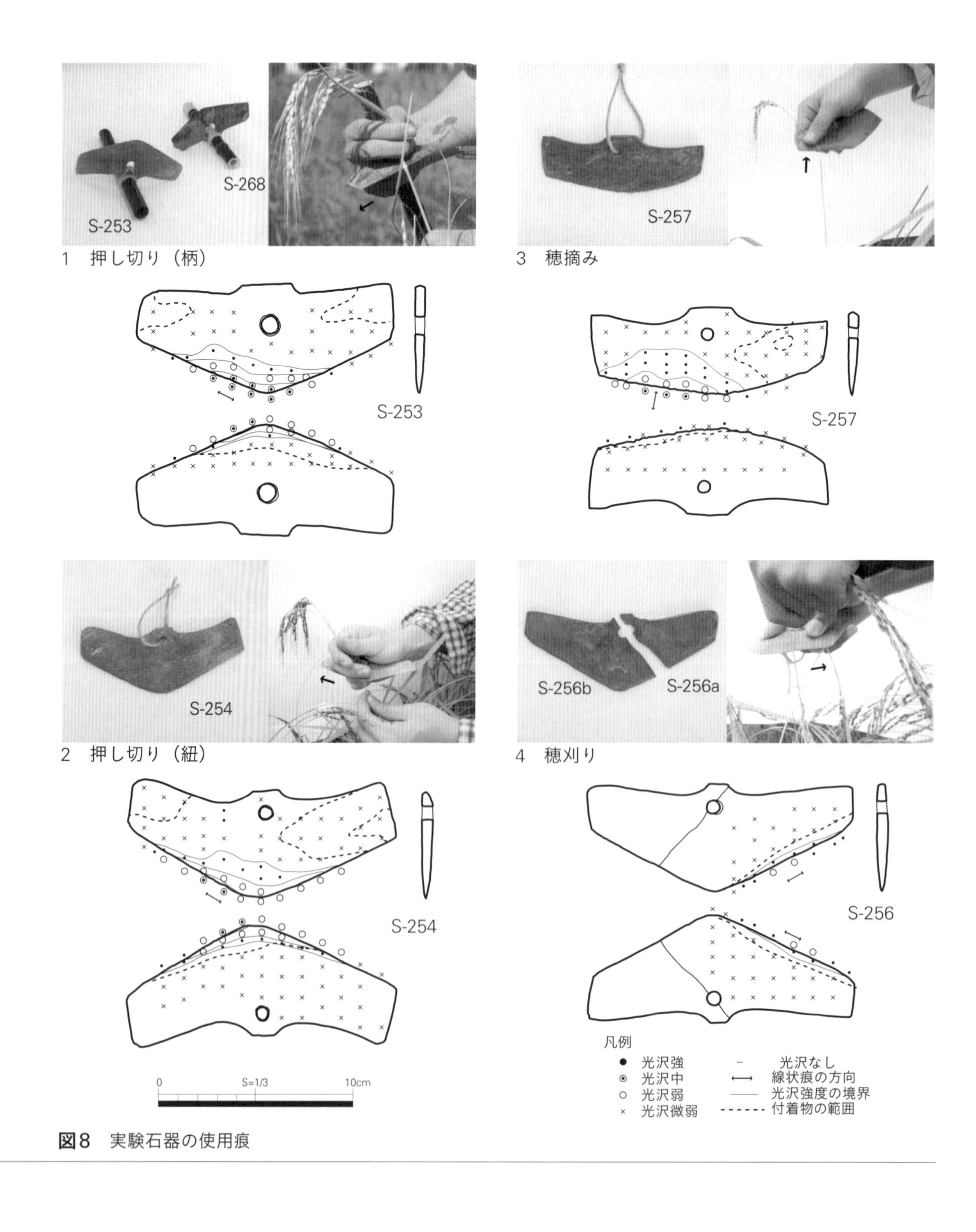

図8 実験石器の使用痕

2)と、後述する石刀と同じような「穂摘み」による操作(実験3)、鎌のように引き切る動作(実験4)により、イネの穂首を刈り取る作業を行った。実際に形成された使用痕および付着物から想定される分布範囲の比較から、押し切りによる実験1・2が、耘田器の操作方法として妥当であることが確認された。

3-2　有柄石刀

良渚文化には、有柄石刀といわれる柄のような突出部を持つ小形の刃器も見られる。従来、この石器は多用途なナイフのような道具と見られてきたが、使用痕分析の結果、草本植物の使用痕が検出されている(**図9**)。刃部を外側に平行に操作すること、柄部には茎を押さえつけたと見られる使用痕が分布することから、「耘田器」と同じように「押し切り」による操作が行われていることがわかった(原田2013)。有柄石刀といってもその形態は多様で、なかには明確な柄部を持たない刃器なども含まれる。その多くは「耘田器」と関連する何らかの収穫具である可能性が高い。

3-3　石鎌の使用痕

長江下流域では、「耘田器」が収穫具として認識されるまでは、石鎌が主要な収穫具と考えられてきた。石鎌は、「耘田器」より数は少ないが、崧沢文化には石器構成に加わっている。槙林啓介は、鈍角鎌が新石器時代前期黄河中流域に出現し、新石器時代後期に長江下流域に直角鎌が出現し各地に広がっていくこと、新石器時代後期には穂摘具＋直角鎌という収穫具の組み合わせが栽培作物の違いを越え黄河流域と長江流域で定着することを指摘している(槙林2013)。このように、耘田器と石鎌はその出現初期から共伴していたと見られるが、その機能的な違いは何であるのか検討する。

崧沢文化から良渚文化にかけての石鎌は、刃部長20cm以上の比較的大型のものが目立つ。ホルンフェルス、粘板岩などの扁平な石材を加工して作られ、背部および基部の縁辺には、整形加工時の剥離痕を残すものも多い。刃部は内湾刃で、直線刃に近いものもある。断面形は両刃と片刃があるが、大型品では片刃が多く、その場合右主面側に刃面がつけられているのが一般的である。

石鎌の使用痕分析では、**図10**のような特徴①～⑥が明らかになった(原田2014)。

これらの特徴から、石鎌の機能は、②刃部を平行に操作し、①イネ科等の草本植物を切断したも

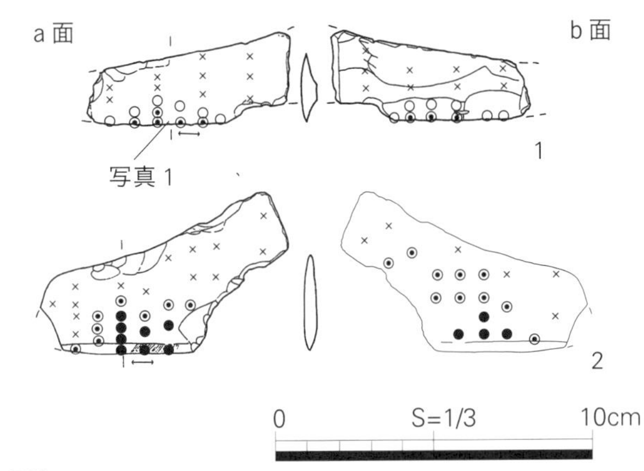

凡例
● 光沢強　－ 不明・観察不能
◉ 光沢中　⟷ 線状痕の方向
○ 光沢弱　── 光沢強度の境界
× 光沢なし

1・2　寺前村遺跡

写真1

有柄石刀の使用痕の特徴
① 観察された光沢面は、Bタイプが主で、発達したところではAタイプに近いものも見られる。
② 光沢面は刃縁で発達しているが、刃部から内側の主面から柄部にかけても広く分布している。
③ 使用痕は両面とも認められ、表裏の分布は、刃縁を挟んで線対称の関係にある。
④ 刃縁の光沢面で観察される線状痕は、刃と平行ないしは若干斜行するものが多い。
⑤ 刃面で光沢の発達が弱いまたはほとんど見られないものがある。

図9　有柄石刀の使用痕

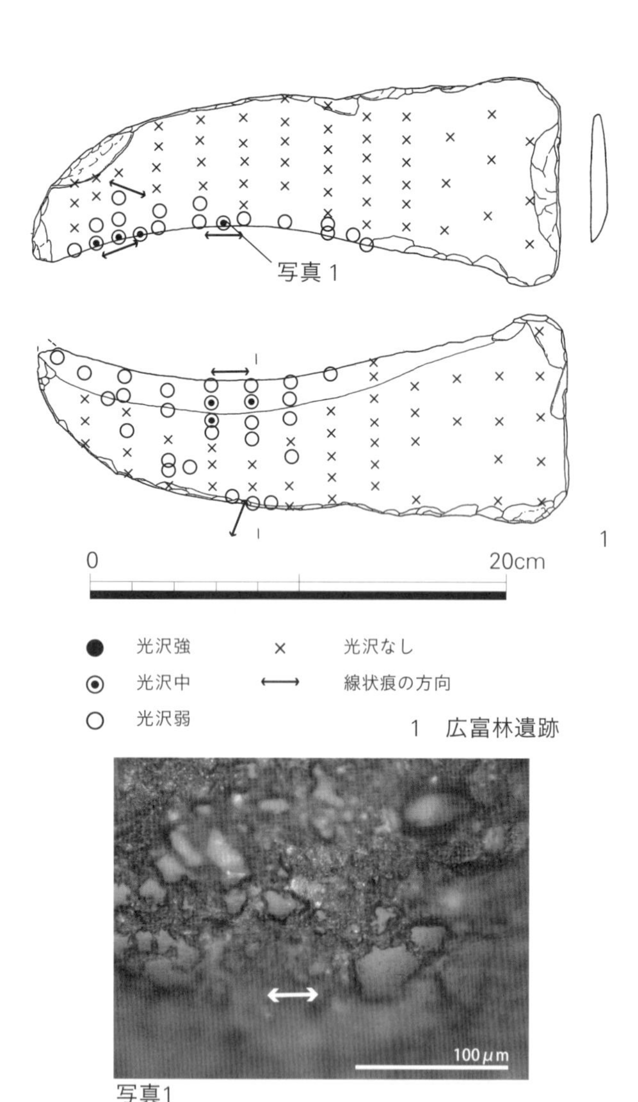

石鎌の使用痕の特徴

① 微小光沢面は点状に発達したBタイプが主で、稀に面的に広がるAタイプに近いものがある。
② 刃縁で観察される線状痕は、刃部と平行するものが主である。
③ 線状痕は、背部や先端に近い部分では、斜行するものも見られる。
④ 相対的にb面のほうがa面よりも光沢強度が強く、光沢の分布範囲も広い。
⑤ 刃部では光沢面の発達が他に比べ弱い場合がある。特にb面の刃面でこの傾向が強い。
⑥ 基部は基本的には光沢面の非分布域となっている。

図10 石鎌の使用痕

のと推定される。③背部や先端部で斜行する線状痕が見られるのは、刃部で切断された植物が背部側に斜めにぬけていく軌跡を表しており、基部側に引き切る運動方向と一致する。⑤刃部の非光沢部は刃の研ぎ直しによるもので、主に刃面に対して研ぎ直しが行われていたことがわかる。また、⑥基部付近は柄に装着されていたため、この部分には基本的に光沢面は分布しない。

a面とb面(刃面側)で光沢強度と分布範囲に差があるのは、作業対象物との接触頻度が両主面で異なっていたことを示している。この分布の差を検証するために、復元した石鎌を用いて、イネの切断部位をかえることで、対象物との接触範囲にどのような違いが生じるのか実験を行った(**図11**)。その結果、石鎌を地面に対し水平に使用すると、植物が密集する下面側でより接触頻度が高くなることがわかった(特徴④)。また、接触範囲が狭い穂首よりも、茎の中位や根元など、作業対象に厚みがある部位での作業のほうが、上面・下面の分布差は顕著になる傾向が見られた。つまり、良渚文化の石鎌は右手で保持され、刃面のあるb面を下にして、茎の根刈りや高刈りに使用されたと推定される。

このような検討から、「耘田器」など穂首を刈るための収穫具と、それよりも下位の部分を刈り取る石鎌により、収穫作業や農作業に何らかの役割分担が行われていたと見ることができる。

3-4 「押し切り」から「穂摘み」へ

これまで見てきたように、崧沢文化・良渚文化では、「押し切り」による収穫が行われていたことがわかってきた。操作方法の仮説を立てる際に参考にしたように、この収穫具の操作方法は、現在も中国南部から東南アジアにかけて広く見られるが、その歴史的な起源や背景についてはわからないことが多い。そもそもこの操作方法のルーツが、新石器時代の長江下流域にあり、そこから南へと拡散していったことも想定できないだろうか[註3]。

ところで、良渚文化が衰退した後、銭山漾文化あるいは広富林文とされる時期になると、それまでの「耘田器」型の収穫具は衰退し、かわりに**図12**のような半月形の石刀が見られるようになる。背部寄りに1ないし2個の孔を持ち、刃部は片刃のものが多い。

おそらく日本の研究者には、この石刀のような石器のほうが、収穫具としてはなじみが深いものだろう。石刀(日本では石庖丁と称される)は、もともと中国北

註3 東南中国沿岸地域や華南地域には、良渚文化系の遺物が伝播していることが指摘されている(後藤1996)。残念ながらこのなかに耘田器等の収穫具は見あたらないが、今後関連する資料にも注意しておく必要があるかもしれない。

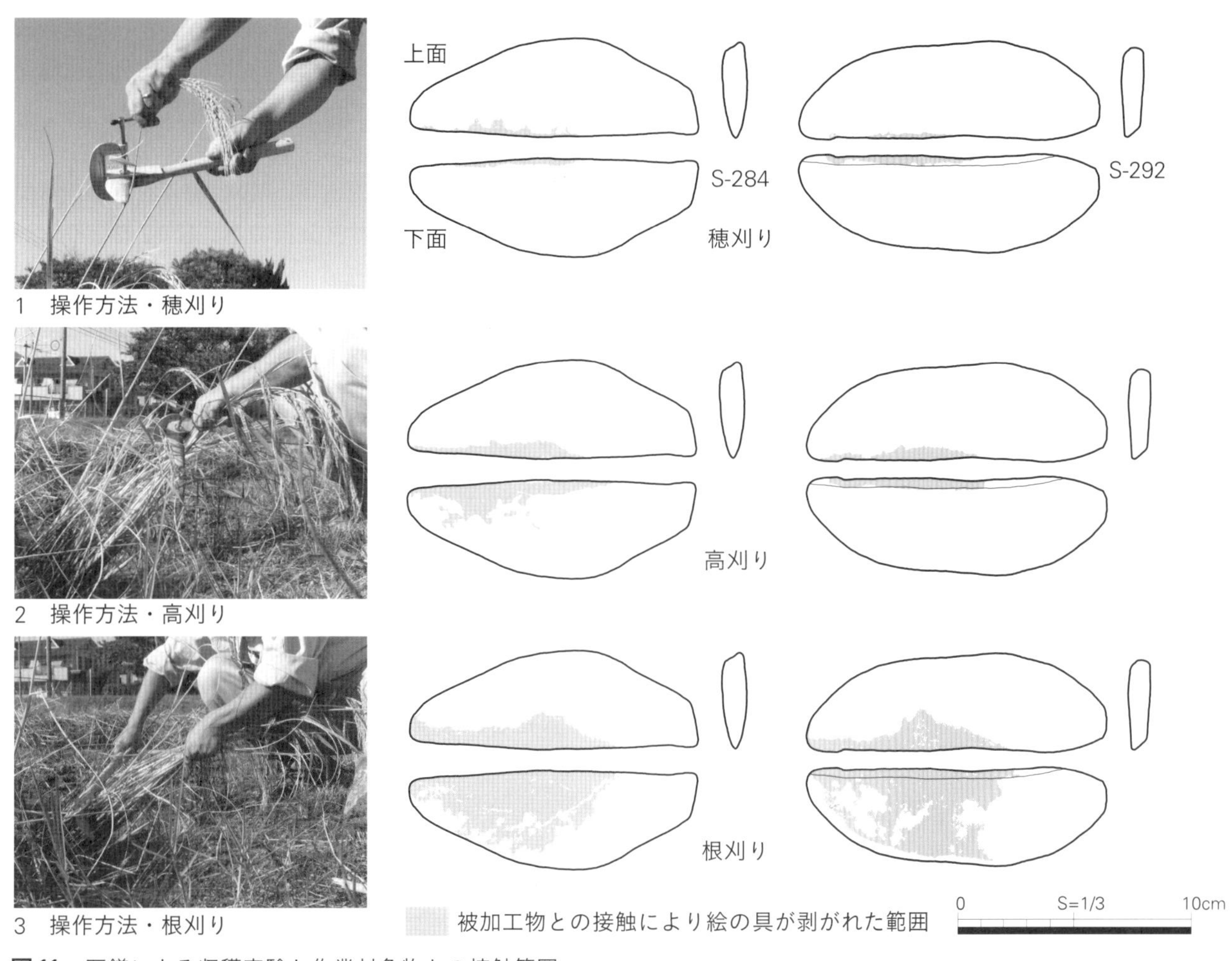

図11 石鎌による収穫実験と作業対象物との接触範囲

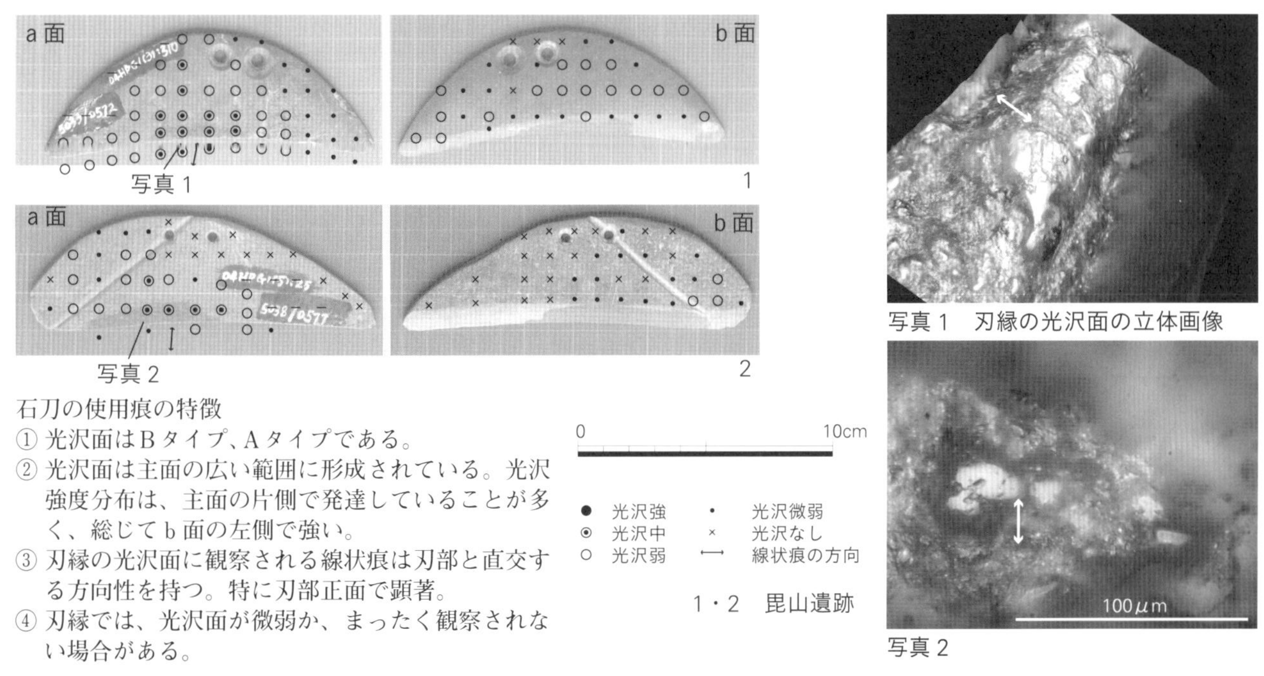

石刀の使用痕の特徴

① 光沢面はBタイプ、Aタイプである。
② 光沢面は主面の広い範囲に形成されている。光沢強度分布は、主面の片側で発達していることが多く、総じてb面の左側で強い。
③ 刃縁の光沢面に観察される線状痕は刃部と直交する方向性を持つ。特に刃部正面で顕著。
④ 刃縁では、光沢面が微弱か、まったく観察されない場合がある。

図12 石刀の使用痕

部の黄河流域の畑作地帯で出現、発展した石器と考えられている。新石器時代後期以降、その分布範囲を広げ、青銅器時代には朝鮮半島を経て、日本列島にまで普及している。長江下流域には、新石器時代の末期から青銅器時代にかけて、耘田器と置きかわるように普及してきたものである。

ここで問題となるのは、石刀の操作方法が、耘田器の「押し切り」とは大きく異なっている点である。長江下流域の石刀の使用痕分析では、**図12**のような特徴が見られた。

石刀の使用方法は、b面が表、a面(刃面側)が裏になるように右手で保持され、親指と手の平で器面に茎を押さえつけ、手首を内側にひねるように動かすことで、刃部と直交方向に摘み取るように切断する、というものである。この操作方法をいわゆる「穂摘み」とする。「押し切り」と「穂摘み」では、手首の動かし方がまったく逆になっているのが、大きな違いである[註4]。

「耘田器」から石刀への変化は、石器の形の違いだけではなく、収穫具としての道具使用にかかわる身体技法の面でも大きな変化であったことになる(**図13**)。

註4 日本では、「穂摘み」による収穫を民具のなかに見ることができる。会津地方のコウガイ(佐々木1985)、五島列島の収穫具(小田1973、立平1986)、あるいはアイヌの伝統的な収穫具など、主に雑穀の収穫具として残されてきたものである。

4. 耕起具か除草具か

4-1 破土器と石犂

長江下流域の石器をとりあげるとき、もう2つ特徴的な石器を忘れるわけにはいかない。それは「破土器」と「石犂」の存在である。

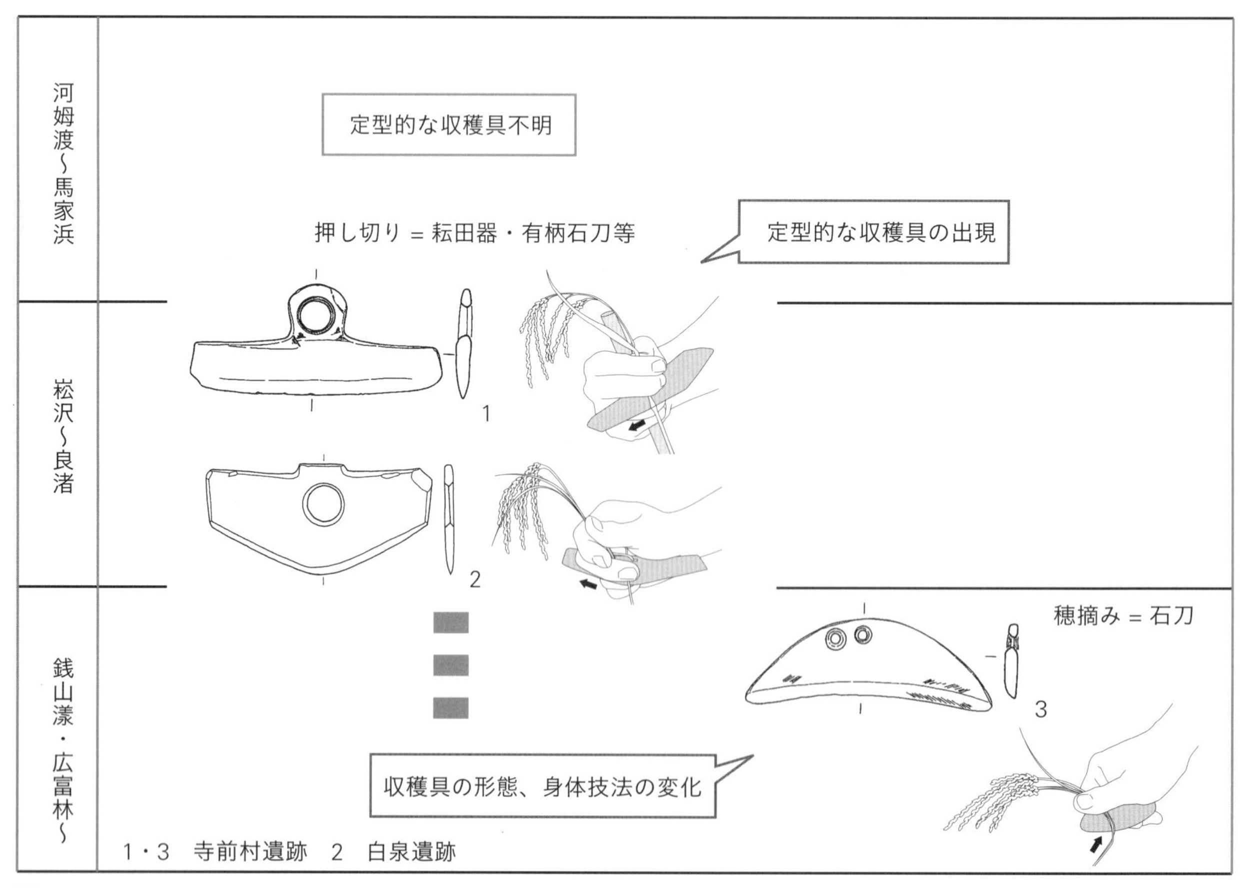

図13 長江下流域における収穫具の変遷

破土器は、平面形は三角形を呈し、一辺に刃部を有する。刃部の反対側に長側辺を延長させた突出部をつけるもの、短側辺に抉りを入れるもの、器面に1ないし数個の孔を穿つものなど、形態的なバリエーションがある。大型品が多く、なかには50 cmを超える特大のものもある。刃部は片刃で、比較的鋭く研ぎ出されている。刃面を表とした場合、左斜辺に三角形の長側辺がくるのが通有の形態である。

石犁は、平面形は二等辺三角形を呈し、2辺に刃部を有する。器面に1から数個の孔が穿たれている。刃部は片刃で、刃面には研磨による擦痕が顕著に見られる。大形の石器で、50 cmを超える特大のものも見られる。

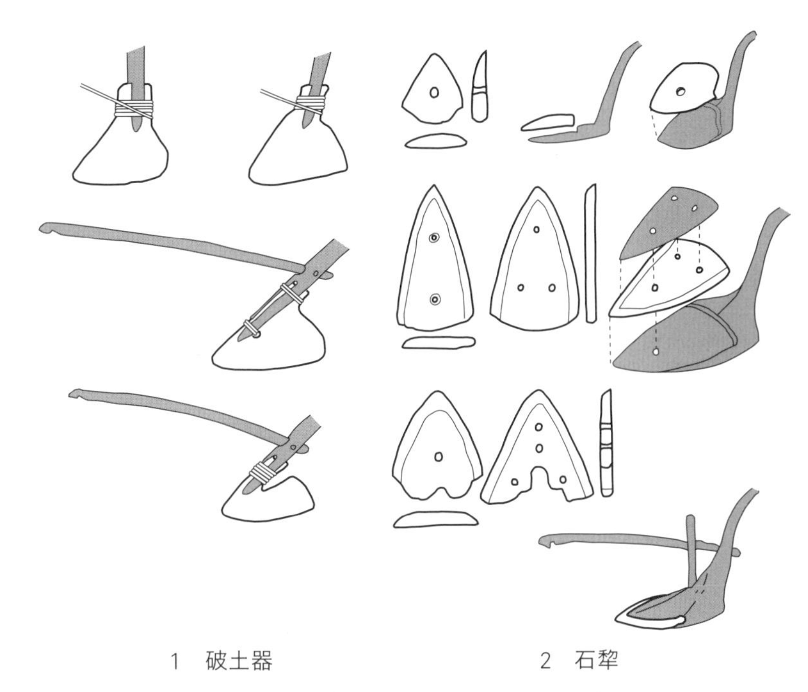

図14　破土器・石犁の復元(牟・宋1981を再トレース)

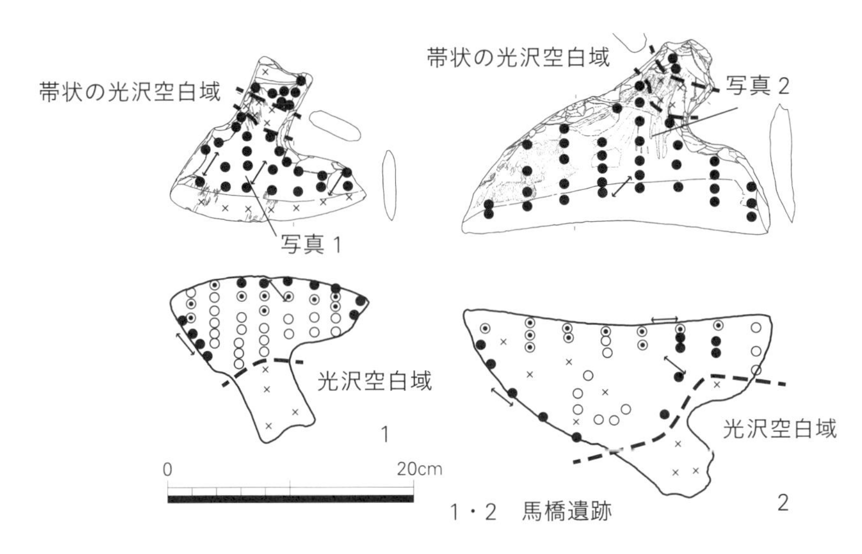

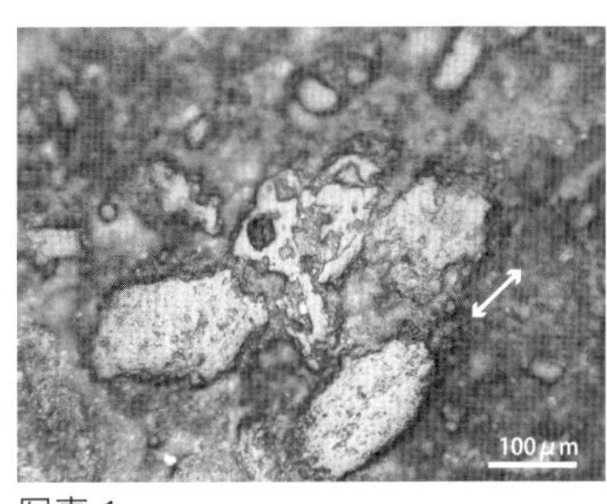

写真 1

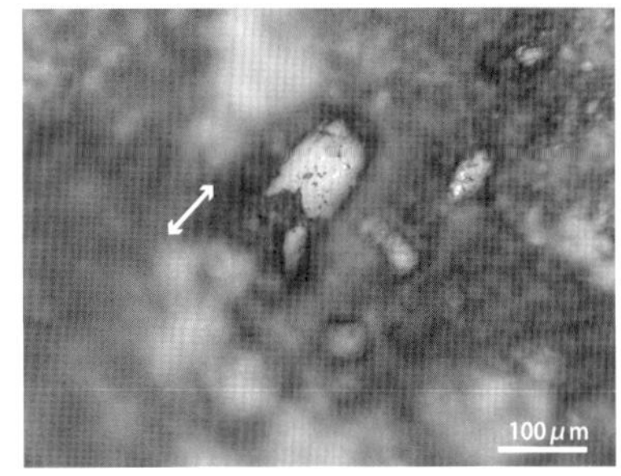

写真 2

凡例
- ● 光沢強
- ⊙ 光沢中
- ○ 光沢弱
- × 光沢なし
- － 不明・観察不能
- ⟷ 線状痕の方向
- - - - 光沢強度の境界

破土器の使用痕の特徴

① 観察された光沢は、A・Bタイプを主体とする。
② 使用痕は表裏両面のほぼ全域に分布している。
③ 光沢の発達方向および線状痕の方向は、刃縁で平行するものが見られるものの、ほとんどは刃部と斜行する。この方向は表裏とも長側辺と平行する関係にある。
④ 光沢表面の粗さが表裏面で異なる場合がある。表面（刃面側）では比較的滑らかな光沢が見られるが、裏面（平坦面側）では光沢表面が荒れたものが多く、傷状の線状痕を伴うものもある。
⑤ 柄部に光沢の空白域が認められることがある。表面では横方向の帯状に、裏面では全体に空白域が広がっている例が多い。
⑥ 刃面では研磨による擦痕が顕著で、光沢が微弱か観察されないことが多い。
⑦ 側縁の摩耗部の顕微鏡観察では、比較的深くストロークの長い直線的な線状痕が多く見られる。この部分には発達したB・Aタイプの光沢が顕著である。

図15　破土器の使用痕

これらの石器は、耕作地を耕す耕起具としての用途が想定されてきた(**図14**)。特に石犂は、牽引して使用する犂の刃先であるというのがほぼ定説となっている[註5]。ところが、使用痕分析の結果は、いずれも草本植物との関係を示唆するもので、従来の耕起具として想定されてきた使用方法とは大きな齟齬を生じることになった(原田2014, 2015)。

註5 破土器や石犂を耕起具とする説に反対する意見もある。破土器について、梶山勝は、オシガマなどの日本の農具を参考に、畦の側面に生えた雑草を削り落とす除草具ではないかとし、畑作との関係を想定している(梶山1989)。石犂については、力学的な観点から牽引力、犂床等の構造的な問題から、大型、小型のものを犂とすることに疑問が呈されている(季1987)。ただし、これらの意見も、民具や形態から間接的に疑問を呈することはできても、機能推定に関する決め手を欠いていたといえる。

4-2 破土器の使用痕

使用痕分析によって明らかになった破土器の使用痕の特徴は、**図15**の①〜⑦のとおりである(原田2014)。

①使用痕の形成には、イネ科等の草本植物が関係している。②使用痕の分布範囲が広いことから、植物がかなり密集した場所で使用され、石器の運動範囲も大きなことが推測される。⑤光沢の空白域は、この部分だけ作業対象物との接触を妨げられたことによるものである。つまり、石器は着柄して使用されたと見られ、裏面に柄をあてがい表面にかけて紐状のもので緊縛していたと推定される。③石器の操作方向はこの柄の方向(長側辺)と平行し、対象物に対し刃は斜めに接触している。④表面と裏面の光沢表面の違いは、面の使い分けがはっきりしていたことを示している。裏面の光沢表面の荒れは土の混入による可能性が高く、裏面を地面の側に向けて地表に近い部分で使われたと考えられる。⑥刃面はたびたび研ぎ直しを受け、この部分では光沢は弱くなっている。

以上の観察所見から、破土器は溝切りや耕起の道具というよりは、草本植物を伐採する除草具のような性格を持った石器と考えられる。筆者は、破土器を想定した復元石器により、水田土壌およびシルト土壌での開削実験、水田での除草実験を行い、上記の破土器の使用法が妥当なものであることを確認した(原田2014)。

4-3 石犂の使用痕

石犂については、**図16**の①〜⑤のような使用痕の特徴が明らかになった。

①B・Aタイプの光沢が検出されたことで、主たる作業対象物がイネ科等の草本植物と推定される。ただし、部分的(特に先端部)に荒れたXタイプに類似した光沢も見られることから、土と接触するような状況も想定される。石器の操作方法については、⑤両刃部とも観察される線状痕が平行であることから、両刃部の交わる頂点を先端とし、2つの刃を使って切断されたものと考えられる。③④のような光沢分布範囲の違いは、柄や器具への装着と関係する可能性がある。表面では広く使用痕が分布することから、石器の器面がむきだしの状態で対象物と接触していたものと見られる。一方、裏面では刃縁以外はほとんど使用痕が認められず、この面が柄などに接していたものと考えられる。

また、近年石犂を犂とする想定に基づいた牽引による耕起実験が行われている(小柳編2017)。筆者は、牽引実験によって生じた実験石器の使用痕を観察し、出土した考古資料の石犂の使用痕と比較した(原田2018)。この分析では、牽引による耕起実験では、先端部の規模の大きな摩滅、摩滅面を覆う鈍い光沢と部分的に点状に発達した光沢面(光沢表面は微細な凸凹を持ち光沢面の輪郭も若干不鮮明)、石器進行方向に沿って発達する線状痕といった(**図17**)、考古資料の石犂とは異なる使用痕の特徴を確認した。この点からも、「石犂」を耕起具とすることはできない。

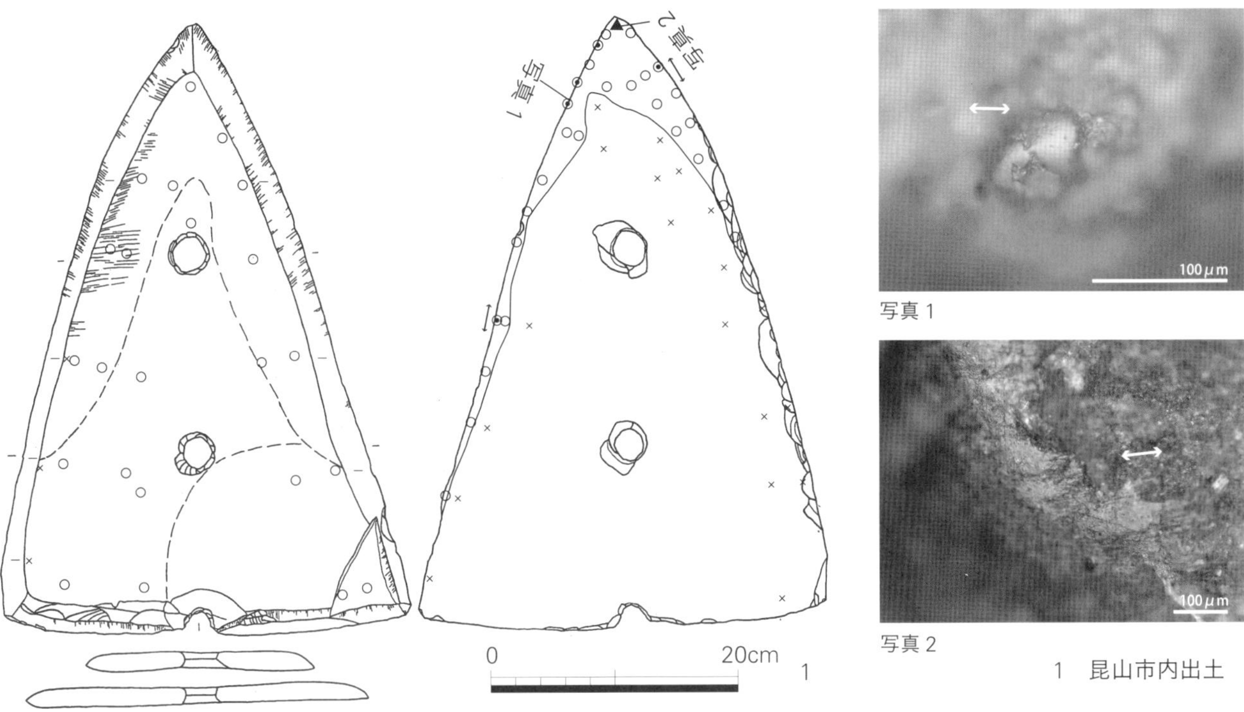

凡例
- ● 光沢強
- ◎ 光沢中
- ○ 光沢弱
- ・ 光沢微弱
- ▲ Xタイプ類似光沢
- × 光沢なし
- － 不明・観察不能
- ⟷ 線状痕の方向
- ── 光沢強度の境界

＊写真番号およびキャプションの向きは
使用痕顕微鏡写真に対応

石犂の使用痕の特徴
① 主に観察される光沢は点状のBタイプで、Aタイプに近い明るく滑らかな光沢も見られる。
②肉眼で観察される摩滅痕に対応して、Xタイプに類似する光沢が認められることもある。(この場合もB・Aタイプの光沢が観察されている)
③ 表面（刃面側）では、刃部だけでなく器面の広い範囲に光沢が分布している。
④ 裏面の光沢の分布範囲は刃縁に沿った比較的狭い範囲に限定される。
⑤ 刃縁で観察される線状痕は、刃部と平行する。

図16　石犂の使用痕

1　トラクターによる牽引

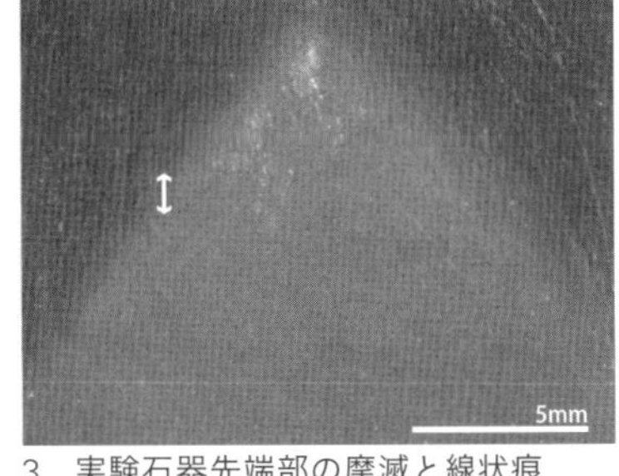

3　実験石器先端部の摩滅と線状痕

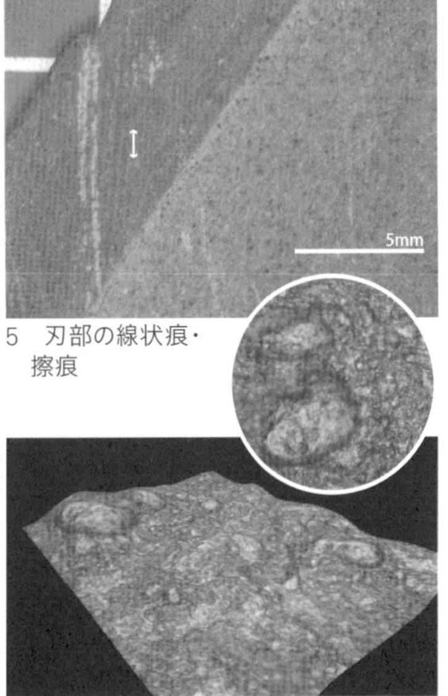

5　刃部の線状痕・擦痕

2　石犂装着状況

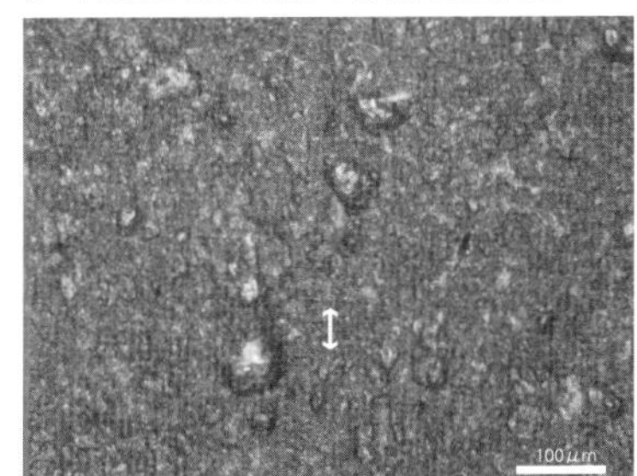

4　実験石器先端部の微小光沢面

6　刃部の微小光沢面と立体画像

図17　牽引による耕起実験と使用痕

4-4 除草具としての評価

使用痕分析の所見からは、破土器、石犂とも従来から想定されてきた耕起具としての役割について否定的な見解を述べることになった。なお、耕起具として否定的な意見は、やはり使用痕分析を行った劉莉からも提起されている（劉他2013、2015）。その主機能が耕起具でないとすると、破土器や石犂といった特徴的な石器は、どのような役割を担った道具だったのだろうか。

筆者の分析では、両石器とも草本植物に関係する光沢面を検出しており、植物の切断が石器の主要な機能であることは疑いない。この結果については、土中に含まれるイネ等の作物の一部が接触して形成されたものではないかという指摘も聞いている。土中に含まれる植物が使用痕の形成に影響を与えることをまったく否定することはできないが、考古資料のように石器のほぼ全面にわたって形成される状況は想定しにくい。やはり、メインの作業対象物は、草本植物そのものだったと考えたい。

破土器の器面には、刃部だけでなくほぼ全面にわたって草本植物と関係する光沢面が形成されていること、下面と見られるb面側に土との接触を示唆する光沢面の荒れが顕著なことなど、使用痕の観察結果は、除草具としての機能を支持している（**図18-1**）。石犂については、刃縁だけでなくa面の広い範囲に植物に関係する使用痕が観察されること、土との接触を示唆する使用痕は先端部に限定されることなどから、土を深く掘り起こす作業ではなく、草本植物を根元で処理するような作業を想定したほうが使用痕の状況を合理的に理解できる（**図18-2**）。また、破土器、石犂ともその大きさと重量が石器の機能上大きな意味を持っていたと見られ、この点からも残稈処理や中耕除草のような耕作地を維持管理するような作業ではなく、密集した草本植物を根元で切断あるいは薙ぎ倒すように用いられ、耕作地を切り開くような規模の大きな作業が想定される。

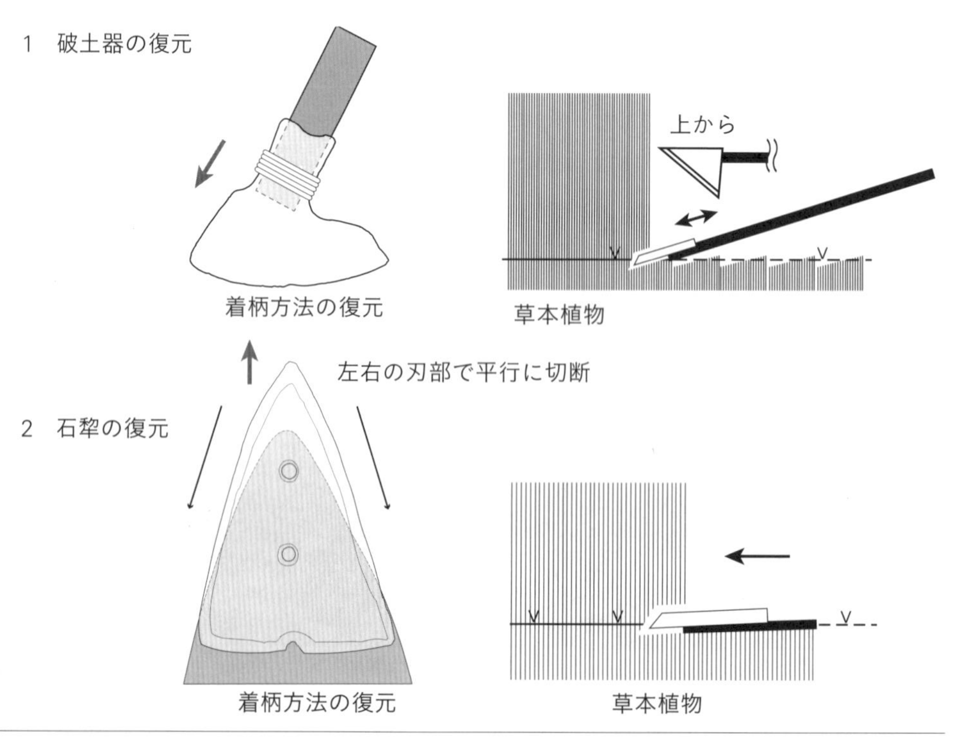

図18 使用痕から見た破土器・石犂の復元

新石器時代後期長江下流域における破土器、石犂の発達は、従来考えられてきた犂耕の出現を傍証するものではなく、長江下流域の広大な低湿地を耕作地として積極的に利用・開発し、経済的基盤となる稲作の生産力の維持・拡大がはかれていたことを示す事象として、あらためて評価する必要がある。

5. まとめ

収穫関連石器や耕起具の分析では、草本植物や土といった比較的発達が顕著で識別が容易な使用痕が観察対象となる。これらの使用痕は、摩滅、微小光沢面といった痕跡が比較的広範囲に形成され、線状痕等付属的な属性の観察にも有利である。このようなことから、作業対象物だけでなく、着柄や保持の仕方、石器の運動方向など操作方法に関しても多くの情報を取得することができる。これは道具としての構造を復元し、農具としての石器の役割を評価するうえで、非常に重要なことである。

長江下流域の特徴的な石器の分析では、これまで諸説あった石器の機能・用途について、使用痕分析に基づく一定の評価を与えることができた。その結果は必ずしも、従来の説、多数派の説を肯定するものとはならなかったが、この地域の稲作農耕の実態を解明するうえできわめて重要な問題である。

使用方法を含む農具等道具類の定型化は、農耕技術の発達・定着をはかる一定の目安となり、農耕をめぐる社会的な発展・複雑化とも無関係ではない。ここで検討した崧沢文化から良渚文化の時期の石器は、器種として定型化しているだけでなく、その使用方法についてもきわめて定型的な使用パターンを持ち、特定の機能・用途に特化したものと考えられる。この時期は、稲作農耕が食料生産の主要な位置を占めるだけでなく、集落、墓葬、玉器の発達といった社会面においても拡大期にあたり、道具の定型化および特定機能への特化は、このような社会的状況と関連したものと考えられる。

収穫具には、2つの異なる形態と身体技法があったことが明らかになった。「耘田器」および有柄石刀の一部は、「押し切り」による操作が想定され、時期は異なるが石刀には、「穂摘み」による操作が想定される。身体技法という視点は、これまで考古学的な考察ではあまり意識されてこなかった視点であるが、農具としての歴史的な連続性を考えるうえでの新たな研究課題として提起したい。

破土器、石犂は、これまで耕起作業に関する石器と考えられ、中国における犂耕の起源に相当する石製農具として評価されてきたが、本分析ではこれを否定し、除草具とする仮説を提起した。破土器、石犂に想定した作業は、収穫後の残稈処理や中耕除草のようなものではなく、低湿地に繁茂した草本植物を除去し耕作地を切り開くような伐開的な作業である。この点では、土壌そのものを攪拌するような耕起作業ではないにしても、耕作地の拡大を意図した低地開発のための道具としての性格が考えられる。この仮説の実証には、耕作地の特定とその微地形的な分析、土壌、植物など、耕作地の環境を復元する研究が不可欠である。また、使用痕の検証には、より具体的な作業、環境に即した使用実験と使用痕形成過程を明らかにすることが課題となる。

石器の使用痕をとおして描き出してきた長江下流域の農耕の姿は、従来想定されてきたものとは、大きく異なるものであった。分析で提起した問題については、肯定的な意見、否定的な意見を含め、さまざまな反応があるが、農耕技術の解明という点では、議論の緒についたばかりである。現在「総合稲作文明学」の名の下に多くの研究者がそれぞれの課題に取り組んでおり、今後の理論構築に向けて、本分析がいくらかでも寄与できることを願っている。

参考文献

・阿子島香 1989『考古学ライブラリー 56 石器の使用痕分析』初版, 東京：ニュー・サイエンス社.
・安志敏 1955「中国古代的石刀」『考古学報』第10冊 科学出版社：27–51.
・石毛直道 1968a「日本稲作の系譜（上）－稲の収穫法－」『史林』第51巻第5号：史学研究会：130–150.
・石毛直道 1968b「日本稲作の系譜（下）－石庖丁について－」『史林』第51巻第6号：史学研究会：96–127.
・小田富士雄 1973「貝庖丁と鉄庖丁－五島列島民具探訪録－」『考古学論叢』1：別府大学考古学研究会：95–99.
・梶山勝 1989「長江下流 域新石器時代の稲作と畑作に関する一試論」『古文化談叢』第20集（下）：九州古文化研究会：179–232.
・季曙行 1987「“石犁”弁析」『農業考古』1987年第2期：江西省社会科学院：155–170.
・紀仲慶 1983「略論古代石器的用途和定名問題」『南京博物院集刊』6：南京博物院：8–15.
・栗島義明 2002「ヴェトナム北部タイー族の穂摘具」『埼玉県立博物館紀要』27：埼玉県立博物館：72–78.
・後藤雅彦 1996「良渚文化と東南中国の新石器文化」『日中文化研究』第11号：勉誠社：30–49.
・小柳美樹 2017『中国新石器時代崧澤文化期における稲作農耕の実態研究』：金沢大学国際文化資源学研究センター.
・佐々木長生 1985「奥会津のコウガイ」森浩一編『日本民俗文化体系14技術と民族（下）』（森浩一編），普及版初版，東京：小学館：174–175.
・鹿野忠雄 1946「マノボ族の介製稲穂摘具－東南亜細亜の介製穂摘具と石庖丁との関係－」『東南亜細亜民族学先史学研究』第1巻：矢島書房：307–312.
・須藤隆・阿子島香 1985「東北地方の石包丁」『日本考古学協会第51回総会研究発表要旨』：日本考古学協会：19.
・浙江省文物考古研究所 2003『河姆渡－新石器時代遺址考古発掘報告』北京：文物出版社.
・立平進 1986「五島の穂摘具」森浩一編『日本民俗文化体系14技術と民族（下）』：小学館：178–179.
・中原律子 1988「中国瑶族の農耕具」『民具マンスリー』21巻1号：神奈川大学日本常民文化研究所：1–13.
・中村慎一 2004「良渚文化石器の分類」（『金沢大学考古学研究紀要』：金沢大学文学部考古学講座：131–137.
・中村慎一編 2010『浙江省余姚田螺山遺跡の学際的総合調査』：金沢大学国際文化資源学研究センター.
・中村慎一編 2015『良渚遺跡群の研究』：金沢大学国際文化資源学研究センター.
・原田幹 2011「『耘田器』の使用痕分析－良渚文化における石製農具の機能－」『古代文化』第63巻第Ⅰ号：財団法人古代学協会：65–85.
・原田幹 2013「有柄石刀の使用痕分析－良渚文化における石製農具の機能（2）－」『人間社会環境研究』第25号：金沢大学大学院人間社会環境研究科：177–188.
・原田幹 2013「『耘田器』から石刀へ－長江下流域における石製収穫具の使用方法－」『金沢大学考古学紀要』第34号：金沢大学人文学類考古学研究室：1–9.
・原田幹 2014「石鎌の使用痕分析－良渚文化における石製農具の機能（3）－」『金沢大学考古学紀要』第34号：金沢大学人文学類考古学研究室：1–9.
・原田幹 2014「『破土器』の使用痕分析－良渚文化における石製農具の機能（4）－」『日本考古学』第38号：日本考古学協会：1–17.
・原田幹 2015「『石犂』の使用痕分析－良渚文化における石製農具の機能（5）－」『日本考古学』第39号：日本考古学協会：1–16.
・原田幹 2017『東アジアにおける石製農具の使用痕研究』東京：六一書房.
・原田幹 2018「実験石犂の使用痕分析―牽引実験と考古資料との使用痕の比較―」『金沢大学考古学紀要』第39号：金沢大学人文学類考古学研究室：45–60.
・槙林啓介 2013「長江流域における栽培技術体系の多元的展開―収穫具の分析を中心として―」『平成25年度瀬戸内海考古学研究会第3回公開大会予稿集』：瀬戸内海考古学研究会：81–90.
・槙林啓介 2016「稲作出現地とその周辺部への伝播の様相―長江流域を例として―」『平成28年度瀬戸内海考古学研究会第6回公開大会予稿集』：瀬戸内海考古学研究会：1–10.
・御堂島正 1989「抉入打製石庖丁の使用法－南信州弥生時代における打製石器の機能－」『古代文化』第41巻第8号：古代学協会：1–15.
・御堂島正 2005『石器使用痕の研究』東京：同成社.
・モース，M.（有地亨・山口俊夫訳） 1971「第六部 身体技法」『社会学と人類学Ⅱ』第4版，東京：弘文堂：121–152.
・八幡一郎 1965「インドシナ半島諸民族の物質文化にみる印度要素と中国要素」『インドシナ研究 東南アジア稲作民族文化綜合調査報告（一）』，横浜：有隣堂出版：161–220.
・牟永抗 1984「浙江新石器時代文化的初歩認識」『中国考古学会第三次年会論文集（1981）』：文物出版社：2–14.
・牟永抗・宋兆麟 1981「江浙的石犁和破土器－試論我国犁耕的起源」『農業考古』1981年第2期：江西省社会科学院：75–84.
・劉斌 1997「良渚文化的冠状飾与耘田器」『文物』1997年第7期：文物出版社：20–27.
・浙江省文物管理委員会 1960「呉興錢山漾遺址第一・二次発掘報告」『考古学報』年第2期 中国科学院考古研究所：73–91.
・劉莉・陳星燦・潘林栄・閔泉・蒋楽平 2013「石器時代長江下遊出土的三角形石器是石犁吗？－昆山遺址出土三角形石器微痕分析」『東南文化』2013年第2期：南京博物院：36–45.
・劉莉・陳星燦・潘林栄・閔泉・蒋楽平 2015「破土器、庖厨刀或铡草刀－长江下游新石器时代及早期青铜时代石器分析之二－」『東南文化』2015年第2期：南京博物院：61–66.

文献史料からさぐる植物と人の関係史：中国・長江下流におけるヒシ利用の歴史

Investigation of human-plant interaction in historial literature: Use of water chestnuts in the lower Yangtze River basin, China

大川裕子　Yuko Okawa

日本女子大学

はじめに

過去の人々が残した記録を歴史研究者は「史料」と呼ぶ。史料からは、過去の植物に関するさまざまな情報を得ることができる。たとえば、公権力の記録である「正史」からは、租税対象となる作物の種類を、「地方志」からは各地域で栽培される植物の種類・呼称を知ることができる。植物の薬用効果や栽培技術を記した技術書の類も多数存在する。また、知識人が旅先や日常生活の周辺で見聞きする植物の状況を、随筆や詩のなかに記録することもあるし、説話のなかに植物にふれた記述が含まれることもある。各時代に記録されたさまざまなジャンルの史料を収集し読み解いていくことで、過去の人々が特定植物をどのように認識し利用していたのかを解き明かすことができるだけでなく、植物と人間との関係性の変化を空間的・時間的な広がりのなかで考察することも可能となるのである。

しかし、史料から得られる情報には偏りがある。たとえば、イネを栽培し上納している農民が、日々コメを口にすることができたのか、コメ以外にどのような栽培植物を食べていたのか、それをどのように調理していたのかということは、庶民の日常生活を描写した史料が少ないために詳細を知ることはできない。歴史史料にはこのような限界性があるが、民俗学や考古植物学などの他分野の視点・成果から学び、これらの分野と連携して研究を進めることにより、植物と人間との関係性全体を見渡すことが可能となるはずである。

本稿では、ヒシという水生植物を具体例にとりあげ、文献史料を用いて、長江下流域の人々がヒシをどのように利用・分類していたのか、さらにヒシ栽培の拡大が人間社会にどのような影響を与えたのかを考察してみたい。

1. ヒシはどのように利用されたか

1-1　分布地域

ヒシ（*Trapa spp.,*）は沼沢地に生じ、葉が水面に浮く1年生の浮葉植物である。アジアやヨーロッパの温暖地区に広く分布し、種子は食用にされる。種子には

略歴
日本女子大学文学研究科史学専攻博士後期課程修了
博士（文学）
日本学術振興会特別研究員を経て、現在日本女子大学学術研究員
専門分野：中国農業史・水利史
主要著作
大川裕子『中国古代の水利と地域開発』（汲古書院、2015年）
史料研究：大澤正昭・村上陽子・酒井駿多・大川裕子「『補農書』（含『沈氏農書』試釈）－現地調査を踏まえて－〈一〉〈二〉」『上智史学』62～63号、2017～2018年）

2刺、4刺、無刺などの多様な形状があり、日本語の「ひしがた」「まきびし」などの語はこのようなヒシの形状に由来している。日本の在来種には2刺のヒシ(*Trapa japonica*)、4刺のオニビシ(*Trapa natanas*)・ヒメビシ(*Trapa incisa*)などがあり、縄文時代前期の福井県・鳥浜貝塚からすでにヒシの出土が確認されている。一方、中国のヒシは大型で、日本ではトウビシと称される。四角菱(*T.quadrispinosa Roxb*)と両角菱(*T.bispinosa Roxb*)の2種類に大別されている(趙1999)。中国のヒシ利用にもやはり長い歴史があり、早期の利用例としては、長江下流の新石器遺跡(河姆渡・馬家濱・銭山漾)からヒシの植物遺体が出土している。特に近年、初期稲作遺跡である浙江省余姚市・田螺山遺跡(5,000～4,500B.C)から大量のヒシが出土し、南方の水辺に暮らす人々の生活とのかかわりが注目されている(**図1**)。当時の田螺山周辺には沼沢が広がり、稲作は始まっているものの人々はイネだけを食べていたわけではなかった。田螺山遺跡からはヒシ以外に大量のドングリ(イチイガシの実)が出土しており、これらの植物がデンプン質として食生活を支えていたことがわかっている。この他、漁猟や狩猟も行われていた。田螺山の食生活は、多様な生業に支えられていたのである(Fuller *et al.* 2009、中村2010、細谷2014)。

それでは、文献史料からはどのようなヒシの情報を得ることができるだろうか。ヒシは、「菱(リン)」「芰(キ)」と表記され、紀元前より記載を確認することができる[註1]。南方での利用を示す史料が多く、春秋時代(BC 6世紀)、楚の屈到という人物はヒシが好物で臨終の際に家老を召して「我を祭る時はヒシを供えよ」(『国語』「楚語」)と指示したという。六朝時代(5世紀末)の医薬家・陶弘景は『神農本草経集注』において、「ヒシは廬江の間(現在の安徽南部～浙江)にもっとも多く、熱して殻を除き中身を食料とする」と述べている。ここからも、南方、特に淮河以南の温暖多湿な地域での栽培・利用が確認できる(**図2**)。また、山東地域での利用を指摘する記載が目立つ。前漢時代(BC1世紀)、地方長官として赴任した龔遂が、斉(山東一帯)の民にヒシやオニバスの実を貯蔵することを奨励した記載(『漢書』)や「鉅野(現在の山東省菏沢市)のヒシは通常のヒシよりも大きい(3世紀『広志』)」とする記載である。これらの記載を受けて、11世紀『本草図

註1 文献史料を用いたヒシの研究がある(夏1996)。また中国では近年、生態環境保全の動きのなかで、湿地帯に生育するヒシへの関心が高まり、周(2012)、王(2015)、惠・曹(2015)等の論文が発表されている。

図1 田螺山遺跡出土のヒシ

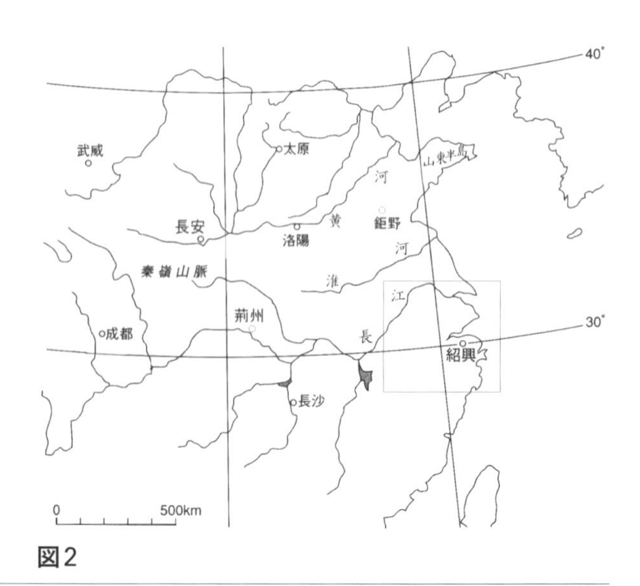

図2

経』は「長江・淮河流域と山東の人は実を晒(さら)して殻をとり中身を食糧の代わりとする」と述べている。山東地域は、半島内部に海と山を抱え、その西側には鉅野澤などの沼沢地が点在する平野が広がっている。そのため古来より特殊な地理条件を生かして絹織物産業・木工品生産・鉱業生産・海塩生産・漁業・牧畜など多様な生業が混在していた(原2009)。斉のように穀物生産を基軸としない社会のなかでは、前述の田螺山遺跡の場合と同様にヒシは貴重なデンプン資源であった。山東におけるヒシ利用の隆盛は、地域的な習俗と地理条件とを背景に生じたものである。

1-2　薬としての利用

植物の持つ薬用効果は古代の人々にとって記録し伝達すべき特殊な知識であった。そのため薬物の知識をまとめた「本草書」と呼ばれる書物が、古来から編纂されてきた。本草書からはヒシにかかわる多くの情報を得ることができる(**図3**)。そのなかでもっとも古い記載のひとつが1970年代前半に湖南省長沙市・馬王堆3号漢墓(前2世紀)から出土した『五十二病方』である。『五十二病方』にはさまざまな病の治療法が記録されていて、乾燥による皮膚のかゆみ、腫物によるかゆみには「酒で煮だしたヒシ」や「犬の肝と混ぜたヒシ」が効くとある[註2]。漢代以降もヒシは本草書のなかで必ずとりあげられ、脾臓や胃の働きを穏やかにして五臓の働きを助ける役割があるとされた[註3]。

また中国の神仙術では、ヒシは不老不死の仙人修行に役立つ植物だと考えられた。歴代の本草書には以下のように紹介されている[註4]。

(a) 蒸して乾燥させ、蜂蜜を混ぜてだんご(餌)にすると、穀断ちをしても長生することができる(500年頃『神農本草経集注』)。

(b) 神仙術ではヒシの実を蒸して粉にする。蜂蜜とあえて食べると、食料をとら

註2　『五十二病方』については馬王堆漢墓帛書整理小組編『馬王堆漢墓帛書』(文物出版社、1980年)を参照。和訳には(小曽戸・長谷部・町泉　2007年)がある。

註3　たとえば、11世紀『経史証類大観本草』(以下、大観本草)巻23「果部」は、「ヒシ(芰)の実は、味は甘く、性質は平(ほどよい状態)で毒がない。中(脾臓・胃等の臓腑)の働きを穏やかにして五臓の働きを助け、空腹にならない」(原文は**図3**参照)とする。

註4　(a)多蒸暴、蜜和餌之。断穀長生。(b)菱実仙家蒸作粉、蜜和食之、可休粮。(c)道家蒸作粉、蜜漬食之、以断穀。

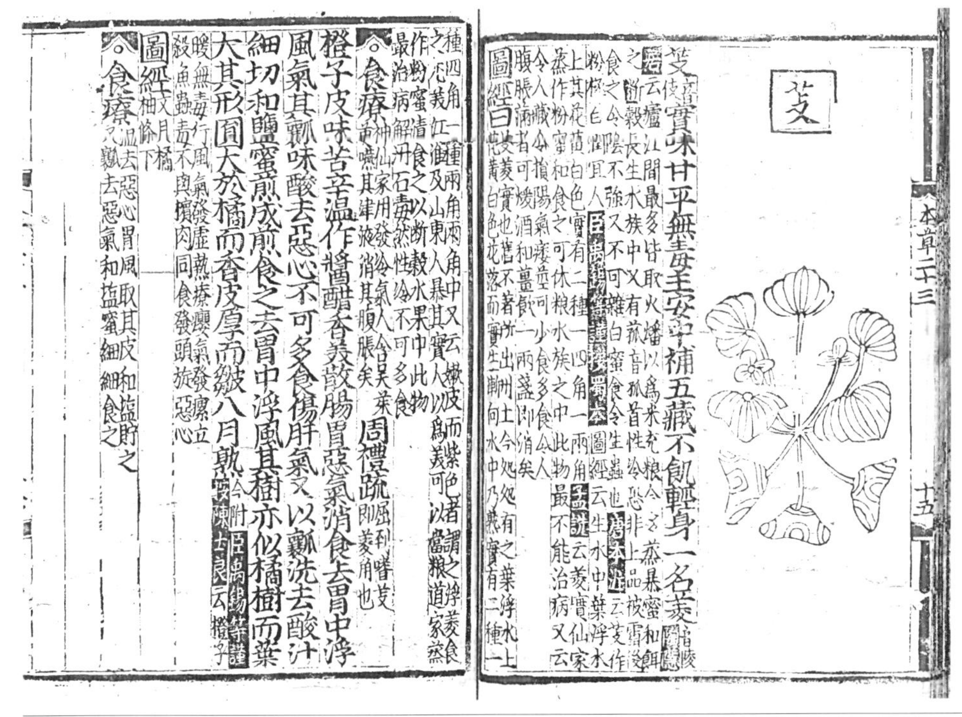
芰
芰實味甘平無毒主安中補五藏不飢輕身一名菱
本草二十三　十五
橙子皮味苦辛温作醬醋香美散腸胃惡氣消食去胃中浮風氣其瓤味酸去惡心不可多食傷肝氣又以瓤洗去酸汁細切和鹽蜜煎成煎食之去胃中浮風其樹亦似橘樹而葉大其形圓大於橘而香皮厚而皺八月熟

図3　11世紀『経史証類大観本草』(朝鮮刊・国立公文書館所蔵)

なくてよい(8世紀『食療本草』)。

(c) 道家はヒシを蒸して粉にして、蜂蜜につけて食べ穀断ちをする(11世紀『本草図経』)。

神仙になるためには穀断ちをしなければならなかった。解毒・消化作用があり、腹持ちがよいというヒシの特性が、このような修行に活用されたのだろう。

1-3 食料としての利用

次に、ヒシは食料としてどのような役割を担ったのか、本草書や農書(農業技術について記した書)の記載から考えてみたい[註5]。

註5 (a)皆取火燔、以為米充粮。(b)江淮及山東曝其実以為米、可以當糧。猶以橡為資也。(c)野人暴乾剥米、為飯為粥為餻為果。皆可代糧、其茎亦可暴收和米作飯、以度荒歉。蓋澤農有利之物也。

(a) 加熱して殻をとった中実(米)を、粮にすることができる(500年頃『神農本草経集注』)。

(b) 江淮や山東では実を陽で乾かして殻をとり、糧にすることができる。ちょうど、ドングリ(橡)を頼りとするのと同じである(14世紀『王禎農書』百穀譜3「蓏屬」)。

(c) 農村の人々は陽で乾燥させてから殻をかち割り、中身を使って飯や粥、蒸しパン(餻)、菓子を作る。すべて糧となる。茎も乾かして実に混ぜて飯にすれば救荒を乗り越えることができる。沼沢に暮らす農民(沢農)にとっては有益な植物である(16世紀『本草綱目』巻33「果之六」)。

以上、時代の異なる3つの史料には、等しくヒシが糧(粮)、つまり空腹を満たすことのできる食料として利用できると記されている。王禎は『農書』のなかで、このようなヒシの役割がドングリと同じであることを指摘する(b)。さらに『本草綱目』になると、飯・粥・餻などの具体的調理名も記載される(c)。

唐代以前の史料では、ヒシが災害・戦乱等の緊急時に食料として活用されたことが強調される[註6]。

註6 (a)為湘東王鎮西司馬、述職西上、道中乏食、縁路採菱、作菱米飯給所部。弘度之所、後人覓一 菱不得。(b)又会稽人陳氏、有三女、無男…值歳飢、三女相率於西湖採贲菱蓴、更日至市貨売、未嘗虧怠。郷里称為義門、多欲取為婦……。(c)遂見斉俗奢侈、好末技、不田作、乃躬率以倹約、勧民務農桑。……春夏不得不趨田畝、秋冬課收斂、益蓄果実菱芡。(d)多種、倹歳資此、足度荒年。

(a) 南朝梁(6世紀)の魚弘は湘東(現、湖南省)に向かう旅の道中、食料が尽きたので、道すがらヒシを採っては菱米飯を作り部下にふるまった。そのため彼らが通り過ぎたあとには、ひとつのヒシも残らなかった(『南史』巻55「夏候群」)。

(b) 南朝斉(5世紀)会稽(現在の浙江省)の陳氏には娘ばかり3人いて、男子がいなかった……。飢饉の年、3人の娘は連れだって西湖にいき、ヒシやタデを採って毎日市場で売り続けた。郷里はその孝行ぶりを頌え、妻にと望む者が多かった(『南斉書』巻55「孝義」)。

(c) (前漢(BC 1世紀)渤海郡太守の龔遂は)斉(現、山東省)の俗が奢侈で商業を好み、農業に従事しないのを見て、自ら率先して倹約に努め、民に農桑を勧めた……。春~夏は必ず耕地にでて農作業に従事させ、秋冬には租税を課し、倉庫にはヒシやオニバスの実を蓄えさせた(『漢書』巻89「循吏伝・龔遂」)。

(d) ヒシは多く種えておけば凶作の年も乗り切ることができる(6世紀『斉民要術』巻6「養魚」)。

以上の史料では、旅の道中の食料不足を補い(a)、饑饉を乗り切る非常食としてヒシが重用されている(b)。この場合、利用されたのは湖沼に自生するヒシである。これらの記載では、緊急時に野性のヒシを食料として活用する智恵を持った人々が賞賛されている。また、もしもの時に備えてヒシを貯蔵しておくことや、意識的に栽培することも奨励された。『漢書』「循吏伝」(c)では、郡太守の龔遂が、民を農業に従事させるにあたり、ヒシ・オニバスを栽培・貯蔵して有事に活用する知識を伝達している。このような官吏は模範的地方官として公権力により賞賛されたのである。6世紀以前の農業技術を集大成したとされる『斉民要術』にも、ヒシの救荒・備荒作物としての有用性が特記されている(d)。

1-4　ヒシの調理法

食生活が豊かになった現代の中国では、ヒシは主食ではなく蔬菜・副菜として、また製粉して菓子や酒造の原料としても利用されている。ここでは、文献史料からヒシの調理名や調理法について確認したい。早期の史料には具体的記載が乏しいため、14世紀以降の記載を中心に列挙する[註7]。

(a) 生で食べると性は冷となる。煮て食べるのがよい(14世紀『王禎農書』百穀譜3「蓏屬」)。

(b) 若いヒシは殻を剥いて(生で)食べると美味である。熟したヒシは蒸して食べる(16世紀『本草綱目』巻33)。

(c) 乾かして殻を割り、中身を飯や粥、餻(蒸しパン)にする(『本草綱目』巻33)。

(d) 九月中に(湖州連川)西郷の晩菱で、まだ熟しきっていないものの茎(拇)を採り、根や葉を取り去り水に半日浸す。煮たあと細切りにして乾かす。甕(かめ)のなかにヒシの茎とつぶしたニンニク、炒めた塩を一緒に入れておけば、春になるまで美味しく食べられる。野菜不足の年には、必要に応じて塩漬けを作るとよい(16世紀『沈氏農書』「家常日用」)。

以上にあげた史料からは、ヒシは生で食べることも可能だが、加熱処理をしたほうが美味であり(a)、蒸して食用されることが多かったことがわかる(b)。具体的な食べ方としては、乾燥後に殻をとったヒシを炊いて飯にしたり、煮て粥にしたようである。粉末にして蒸しパンを作ることもあった(c)。明代末期(16世紀)における浙江省湖州一帯の農業技術を記載した『沈氏農書』には「家常日用」という農作物の調理・加工について言及した箇所がある。そこではヒシの茎を乾燥後、茹でて塩漬けにして野菜不足の年に活用することが記されている(d)(**図4**)。

それでは日常生活においてヒシはどの程度利用され、主食としてどれほどの重要性を占めていたのだろうか。史料が残されていないため詳細は不明であるが、田藝衡が16世紀当時の社会風俗についての雑感を書き留めた『留青日札』には「薐飯芋羹(ヒシめしとサトイモ汁)」と題する一文が収録されており、ヒシの利用に関する興味深い側面を知ることができる。

> 今、呉(太湖周辺～杭州一帯)の人々は4刺をヒシといい、2刺を芰という。芰とは沙角湾菱のことである……。サトイモ(芋)には水・旱の2種類がある。吾が郷では、ヒシとサトイモ(水芋)が実ることを「両熟」と呼び、どちらかひとつが実らないと「一荒」とした(田藝衡『留青日札』巻26「薐飯芋羹」)[註8]。

「吾が郷」とは、田芸衡の故郷、杭州のことである。ここであ

註7　(a)生食性冷、煮熟為佳。(b)嫩時剝食、甘美。老則蒸煮食之。(c)注5(c)参照。(d)九月内、西郷晩菱拇正盛而未老、去根葉浄盡、水浸半日。入鍋煮熟、細切笮乾。搗大蒜炒塩拌习、入甕築実、直到春、味尚美。若菜少之年、便臨採菱之拇。

註8　今呉人四角日薐、両角日芰即沙角湾薐……(芋)有水旱二種。吾郷以薐芋為両熟、一物不熟亦秝一荒。

図4　食用とされるヒシの茎(湖州市菱湖鎮)

げられているサトイモは、ヒシ同様に古来から食料として活用された植物である。長江下流では低湿地開拓の集約化が進む16世紀以降、水はけの悪い耕地を有効利用する植物として「水芋」が栽培されるようになる。「水芋」というのは、水分の多い場所で栽培されるサトイモのことで、これに対して乾いた土地で栽培されるものは「乾芋」と呼ばれた。サトイモを栽培環境で水芋と乾芋に大別する方法は、16世紀以降の長江下流地域だけに見られる傾向である(大川2015)。上記の史料において、「両熟(2つとも実りがある)」、「一荒(ひとつが実らない)」とする表現が農村に定着している点は興味深い。主要穀物であるイネの収穫が注視されるのはいうまでもないことだが、ここでは湿地帯で栽培されるヒシやサトイモの採れ具合までもが民の関心事になっているのである。ヒシやサトイモは、毎年の安定した収穫が期待され、「飯」や「羹」として民の日常食に寄り添う作物であった。

太湖南岸低湿地の開拓史を研究する周晴が2011年に湖州・菱湖鎮において行った聞き取り調査によれば、一昔前の農家の倉庫には必ずヒシ・サトイモ・サツマイモが貯蔵され、これらをコメと混ぜ合わせた粥が主食であったという(周2012)[註9]。主穀に他の作物を混ぜることにより主穀不足を補った、いわゆる「かて飯」としての利用である。中国における民衆の日常食について論じた中林広一によれば、農村では経済的困窮を背景に、コメに他の作物からなる増量剤を加えて調理することでコメを節約し食いつないでいくことが伝統的に行われていたという。中林は南宋時代(12世紀)の事例として豆飯(コメにマメを加えて炊いたもの)や、菰飯(マコモの占める割合の多い飯)をあげている[註10](中林2012)。おそらく、ヒシをコメに混ぜた「菱飯」「菱粥」も、豆飯や菰飯と同様に長江下流の農村の日常食として利用されていたと考えられる。

2. ヒシの品種分類

2-1 文献上の植物分類

長江下流の新石器遺跡から出土したヒシの植物遺体の分析によれば、紀元前4,000～3,000年には、すでに種の選択淘汰による栽培化が始まっていたと考えられている(Fuller *et al.* 2009; Guo *et al.* 2017)。以降、現代に至るまで、ヒシは多様な種類に分化している。本草書・農書・地方志には、ヒシの種類とその特徴・名称についての記録が残されており、そこからヒシがどのように分類されたのかを知ることができるが、近代植物分類のような体系化されたものではないため、時代・地域・史料ごとに分類の規準があいまいである。さらに、後世に残される情報には偏りがあり、史料から植物の品種分化を探ることには限界がつきまとう。しかし一方で、史料の記録からは過去の人々がヒシをどのように認識・区別し利用してきたのかという、「人間のヒシに対する意識性」や、ヒシを利用する社会の変化を探ることは可能である(北田1998)[註11]。以下にヒシの種類に関する史料を列挙し、その分類と品種分化がどのように推移し、それが如何なる人為活動、社会変化と関係するのかをたどることにしたい[註12]。

(a) 3刺・4刺のヒシを「芰」と呼ぶ。2刺を「菱」と呼び、俗に「菱角」ともいう。色には青と紫の違いがある(6世紀『武陵記』)。

(b) ヒシには4刺と2刺の2種類ある。2刺のなかには、殻が柔らかく紫色の「浮菱」という種類があってもっとも味がよい(11世紀『本草図経』)。

註9 (周2012)所引『菱湖鎮採訪筆記』では、菱湖に住む費月梅老人の幼少期の記憶として紹介されている。

註10 中林が豆飯・菰飯の出典としてあげるのは南宋・陸遊『剣南詩稿』である。『剣南詩稿』には陸遊が故郷の紹興府山陰県に隠居後に農村社会の風景を詠んだ詩が多く収録されている(中林2012、81～86)。

註11 環境史という視点から、植物の選択淘汰の問題をとりあげたのが北田(1998)である。北田は自然に対する人間の「意識性」という視点を用いて、白菜と油菜が品種改良され普及する過程を分析し、それらの背景にある社会性を論じた。

註12 (a)三角・四角者為芰、両角者為菱、俗呼菱角。其色有青紫之殊。(b)実有二種、一種四角一種両角。両角中又有嫩皮而紫色者、謂之浮蔆、食之尤美。(c)『蜀本図経』云、実有二種。一四角一両角。今郷土種此成蕩不止二種。両角者有果菱、差小。有湖跌菱、色紅。又有青菱、色青角而曲利。四角者有野菱、最小角極銛。有太州菱、実豊而美、土人所重。近又有無角者謂之餛飩菱。以其形似也。秋晩採実竹箔、曝乾去殻為米、亦為果有収至十数斛者。地名有菱湖。(d)其実有數種。或三角・四角或両角・無角。

(c)『蜀本図経』(10世紀)は、ヒシには2刺と4刺の2種類があるというが、今、郷土で蕩(排水不良の土地)一面に栽培されているものは2種類にとどまらない。2刺には、「果菱」(小ぶり)、「湖跌菱」(色が赤い)、「青菱」(色が青く、刺が湾曲)がある。4刺には「野菱」(最小で、刺が鋭い)、「太州菱」(実がつまり美味)がある。「太州菱」は、土地の人に珍重されている。近頃、刺のない「餛飩菱」なるものがでまわっているが、餛飩(ワンタン)に形が似ているためこう呼ぶのである。秋の終わりに実を採り、竹のすだれを使って陽で乾かし、殻をとって中身を食べる。十数斛の収穫があるので、その土地を菱湖と呼ぶようになった(13世紀『嘉泰呉興志』巻20「物産」)。

(d) 実には3刺・4刺・2刺と無刺がある(16世紀『本草綱目』巻33「果之六」)。

ヒシの種類に言及した史料としては、6世紀『武陵記』の記載が比較的早期のもので(a)、刺(角)の数の違いによりヒシが「芰」(3刺・4刺)と「菱」(2刺)に二大別されている(a)(**図5**)。北宋(11世紀)になると、2刺のなかにも色・味・大きさによる違いが見られるようになり、分類が多様化している(b)。南宋期(13世紀)には、種類はさらに細分化されて、湾曲した2刺ヒシや、無刺の餛飩菱についての記載が確認できる(C)。宋代の史料に、無刺のヒシが出現したことは注目すべきである(**図6**)。

以上の史料からは、唐代以降、外見的な特徴(大きさ・色・形の違い)に基づいてヒシを分類する記録が増え始め、宋代には種類も細分化されていくことがわかる。このようなヒシ分類の細分化は、長江下流で始まる低湿地開拓とかかわりがある。この時期、人々の生活拠点はそれまでの山麓部から低地の水辺へと移動し、それに伴い湿地帯に生育するヒシの利用が普及したことで、ヒシへの関心が高まっていくのである。また、種類・呼称の多様化は、宋代以降、ヒトやモノの

図5　ヒシ　2刺(上・中)、4刺(下)

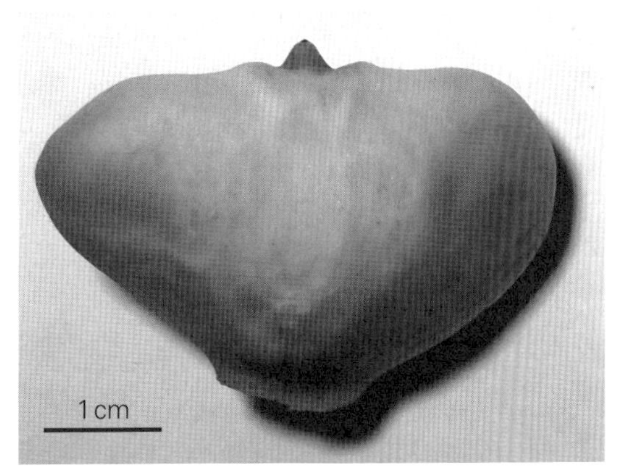

図6　無刺のヒシ…南湖菱

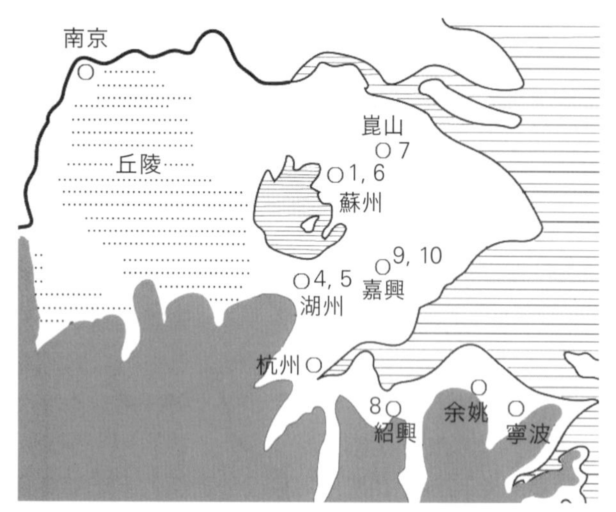

図7 番号は表1に対応する

動きが活発になるにつれて、ヒシが自家消費にとどまらず、遠隔地にまで流通するようになった社会状況の変化を反映している。

2-2 優良品種の出現

餛飩菱のような特定の呼称を持つヒシの出現は、品種の分化を考えるうえで重要である。宋代以降は、湖北の郢城菱(**表1-2**)や娄県菱(**表1-7**)のように産地名を冠したヒシも登場するようになる(**図7**)。このようにさまざまな呼び名が史料上に現れるのは、ヒシの選別・改良が進み、人々に嗜好されるような優良品種が出現することと関係する。

南宋蘇州の地方志『呉郡志』(12世紀)には、唐～宋間のヒシの品種が詳細に記録されているが、優良品種の変化については以下のような記述がある。

『酉陽雑俎』(唐、9世紀)に「蘇州には2刺の折腰菱が多い」とあるように、「折腰菱」は唐朝のとき、はなはだ貴ばれ、今は「腰菱」と呼ばれる。ヒシには野性のものと、栽培されたものの2種類がある。近年でまわっている「餛飩菱」はもっとも甘くて美味である。そのため腰菱は廃れてしまった(12世紀

表1 ヒシの名称と特徴

番号	名称	産地	特徴	出典
1	折腰菱	蘇州(現、江蘇省)	2刺	9世紀『酉陽雑俎』巻19
2	郢城菱	荊州(現、湖北省)	3刺	9世紀『酉陽雑俎』巻19
3	浮菱	?	2刺・薄皮・紫色・美味	11世紀『本草図経』
4	餛飩菱	湖州菱湖 (現、浙江省)	無刺・甘い・美味・収量が多い	12世紀『呉郡志』巻30 13世紀『呉興志』巻20
5	果菱	湖　州	2刺・やや小粒	13世紀『呉興志』巻20
	湖趺菱		2刺・紅色	
	青菱		2刺・青色・湾曲	
	野菱		4刺・小粒・トゲがするどい	
	太州菱		4刺・実多く美味	
6	雇窰蕩菱	蘇州の顧邑墓鎮	無刺・白色・特大・美味	15世紀『姑蘇志』巻14
7	娄県菱(留遠)	崑山(現、江蘇省)	無刺・雇窰蕩菱に似るも、味が劣る	15世紀『姑蘇志』巻14
8	刺菱	紹興(現、浙江省)	小粒	16世紀『山陰志』(『樹藝篇』巻8果部所引)
	大菱		大粒	
	沙角菱		4刺	
9	南湖(蕩)菱 [図5]	嘉興(現、浙江省)	無角・殻が薄い・甘い・最高品種	17世紀『古禾雑識』
10	水紅菱	嘉　興	湾曲・長粒・6月に食用	16世紀(崇禎)『嘉興県志』
11	青菱		4角・7～8月に食用・若くても食用可	
12	紅菱			
13	沙角湾菱	杭州(現、浙江省)	2刺	16世紀『留青日札』巻26

『呉郡志』巻30「土物」下）[註13]。

折腰菱は文献史料に確認できるもっとも早期のヒシの品種名である。唐の人々に好まれたが、宋代に刺無しの餛飩菱が登場し、折腰菱を圧倒したようである。唐～宋期にかけて、ヒシの利用がさかんになり、品種の淘汰・選択が行われた結果、新たな刺無しの優良品種が出現したのであろう。

図8　ため池で栽培されるヒシ（浙江省・良渚遺跡付近）

2-3　野菱と家菱—商品作物へ—

明代になると、各地域の事情を記した「地方志」が多数編纂・出版されるようになり、ヒシについての詳細な情報を得ることができる。この時期の分類の特徴は、家菱（栽培されたヒシ）と野菱（野生のヒシ）の区分が史料に明記される点である。前述の、南宋『呉郡志』『呉興志』には、野菱と家菱の区別が記されているが、そこではヒシのなかのひとつの種類として野菱があげられているにすぎず、湖沼に自生するヒシと、農地や集落周辺の水池で栽培されるヒシとの区別は曖昧であったと思われる（**図8**）。

ところが、明代末期（16世紀）になると、人々のあいだで野菱と家菱の区別が従来よりも厳密に意識されるようになった。

野蔆は湖のなかに自生し、葉や実は小さく、トゲは硬くて人を刺す。若いヒシは青くて、熟したものは黒い。

家蔆は池に植える。葉も実も大きくトゲが柔らかで脆い。また2刺のなかには、弓のように湾曲しているものがあり、色には青・紅・紫がある。若いときに殻を手で剥いて食べるとサクサクして美味で、優れた実である（『本草綱目』巻33「果之6」）[註14]。

『本草綱目』の記載からは、小さくてトゲがある野菱に対して、家菱は大きくてトゲが柔らかく、美味でもあり、人々の嗜好にあわせて淘汰選択された種類であることがわかる。明代は商業的農業が展開する時代である。ヒシも販売を目的として管理栽培が進められた。特に、太湖周辺低湿地では、桑栽培を基軸として、そこに養魚やヒシ栽培を組み込んだ経営が行われるようになり稲作よりも利益をあげていたようである[註15]。人々のあいだにも湖沼に自生する野菱とは違う外観や味を持つヒシに対する需要が高まり、野菱に対する家菱という区分が生み出されたのである。

ヒシの商品化に伴い、栽培法自体にも新しい技術が導入されるようになる。従来、ヒシの栽培は「秋に実が黒く熟したときに採取して池中にばらまくと自生する」（『斉民要術』）という簡単なものだったが、16世紀には発芽させたヒシを移植栽培する方法が出現する。

栽培法。重陽節（旧暦9月初旬）の後、成熟したヒシを収穫する。籠に入れて河水に浸し、2～3か月待つと発芽する。水深の違いで3～4尺ほどになる。竹を1本使って、先を削り火通口（火吹き竹）のように二叉にして、ヒシを挟み込み、水底に植え付ける。糞肥は節をとった大竹を使って注ぎ入れる（『便民図

註13　折腰菱、唐甚貴之、今名腰菱。有野菱、家菱二種。近世復出餛飩菱、最甘香。腰菱廃矣。

註14　野蔆自生湖中、葉実倶小。其角硬直刺人。其色嫩青老黒。
家蔆種于陂塘。葉実倶大、角軟而脆。亦有両角湾巻如弓形者、其色有青、有紅、有紫。嫩時剝食、皮脆肉美、蓋佳果也。

註15　「其蕩上者種魚、次者菱芡之屬、利猶愈於田、而税益軽」（張履祥「書改田碑後」（『楊園先生全集』巻20）

図9 寧波・東銭湖の取水堰(莫枝堰)に自生するヒシ

纂』巻4「樹藝類上」)[註16]。

移植により、栽培期間の短縮・多収を目的とした集約的栽培が行われていたことがわかる。

3. 水草による湖の淤塞の問題

これまで、史料を通じて人間がヒシをどのように利用・分類してきたのかを考察した。ここでは視点を逆転させて、繁茂したヒシが人間社会や湖沼環境に及ぼす影響を考えてみたい。日本では1980年以降、千葉県印旛沼で大量繁茂したヒメビシにより漁船の航行が妨げられ、他の水草が死滅するという問題が生じているが、同様の現象が南宋時代(12世紀)の長江下流社会でも起こっているのである。長江下流低湿地には、ヒシ以外にもハス・オニバス・マコモ・ジュンサイ等の水生植物が生育していた。水草類は、定期的な浚治を怠ると、瞬く間に繁茂して水面を覆ってしまう。生い茂った水草によって水門が淤塞され、貯水面積が減少した結果、飲料水・灌漑水の不足、水運機能への影響が引き起こされたのである。史料には水草除去を請願する上奏文が多く見られるようになる(小野寺1963;長瀬1974;松田1981)。以下に杭州の西湖と、寧波の東錢湖を具体例にあげて見ていきたい。

西湖の湖畔に位置する杭州は、6世紀に南北を結ぶ大運河の起点となって以降、長江下流の中心都市として発展した。西湖の水は、杭州住民の重要な飲料水であった。10世紀、杭州を拠点に建国した錢氏呉越国では、水草繁茂による湖水量の減少を防ぐため日夜千人もの人員を配置して水草の除去にあたらせている[註17]。12世紀、南宋の都・臨安がこの地に置かれ人口が増加すると、西湖の水不足は深刻化する。湖面で栽培される水生植物は、水不足をもたらす要因として批判のやり玉にあがった。湖面を浚渫・清掃する専門の軍兵が配備され、ハス・ヒシの植栽を禁止する条例もたびたびだされている。淳祐7年(1247)の大旱魃の際に西湖の水が枯渇すると、皇帝の命によりヒシ・ハス・マコモが除去されて、ようやく湖水面を元通りに回復することができたという[註18]。

一方、寧波東部地域の水瓶として重要な役割を担っていた東錢湖でも、西湖と同様に水草繁茂による湖の淤塞が問題化する。乾道5年(1169)、明州の知事・張津の上奏文では、豪民たちが堤防際の浅瀬を占拠しヒシやハスを植えたため湖面がふさがれたこと、いったんは取り締まったものの、歳月を経て再びヒシの根がはびこり、水脈をふさぎ蓄水の妨げとなっていることが指摘されている[註19]。水草の除去費は膨大な額に及び、これをすべて国費で負担することは困難であったため、さまざまな方策が試みられた。淳祐2年(1242)には、除去した水草の量に応じて銭を与えるという「売葑之策」が考案されたところ見事に功を奏し、十数年後には水量を確保することが可能となったという[註20]。

水草の問題が顕在化する南宋時代は、黄河流域を遊牧異民族・金に奪われた宋の拠点が長江下流に移動した時期である。急激な人口増加と都市の発展により、

註16 重陽後、收老菱角。用籃盛、浸河水内、待二三月、發芽、随水浅深。長約三四尺許、用竹一根、削作火通口様、箝住老菱。挿入水底、若澆糞、用大竹打通節注之。

註17 及錢氏有国、置撩湖兵士千人、日夜開浚。自国初以来、稍廃不治、水涸草生、漸成葑田(宝慶『四明志』巻12)。

註18 淳祐丁未、大旱湖水盡涸、郡守趙節齋奉朝命開濬、自六井之錢塘上船亭・西林橋・北山第一橋・蘇堤・三塔・南新路・長橋・柳洲寺前等処、凡種菱荷茭蕩一切薙去。方得湖水如旧(『夢梁録』巻12「西湖」)。

註19 比因豪民於湖塘浅岸漸次包占、種植菱荷、障塞湖水。紹興十八年、雖曾検挙約束、盡罷請佃。歳久菱根蔓延、滲塞水脈、致妨蓄水(『宋史』巻97、河渠)。なお、『宋会要』「食貨8」では「菱荷」を「茭荷」に作る。

註20 淳祐壬寅、郡守陳塏歳稔農隙行売葑之策、不差兵不調失、随舟大小葑之多寡、聴其求售交葑給銭、各有攸司(至正『四明続志』巻4「河渠」)。

従来までの人間・植物・水資源とのバランス関係は大きく壊れていく。人口増加による耕地不足という現実は、豪民たちが湖水面を占拠して水生植物を不法に栽培するという問題を生じさせた。また、都市化によって汚物が流入し富栄養化した湖において、富栄養化を好むヒシやハスが異常繁殖するという事態を引き起こすことになった。ヒシ等の水生植物の繁茂は、長江下流低湿地における開発の激化によってもたらされた現象である。

おわりに

以上、文献史料をもとに、中国におけるヒシと人間との関係を長期時間軸のなかで検討した。本稿で論じた点は以下の通りである。

① ヒシは菱・芰と表記され、紀元前から記載を確認することができるが、特に温暖湿潤な淮河～長江間と山東地域での利用が強調されている。
② ヒシは薬用として重用された。また、空腹を満たす食料として活用され、煮炊きして粥や飯に、また粉末にして蒸しパンにしたことが史料に記されている。湖州の農村のように、コメの不足を補うために、コメにヒシを混ぜたヒシ粥を日常的に利用する地域もあった。
③ ヒシは唐～宋期にかけて普及し、人々の嗜好にあう優良品種が生み出された。史料上、ヒシの分類は6世紀以降に始まる。宋代には種類が細分化され、刺のないヒシも栽培されるようになった。各地ではさまざまなヒシのブランドが産出されるようになる。
④ 明代には、ヒシの商品化が進み、野菱(野生のヒシ)と家菱(栽培されるヒシ)の区別が明確になった。栽培の集約化も進み、ヒシの移植法も行われている。
⑤ 宋の南遷(12世紀)により人口増加と低湿地開拓が進んだ結果、長江下流ではヒシ等の水草の繁殖による湖水面の減少が水不足の元凶として問題視された。
⑥ 以上、唐～宋期におけるヒシの普及と品種多様化は、低湿地開発の進展・人口増加・都市化・流通網の発展等の人間社会の変化が深くかかわっている。

冒頭でも述べたように、史料から得られる情報は限定的なものである。本稿で示したさまざまな側面について、他分野との連携研究(植物学的分析によるヒシ栽培化の過程の解明、民俗学的調査を通じた中国各地のヒシ利用の実態、考古分析等によるヒシの調理法・利用頻度の解明等)を通して具体化し、真の人間とヒシとの関係史を探ることが今後の課題である。

謝　辞
本稿執筆にあたり弘前大学の石川隆二教授(植物育種学)よりヒシの写真(**図5、6**)を提供していただいた。

本研究は、MEXT・KAKENHI (1701) 新学術領域研究「総合稲作文明学」(代表：中村慎一)の助成による研究成果の一部である。

参考文献

・Fuller, D. Q., Ling, Q., Zheng, Y. F., Zhao, Z. J., Chen X. G., Hosoya, L. A., Sun G. P. 2009. The Domestication Process and Domestication Rate in Rice: *Science* 323 (5921): 1607-10.
・Guo, Y., Wu, R. B., Sun, G. P., Zheng, Y. F. & Fuller, B. T. 2017. Neolithic cultivation of Water Chestnuts at Tianluoshan *Scientific Reports* 7: 16206.
・夏如冰1996「古代江南菱的栽培与利用」『中国農史』15-1：102-106.
・周晴2012「唐宋時期湖州平原菱的種植与湿地農業開発」『中国農史』3：11-21、のち『従沼沢到桑田：唐代以来湖州平原環境変遷研究―』花木蘭文化出版社、2016年所収.
・王建革2015「歴史時期江南水環境変遷与文人詩風変革―以有関採菱女詩歌爲中心的分析―」『民俗研究』5：125-135.
・惠富平・曹穎2015「明清時期太湖地区菱的種植」『中国農史』5：24-33.
・趙有爲1999『中国水生蔬菜』中国農業出版社：41-54.
・中村慎一『浙江省余姚田螺山遺跡の学際的総合研究』(平成18～22年度科学研究費補助金〈基板研究A〉研究成果報告書).
・細谷葵2014「食文化からみえる新たな中国先史時代像―長江流域新石器文化の植物考古学的研究―」『(琵琶湖博物館第22回企画展示)魚米之郷―太湖・洞庭湖と琵琶湖の水辺の暮らし―』琵琶湖博物館：19-22.
・原宗子2009「ホントは怖い？「一村一品」政策―春秋～漢代の斉の特殊性―」『(あじあブックス)環境から解く古代中国』大修館書店：74-91.
・小曽戸洋・長谷部英一・町泉寿郎2007『五十二病方(馬王堆出土文献訳注叢書)』東方書店：196-201.
・中林広一2011「宋代農業史再考―南宋期の華中地域における畑作を中心として―」『東洋学報』93-1、のち『中国日常食史の研究』汲古書院、2012年、第二章所収.
・北田英人1998「一〇～一四世紀中国の社会と自然についての人類史的考察―白菜・油菜・橘栽培と意識性・自然性―『宋元時代史の基本問題』(佐立靖彦他編)汲古書院：237-265.
・大川裕子2015「環境史から見る農業と開発―明末清初の江南における水芋と甘薯の栽培事例から―」『春耕のとき－中国農業史研究からの出発―』(大澤正昭・中林広一編)汲古書院：49-82.
・小野寺郁夫1963「宋代における陂湖の利―越州・明州・杭州を中心として―」『金沢大学法文学部論集』11：205-231.
・長瀬守1974「宋代江南における水利開発―とくに鄞県とその周辺を中心に―」『青山博士古稀紀年宋代史論叢』、のち『宋元水利史研究』第四章所収、国書刊行会、1983年：323-356.
・松田吉郎1981「明清時代浙江鄞県の水利事業」『佐藤博士還暦記念中国水利史論集』(中国水利史研究会編)国書刊行会：268-312.

第3章
日本における考古植物学の今

縄文時代の狩猟採集社会はなぜ自ら農耕社会へと移行しなかったのか

Why Jomon people did not choose to go for an agricultural society?

那須浩郎　Hiroo Nasu

岡山理科大学

はじめに

縄文時代は、一般に狩猟採集社会だったと考えられている。しかし最近は、縄文時代の人々は単に狩猟・漁撈・採集のみによって食料や生活資源を賄っていたのではなく、高度な植物利用の技術を持っており、植物の管理や栽培も行っていたと考えられるようになってきた。それではなぜ、縄文時代の人々は、このような植物の管理・栽培技術を持ちながら、自ら農耕社会へと移行しなかったのだろうか。これが本稿の問いである。

世界中には、これまで狩猟採集しか知らなかった人たちが独自に植物の栽培を始めた地域がいくつかある。植物のドメスティケーション（栽培化・馴化）センターと呼ばれる地域は、現在までに8つの地域が確認されている（**図1**）（Larson *et al.* 2014）。西アジアではアインコルンコムギ（*Triticum monococcum*）やエンマーコムギ（*Triticum dicoccon*）、オオムギ（*Hordeum vulgare*）、中国ではイネ（*Oryza sativa*）と雑穀のアワ（*Setaria italica*）・キビ（*Panicum miliaceum*）、中米ではトウモロコシ（*Zea mays*）といった作物が、狩猟採集民によって独自にドメスティケーションされ、これらをもとに農耕の社会に自ら移行した。一方、植物の栽培やドメスティケーションを行いながらも、自ら農耕社会へと移行しなかった社会もある。日本の縄文社会や北米先住民の社会がその例である。彼らのような狩猟採集民は、植物の管理・栽培技術を持ちながら、自ら農耕社会へと移行することはなかった。日本列島が農耕社会に移行するのは、大陸から稲作と雑穀の農耕を受容することによる二次的な要因による。なぜ、このような違いが生じたのだろうか。本稿では、近年の縄文時代の栽培植物に関するデータを概観し、この問題を検討してみたい。

1. 縄文時代の栽培植物

そもそも縄文時代に植物の栽培行為があったのだろうか。

この問題は、縄文時代には人によって栽培されないと存在し得ない植物がある、という理由から肯定されている。ヒョウタン（*Lagenaria siceraria*）、

略歴
総合研究大学院大学文化科学研究科修了博士（学術）
専門分野　考古植物学、環境考古学
現在、岡山理科大学生物地球学部 准教授
主要著作
「種実の考古学」『環境考古学ハンドブック』、237-243頁、朝倉書店、2007年（共著）
「イネと出会った縄文人」『ここまでわかった！縄文人の植物利用』186-205頁、新泉社、2014年（共著）
「気候変動と定住化・農耕化－西アジア・日本列島・中米」『狩猟採集民からみた地球環境史―自然・隣人・文明との共生』42-57頁、東京大学出版会、2017年（共著）
那須浩郎（2018）縄文時代の植物のドメスティケーション．第四紀研究，57（4）：109-126．
Hiroo Nasu (2017) Prehistoric transitions to sedentarization and agriculture in temperate and tropical regions. *Senri Ethnological Studies*, 95: 19-34.

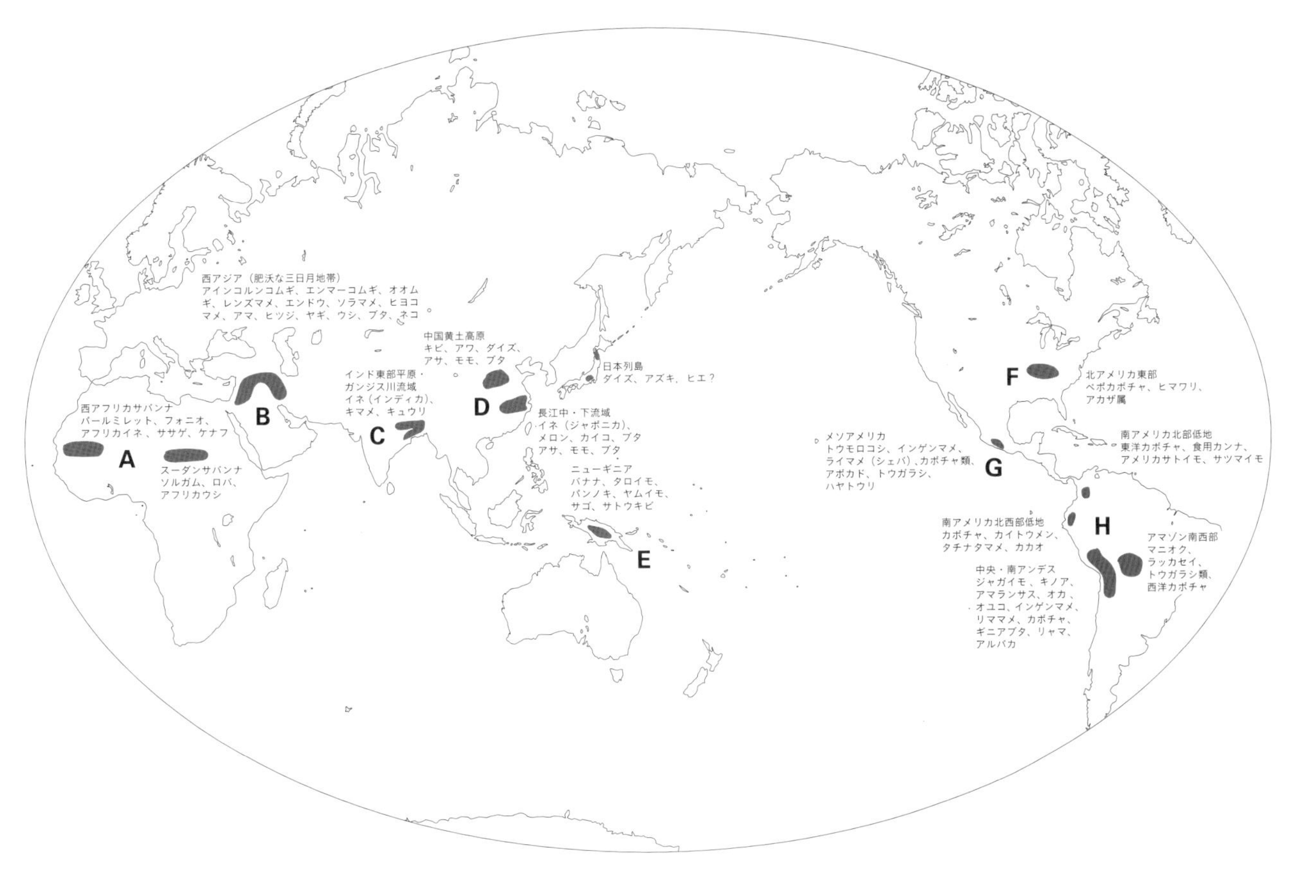

図1　ドメスティケーションが独自に起こった地域
A：アフリカセンター、B：西アジアセンター、C：インドセンター、D：中国センター、E：ニューギニアセンター、F：北米センター、G：中米センター、H：南米センター（Larson *et al.* 2014を基に作成）

アサ（*Cannabis sativa*）、ウルシ（*Toxicodendron vernicifluum*）、エゴマ／シソ（*Perilla frutescens*）、ゴボウ（*Arctium lappa*）、アブラナ類（*Brassica rapa*）がその候補である。これらの作物の祖先野生種は、現在の日本列島には分布していない。しかし、縄文時代からの出土記録があるので、人によって大陸から持ち込まれて栽培されていただろうと推定されている（**図2**）。ただし厳密には、これらの野生種が縄文時代以前の最終氷期や更新世にも日本列島に存在しなかったことを示す必要がある。

このうちゴボウとアブラナ類に関しては、縄文時代からの出土が報告されているものの、事例が少なく（笠原1984a, b；南木・中川2000；山田2000など）、直接年代測定された確実な証拠がないので、本当に縄文時代に栽培されていたのか、年代の確実な資料の増加を待って再検討する必要がある。エゴマ／シソは、縄文時代に多数の出土記録がある（中山2015；小畑2016a）が、そもそも真の野生種が不明であり、元来日本列島にも分布していた可能性があるので、これが本当に外来植物か再検討する必要がある。これらを除くと、ヒョウタン、アサ、ウルシの3種がその候補となる。

ヒョウタン（**図3**）は現在、野生種がアフリカにしか生育しておらず、近縁野生種や栽培品種の多様性も高いことから、アフリカ原産だと考えられている。ヒョウタンの原種（祖先野生種）は、シンバブエで見つかったとされているが

(Decker-Walters *et al.* 2004)、すでに絶滅した野生種が別に存在していた可能性が高いことも指摘されており(湯浅2015)、その起源の詳細は、じつはまだよくわかっていない。考古学の記録では、完新世の初期には東アジアや新大陸で考古遺物が見つかっており、古くから利用されていた植物であることがわかる。

直接年代測定された古いヒョウタン遺物は、北米フロリダのLittle Salt Spring遺跡から出土したもので、その放射性炭素年代は暦年較正値で10,191 ～ 9,782年前を示す。ほかにも中米メキシコのGuila Naquitz遺跡で8,993 ～ 8,629年前、南米ペルーのQuebrada Jaguay遺跡で8,544 ～ 8,381年前の出土記録があり、新大陸では遅くとも1万年前頃にはヒョウタンがあったことになる。同様に東アジアでも、日本列島の滋賀県粟津湖底遺跡から出土したヒョウタン種子の年代

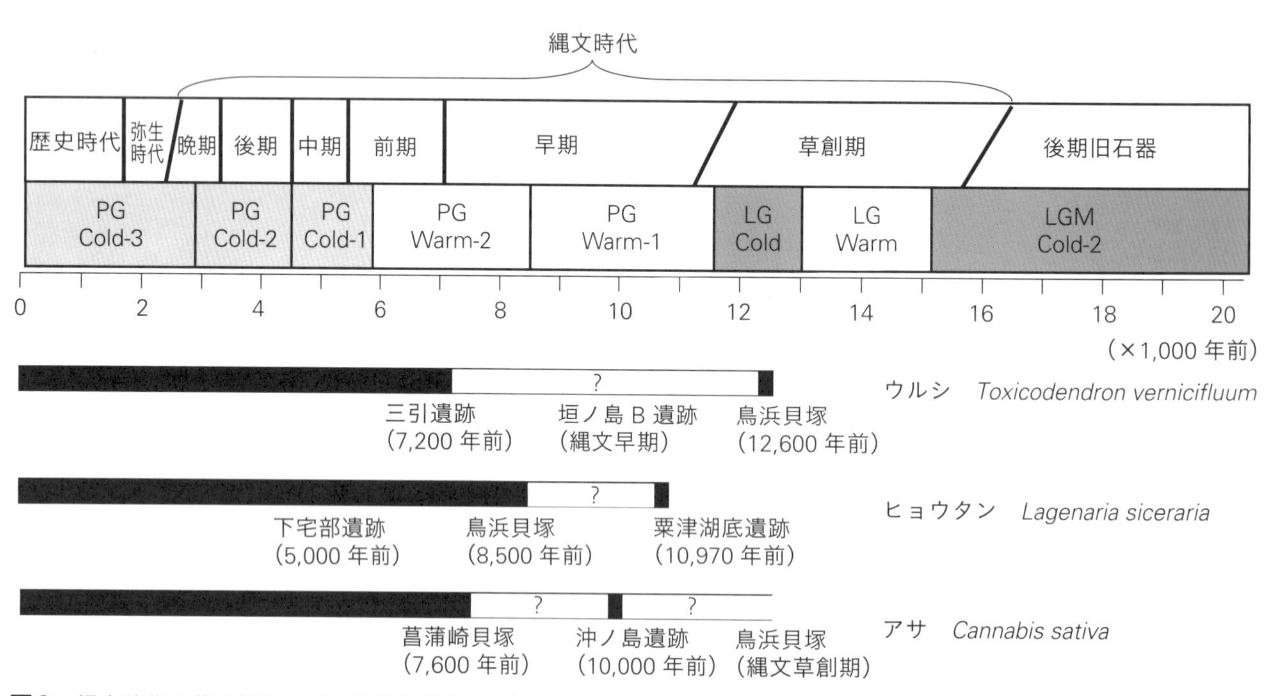

図2 縄文時代の栽培植物候補の出現時期(縄文時代の気候変化と編年は工藤2012を基に作成)

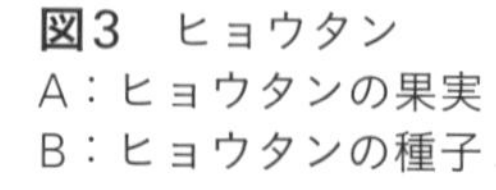

図3 ヒョウタン
A：ヒョウタンの果実
B：ヒョウタンの種子

が9,660±110BPとされており(滋賀県教育委員会編2000)、暦年代に較正した値は11,250～10,690年前となり、これが最古の記録となる。他にも直接年代測定されたヒョウタン種子は東京都下宅部遺跡で5,300～4,800年前のものがある(工藤・佐々木2010)。直接年代測定はされていないが、福井県鳥浜貝塚では8,500年前頃のヒョウタン果皮が見つかっている。中国でも同様に、直接年代測定された資料はないが、長江流域の河姆渡遺跡(6,700年前)、田螺山遺跡(6,850～6,550年前)、城頭山遺跡(6,450～5,950年前)などから7,000～6,000年前頃のヒョウタンが見つかっている(Fuller *et al.* 2010)。東南アジアでは、これも直接年代測定をしたものではないが、タイ北西部のSpirit Caveで、12,000～8,000年前と見られるヒョウタンが報告されている(Yen 1977)。このように、アフリカ原産のヒョウタンが、完新世の初期には東アジアと新大陸にまで分布が見られるのは興味深い。

これらの考古学的証拠から、ヒョウタンの起源について、2つの仮説が提示されている。ひとつは、漂流説で、アフリカにあるヒョウタンの野生種が完新世の初期には東アジアや新大陸にまで海流に流されて漂流し、それを現地の人が独自にドメスティケーションしたとする説である(たとえば、Decker-Walters *et al.* 2004)。いくつかのシミュレーションから、アフリカから新大陸までは250日程度で漂流できることが示されている(Kistler *et al.* 2014)。種子が海水に1年以上浸かったとしても発芽能力があることも確かめられている(Whitaker & Carter 1954)。

もう一つの仮説は、ヒョウタンが人類の移動とともに完新世初期までに東アジアや新大陸まで人によって運ばれたとする人類移動説である(たとえば、湯浅2015)。現生人類がアフリカを離れてユーラシア大陸に拡散する過程で、アフリカのヒョウタンを一緒に持ち運んだ可能性が高い。ヒョウタンは乾燥させると丈夫で軽く、なかに水を入れても漏れないため、ペットボトルのような水を運ぶための容器として利用され、現生人類とともに移動した可能性がある。

新大陸の遺跡から出土したヒョウタン遺物の古DNA分析結果によれば、新大陸の古いヒョウタンはアフリカよりも東アジアのヒョウタンに近縁だという結果がでており、東アジアのヒョウタンが新大陸に伝わった可能性を示唆している(Erickson *et al.* 2005)。しかし最近、別の古DNA分析の結果では、新大陸のヒョウタン遺物はアフリカの野生種のヒョウタンに近縁であることも示されている(Kistler *et al.* 2014)。古DNAの分析手法によって結果が異なるため、結果の解釈には慎重にならなければならない。

一方、日本の縄文時代の鳥浜貝塚や中国新石器時代の田螺山遺跡など東アジアの遺跡から出土するヒョウタン遺物の果皮の計測結果からは、その多くが3～5mmの厚さを持ち、現在の栽培種と同程度の厚い果皮を持っていたことがわかっている(Fuller *et al.* 2010)。しかし、鳥浜貝塚のヒョウタンは3.5mmと2mmのバイモードになっており、栽培型の果皮の厚いものと同時に、現在の野生種と同じくらい果皮の薄い(1.5～2mm程度)ものも含まれている(Fuller *et al.* 2010)。これが栽培種の未熟なものか、あるいは野生型のヒョウタンも一部存在していたのか、今後の検討を要する。最近、我々の研究グループでは、日本列島の遺跡から出土したヒョウタン種子のDNA解析を進めており、この問題の検証を進めている。

アサ(**図4**)は、直接年代測定された1万年前の果実が千葉県の沖ノ島遺跡から見つかっており(小林ほか2008；工藤ほか2009)、秋田県菖蒲崎貝塚でも7,600年前頃の果実が見つかっている(國木田・吉田2007)。工藤・一木(2014)による集成によれば、日本列島から出土している最古のアサは、縄文時代草創期の鳥浜貝塚の麻縄(布目1984)である。しかし、鈴木(2017)による鳥浜貝塚出土の縄製品の再調査からは、アサで作られた縄は見つかっていない。アサもヒョウタン同様、日本列島には自生しないため外来種とされており、これを根拠に、アサが栽培されていたと判断される場合が多い。しかし、アサの起源についてはまだよくわかっていなく、慎重に検討すべき課題である。

アサの起源は、遺伝的多様性を根拠にした中央アジア説(Vavilov 1992)と古い文献記録を根拠とした中国説(Chang 1987; Crawford 2006)がある。アサの祖先野生種は見つかっていなく、すでに絶滅したのではないかと考えられている。

アサの分類は複雑であり、混乱しているところもあるが、Small (2015)による分類では、アサには主に繊維を採取する繊維型のアサ(*Cannavis sativa* subsp. *sativa*)とドラッグに利用される麻薬型のアサ(*Cannavis sativa* subsp. *indica*)があり、どちらにも栽培種と野生種がある。繊維型の栽培種の学名は*C. sativa* subsp. *sativa* var. *sativa*となり、野生種は*C. sativa* subsp. *sativa* var. *spontanea*となる。同様に、麻薬型の栽培種は、*C. sativa* subsp. *indica* var. *indica*で、麻薬型の野生種は、*C. sativa* subsp. *indica* var. *kafiristanica*となる。これらの野生種は栽培種が野生化あるいは雑草化したものと見られており、直接の祖先ではないと考えられている。さらに、繊維型の栽培種には、東アジア型とヨーロッパ型があ

図4　アサ
A：現在栽培されている繊維型のアサ(栃木県鹿沼市)、B：アサの繊維、C：アサの果実

り、これらが交雑したハイブリッド型まであり、その分類は複雑である(Small 2015)。

植物遺体による証拠も、東アジアだけでなくヨーロッパにも古い記録があり、どこかで一元的にドメスティケーションが起こったというよりも、ユーラシア大陸の広い範囲でそれぞれの目的に応じて多元的にドメスティケーションが起こった可能性が指摘されている(Long *et al.* 2017)。しかし、ヨーロッパの古い記録は主に花粉による証拠であり、本当に新石器時代の古いアサがヨーロッパにあるのか、再検討が必要だろう。

アサは窒素分の多い土地に自生することが知られている。現在のカナダなどでも家畜の糞が溜まっているところに自生していることから、おそらく先史時代には人の移動に伴って分布を広げた可能性が指摘されている(Small 2015)。笠原(1987)は、鳥浜貝塚から小粒のアサ果実を2粒記載しており、旧石器人による随伴植物には野生型の小粒種子の渡来もあり、縄文前期までには大粒と小粒の雑多な多型のアサがあった可能性を指摘している。人の移動とともに随伴植物として分布を広げたアサを、各地で利用していく過程で、その利用形態にあわせて独自にさまざまなドメスティケーションが起きたのかもしれない。千葉県沖ノ島遺跡のアサ果実(小林ほか2008)は、論文の写真を見るかぎり、果実基部の離層部分が突出しておらず栽培型の形態を示している。少なくとも1万年前には日本列島でアサの栽培が行われていたことを意味している。アサのドメスティケーションの過程を各地の資料から今後詳しく調べていく必要がある。

図5 ウルシ
A：ウルシの木、B：樹幹に残るウルシ掻きの痕、C：ウルシの果実

ウルシ(**図5**)の起源に関する仮説については、最近、工藤(2017)によってわかりやすく整理されている。しかし、4つの仮説が提示されているように、まだ不明な点が多い。ウルシは、現在の日本列島の気候条件下では「自然林」のなかには生育していないため、元来の日本の自然林の構成種とは考えられないとされる(鈴木ほか2014)。ただし、かつて栽培していた場所などには野生分布も見られないことはない。本来の野生のウルシは、中国河北省の大行山脈から黄河中流域、揚子江中流域の標高800m以上のところに多く、落葉広葉樹の二次林に自然に分布するという(鈴木ほか2014)。

近年、12,600年前のウルシの自然木が福井県の鳥浜貝塚から見つかり、ウルシの木が12,600年前から日本列島にあったことがわかった(鈴木ほか2012)。中国にしか野生状態では生育できないウルシの木が、当時日本列島にあったことの理由としては、当時の人によって、すでに中国からウルシの木が日本列島に持ち込まれており、12,600年前から管理が始まっていたとする説がある(能城2017)。しかし、当時はヤンガー・ドリアスの寒の戻りの時期で、まだ寒冷・乾燥の大陸的な気候であり、日本列島にもウルシが自生できた可能性もある。後氷期になって気候が温暖・湿潤になるなかで、自生できなくなったウルシを人が管理や栽培することで、維持されてきたのかもしれない。

最古の漆器は縄文早期の北海道の垣ノ島B遺跡から報告されているが、直接年代測定をしたものではないので、信頼性が低い。年代が確実な最古の漆器は石川県三引遺跡からの出土品で、7,200年前頃である(工藤・四柳2015)。この頃には中国の長江流域でも漆器が見つかっているので、漆文化の交流があった可能性がある。しかし、当時交流があり、漆文化がもたらされたとすれば、なぜすでに長江流域で始まっていた稲作文化がはいってこなかったのか疑問も残る。逆に、日本列島の漆文化が中国に伝播した可能性、あるいは多元的な漆文化の発生なども含め、今後、さらなる検討を要する課題である。近年開発された新たなウルシの同定法(能城・鈴木2004;吉川2006;吉川ほか2014)による、確実な年代値に基づくデータの蓄積が今後必要になろう。

2. 縄文時代のダイズとアズキ

最近では、ヒョウタン、アサ、ウルシなどの資源植物だけでなく、ダイズ、アズキ、ヒエ、クリなどの食料として重要な植物も栽培や管理が行われた可能性が指摘され始めている。まず、ダイズとアズキについて見てみよう。

ダイズとアズキは、東アジア起源のマメ科の作物である(**図6**)。ダイズの祖先野生種はツルマメ、アズキの祖先野生種はヤブツルアズキだとされている。なお、ここでは、単にダイズとアズキと表記する場合は、広義のダイズ(*Glycine max*)とアズキ(*Vigna angularis*)を指すこととし、野生種と栽培種の両方を含むものとする。狭義に示す場合は、ダイズ栽培種(*Glycine max* subsp. *max*)と祖先野生種のツルマメ(*Glycine max* subsp. *soja*)、アズキ栽培種(*Vigna angularis* var. *angularis*)と祖先野生種のヤブツルアズキ(*Vigna angularis* var. *nipponensis*)と示す。

すでに多くの研究で指摘されているように(たとえば、小畑2011, 2014, 2016a, 2016b;中山2014, 2015;那須ほか2015;那須2018)、縄文時代のダイズとアズキは野生種ほどの大きさのものから現在の栽培種と同じくらい大きなサイズの種

図6　ダイズとアズキ
A：ダイズ栽培種、B：アズキ栽培種、C：ツルマメ、D：ヤブツルアズキ

子まで幅広く見つかっており、縄文時代中期後半に中部高地を中心に顕著な大型化が認められている(**図7**)。特に土器の圧痕資料において、現在の野生種のサイズを大きく上回る種子が出土していることから、縄文時代にはダイズとアズキの栽培が行われており、ドメスティケーションも起こっていた可能性が指摘されている。

最古のダイズは、九州南部の王子山遺跡で縄文時代草創期(約13,000年前頃)の土器圧痕から1点報告されている(小畑・真邉2012)が、さらなる資料の増加が望まれる。サイズは長さが4mm程度で、現在の野生種程度の大きさである。その後、縄文時代早期(9,000年前頃)になると中部高地を中心にやや大型の種子が見つかるようになり、資料数も増加してくるが、サイズはまだ野生種の変異のなかに収まる。縄文時代前期から中期後半の6,000年前から4,500年前頃になると、資料数が格段に増加するとともに、中部高地と関東地方西部の諸磯・勝坂式土器文化圏において、現在の栽培種と同じくらい大型の種子が見つかるようになる。ただし、同時に現在の野生種と同じくらいの小型の種子も依然として多数出土していることに注意したい。この時期には、中部高地の住居址数が増加しており、人口の増加とダイズ利用の増加に関連がありそうである。ところがその後、縄文時代後期後半(4,000年前頃)になると中部高地の住居址数が激減し、あわせて大型のダイズは中部高地と関東地方西部では見られなくなる。この頃に大型のダイズが見つかるのは九州地方である。この頃には、小型の種子がほとんど見られなくなることも興味深い。

次にアズキを見てみよう。最古のアズキは縄文時代早期の滋賀県粟津湖底遺跡から、直接年代測定はされていないが、9,000年前頃の炭化種子が見つかっている(南木・中川2000)。ただし、まだサイズは小さく、現在の野生種と同程度の大きさである(**図7**)。大型化が始まるのは、ダイズと同様、6,000～4,500年前頃で、中部高地を中心に大型のアズキが特に圧痕資料で見つかっている。一方、炭化種子を中心に、小型の種子も多数見つかっている。このような大型化傾向はアズキの場合も継続しない。4,000年前頃の縄文後期後半に大型の種子が見られるのは、関東地方東京湾沿岸部か九州地方にかぎられる。ただし、アズキの場合は、中間的な大きさのものが、近畿地方でも見られる。この頃には、ダイズと同様、小型のアズキが見られなくなる。

このように、中部高地と関東地方西部の諸磯・勝坂式土器文化圏では縄文時代中期から後期前半にかけてマメの大型化傾向が継続し、ドメスティケーションが始まった可能性がある。しかしながら、東北地方でも利用があるにもかかわらずに大型化は起こっていない。このことは、大型化が起こるようなマメの積極的な

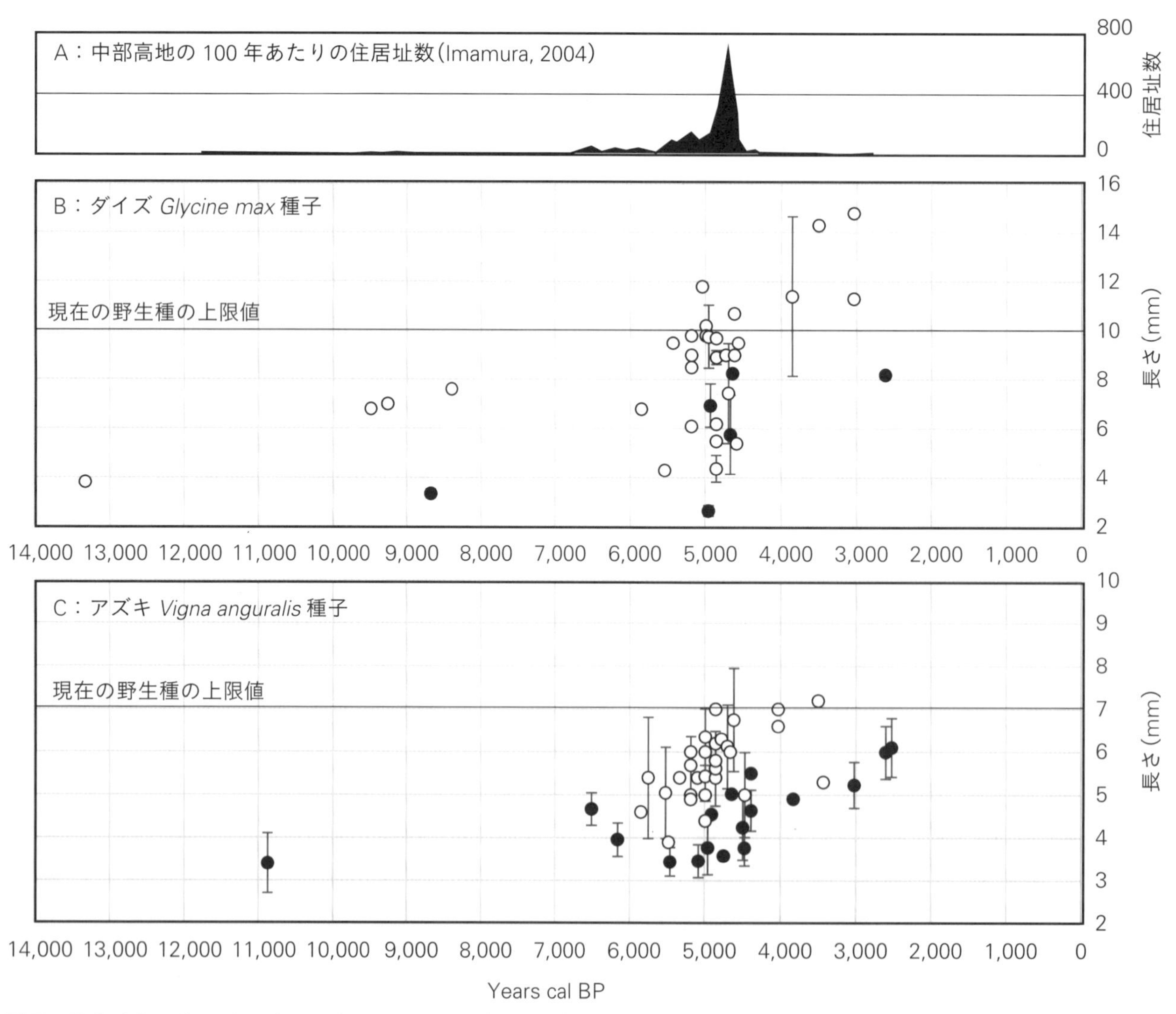

図7 縄文時代以降のダイズとアズキの種子サイズの変化(那須2018を改変)

利用は、一部の地域にかぎられていたことを示している。しかしながら、マメの大型化が起こった中部高地と関東地方西部地域でも、小型のマメが依然として利用されており、この時期にはドメスティケーションが完成したわけではなかった。小型の種子の利用が減少し、大型種子への依存度が高まるのは、むしろこの地域以外の場所であり、4,000年前以降に九州や西日本で起こった可能性がある。しかしながら、この時期の西日本や九州のデータがまだ少ないので、本当に小型の種子が利用されなくなったのか、今後検討していく必要がある。九州の大型のマメが、中部高地からの遺伝子を受け継ぐものなのか、それとも縄文後期以降に大陸からもたらされた新しい品種なのか、さまざまな可能性を含めて、より一層の調査が必要である。

このように、縄文時代にダイズとアズキのドメスティケーションが起こった可能性はあるが、そこから農耕社会には発展しなかった。おそらく、タンパク質が主体のマメ類だけではカロリーを賄うことができなかったのだろう。アズキはマメ類のなかでも炭水化物が豊富であり、主食になり得た可能性がある。しかし、そうはならなかった。現在のあらゆる社会でも、マメを主食とする文化が見あたらないところを見ると、多くの人口を農耕によって支えるにはやはりイネ科穀物が必要なのかもしれない。

3. 縄文時代のヒエ

それではヒエはどうだろうか。ヒエ(*Echinochloa esculenta*)はイネ科キビ連の雑穀である(**図8**)。祖先野生種はイヌビエ(*Echinochloa crus-galli*)とされており、日本列島や東アジアに広く分布している。同じイネ科の雑穀のアワとキビは、中国黄河流域で1万年前頃にドメスティケーションされ、黄河流域の雑穀農

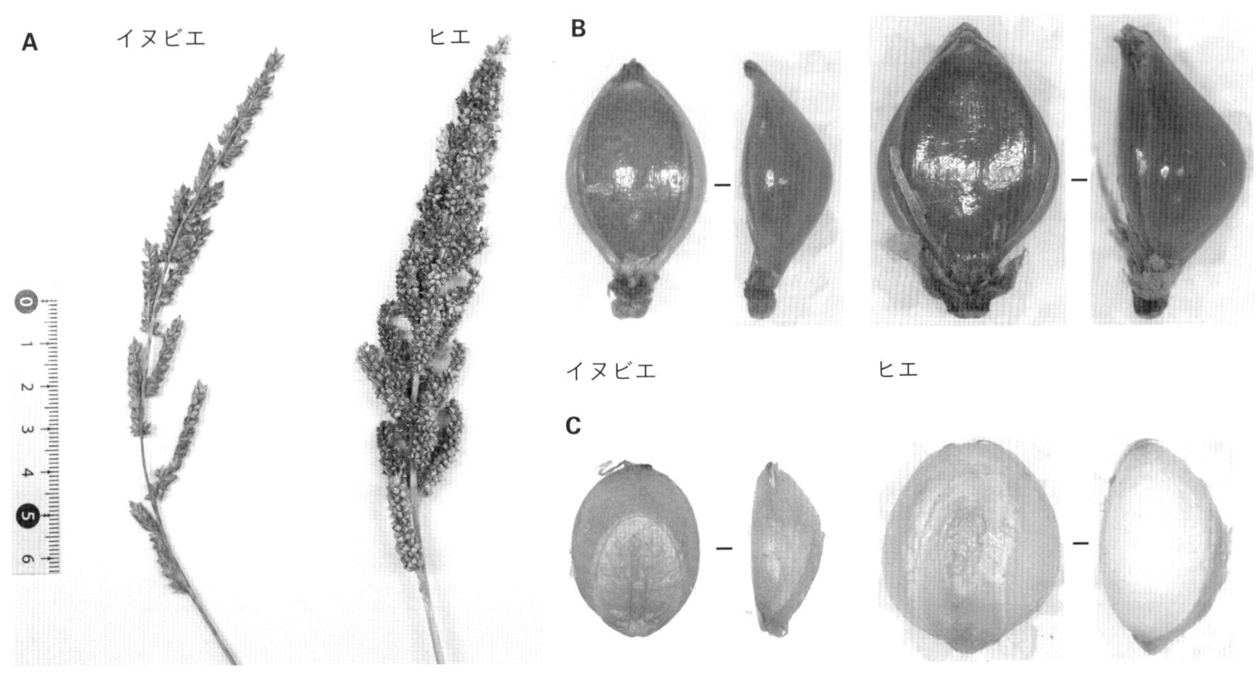

図8　イヌビエとヒエ
A：果穂、B：有ふ果、C：穎果

耕文化の原動力となった。同じように野生のイヌビエが日本列島で縄文時代にドメスティケーションされていたとしたら、縄文時代でも雑穀農耕文化が起こってもよさそうである。

それでは、縄文時代のヒエ属種子の出土記録を見てみよう。イヌビエとヒエを含むヒエ属の種子は、縄文時代の早期から見つかっている。この時期からヒエ属の種子が人々に利用されていたようである。これらのサイズの変化を見ると、北海道南部の渡島半島と東北北部の円筒式土器文化圏において、縄文時代の前期から中期にかけて大型化していることがわかる(**図9**)。一方、中部高地では、大型化どころかヒエ属種子が出土しなくなる。中部高地では何らかの理由で、イヌビエが利用されなくなり、かわりにダイズとアズキの利用が強化される。

トロント大学のGary Crawfordは、北海道南部の亀田半島の遺跡群において、縄文時代前期から中期にかけてヒエ属の種子が大型化していることを見いだし、縄文時代にヒエがドメスティケーションされた可能性を初めて指摘した(Crawford 1983)。その後、吉崎昌一と椿坂恭代は、北海道や東北北部の遺跡においてフローテーション法による炭化種子の分析を精力的に行い、イヌビエとは形態が異なる種子を多数見いだし、「縄文ヒエ」と名づけ、その栽培の可能性を指摘している(吉崎1997, 2003)。最近は小畑・真邉(2013)が、三内丸山遺跡の円筒下層式の土器片(縄文時代前期後半)から大型のヒエ属の圧痕を検出しており、さらに北海道渡島半島の館崎遺跡でも同時期の土器から大量のヒエ属圧痕を検出している(小畑2017)。

このように、ヒエ属の種子は、少なくとも北海道渡島半島から東北北部の円筒

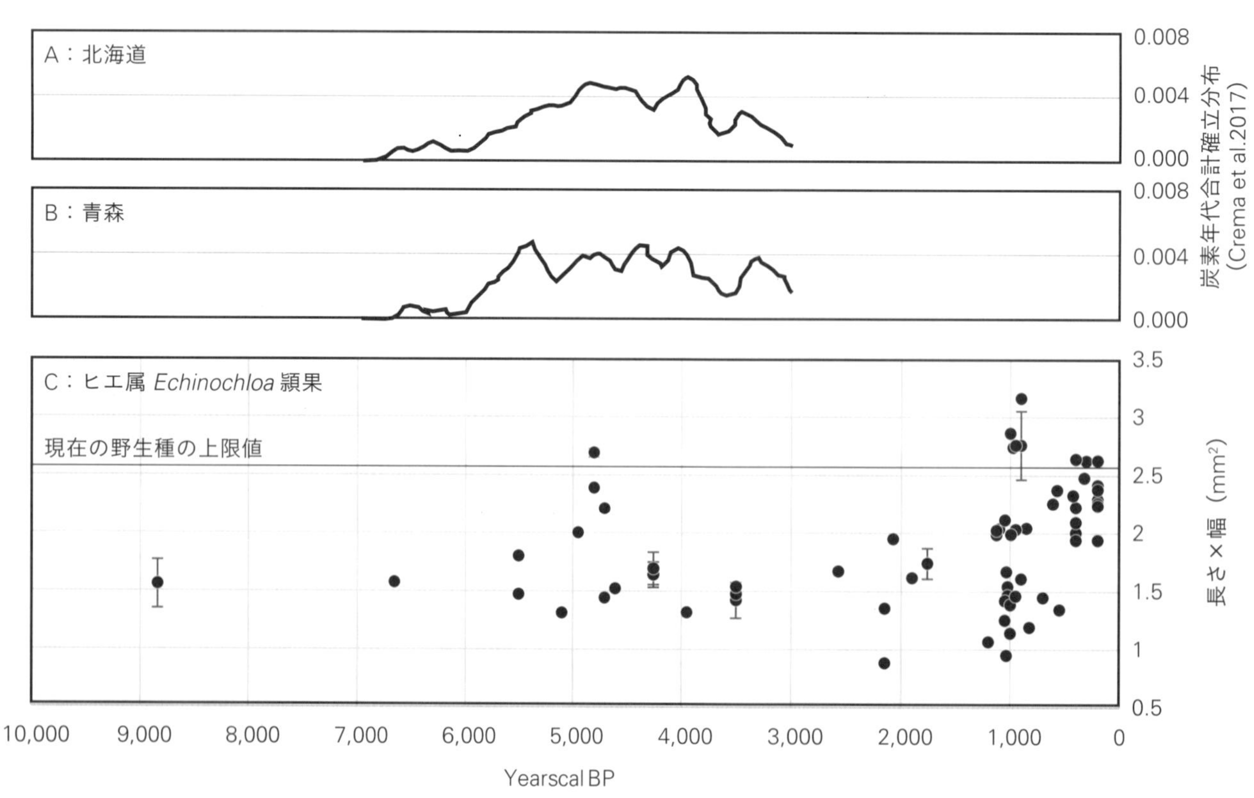

図9 縄文時代以降のヒエ属の種子サイズ変化(那須2018を改変)

土器文化圏において、縄文時代前期〜中期にかけて大型化していた可能性がある。興味深いことに、最近の人口推定(Crema *et al.* 2016)では、青森では縄文前期頃、北海道では縄文中期頃に人口の増加が見られており、ヒエ属種子の大型化傾向と一致している。何らかのイヌビエ利用の強化があった可能性がある。

しかしながら、この大型化傾向は、その後の時期まで継続しなかった。縄文時代後期以降、農耕文化をすでに受容した弥生時代においても、大型のヒエ属種子が検出された例はいまのところ見られない。椿坂のまとめた詳細なサイズデータによれば(椿坂2007)、ヒエ属種子が現代の栽培種のヒエと同程度の大きさになり、その出現頻度が定着するのは、10世紀頃である。興味深いことに、この時期に朝鮮半島北西部、中国大陸東北部、沿海州南部で大型のヒエの利用が始まる(Zhao 2016)。東北アジアのどこかの地域で大型化したヒエが一気に各地に拡散した可能性がある。

そうすると、縄文時代のヒエ属種子の大型化は、一体何だったのだろうか。

一度、円筒土器文化圏ではヒエのドメスティケーションが起こっていたが、その品種が継続せずに絶滅した可能性や、ドメスティケーションは起こっていなく、環境条件で大型化した可能性など、さまざまな可能性を検討する必要がある。現在、我々の研究グループでは、栽培実験とDNA実験により大型化のメカニズムを検討中である。

いまのところ、ヒエのドメスティケーションは難しかったのでは?と考えている。その理由を考えるヒントとして、中国新石器時代のイヌビエの出土例を見てみよう。イネのドメスティケーションが起こった中国長江流域では、1万年前頃の浙江省上山(Shangshan)遺跡で野生イネの採集が始まっているが、それと同時に野生のイヌビエも採集されていたことがわかっている(Yang *et al.* 2015)。このうち、イネはドメスティケーションされたが、イヌビエはされなかった。同様に、黄河流域でも山西省柿子灘(Shizitan)遺跡で13,000年前頃からアワの野生種であるエノコログサが採集利用されており、これと同時にイヌビエも利用されていた(Bestel *et al.* 2014)。黄河流域ではアワとキビがドメスティケーションされたのに対し、イヌビエはされなかった。このように、何らかの遺伝的あるいは生理・生態的な理由で、イヌビエのドメスティケーションはイネとアワ・キビに比べて難しかったのではないかと考えている。このような理由から、縄文時代中期にイヌビエのドメスティケーションが試みられたが、それが成功しなかったので、ヒエを主体とした雑穀農耕社会には至らなかったと考えておきたい。

4. クリの栽培・管理

クリ(*Castanea crenata*)の果実の大型化や半栽培の問題は、酒詰(1957)や中尾(1974)によって古くから指摘されており、南木(1994)、新美(2002)、吉川(2011)によってその詳細な数値データが示されている。南木(1994)は、標本数は少ないものの、縄文時代中期以降に果実サイズが増加傾向にあり、晩期には現在の栽培種と匹敵するサイズの果実があると報告した。吉川(2011)はさらに詳細に縄文時代のクリのサイズデータを検討した。その結果、クリ果実の大型化は後期以降に起こっていることを示し、晩期には新潟県青田遺跡のように、現在の丹波クリなどの大型品種と同程度のサイズのクリが出土している一方、野生種サイズの小さいクリしか出土しない遺跡もあり、大型クリの出土遺跡に偏りがあることを示した。遺跡出土クリの古DNA解析に向けた研究もいくつか試みられているものの(山中ほか1999;Tanaka *et al.* 2005)、栽培種のクリと野生種のクリを厳密に識別できるマーカーがなく、多数の純粋な野生集団を用いた集団遺伝学的な解析が望まれる。

最近はオニグルミ(*Juglans mandshurica* var. *sachalinensis*)の大型化も佐々木(2014)によって指摘されているが、比較対象とする野生種の標本数が少なく、野生集団の果実の大きさにどれくらいの変異があるのかが不明である。オニグルミの大型化の判断には、さらなる野生種のデータが必要だろう。また、トチノキ(*Aesculus turbinata*)やイチイガシ(*Quercus gilva*)、ナラガシワ(*Quercus aliena*)などの縄文時代に多く利用された他の堅果類についても、同様の大型化があったのか、なかったのか、今後検討していく必要がある。そのためにも現生の野生集団のデータ集成が重要になってくる。

いずれにしても、クリの果実が大型化していることからすれば、縄文人がクリの木に対して、何らかの管理をしていた可能性は高い。実際に、クリの木は縄文時代で一番使用頻度が高く(能城・佐々木2014)、石斧で加工しやすいことも実験により判明している(工藤2004;山田2014)。集落周辺においてクリの花粉が多いことは三内丸山遺跡などで知られており(Kitagawa & Yasuda 2004;吉川2011)、クリの木がよく育つように、あるいはクリの木を維持するための、何らかの管理か栽培が行われていた可能性がある。これは、古くから中尾(1974)により「半栽培」と名づけられた行為であり、縄文人によるニッチ構築(Smith 2011)のひとつであると考えられる。小畑(2016b)は、クリもマメ類と同様に栽培していたとしている。その可能性はあると思われるが、クリの実生を移植したり、播種したりするような行動を行っていたかどうか、具体的な証拠による検証が必要である。

5. 考　察

それでは、ここで初めに示した問いに戻ろう。なぜ、縄文時代の人々は、このようにマメやイヌビエ、あるいはクリの栽培や管理技術を持ちながら、自ら農耕社会へと移行しなかったのだろうか。

現在の考古植物学のデータからは、マメやクリだけでは人口が増加した社会を支えるだけの食料を賄えなかったことと、イヌビエのドメスティケーションが成功しなかったことによると考えられる。縄文中期の中部高地と関東地方西部では、マメとクリの利用が高まり、大規模な集落を維持することができたが、そこから農耕社会へと移行することはなかった。人口が多くなりすぎるとクリとマメだけでは食料を賄うことができずに、小規模の社会へと再分散するのではないだろうか。4.2 kaイベントのような環境変化に脆弱になったのかもしれない。東北日本ではクリの管理とともにイヌビエの利用が高まった。ある程度の増産ができ、大規模な集落も維持することができるようになったが、イヌビエのドメスティケーションがアワ・キビのようには成功せず、あまり収量が上がらなかったことで、それ以上の大規模な人口は賄えず、イヌビエを主体とした雑穀農耕社会には至らなかった。

結局は、資源と人口のバランスによって、農耕社会への移行が決まるのではないだろうか。集落あたりの人口が少なければ、狩猟採集によって食料は十分に賄える。定住度が高くなり、人口に対する集落周辺の資源量が減少すると、採集だけでは賄えなくなり、おそらく、栽培や管理を始めるようになるのだろう。このときに対象となる植物が、中国のイネやアワ・キビのようにドメスティケーションが容易で、かつ生産性が高い植物だった場合は、いち早くこれらに依存する社会、すなわち農耕社会へと移行する。一方、縄文時代のダイズやアズキ、イヌビエ、クリのようにドメスティケーションが容易ではなく、生産性がそれほど高くない場合は、採集へのウェイトが高く維持され続ける。結果として、狩猟採集を主体とした広範囲経済の小規模社会が継続したのではないだろうか。

それでは、もし日本列島にイネやアワ・キビの野生種が分布していたとしたら、どうだろうか。中国大陸と同様に縄文時代にもイネやアワ・キビのドメスティケーションが起こって、自ら農耕社会に移行しただろうか。この問題を考えるためには、中国における初期稲作遺跡の農耕化過程が参考になる。

中国長江下流域の浙江省田螺山遺跡では、6,900年前頃には野生イネの採集から栽培が始まり、6,600年前頃にはイネのドメスティケーションが起こったが(Fuller *et al.* 2009)、食料の主体としては堅果類やヒシ(*Trapa* spp.)、淡水魚類、野生動物などを利用する広範囲経済であり、イネへの依存度は低かったと見られている(中村2002、2010)。その一方、沼沢地の広がる太湖平原では、周囲に堅果類がほとんどなかったため、イネへの依存度が早く高まり、稲作農耕社会がいち早く進化したとされている(中村2010)。田螺山遺跡で暮らした人々はイネを栽培していたが、そこから自ら稲作中心の社会に移行したわけではなく、大湖周辺の稲作農耕民の影響によって農耕社会に進化したと考えられている(細谷ほか2017)。そうであるならば、堅果類が豊富であった縄文社会も、イネがあったとしても自ら農耕社会には移行しなかった可能性がある。もし日本列島にも、大湖平原のように堅果類がほとんどなく、野生の一年生草本に頼らざるを得ないような広大な沼沢地があり、そこに野生のイネがあれば、農耕社会になっただろう。しかし、そのような広大な沖積低地は、日本列島の縄文時代には、そもそも発達していなかった。

それでは雑穀のアワ・キビはどうだろうか。黄河流域のアワ・キビ農耕が生まれた地域では、堅果類が少なかったのだろうか。

この地域の植生は温帯落葉広葉樹林であり、考古植物学の分析結果を見ても、ドングリ(*Quercus* spp.)、クリ、マンシュウグルミ(*Juglans mandshurica* var. *mandshurica*)などの堅果類は利用されていたようである(甲元2001)。近年のデンプン粒分析でも石皿から雑穀のデンプンとともにドングリのデンプンが検出されており(Liu 2015)、これも同じように利用されていたようである。つまり、ここでも雑穀は広範囲経済を支える食料のひとつであり、そのうちアワとキビだけにドメスティケーションが起こった。なぜアワ・キビにだけドメスティケーションが起こったのかはまだ不明であるが、これも長江下流域と同じような要因、つまり周囲に堅果類が少ないような地域があり、そのような一部の地域でアワ・キビの栽培が始まったのかもしれない。興味深いことに、当時採集利用されていたイネ科の一年生草本には、アワの野生種(エノコログサ)、キビの野生種だけでなく、先に紹介したイヌビエやコムギ連の草本もあったことがわかっている。このうち、アワとキビだけがドメスティケーションされ、イヌビエとコムギ連(Triticeae)の草本はドメスティケーションされなかった。Diamond (2002)がすでに指摘しているように、ドメスティケーションに向いている植物と不向きな植物があった可能性を示唆する。

このように見ると、縄文時代が農耕に依存した社会にならなかった理由として、植物側の問題と地理的な問題の2つがあるように思われる。日本列島には周囲に堅果類がないような広大な草地がほとんどなく、もしあったとしてもそこに生えていた一年生草本はドメスティケーションには向いている植物ではなかった。多角的な広範囲経済のひとつとして、植物の管理／栽培を行い、相対的な資源量が減少すると栽培を強化した。しかし、生産量はそれほど上がらなかったため、農耕社会へと移行することはなく、多角的な広範囲経済をとり、小規模社会を維持していたと考えられる。

引用文献

・Bestel, S., Crawford, G. W., Liu, L., Shi, J., Song, Y., & Chen, X. 2014. The evolution of millet domestication, Middle Yellow River region, North China: evidence from charred seeds at the late Upper Paleolithic Shizitan Locality 9 site. *The Holocene* 24(3): 261-265.
・Chang, K. C. 1987. *The Archaeology of Ancient China, Fourth Edition, revised and enlarged*. Yale University Press.
・Crawford, G.W. 1983 *Paleoethnobotany of the Kameda Peninsula Jomon (Anthropological Papers 73)*, University of Michigan Museum.
・Crawford, G. W. 2006 East Asian plant domestication, in M.T. Stark (ed) *Archaeology of Asia*: 77-95. Blackwell.
・Crema, E. R., Habu, J., Kobayashi, K., Madella, M. 2016. Summed probability distribution of 14C dates suggests regional divergences in the population dynamics of the Jomon period in eastern Japan. *PloS one* 11(4): e0154809.
・Diamond, J. 2002. Evolution, consequences and future of plant and animal domestication. *Nature* 418(6898): 700-707.
・Decker-Walters, D. S., Wilkins-Ellert, M., Chung, S. M. and Staub, J. E. 2004. Discovery and genetic assessment of wild bottle gourd [*Lagenaria siceraria* (Mol.) Standley; Cucurbitaceae] from Zimbabwe. *Economic Botany* 58: 501-508.
・Erickson, D. L., Smith, B. D., Clarke, A. C., Sandweiss, D. H. and Tuross, N. 2005. An Asian origin for a 10,000-year-old domesticated plant in the Americas. *Proceedings of the National Academy of Sciences of the United States of America* 102: 18315-18320.
・Fuller, D. Q., Hosoya, L. A., Zheng, Y. and Qin, L. 2010. A Contribution to the Prehistory of Domesticated Bottle Gourds in Asia: Rind Measurements from Jomon Japan and Neolithic Zhejiang, China. *Economic botany* 64: 260-265.
・Fuller, D. Q., Qin, L., Zheng, Y., Zhao, Z., Chen, X., Hosoya, L. A., & Sun, G. P. 2009. The domestication process and domestication rate in rice: spikelet bases from the Lower Yangtze. *Science* 323: 1607-1610.
・細谷葵・小林正史・庄田慎矢・西田泰民・村上由美子・孫国平・オリバー＝クレイグ2017「中国初期稲作民の食文化と環境適応－浙江省田螺山遺跡を中心に」『第32回日本植生史学会大会講演要旨集』9-10.
・Imamura K. 1996. *Prehistoric Japan: new perspectives on insular East Asia*. UCL Press/ University of Hawaii Press.
・笠原安夫1984a「鳥浜貝塚（第7次発掘）の植物種子の検出と同定－とくにアブラナ類とカジノキおよびコウゾの同定」『鳥浜貝塚－縄文前期を主とする低湿地遺跡の調査4－』（鳥浜貝塚研究グループ編），福井県教育委員会・若狭歴史民俗資料館：49–65.
・笠原安夫1984b「鳥浜貝塚（第6, 7次発掘）のアサ種実の同定について．付：80R2-3区ベルト出土のゴボウ，リョクトウ，ツルマメ，キハダ等の同定」『鳥浜貝塚—縄文前期を主とする低湿地遺跡の調査 4－』（鳥浜貝塚研究グループ編），福井県教育委員会・若狭歴史民俗資料館：80–85.
・笠原安夫1987「鳥浜貝塚（第7次発掘）における種子集中層から出土種実の同定—アサ，クマヤナギ，ヒルムシロ類，その他—」『鳥浜貝塚—縄文前期を主とする低湿地遺跡の調査6－』（鳥浜貝塚研究グループ編），福井県教育委員会・若狭歴史民俗資料館：1–10.
・小林真生子・百原　新・沖津　進・柳澤清一・岡本東三2008「千葉県沖ノ島遺跡から出土した縄文時代早期のアサ果実」『植生史研究』16(1)：11-18.
・甲元眞之2001『中国新石器時代の生業と文化』中国書店
・工藤雄一郎2004「縄文時代の木材利用に関する実験考古学的研究－東北大学川渡農場伐採実験」『植生史研究』12(1)：15-28.
・工藤雄一郎2012『旧石器・縄文時代の環境文化史：高精度放射性炭素年代測定と考古学』新泉社.
・工藤雄一郎2017「縄文時代の漆文化—最近の二つの研究動向—」『企画展示URUSHIふしぎ物語—人と漆の12000年史—』（国立歴史民俗博物館編），国立歴史民俗博物館：240-247.
・工藤雄一郎・一木絵理2014「縄文時代のアサ出土例集成」『国立歴史民俗博物館研究報告』187：425-440.
・工藤雄一郎・佐々木由香2010「東京都下宅部遺跡から出土した縄文土器付着植物遺体の分析」『国立歴史民俗博物館研究報告』158：1-26.
・工藤雄一郎・四柳嘉章2015「石川県三引遺跡および福井県鳥浜貝塚出土の縄文時代漆塗櫛の年代」『植生史研究』23：55-58.
・工藤雄一郎・小林真生子・百原　新・能城修一・中村俊

雄・沖津　進・柳澤清一・岡本東三2009「千葉県沖ノ島遺跡から出土した縄文時代早期のアサ果実の14C年代」『植生史研究』17：29-33.

・國木田　大・吉田邦夫2007「AMS法による14C年代測定」『菖蒲崎貝塚平成18年度発掘調査概報』(由利本荘市教育委員会編)，由利本荘市教育委員会：39–48.

・Kistler, L., Montenegro, Á., Smith, B. D., Gifford, J. A., Green, R. E., Newsom, L. A. and Shapiro, B. 2014. Transoceanic drift and the domestication of African bottle gourds in the Americas. *Proceedings of the National Academy of Sciences* 111: 2937-2941.

・Kitagawa, J., and Yasuda, Y. 2004. The influence of climatic change on chestnut and horse chestnut preservation around Jomon sites in Northeastern Japan with special reference to the Sannai-Maruyama and Kamegaoka sites. *Quaternary International* 123: 89-103.

・Larson, G., Piperno, D. R., Allaby, R. G., Purugganan, M. D., Andersson, L., Arroyo-Kalin, M., Barton, L., Vigueira, C.C., Denham, T., Dobney, K., Doust, A.N., Gepts, P., Gilbert, M.T.P., Gremillion, K.J., Lucas, L., Lukens, L., Marshall, F.B., Olsen, K.M., Pires, J.C., Richerson, P.J., de Casas, R.R., Sanjur, O.I., Thomas, M.G., and Fuller, D.Q. 2014. Current perspectives and the future of domestication studies. *Proceedings of the National Academy of Sciences* 111: 6139-6146.

・Liu, L. 2015. A long process towards agriculture in the middle Yellow River Valley, China: evidence from macro- and micro-botanical remains. *Journal of Indo-Pacific Archaeology* 35: 3-14.

・Long, T., Wagner, M., Demske, D., Leipe, C., and Tarasov, P. E. 2017. Cannabis in Eurasia: origin of human use and Bronze Age trans-continental connections. *Vegetation History and Archaeobotany* 26(2): 245-258.

・南木睦彦1994「縄文時代以降のクリ果実の大型化」『植生史研究』2：3-10.

・南木睦彦・中川治美2000「大型植物遺体」『粟津湖底遺跡自然流路(粟津湖底遺跡III)琵琶湖開発関連埋蔵文化財発掘調査報告書3-2』(滋賀県教育委員会編)，滋賀県教育委員会：49-112.

・中村慎一2002『稲の考古学』同成社.

・中村慎一2010「河姆渡文化研究の新展開」『浙江省余姚田螺山遺跡の学際的総合研究』(中村慎一編)，金沢大学人文学類：1-14.

・中尾佐助1974「自然の文化誌栽培植物篇-2-半栽培という段階」『自然』29：20-21.

・中山誠二2014「縄文時代のダイズの栽培化と種子の形態分化」『植生史研究』23：33-42.

・中山誠二2015「中部高地における縄文時代の栽培植物と二次植生の利用」『第四紀研究』54：285-298.

・那須浩郎2018「縄文時代の植物のドメスティケーション」『第四紀研究』57：109-126.

・那須浩郎・会田進・佐々木由香・中沢道彦・山田武文・輿石甫2015「炭化種実資料からみた長野県諏訪地域における縄文時代中期のマメの利用」『資源環境と人類』5：37-52.

・新美倫子2002「縄文時代遺跡出土クリの再検討ー大きさの問題を中心に」『動物考古学』19：25-37.

・能城修一2017「鳥浜貝塚から見えてきた縄文時代の前半期の植物利用」『さらにわかった！縄文人の植物利用』(工藤雄一郎・国立歴史民俗博物館編)，新泉社：50-69.

・能城修一・鈴木三男2004「日本には縄文時代前期以降ウルシが生育した」『植生史研究』12：3-11.

・能城修一・佐々木由香2014「遺跡出土植物遺体からみた縄文時代の森林資源利用」『国立歴史民俗博物館研究報告』187：15-48.

・布目順郎1984「縄類と編物の材質について」『鳥浜貝塚1983年度調査概報・研究の成果ー縄文前期を主とする低湿地遺跡の調査4ー』(福井県教育委員会編)，福井県教育委員会・若狭歴史民俗資料館：1–8.

・小畑弘己2011『東北アジア古民族植物学と縄文農耕』同成社.

・小畑弘己2014「マメを育てた縄文人」『ここまでわかった！縄文人の植物利用』(工藤雄一郎・国立歴史民俗博物館編)，新泉社：70-91.

・小畑弘己2016a『タネをまく縄文人：最新科学が覆す農耕の起源』吉川弘文館.

・小畑弘己2016b「縄文時代の環境変動と植物利用戦略」『考古学研究』63(3)：24-37.

・小畑弘己2017「館崎遺跡出土土器の圧痕調査報告」『北海道埋蔵文化財センター調査報告書第333集　福島町　館崎遺跡ー北海道新幹線建設事業埋蔵文化財発掘調査報告書ー第4分冊　骨角器・分析・総括編』(北海道埋蔵文化財センター編)，北海道埋蔵文化財センター：202-212.

・小畑弘己・真邉　彩2012「王子山遺跡のレプリカ法による土器圧痕分析」『都城市文化財調査報告書第107集　王子山遺跡ー山之口小学校校舎新増改築工事に伴う埋蔵文化財発掘調査報告書』(宮崎県都城市教育委員会編)，宮崎県都城市教育委員会：92-93.

・小畑弘己・真邉　彩2013「三内丸山遺跡北盛土出土土器の圧痕調査の成果とその意義」『特別史跡三内丸山遺跡年　報17』(青森県教育庁文化財保護課三内丸山遺跡保存活用推進室編)，青森県教育委員会：22-53.

・酒詰仲男1957「日本原始農業試論」『考古学雑誌』42(2)：1-12.

・佐々木由香2014「縄文人の植物利用—新しい研究法から—見えてきたこと」『ここまでわかった！縄文人の植物利用』(工藤雄一郎・国立歴史民俗博物館編)，新泉社：26-45.

・滋賀県教育委員会編2000『粟津湖底遺跡　自然流路(粟津湖底遺跡III)琵琶湖開発関連埋蔵文化財発掘調査報告書3-2』滋賀県教育委員会.

・Small, E. 2015. Evolution and classification of *Cannabis sativa* (marijuana, hemp) in relation to human utilization. *The Botanical Review* 81(3): 189-294.

・Smith, B.D. 2011. General patterns of niche construction and the management of ‘wild’plant and animal resources by small-scale pre-industrial societies. *Phil. Trans. R. Soc. B* 366: 836-848.

・鈴木三男2017「鳥浜貝塚から半世紀—さらにわかった！縄文人の植物利用—」『さらにわかった！縄文人の植物利用』(工藤雄一郎・国立歴史民俗博物館編)，新泉社：182-201.

・鈴木三男・能城修一・田中孝尚・小林和貴・王勇・劉建全・鄭雲飛2014「縄文時代のウルシとその起源」『国立歴史民俗博物館研究報告』187：49-71.

・鈴木三男・能城修一・小林和貴・工藤雄一郎・鯵本眞友美・網谷克彦2012「鳥浜貝塚から出土したウルシ材の年代」『植生史研究』21(2)：67-71.

・Tanaka, T., Yamamoto, T., and Suzuki, M. 2005. Genetic diversity of Castanea crenata in northern Japan assessed by SSR markers. *Breeding Science* 55(3): 271-277.
・Vavilov, N. I. 1992. *Origin and geography of cultivated plants*. Cambridge University Press.
・Whitaker TW and Carter GF 1954. Oceanic drift of gourds—Experimental observations. *American Journal of Botany* 41: 697–700.
・山田悟郎2000「ゴボウ考」『北海道開拓記念館研究紀要』28：27-38.
・山田昌久2014「「縄文時代」に人類は植物をどのように利用したか」『講座日本の考古学4　縄文時代(下)』(泉拓良・今村啓爾編)，青木書店：179-211.
・椿坂恭代2007「考古遺跡より発掘されるヒエ属植物」『アイヌのひえ酒に関する考古民族植物学研究．アイヌ文化振興・研究推進機構助成研究(平成17年～平成18年度)「アイヌのひえ酒に関するDNA考古植物学的研究」成果報告書』(山口裕文編)，アイヌ文化振興・研究推進機構：14-25.
・山中愼介・岡田康博・中村郁郎1999「植物遺体のDNA多型解析手法の確立による縄文時代前期三内丸山遺跡のクリ栽培の可能性」『考古学と自然科学』38：13-28.
・Yang, X., Fuller, D. Q., Huan, X., Perry, L., Li, Q., Li, Z., Zhang, J., Ma, Z., Zhuang, Y., Jiang, L., Ge, Y., and Lu, H. 2015. Barnyard grasses were processed with rice around 10000 years ago. *Scientific reports* 5: 16251.
・Yen, D.E. 1977. Hoabinhian Horticulture? The Evidence and the Question from Northwest Thailand, in J. Allen, J. Golson, & R. Jones (eds.) *Sunda and Sahul: Prehistoric Studies in Southeast Asia, Melanesia and Australia*: 567–599. Academic Press.
・吉川純子2011「縄文時代におけるクリ果実の大きさの変化」『植生史研究』18(2)：57-63.
・吉川純子・小林和貴・工藤雄一郎2014「下宅部遺跡から出土したウルシ属とヌルデ属果実」『国立歴史民俗博物館研究報告』187：205-216.
・吉川昌伸2006「ウルシ花粉の識別と青森県における縄文時代前期の産状」『植生史研究』14：65-76.
・吉崎昌一1997「縄文時代の栽培植物」『第四紀研究』36：343-346.
・吉崎昌一2003「先史時代の雑穀：ヒエとアズキの考古植物学」『雑穀の自然史』(山口裕文・河瀬眞琴編)，北海道大学図書刊行会：52-70.
・湯浅浩史2015『ヒョウタン文化誌—人類とともに一万年』岩波書店.
・Zhao, Z. 2016. Barnyard-millet farming zone in Northeast Asia: Archaeobotanical evidence from Northeastern China. Paper presented at the 17th Conference of the International Work Group for Palaeoethnobotany, Paris, 4-9 July 2016.

縄文時代に行われていた樹木資源の管理と利用は弥生時代から古墳時代には収奪的利用に変化したのか？

Did the prehistoric use of arboreal resources in Japan change from sophisticated management in the Jomon period to intensive use in the Yayoi to Kofun periods?

能城修一　Shuichi Noshiro

明治大学黒耀石研究センター

略歴
1988年 大阪市立大学大学院後期博士課程修了 博士(理学)
1989年～2017年 独立行政法人森林総合研究所 研究員
現在 明治大学黒耀石研究センター 客員教授
研究分野：木材解剖学、植物考古学
主要著作
Noshiro, S., Suzuki, M., Sasaki, Y. 2007. Importance of *Rhus verniciflua* Stokes (lacquer tree) in prehistoric periods in Japan, deduced from identification of its fossil woods. *Vegetation History and Archaeobotany* 16: 405–411
Noshiro, S., Sasaki, Y. 2014. Pre-agricultural management of plant resources during the Jomon period in Japan—A sophisticated subsistence system on plant resources. *Journal of Archaeological Science* 42: 93–106
能城修一・佐々木由香　2014「遺跡出土植物遺体からみた縄文時代の森林資源利用」『国立歴史民俗博物館研究報告』第187号：15–48
能城修一　2014「縄文人は森をどのように利用したのか」『ここまでわかった！縄文人の植物利用』東京：新泉社
能城修一　2017「鳥浜貝塚から見えてきた縄文時代の前半期の植物利用」『さらにわかった！縄文人の植物利用』東京：新泉社

はじめに

縄文時代の大規模な遺跡が数多く見つかっている東日本では、この30年ほどに行われた低地遺跡の発掘調査によって、縄文時代の人々はそれまで想定されていたような狩猟・採集民ではなく、およそ7,000年前に始まる縄文時代前期以降、集落の周辺の植物資源を管理して利用していたことが明らかになってきた(能城・佐々木2014)。この資源管理は特に樹木において顕著に認められ、日本に在来のクリと中国原産のウルシを中心とした植物資源の管理と利用が少なくとも前期以降には集落周辺で行われ、クリは果実と木材を活用し、ウルシは漆液と木材を活用していた様相が解明されている(工藤・国立歴史民俗博物館2014)。一方、縄文時代の動物遺体を見ると，非常に多様な動物資源を大量に利用しており(たとえば、樋泉2006；阿部2014)、縄文人が狩猟技術の面でも優れた狩猟民であったのは明らかである。このように、これまで狩猟・採集という生業を行っていたと考えられていた縄文時代の人々は、少なくとも植物資源に関しては、野生植物の採集だけでなく、植物資源の管理と、優良な品種の選抜、外来の栽培植物の利用を行っており、縄文時代の生業は狩猟・採集の範囲には収まらないことが示されている。こうした点から縄文時代の生業は狩猟採集と農耕の中間的な位置づけであったと提唱されるようになってきた(Crawford 2008, 2011)。

日本で縄文時代から弥生時代および古墳時代にかけて木材資源の利用が通時的に把握できるのは、関東地方だけである。そこでは弥生時代から古墳時代になると木材資源の利用は大きく変化する。関東地方から出土した建築材で見てみると、縄文時代の前期から晩期にかけて関東地方から出土した建築材の50％ほどを占めていたクリは、弥生時代から古墳時代ではほぼ10％以下しか使われなくなり、かわりにコナラ属クヌギ節が30～60％を占めるようになる(**図1A**)。ところが古墳時代終末から平安時代になると、クリの木材が再び評価され、クヌギ節とほぼ同じくらい利用されるようなる。この傾向は関東地方南部の竪穴住居から出土した炭化した建築材でも同様で、弥生時代から古墳時代にはクリの利用が極端に減少し、かわりにクヌギ節が多用される(**図1B**)。このように弥生時代から古墳時代には、縄文時代に重用されたクリはほとんど資源として評価されていないように見え、古墳時代終末以降になると再びクリ材が評価されることと対比すると、この時期のクリ材の低い位置づけは非常に特異である。クリの木材は通直で、耐朽性・耐水性が高く、使いやすい優れた素材であるため、建築の土台や屋根板、橋梁材、鉄道の枕木、土木用杭、和船の櫓、下駄、家具、漆器木地などとして近年までさかんに用いられていた(農商務省山林局1912；柴田1949；平井1996)。こうした点から考えて、関東地方の弥生時代〜古墳時代において把握されているクリ材の軽視は不可解な現象である。

関東地方で捉えられているこうした樹種選択の変化が、弥生文化の導入によってどのように影響されて生じたのかを探るために、関東地方から中部地方、東北

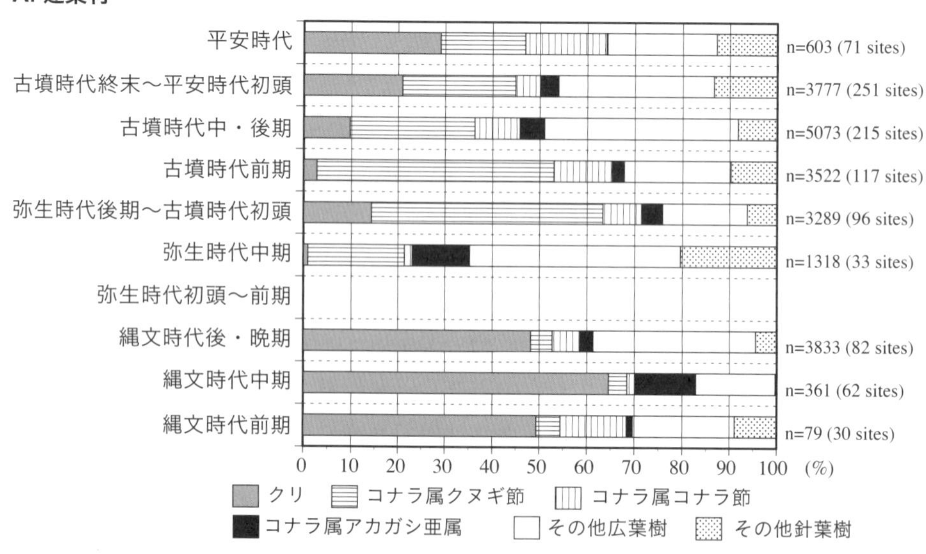

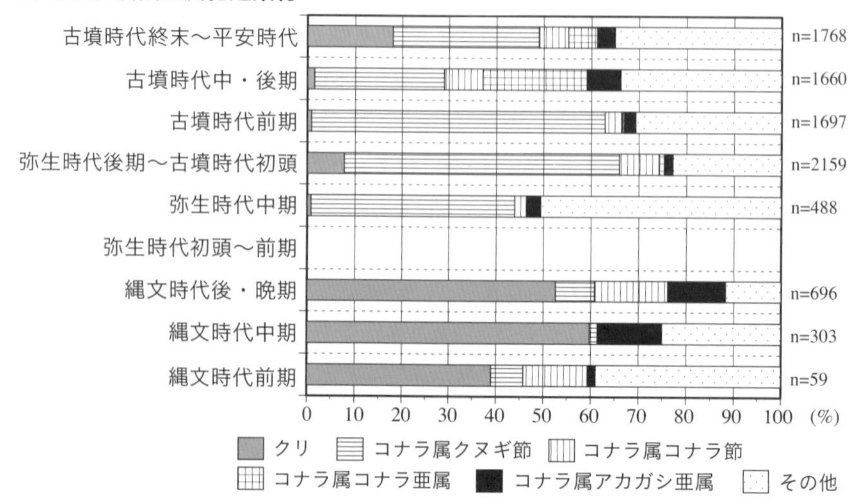

図1　縄文時代から古代における関東地方の建築材の樹種組成(A：伊東・山田2012を改変)と南関東の縦穴住居出土炭化材の樹種組成(B：大谷2011を改変)
弥生時代初頭〜前期は木材資料が出土していないため空白となっている。

地方で行われた樹種選択の研究を総覧し、それに基づき、樹種選択の変化の原因を以下の4つの側面(仮説)から検討した。

① 縄文時代から弥生・古墳時代にかけて森林植生が変化して樹木資源の組成が変化したために利用樹種が変化した。

② 伐採道具が縄文時代における石斧から弥生・古墳時代における鉄斧に変化したことが利用樹種の変化をもたらした。

③ 縄文時代から弥生・古墳時代にかけて、求める素材の材質が変化したことにより利用樹種が変化した。

④ 農耕を伴う弥生文化の導入が直接的に利用樹種の変化をもたらした。

なお、この論考は基本的にNoshiro (2016)に基づいているが、その後の新たな考察も加えている。

1. 検討資料と検討方法

遺跡出土木材の樹種同定は、出土木材のプレパラート標本を作製して行った(**図2**)。一般に木材と呼ばれる二次木部は、樹皮の直下に樹木を覆うように広がっている形成層から形成され、三次元の構造を持っている。樹種同定はこの三次元の構造を横断面と、接線断面、放射断面から観察して行う。実際の同定にあたっては、出土木材から片刃カミソリを用いて横断面と、接線断面、放射断面の切片を徒手で採取して、それをいったん水中にとってからプレパラート上に並べて、ガムクロラール(抱水クロラール50 g、アラビアゴム粉末40 g、グリセリン20 ml、蒸留水50 mlの混合物)で封入してプレパラート標本を作製する(能城2009)。出土木材は経年変化によって自然に着色しているため染色せずに観察することができる。また、その色も樹種ごとに特徴があり、同定の際に参考となる。同定に際しては、森林総合研究所や東北大学などに保管されている現生樹木のプレパラート標本と対照するとともに、森林総合研究所日本産木材識別データベース(http://db.ffpri.affrc.go.jp/WoodDB/JWDB/home.php)を利用して行った。

樹種同定結果を総覧したのは、東北地方の中在家南遺跡と(仙台市教育委員会1996)と高田B遺跡(仙台市教育委員会2000)、中部地方の川田条理遺跡(長野県埋蔵文化財センター2000)と石川条理遺跡(長野県埋蔵文化財センター1997)、関東地方の新保遺跡(群馬県埋蔵文化財調査事業団1986, 1988)と河原口坊中遺跡(かながわ考古学財団2014, 2015)、池子遺跡群(かながわ考古学財団1996,

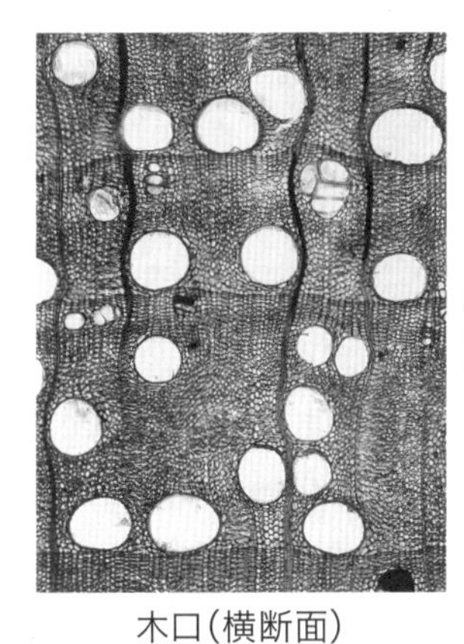

道管の横断面が見える。
年輪内で道管の直径が
徐々に小さくなる半環孔材。

木口(横断面)

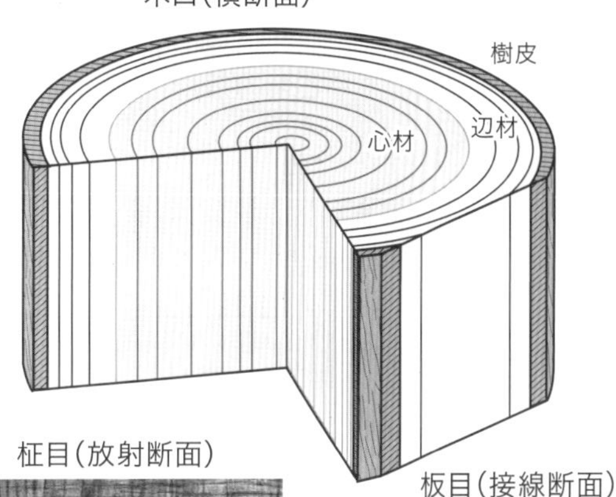

柾目(放射断面)

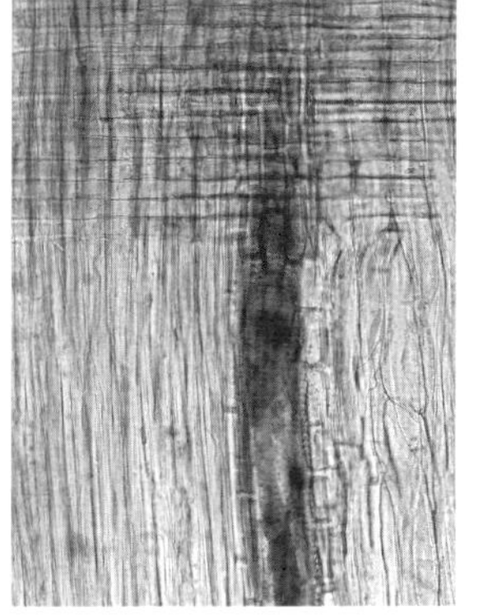

道管が縦方向に伸び、
放射組織が横方向に伸びる。
道管の穿孔は単一で、
放射組織は同性。

板目(接線断面)

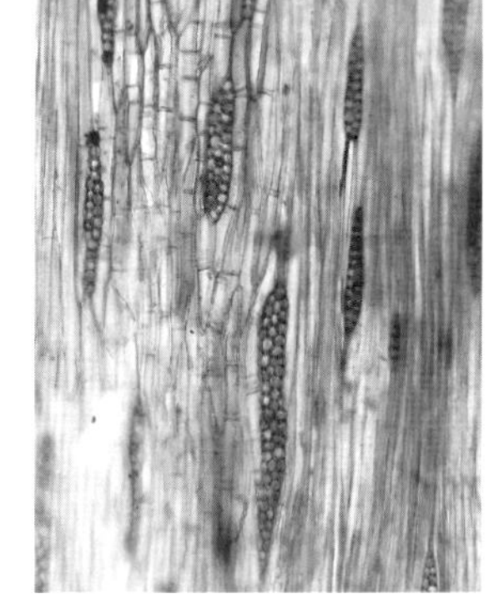

放射組織の縦断面が見える。
放射組織は同性で、
外形がいびつな紡錘形。

図2 木材の構造とプレパラート標本
東京都御殿前遺跡から出土した古代のネムノキの横断面と放射断面、接線断面とその木材解剖学的な特徴。

1997a, 1997b, 1999a, 1999b, 1999c)、小敷田遺跡(埼玉県埋蔵文化財調査事業団1991)、反町遺跡(埼玉県埋蔵文化財調査事業団2009, 2010, 2011a, 2011b)、国府関遺跡(長生郡市文化財センター1993)、常代遺跡(君津郡市文化財センター1996)である(**図3**)。従来、西日本から関東地方で鋤鍬の樹種として報告されていたコナラ属アカガシ亜属はほとんどがイチイガシであることが近年明らかになっている(Noshiro & Sasaki 2011；能城ほか2012；能城ほか2018)。そこで関東地方の樹種同定結果は、当該遺跡のアカガシ亜属の同定を再検討した能城ほか(2012)に従って集計した。なお、五所四反田遺跡については未公表データを使用した。また、木製品類は鋤鍬、その他道具類、建築材に区分して集計し、自然木が検討されている場合には自然木も集計に加えた。素材の大きさは、上記報告書の記録とサンプリング時の記録に基づいて放射径を求め、2cmごとの放射径階として評価した。

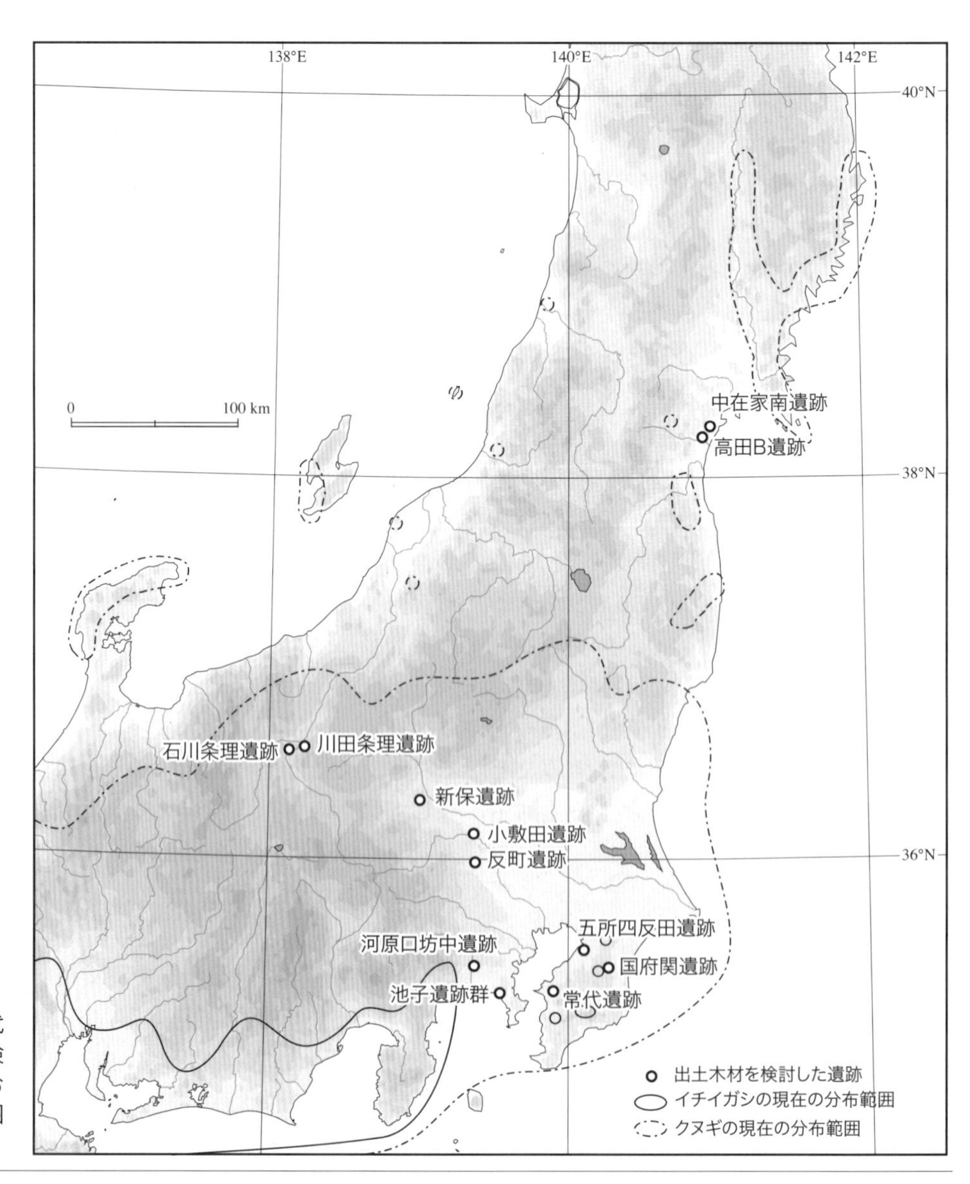

図3 弥生時代から古墳時代の出土木製品類と自然木を検討した遺跡と、イチイガシおよびクヌギの現在の分布範囲(倉田1964)

2. 結　果

2-1　鋤鍬の素材選択

検討した関東地方から中部地方、東北地方で樹種選択が明らかになるのは弥生時代の中期以降である。縄文時代からの移行期として重要である弥生時代前期における植物利用の様相は、中屋敷遺跡（中屋敷遺跡発掘調査団2008，2010）といった台地上の少数の遺跡を除いて、関東地方ではまったく確認できていない。

弥生時代から古墳時代に鋤鍬の素材としてもっとも重用されたのは関東地方南部ではイチイガシであり、関東地方北部から中部地方、東北地方ではコナラ属クヌギ節であった（**図4**）。イチイガシが現在も分布している関東地方南部ではイチイガシが鋤鍬の50～70％を占めており、ついでそれ以外のアカガシ亜属が選択されていたのに対し、イチイガシが現在分布していない関東地方北部ではクヌギ節とイチイガシ以外のアカガシ亜属が用いられていた（**図3**）。関東地方北部でわずかに見いだされたイチイガシの鋤鍬は、南部から持ち込まれたと考えられている（能城ほか2012）。また、関東地方北部はアカガシ亜属の樹種の分布の北限にあたっており（倉田1964）、自然木でもアカガシ亜属は多くないため、この地域におけるアカガシ亜属の資源はかぎられていたと想定されている。中部地方と東北地方ではクヌギ節が50～80％ほどを占めていて、その他にクリやコナラ節が用いられていた。弥生時代から古墳時代にかけて鋤鍬の型式は変化するが（たとえば、山田2003；樋上2010）、池子遺跡群や河原口坊中遺跡、石川条理遺跡、中在家南遺跡に見るように樹種選択には時代による変化は見られない。鋤鍬の樹種は、その他の広葉樹や針葉樹が多く選択されているその他木製品や建築材とはまったく異なっており、素材の選択が意識的に行われていたのは明らかである。

2-2　その他木製品や建築材の素材選択

その他木製品の素材選択は遺跡ごとおよび時代によって異なっており、遺跡や時代の要請にあわせた樹種選択を示しているようである（**図4**）。この地域全体では針葉樹が30～70％を占めており、なかでも関東地方北部や中部地方、東北地方ではモミ属やスギ、ヒノキ、サワラが、関東地方南部ではモミ属やスギ、ヒノキ、カヤ、イヌガヤが選択されていた。広葉樹では、イチイガシを含むアカガシ亜属が関東地方南部で30％ほどを占めていたのに対し、それ以外の地域ではクヌギ節が選択されていた。クリの利用は針葉樹やクヌギ節よりも低調であったが、関東地方北部や中部地方、東北地方では数％ほど認められたところが多い。

建築材の樹種選択は、関東地方南部ではその他木製品の樹種選択に似ていたが、その他の地域ではクリの利用が増え、ときにクヌギ節よりも多用されていた（**図4**）。建築材としての針葉樹の選択は遺跡によって異なっており、遺跡ごとに見るとその他木製品に類似していた。建築材に使われたその他の広葉樹としては、オニグルミやエノキ属、ケヤキ、クワ属、キハダ、ムクロジ、カエデ属、ケンポナシ属などが目立っていた。

鋤鍬への樹種選択とは異なって、その他木製品や建築材の樹種組成は自然木の組成と似ており、その傾向は関東地方で明瞭である（**図4**）。これは集落の近傍での素材の獲得を示している。しかし中部地方と東北地方では、自然木の組成との対応はそれほど明瞭ではなく、自然木の由来する場所が、その他木製品や建築材

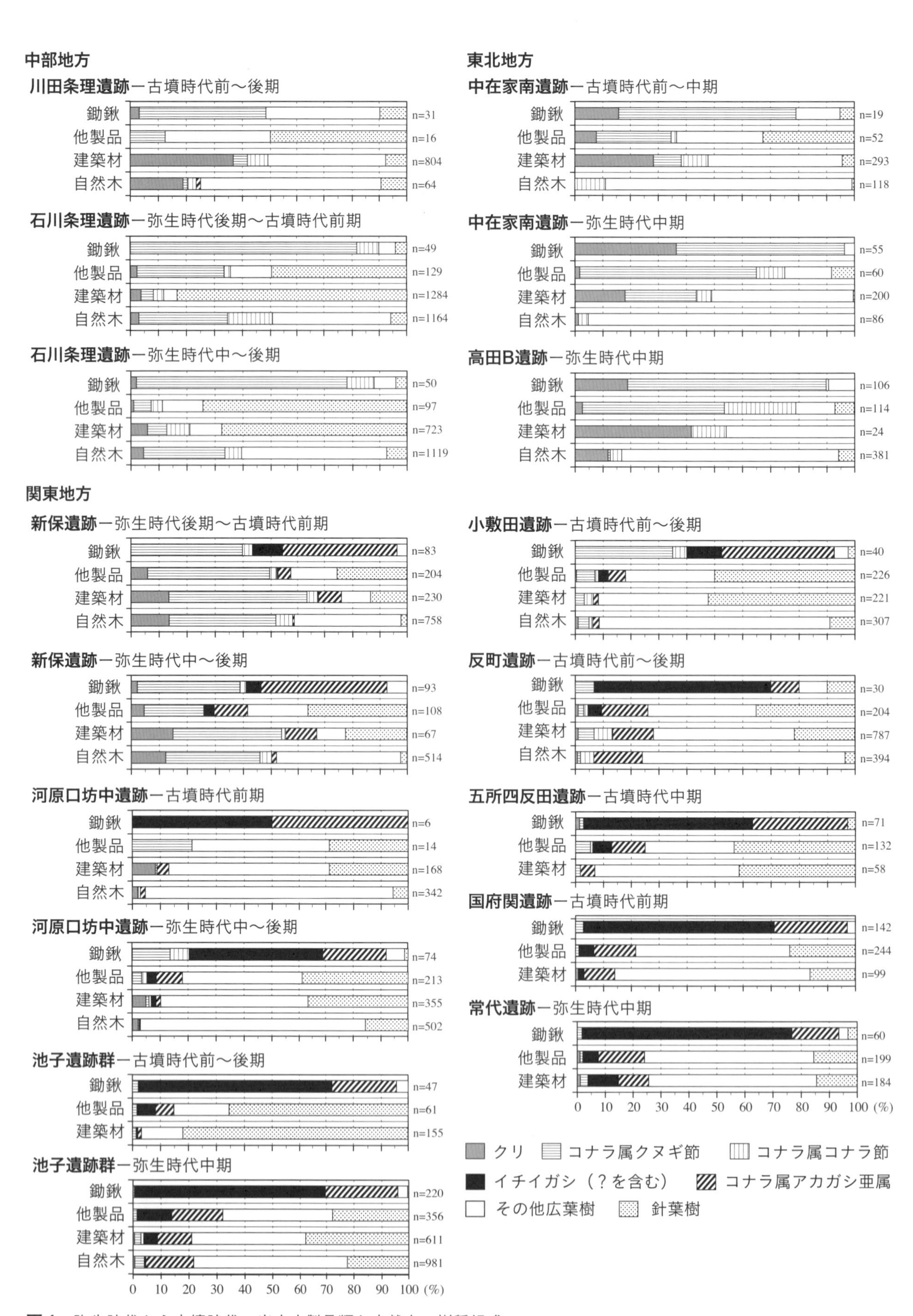

図4 弥生時代から古墳時代の出土木製品類と自然木の樹種組成

の素材の由来する場所とは異なっていた可能性がある。しかし、全般的にその他木製品や建築材の素材の獲得は集落の近傍で行われていたと想定された。

2-3　利用する素材の大きさ

鋤鍬と、その他木製品、建築材の大きさを比較すると、鋤鍬には特別に大きな素材が選択されていた(**図5**)。鋤鍬の素材の半径は8～30cmの範囲であり、平均で12～17cmであった。その他木製品と建築材の素材は、ときに半径30cmを超えたものの、普通は半径4～16cmほどで、平均5～10（ときに13）cmであった。建築材としては、イチイガシとアカガシ亜属、クヌギ節は細い木しか使われておらず、その他の広葉樹や針葉樹が好まれていたようである。このように弥生時代から古墳時代においては、鋤鍬の素材はかなり厳密に選択されており、人々は樹種を限定して適した大きさの素材を探索していたと想定される。その他の木製品や建築材の素材選択はそれほど厳密ではなく、集落の近傍で得られるより細い素材を適宜利用していたと考えられた。

3. 考　察

以上のように鋤鍬の素材はかなり厳密に選択されており、鋤鍬は弥生時代から古墳時代の人々にとっては重要な木製品であったと考えられた。以下では、こうした鋤鍬の重要性を考慮しながら、縄文時代から弥生時代・古墳時代への樹種選択の変化の原因を、序論で提示した4つの側面(仮説)から検討する。

3-1　樹木資源の組成変化

最初の仮説は、関東地方では縄文時代から弥生時代へ森林植生が変化したために樹木資源の組成が変化して利用樹種が変化したという考えである。しかし、縄文時代から弥生時代にかけての時期に森林植生が大きく変化したという証拠は得られていない。

本州中部から東北部における最終氷期以降の植生変遷は、日比野・竹内(1998)や守田ほか(1998)、内山(1998)、吉川(1999)、Ooi (2016)によって花粉分析の結果が総覧されて解明されてきた。関東地方南部では、アカガシ亜属を含む常緑広葉樹林が縄文時代早期後葉の約7,000年前以降拡大し(年代値は^{14}C年代、以下同)、沿岸部では縄文時代末期までに優占した(内山1998；吉川1999；Ooi 2016)。しかし沿岸部でも、常緑広葉樹林の拡大前に存在したコナラ亜属の落葉広葉樹林が存続し、縄文時代後・晩期から弥生時代、古墳時代にかけて常緑広葉樹林とともに共存していた。関東地方北部では、それに対し、コナラ亜属の落葉広葉樹林が縄文時代草創期の約10,000年前から縄文時代の終末まで優占し、弥生時代から古墳時代になって常緑広葉樹が次第に増えてきた。しかし常緑広葉樹が優占することはなく、落葉広葉樹林のなかに常緑広葉樹が混じる状態が継続した。弥生時代中期には、関東地方南部の内陸部の丘陵上に常緑広葉樹林が広がったが、そこでも落葉広葉樹林と共存していた。

このように関東地方では縄文時代から弥生時代への変換期に森林植生が大きく変化した可能性はなく、樹木資源も不変であった。縄文時代終末にむけて常緑広葉樹林が拡大した関東地方南部においても、縄文時代の生業を支えていた落葉広葉樹林がつねに存続しており、そこにクリが混生していた(吉川1999；石田

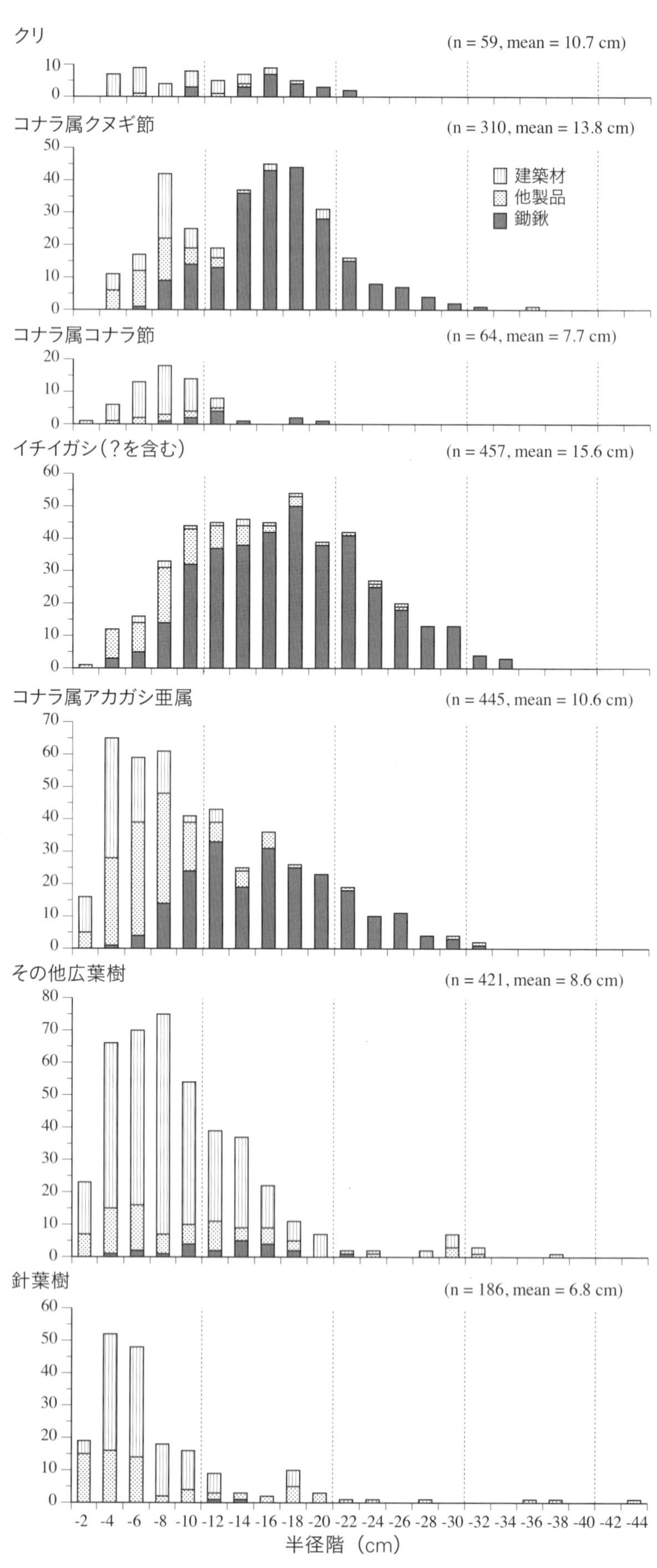

図5 弥生時代から古墳時代に使われた主要な分類群の製品群ごとの半径階分布

ほか2016)。落葉広葉樹林が常に卓越していた関東地方北部でも、森林植生の変化に伴って木材資源が変化した可能性はまったくない。また、中部地方や東北地方でも、コナラ亜属とブナ属が優占する落葉広葉樹林が縄文時代前期から弥生時代・古墳時代にかけて広がっており(日比野・竹内1998；守田ほか1998；Ooi 2016)、木材資源が変化した可能性はない。こうした点から考えて、縄文時代から弥生時代にかけて、背景の森林資源の内容は不変であったのにもかかわらず樹種選択が大きく変化したことになり、森林植生の変化により利用樹種が変化したという仮説は成立しない。

唯一、この時期に木材資源で変化した可能性があるのは、関東地方南部で鋤鍬に重用されたイチイガシ資源である。イチイガシは、弥生時代中期以降には関東地方南部の常緑広葉樹林中に生育していたが、縄文時代における存在は確認できていない(百原1997)。縄文時代においては、イチイガシは関東地方より西部でしか存在が確認されておらず、そこでは食料資源として早期以降、堅果が利用されていた(小畑2011；石田ほか2016)。弥生文化が関東地方に到達した時点では、少なくとも南部では鋤鍬に好適なイチイガシを見つけるのは難しくなかったと考えられる。しかし、弥生時代になって利用できるようになったイチイガシ資源の存在だけでは、南部における木材資源全体の評価の変化は説明できず、ましてイチイガシが生育することのなかった関東地方北部や中部地方、東北地方における木材資源評価の変化は説明できない。

3-2 鉄斧の利用の影響

第2の仮説は、伐採道具が縄文時代の石斧から弥生時代の鉄斧に変化したことが利用樹種の変化をもたらしたという考えである。弥生時代における鉄器の普及についてはさまざまな議論があるが(たとえば、禰冝田2013)、伐採道具の変化は、縄文時代における集落周辺の管理されたクリ林や二次林からの素材調達から、弥生時代から古墳時代における集落周辺の二次林や自然林からの素材調達というように、木材資源利用に多大な影響を与えたと想定される。縄文時代には、石斧でも容易に伐採できる資源を確保するためにクリ林や二次林を集落周辺に維持していたと考えられ、弥生時代から古墳時代になると、鉄斧をはじめとする金属製の斧の高い伐採効率のために自在に木材資源が利用できるようになり、そのため資源管理が不要になったと考えられている。

建築材の素材の大きさは、縄文時代と弥生時代から古墳時代では異なっている。関東地方の縄文時代後・晩期の4遺跡で検討したところ、建築材の素材の平均直径は4～15 cmであった(能城・佐々木2007)。建築材の素材はほとんどが直径20 cm以下であり、たまに直径70 cmほどの素材が使われていた。本州中部から東北部の弥生時代から古墳時代の12遺跡では、鋤鍬の素材の半径は8～30 cmに及び、平均12～17 cmであり、他の木製品や建築材の半径は4～16cmに及び、平均5～10（稀に13）cmであった(**図5**)。このように鋤鍬の素材は縄文時代の建築材と比べて3倍から4倍太く、弥生時代から古墳時代のその他木製品や建築材の素材と比べて2倍太かった。こうした太い素材の利用は鉄斧の高い伐採効率がもたらしたものと考えられ、弥生時代から古墳時代の人々は縄文時代の人々に比べてより広範な木材資源を利用していたことを示している。

縄文時代の石斧と弥生時代から古墳時代の鉄斧を復元して行った伐採実験によ

ると、鉄斧での伐採は技術の面でも効率の面でも石斧とは大きく異なっていた(**図6**;工藤2004)。石斧では、直径が10 cmまでのクリを含む樹木は10分以内で伐採できるものの、直径が20 cm前後になると20 ～ 40分必要であった。鉄斧では、直径20 cmまでのコナラやクリは10分以内で伐採可能であり、鉄斧は石斧に比べて3.4 ～ 3.9倍効率がよかった。この伐採効率の違いは、縄文時代の素材の太さと弥生時代から古墳時代に選択された素材の太さの違いにほぼ等しい。このように、弥生時代から古墳時代の人々は効率の高い伐採道具の利用によって必要な素材が簡単に伐採できるため、一見、資源管理が不要になったように見える。しかし、伐採実験の結果から考えると、鋤鍬の素材を得るには休まずに斧を振り下ろしても1時間ほど要することになり、弥生時代から古墳時代の人々にとっても鋤鍬の素材取得は特別な労働であったのは明らかである。

このように伐採道具の変化が木材資源利用の変化をもたらしたという仮説はもっともらしく、伐採道具の変化によって、管理されたクリなどに限定されない、より広範な木材資源の利用が可能になったと考えられる。しかし弥生時代から古墳時代においては、人が利用した木製品や建築材を自然木の組成と対比した研究や、周辺の植生を反映する栽培品種以外の多様な種実の研究、あるいは素材樹木の年輪数や太さを検討した研究はほとんどなく、集落周辺における森林資源管理の有無を厳密に議論することは現状では不可能である。

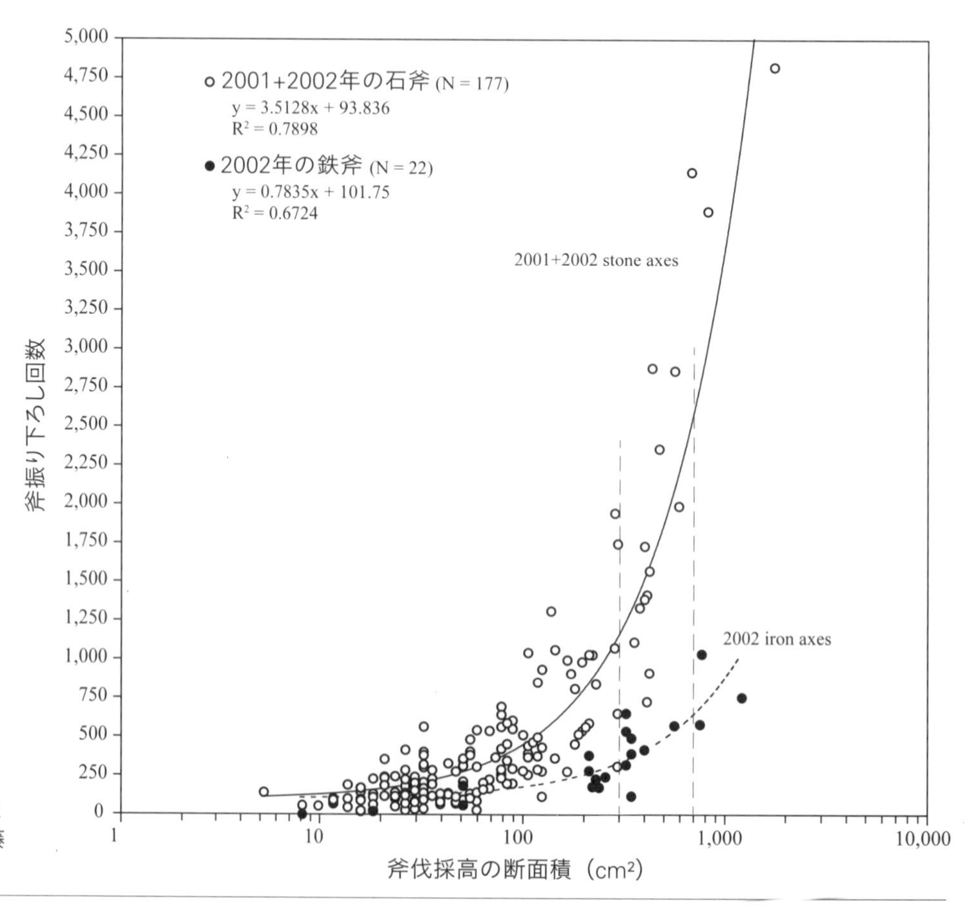

図6 復元斧による石斧と鉄斧の伐採効率の比較(工藤2004を改変)

3-3 素材の材質の変化

第3の仮説は、縄文時代と弥生時代から古墳時代では人々が求める木材の材質が変化したため素材選択が変化したという考えである。弥生時代から古墳時代におけるクリの利用状況は、その材質が当時の人々にまったく評価されていなかったことを示している。

表1 弥生時代から古墳時代に多用された木材の材質（木材部・木材利用部1982；平井1996を改変）

樹種	産地	気乾比重（心材）	静的曲げ		縦圧縮強さ	衝撃曲吸収エネルギー	剪断強さ	木口硬さ
			ヤング係数	強さ				
			10^3kg/cm^2	kg/cm^2	kg/cm^2	kg/cm^2	kg/cm^2	kg/cm^2
針葉樹								
カヤ	宮崎	0.51	75.0	800	350	0.450	125.0	3.80
モミ	高知	0.44	88.3	633	336	0.553	107.0	2.69
ウラジロモミ	栃木	0.36	—	—	—	—	—	—
アカマツ	岩手	0.42	98.2	758	392	0.447	98.9	4.58
アカマツ	茨城	0.55	124.0	1053	486	0.726	118.0	4.63
アカマツ	広島	0.52	109.0	911	477	0.579	113.0	6.41
スギ	秋田	0.36	81.6	646	341	0.294	67.5	2.83
スギ	茨城	0.41	81.7	653	314	0.424	69.5	3.00
スギ	宮崎	0.40	82.6	694	353	0.555	81.9	3.67
ヒノキ	長野	0.41	77.7	666	329	0.558	103.0	3.05
サワラ	長野	0.36	60.0	550	330	0.350	50.0	3.00
広葉樹								
クリ	青森	0.56	89.4	767	416	0.689	121.0	5.54
スダジイ	鹿児島	0.61	—	—	—	—	—	—
コジイ	宮崎	0.47	—	—	—	—	—	—
ブナ	北海道	0.68	94.4	929	417	1.217	126.0	4.75
ブナ	青森	0.64	95.2	675	424	0.825	137.0	5.86
ブナ	群馬	0.66	97.5	920	407	0.913	146.0	4.10
ブナ	岐阜	0.66	99.6	993	463	1.200	134.0	5.04
ブナ	鳥取	0.66	108.0	823	465	0.917	135.0	6.30
イヌブナ	群馬	0.68	65.0	630	575	—	—	—
アカガシ	宮崎	0.92	168.0	1426	725	1.450	205.0	3.79
シラカシ	宮崎	0.88	166.0	1343	658	1.550	180.0	3.04
ウバメガシ	鹿児島	1.08	114.0	1100	680	—	—	—
イチイガシ	宮崎	0.78	150.0	1306	601	1.520	173.0	2.76
クヌギ	栃木	0.86	162.0	1180	600	—	—	—
ミズナラ	北海道	0.69	103.0	889	425	0.968	117.0	1.67
ミズナラ	北海道	0.70	102.0	999	452	1.080	145.0	1.92
ミズナラ	青森	0.65	128.0	1086	537	1.180	157.0	2.68
ミズナラ	岐阜	0.72	96.8	980	463	1.010	155.0	1.99
コナラ	栃木	0.81	—	—	—	—	—	—

縄文時代および弥生時代から古墳時代に選択された樹種の材質を比較してみると、弥生時代から古墳時代には縄文時代に比べて、利用している材質の幅が広がっていることがみてとれる(**表1**)。弥生時代から古墳時代に選択された樹種のうち、アカガシ亜属とクヌギの木材はもっとも堅硬で、コナラとクリがそれにつぐ。広葉樹の木材に比べて針葉樹の木材は軽軟で曲げなどにも弱く、鋤鍬に加えられるような機械的な外力には弱いが、通直な大材が採れるため、弥生時代以降、軽くて耐久性の高い建築材として日本建築でもっとも重用されてきた。アカガシ亜属のなかで、イチイガシの木材は軽軟であるが、相対的に強度があり、粘り強いという特徴を持っており、そのために弥生時代から古墳時代の鋤鍬に選択されたと考えられている(能城ほか2012)。イチイガシの生育範囲の外ではクヌギ節が選択されたが、それはアカガシ亜属と同様に木材が堅硬であるためと考えられる。東北地方では、クヌギ節より軽軟なクリがクヌギ節についで鋤鍬に選択されており、資源の量を反映しているように思われるが、クリと同様に多数生育していて、クヌギ節と同じくらい堅硬なコナラ節の木材はあまり好まれなかったようである。このように、弥生時代から古墳時代には縄文時代に比べて、さまざまな広葉樹と針葉樹の木材を利用するようになり、利用する木材の材質の幅が広がった。

鋤鍬の素材としてアカガシ亜属とクヌギ節が選択されたもう一つの理由として、その木材の機械的な強さが放射方向と接線方向で大きく異なることが考えられる。この2つの樹種の木材は広放射組織を持っており、柾目に割るのは簡単であるが、板目には割れにくいという特性を持つ(比留間・望月1915)。横引きの鋸が中世に導入されるよりも前の先史時代の日本では、楔を用いて木材を割ることによってはじめて鋤鍬の素材となるような広い板がとれたと考えられている(村上2002, 2012)。おそらく、アカガシ亜属とクヌギ節の木材は楔で柾目材がとりやすく、得られた柾目材は縦方向の外力に強いという面でも選択された可能性が高い。クリの木材は通直で方向性に乏しいため、柾目方向にも板目方向にも割れやすく(農商務省山林局1912;平井1996)、その板は鋤鍬に求められる強度を満たしていかなった可能性がある。

おそらく鋤鍬に求められる材質が木材資源の新たな評価を必要とし、そのため関東地方ではクリの材質が軽視されて、鋤鍬以外にもクリが利用されなくなった

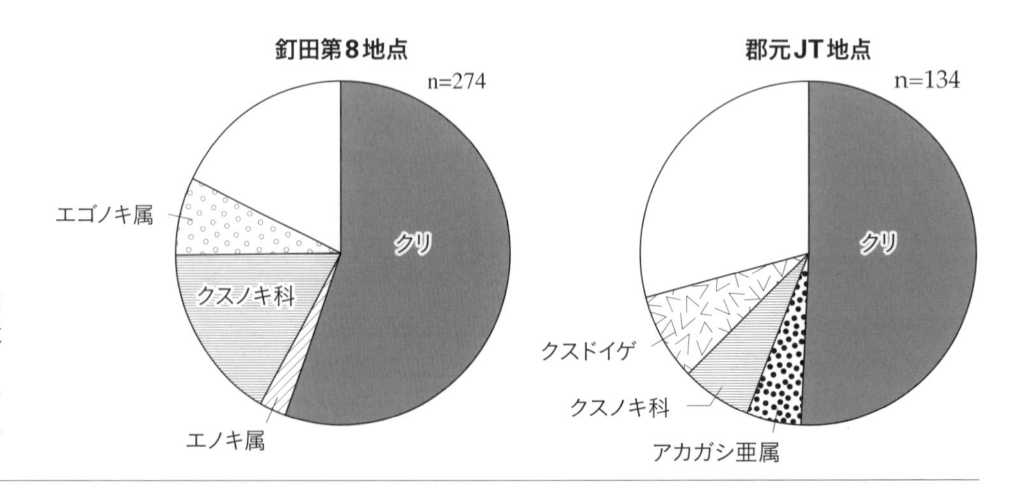

図7 鹿児島大学構内釘田第8地点および鹿大構内遺跡郡元団地(JT地点)から出土した弥生時代後期の土木材の樹種(能城2014a, 2014bを改変)

可能性が考えられる。しかし東北地方においてクリがより堅硬なコナラ節よりも鋤鍬に使用されている点からみると、こうした単純な解釈では説明できない可能性も高く、一層の検討が必要であろう。最近、照葉樹林帯の真ん中に位置する鹿児島大学構内で行った弥生時代後期の土木材の検討の結果ではクリが約50％を占めており、クリ林が周辺に人為的に維持されていたことを示していた（**図7**）。また九州北部でもクリ材の多用が弥生時代から古墳時代のいくつかの遺跡で報告されており（伊東・山田2012）、関東地方におけるクリの低率の利用は非常に地域的な現象である可能性がある。以上のように、弥生時代から古墳時代になって、求められる木材の材質が変化したために木材資源が再評価され、素材選択が変化した可能性は低いと考えられる。

3-4　弥生文化の導入の影響

第4の仮説は、農耕を伴う弥生文化の導入が木材資源の評価に変化をもたらしたという考えである。農耕を生業の中心に据えた弥生文化は、木材資源に対して縄文時代とは違った価値観を持っていたと想定される。樹木資源の管理を行っていた縄文時代から樹木資源の単なる収奪に変化した弥生時代への変化は、弥生時代前期に起こったと考えられるが、関東地方ではその時期の植物利用の証拠はほとんど得られていない。その時期の植物利用のごく稀な報告が、神奈川県足柄上郡の中屋敷遺跡で行われている（中屋敷遺跡発掘調査団2008, 2010）。そこでは、クマシデ属イヌシデ節やトチノキ、カラスザンショウ、サルナシの種実が、イネやアワ、キビといった栽培植物の種実と一緒に出土しており、さらにクリやアオキ属、マツ属複維管束亜属、クマシデ属イヌシデ節、タケ亜科の炭化材が伴っていた。クリやトチノキといった縄文時代後・晩期に多用された樹種と、縄文時代終末に西日本に導入された栽培植物が共伴する状況は、弥生時代前期においては、縄文時代から引き継いだ樹木資源の管理と並行して、新たに導入された栽培植物の栽培を行っていたことを示している（中沢2009；小畑2011）。

この縄文時代の文化要素と弥生時代の文化要素が共存する状況は、Mizoguchi（2013）が詳細に論じている弥生時代初頭の福岡県江辻遺跡で認められている文化要素の共存と整合的である。Mizoguchi（2013）は、集落の構造と土器型式を検討することによって、この時期に導入された朝鮮半島の伝統と土着の縄文的な伝統が混合し、同化し、継続したことを江辻遺跡の資料で示している。同様に、中屋敷遺跡の大型植物遺体は、江辻遺跡の集落構造に見られたように、縄文時代の植物利用と弥生時代の植物利用が混合したことを示している。弥生時代前期以降でも、縄文時代の樹木資源の評価と弥生時代のそれとの混合した状態が東北地方では存続していたようであるが、関東地方では樹木資源の新たな評価が確立したようである。

東北地方においてクヌギ節とともにクリを利用する状況は、この地域において縄文時代の生業あるいは資源評価が存続していた可能性を示している。特に東北地方北部では、縄文時代後・晩期の文化と弥生時代の文化が相互に影響して東北弥生文化を形成したとされており（Crawford & Takamiya 1990; Crawford 2011）、東北地方南部でも関東地方の弥生文化と東北地方北部の東北弥生文化の移行的な状況が存在したと想定される。東北地方においては縄文時代の文化要素が弥生時代においても存続することから、近年の研究では弥生文化の北限を利根川とする見解も提示されている(国立歴史民俗博物館2014)。このように東北地方南部におけるクリ材の選択は、縄文時代の生業におけるクリの重要性を引き継いでいるものということができよう。

弥生時代中期以降の関東地方では、樹木資源の評価と利用が急変するが、これは樹木資源に対する新たな評価基準に従っていると考えられる。関東地方では中期になると沖積平野のなかに本格的な農耕集落が出現するようになり(石川2010)、ちょうどこの時期から新たな木材資源利用が始まっている。この新たな評価基準は、前期に見られた縄文時代と弥生時代の資源評価の混合を経て、中期以降におけるクリの低い評価に落ち着いたように見える。中期以降には、西日本を分布の中心とするイチイガシと朝鮮半島にも生育するクヌギ節を重用する点から考えると、西日本の縄文文化と朝鮮半島の文化の混合からこうした樹木資源の評価が生じた可能性が考えられる。しかし西日本の縄文時代や朝鮮半島の新石器時代の樹木資源利用はほとんど研究されておらず、こうしたイチイガシとクヌギ節に対する評価がどのように形成されたのかは今のところ不明である。

クリ材は奈良時代や平安時代といった歴史時代にはいると再評価されるようになり、その評価が近代まで存続したことからみても、弥生時代と古墳時代の関東地方におけるクリ材への低い評価は不可解である(**図4**)。九州南部において近年報告された弥生時代後期におけるクリ資源の管理と利用(**図7**)や、九州北部の弥生時代から古墳時代におけるクリの多用(伊東・山田2012)から考えると、関東地方では弥生時代から古墳時代にかけてクリが忌避されていたように思える。しかしこの忌避の文化史的な意味を探るには、西日本のより広い地域における同時期の資料と比較する必要がある。以上述べたように、農耕を伴う弥生文化の導入が直接、樹木資源の新たな評価基準をもたらした可能性は低く、縄文時代の評価基準をさまざまに引き継いでいたはずであり、弥生文化の導入が木材資源の評価を直接変化させたという仮説は疑わしい。

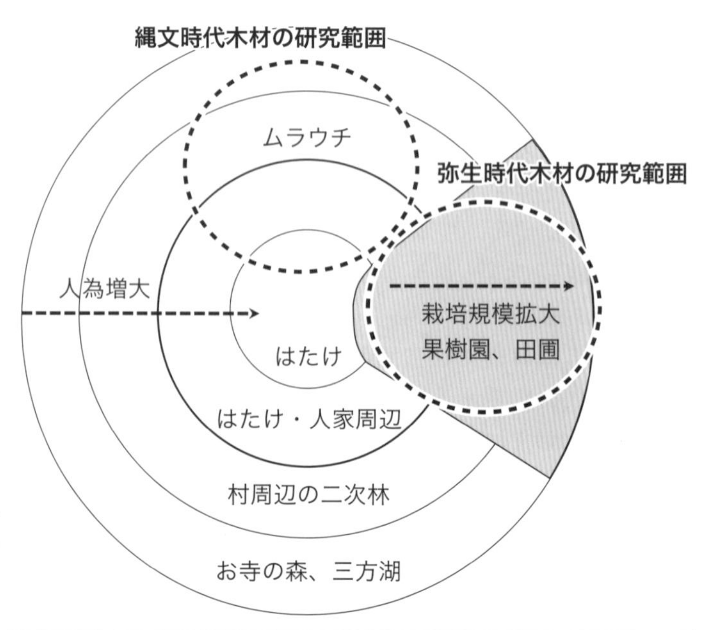

図8 福井県三方郡三方町向笠における人間ー植物関係の空間構造(西田1981)と縄文時代および弥生時代の出土木材の研究範囲

4. 結　論

縄文時代と弥生時代から古墳時代における樹木資源の管理と利用は、それぞれ人間－植物関係の異なった段階を反映してと考えられる。西田（1981）は福井県三方郡三方町向笠における現在の人間－植物関係を調べて、集落の周辺で採集される植物と栽培される植物では空間構造が異なることを指摘した。集落の周辺で採集される植物は、利用の度合いに従って、むらのなかにあって副次的な産物を生産するはたけや、むらの周辺にあって薪炭などを採取する二次林、むらからもっとも離れていて時に利用するお寺の森や三方湖といったように、集落を中心とする同心円を形成している（**図8**）。それに対し、商品や主要な食料となる作物を生産する果樹園や水田、はたけははるかに規模が大きく、人間－植物関係のこうした同心円状の空間構造からはみだしており、むらから二次林やお寺の森の範囲にまで及んでいる。

縄文時代における集落周辺の植物資源の利用は、向笠で見られた、むらを中心とする同心円構造に対比することができ、植物利用の頻度によって資源の分布が決まっていたと想定される（鈴木・能城1997；能城・佐々木2014）。日本で最初期につくられた水田やはたけは現在のものと比べてはるかに小規模であって、現在の空間構造における位置づけとは異なっていたと考えられるが、弥生時代における農耕の導入によって縄文時代の植物資源の空間構造は破壊され、鋤鍬への太い素材の利用が示すように、金属器の導入とともに天然林の資源も容易に利用されるようになった。鉄斧の利用によって、縄文時代の石斧では容易には利用できなかった広範な樹木資源の利用が可能になり、こうした伐採道具の進化が樹木資源の再評価と同心円状の人間－植物関係の破壊をもたらしたと想定される。

しかし弥生時代や古墳時代においても、縄文時代あるいは現代の向笠と同様

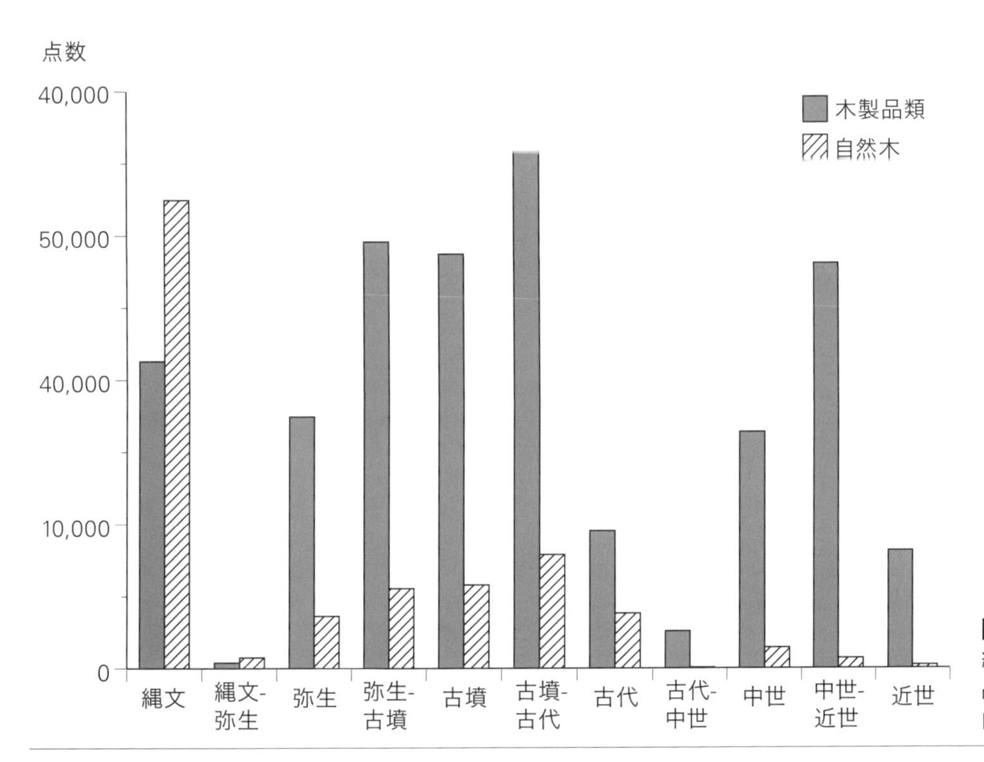

図9　樹種が報告されている縄文時代以降の遺跡出土木製品類と自然木の点数（伊東・山田2012を改変）

に、日常の植物利用の同心円状の空間が集落の周辺に存在したはずである。エネルギー革命以前の日本では、集落の周辺に人々は薪炭林を擁していて、そこから薪炭だけでなく、堆肥の原料などを得て活用しており、集落近傍のはたけとともに里山と呼ばれる空間を構成していた。おそらく、これまでに研究対象とされた弥生時代や古墳時代の出土木材は、集落から水田やはたけといったもっとも弥生時代的な活動が行われていた範囲から出土したものであって、その背後にある里山的な空間がまったく研究対象となっていないと考えられる(**図8**)。実際、縄文時代以降、近世までの遺跡から出土した木材の樹種同定がどの程度行われているかを検討してみると、縄文時代では木製品類や建設土木材よりも多くの自然木の樹種が報告されていて出土木材の悉皆的な樹種同定が行われているが、弥生時代以降となると、出土点数が増えることも影響して、木製品類や建設土木材を中心とした樹種同定に偏っており、木製品類や建設土木材の点数の4分の1以下しか自然木は検討されていない(**図9**)。このため、弥生時代から古墳時代においても存在していたと想定される里山的な環境は、これまでまったく検討されていないといえる。こうした現状から考えて、関東地方でも、縄文時代以来の樹木資源の管理と利用が弥生時代から古墳時代においても存続していたと想定される里山的な環境には、クリがそれなりに含まれていて、この時期にも利用されていた可能性も考えられよう。

謝　辞

五所四反田遺跡の未公表データの利用をご許可いただいた近藤敏氏に感謝する。この研究は、部分的にJSPS科研費JP21300332、JP15H01777の補助を受けた。

引用文献

・阿部芳郎(編) 2014『ハマ貝塚と縄文社会―国史跡中里貝塚の実像を探る』東京：雄山閣.
・長生郡市文化財センター 1993『千葉県茂原市国府関遺跡』茂原：長生郡市文化財センター.
・Crawford, G. W., 2008. The Jomon in early agriculture discourse: issue arising from Matsui, Kanehara and Pearson. *Debates in World Archaeology* 40: 445–465.
・Crawford, G. W., 2011. Advances in understanding early agriculture in Japan. Current Anthropology 52, Supplement 4 : S331–S345.
・Crawford, G.W., Takamiya, H., 1990. The origins and implications of late prehistoric plant husbandry in northern Japan. *Antiquity* 64, 889–911.
・日比野紘一郎・竹内貞子1998「東北地方の植生史」『日本列島植生史』(安田喜憲・三好教夫編) 東京：朝倉書店：62–72.
・樋上　昇2010『木製品から考える地域社会―弥生から古墳へ―』東京：雄山閣.
・平井信二1996『木の大百科』東京：朝倉書店.
・比留間重次郎・望月泰男1915「闊葉樹材の強弱試験」『林業試験報告』第13号：71–101.
・石田糸絵・工藤雄一郎・百原新2016「日本の遺跡出土大型植物遺体データベース」『植生史研究』24：18–24.
・石川日出志. 2010. 農耕社会の成立(シリーズ日本古代史1). 215 pp. 岩波書店, 東京.
・伊東隆夫・山田昌久(編) 2012『木の考古学　出土木製品用材データベース』大津：海青社.
・かながわ考古学財団1996『池子遺跡群III』横浜：かながわ考古学財団.
・かながわ考古学財団1997a『池子遺跡群V　第1～3分冊』横浜：かながわ考古学財団.
・かながわ考古学財団1997b『池子遺跡群IV　第1分冊』横浜：かながわ考古学財団.
・かながわ考古学財団1999a『池子遺跡群X　第1～4分冊』横浜：かながわ考古学財団.
・かながわ考古学財団1999b『池子遺跡群IX　第1～3分冊』横浜：かながわ考古学財団.
・かながわ考古学財団1999c『池子遺跡群VIII』横浜：かながわ考古学財団.
・かながわ考古学財団2014『河原口坊中遺跡：第1次調査第1, 3, 5, 6分冊』横浜：かながわ考古学財団.
・かながわ考古学財団2015『河原口坊中遺跡：第2次調査第2, 3, 4分冊』横浜：かながわ考古学財団.
・君津郡市文化財センター 1996『常代遺跡　第3分冊』木更津：常代土地区画整理組合・君津郡市文化財センター.
・工藤雄一郎2004「縄文時代の木材利用に関する実験考古学的研究―東北大学川渡農場伐採実験―」『植生史研究』12：15–28.

・工藤雄一郎・国立歴史民俗博物館（編）2014『ここまでわかった！縄文人の植物利用』 東京：新泉社.
・倉田 悟1964『日本林業樹木図鑑 第1巻』東京：地球出版.
・群馬県埋蔵文化財調査事業団1986『新保遺跡I 弥生・古墳時代大溝編』群馬県教育委員会・群馬県埋蔵文化財調査事業団.
・群馬県埋蔵文化財調査事業団1988『新保遺跡II 弥生・古墳時代集落編』群馬県教育委員会・群馬県埋蔵文化財調査事業団.
・国立歴史民俗博物館2014『企画展示 弥生ってなに?!』佐倉：国立歴史民俗博物館.
・Mizoguchi, K. 2013. *The Archaeology of Japan: From the Earliest Rice Farming Villages to the Rise of the State.* Cambridge University Press, New York.
・木材部・木材利用部1982「日本産主要樹種の性質：木材の性質一覧」『林試研報』No.319：85-126.
・百原 新1997「弥生時代終末から古墳時代初頭の房総半島中部に分布したイチイガシ林」『千葉大学園芸学部学術報告』No. 51：127–136.
・守田益宗・催 基龍・日比野紘一郎1998「中部・東海地方の植生史」『日本列島植生史』（安田喜憲・三好教夫編）東京：朝倉書店：92–104.
・村上由美子2002「木製楔の基礎的論考」『史林』85：468–507.
・村上由美子2012「製材技術と木材利用」『木の考古学 出土木製品用材データベース』大津：海青社：337–350.
・長野県埋蔵文化財センター1997『石川条理遺跡 第3分冊』更埴：日本道路公団名古屋建設事務所・長野県教育委員会・長野県埋蔵文化財センター.
・長野県埋蔵文化財センター2000『川田条理遺跡 第2，3分冊』更埴：日本道路公団・長野県教育委員会・長野県埋蔵文化財センター.
・中屋敷遺跡発掘調査団2008『中屋敷遺跡発掘調査報告書：南西関東における初期弥生時代遺跡の調査』東京：昭和女子大学人間文化学部歴史文化学科.
・中屋敷遺跡発掘調査団2010『中屋敷遺跡発掘調査報告書II：第7・8次調査』東京：昭和女子大学人間文化学部歴史文化学科.
・中沢道彦2009「縄文農耕論をめぐって—栽培種植物種子の検証を中心に—」『食糧の獲得と生産 弥生時代の考古学5』東京：同成社：228–246.
・禰宜田佳男2013「弥生時代の近畿における鉄器製作遺跡 —「石器から鉄器へ」の再検討の前提として—」『日本考古学』第36号：85–94.
・西田正規1981「縄文時代の人間-植物関係—食料生産の出現過程—」『国立民族学博物館研究報告』6：234–255.
・能城修一2009「大型植物遺体（木材化石）」『デジタルブック最新第四紀学』，10-122–10-142. 東京：日本第四紀学会.
・能城修一2014a「釘田第8地点遺跡（郡元団地H·I-7·8区）出土木材の樹種」『鹿児島大学埋蔵文化財調査センター年報』No.28：48-58.
・能城修一2014b「鹿大構内遺跡郡元団地（JT跡地）から出土した木製品類の樹種」『鹿大構内遺跡郡元団地（JT跡地）』鹿児島：鹿児島市教育委員会：53-58.
・Noshiro, S. 2016. Change in the prehistoric use of arboreal resources in Japan–From sophisticated management of forest resources in the Jomon period to their intensive use in the Yayoi to Kofun periods. *Quaternary International* 397: 484-494.
・能城修一・佐々木由香2007「東京都東村山市下宅部遺跡の出土木材からみた関東地方の縄文時代後・晩期の木材資源利用」『植生史研究』15：19–34.
・Noshiro, S. & Y. Sasaki. 2011. Identification of Japanese species of evergreen *Quercus* and *Lithocarpus* (Fagaceae). *IAWA Journal* 32: 383–393.
・能城修一・佐々木由香2014「遺跡出土植物遺体からみた縄文時代の森林資源利用」『国立歴史民俗博物館研究報告』No. 187: 15–48.
・能城修一・佐々木由香・鈴木三男・村上由美子2012「弥生時代から古墳時代の関東地方におけるイチイガシの木材資源利用」『植生史研究』21：29–40.
・能城修一・村上由美子・佐々木由香・鈴木三男2018「弥生時代から古墳時代の西日本における鋤鍬へのイチイガシの選択的利用」『植生史研究』27：3–15.
・農商務省山林局1912『木材の工芸的利用』東京：大日本山林会.
・小畑弘己2011『東北アジア古民族植物学と縄文農耕』東京：同成社.
・Ooi, N. 2016. Vegetation history of Japan since the last glacial based on palynological data. *Japanese Journal of Historical Botany* 25: 1–101.
・大谷弘幸2012「南関東（1）—神奈川県・千葉県・東京都・埼玉県（古代以前）—」『木の考古学 出土木製品用材データベース』大津：海青社：179–184.
・埼玉県埋蔵文化財調査事業団1991『小敷田遺跡 第1，2分冊』埼玉県埋蔵文化財調査事業団.
・埼玉県埋蔵文化財調査事業団2009『反町遺跡I 第1，2分冊』ユニー株式会社・埼玉県埋蔵文化財調査事業団.
・埼玉県埋蔵文化財調査事業団2010『銭塚II／城敷I 第1，2分冊』都市再生機構・埼玉県埋蔵文化財調査事業団.
・埼玉県埋蔵文化財調査事業団2011a『反町遺跡II 集落編，河川・古墳編』ユニー株式会社・埼玉県埋蔵文化財調査事業団.
・埼玉県埋蔵文化財調査事業団2011b『城敷遺跡II 第1，2分冊』都市再生機構・埼玉県埋蔵文化財調査事業団.
・仙台市教育委員会1996『中在家南遺跡 第1，2分冊』仙台：仙台市教育委員会.
・仙台市教育委員会2000『高田B遺跡 第2，4，5分冊』仙台：仙台市教育委員会.
・柴田桂太，編1949『資源植物事典』東京：北隆館.
・鈴木三男・能城修一1997「縄文時代の森林植生の復元と木材資源の利用」『第四紀研究』36：329–342.
・樋泉岳二2006「魚貝類遺体群からみた三内丸山遺跡における水産資源利用とその古生態学的特徴」『植生史研究』特別第2号：121–138.
・内山 隆1998「関東地方の植生史」『日本列島植生史』（安田喜憲・三好教夫編）東京：朝倉書店：73–91.
・山田昌久2003『考古資料大鑑第8巻，弥生・古墳時代，木・繊維製品』東京：小学館.
・吉川昌伸1999「関東平野における過去12,000年間の環境変遷」『国立歴史民俗博物館研究報告』No.81：267–287.

土器種実圧痕から見た日本における考古植物学の新展開

Reviewing new developments of Japanese archaeobotany from pottery impression of seeds and fruits

佐々木由香　Yuka Sasaki

株式会社パレオ・ラボ／明治大学黒耀石研究センター

略歴
株式会社パレオ・ラボ　統括部長／明治大学黒耀石研究センター センター員
2002年昭和女子大学大学院生活織構研究科博士後期課程単位取得満期退学。
2012年東京大学新領域創成科学研究科博士号取得(環境学)。1997-2003年東京都東村山市下宅部遺跡調査団調査員ほか。
2003年から現職。2007年より早稲田大学文学学術院非常勤講師、2014年より昭和女子大学人間文化学部歴史文化学科非常勤講師を兼務。
2017年より明治大学黒耀石研究センター　センター員兼務
専門は植物考古学。特に縄文時代の植物資源利用について研究。
主要著作
Sasaki, Y., Noshiro, S. 2018. Did a cooling event in the middle to late Jomon periods induced change in the use of plant resources in Japan? *Quaternary International* 471: 369-384.
佐々木由香. 2014. 植生と植物資源利用の地域性. 季刊考古学別冊21：107–114.
佐々木由香「縄文人の植物利用—新しい研究法からみえてきたこと—」工藤雄一郎・国立歴史民俗博物館編『ここまでわかった！縄文人の植物利用』26-45頁, 新泉社, 2014年、佐々木由香「編組製品の技法と素材植物」工藤雄一郎・国立歴史民俗博物館編『さらにわかった！縄文時代の植物利用』70-93, 新泉社, 2017年

はじめに

日本列島では、生の植物遺体は土壌中のバクテリアや微生物などに分解されて普通は残らない。植物遺体は、地下水位が高い低湿地遺跡で水分によって分解から守られ、「真空パック」された状態で残るが、残る植物遺体はかぎられる。台地上の遺跡では、火が使われた住居の炉や焼土などから炭化した種実が出土するが、炭化種実は、加工中や調理中、火災など、大半が偶発的に残存したものである。こうした要因から、台地上の遺跡では植物利用に関する情報は少なかった。

台地上の植物利用を解明するという面で、最近注目されている方法が、土器の表面や断面のくぼみ(圧痕)にシリコンを流し、型をとる「レプリカ法」(丑野・田川1991)と呼ばれる方法である。土器作りの材料となる粘土には、土器作りにかかわる場に存在していた種実などの植物遺体や昆虫遺体がしばしば混ざっている。植物や昆虫そのものは土器が焼かれると炭になって失われてしまうが、粘土には痕跡がくぼみ(圧痕)となって残る。その圧痕にシリコーンを流して、元の形を復元し、土器作りの場の周辺に存在していた植物や昆虫などを同定する方法がレプリカ法である。このレプリカ法は現在急速に広がり、日本の考古植物学の研究において新たな展開を見せている。本稿では、研究例の多い縄文時代から弥生時代の土器種実圧痕の研究成果を取り上げて、土器圧痕から見た縄文～弥生時代の植物資源利用について検討する。

1. 日本における土器圧痕調査

土器圧痕とは、土器製作中に粘土に混ざった植物や昆虫といった有機物が焼成後に灰化して空洞化した痕跡である(**図1**)。特に、日本列島での栽培植物の出現時期を把握するために、土器の籾圧痕などの研究が古くから進められてきた。土器に残る種実圧痕の研究は、山内清男(1925)が宮城県枡形囲(ますがたかこい)貝塚から出土した弥生時代中期の土器底部についた籾圧痕を紹介したのが端緒である。山内は石膏による土器底部のモデリングを行い、土器底部に敷いた葉の上のイネ籾を明らかにした。種実圧痕研究の大きな画期は、丑野毅(丑野・田川1991)によるレプリ

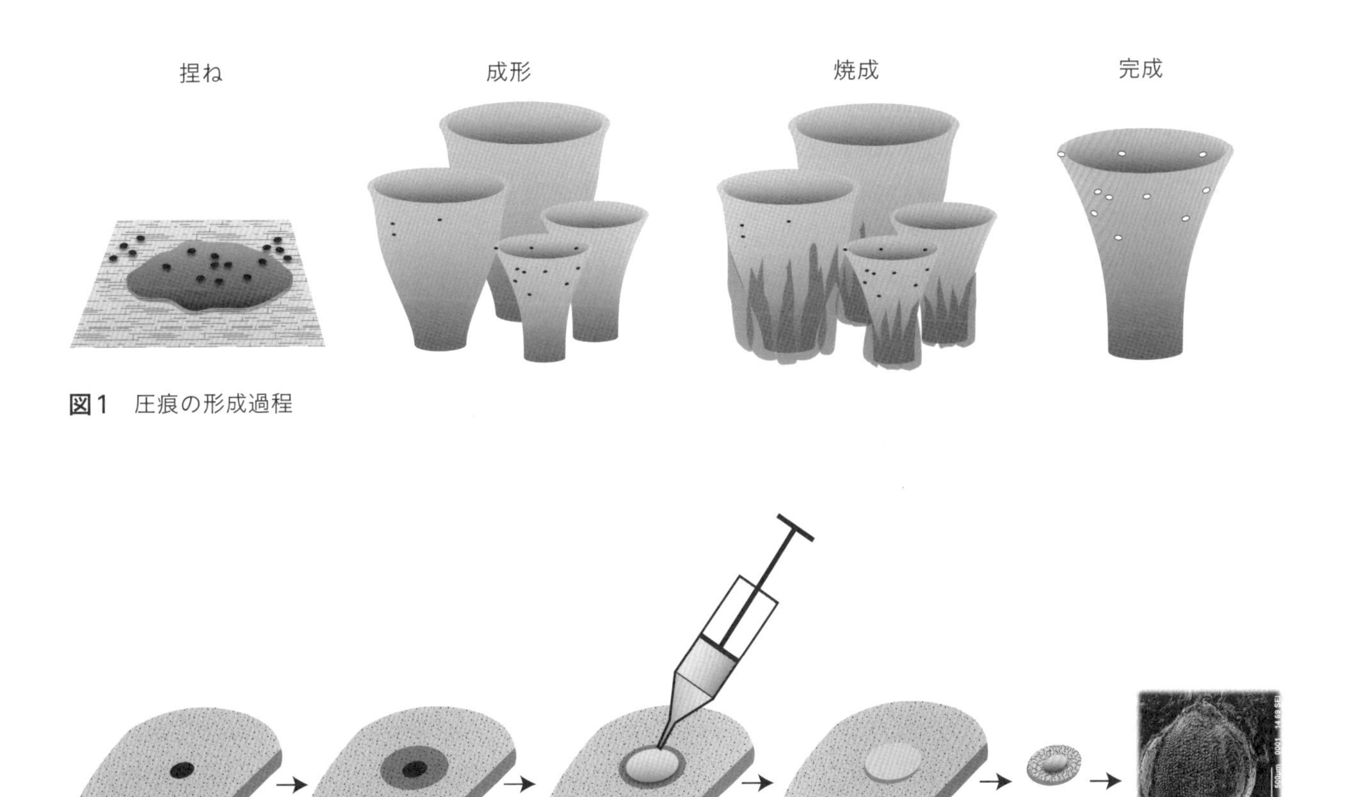

図1　圧痕の形成過程

図2　レプリカによる土器圧痕の採取方法

カ法の導入といえよう。丑野のレプリカ法の大きな特徴は、印象材にシリコーン・ゴムを用いた点と試料の観察に走査型電子顕微鏡を用いた点である。この方法により、再現性も観察精度も高い検討が圧痕でできるようになった(小畑ほか2014)。

レプリカの採取方法は、研究者によって多少異なるが、主な手順は以下の通りである(**図2**)。採取方法は、丑野・田川(1991)や福岡市埋蔵文化財センター方式(比佐・片多2006)に基づいている。

① 土器の表面や断面を肉眼やルーペ、実体顕微鏡等で観察し、種実や昆虫起源と推定される圧痕を抽出する。
② 圧痕内を水と筆で洗い、付着物を除去する。
③ 土器の保護のため、パラロイドB72の5～9%アセトン溶液を離型剤として圧痕内および周辺に塗布する。水を離型剤として使用する場合もある(会田ほか2012など)。
④ 印象剤に用いるシリコーン樹脂(JMシリコン レギュラータイプやインジェクションタイプ、ブルーミックスソフト、トクヤマフットテスターなど)を注射器に入れて圧痕部分およびその周辺に充填する。注射器を用いず、そのまま入れる場合もある(会田ほか2012など)。充填後、上面を平滑にするため、指またはピンで抑える場合もある。

⑤ 硬化後、レプリカを取り出す。
⑥ 圧痕内および周辺の離型剤をアセトンで除去する(水を離型剤とした場合はこの作業は不要)。
⑦ 実体顕微鏡を用いて、レプリカの同定を行う(この作業は省略される場合もある)。
⑧ 走査型電子顕微鏡を用いて観察と同定を行う。土器やレプリカの大きさの記録を行う。

土器の表面や断面に種実圧痕が多数残されていることは、今世紀にはいってから明らかになった。山崎純男(2005)による西日本の縄文時代終末を中心とした土器圧痕の悉皆調査を端緒として、種実や昆虫の圧痕が多数確認されるようになり、種実圧痕の含有率や種実圧痕の組成、栽培植物の起源、マメ類の大型化などが圧痕資料を軸にして議論されるようになった(中山2010, 2014；小畑2011, 2016a；中沢2009など)。2000年以降の10年間のみでも栽培植物や昆虫(害虫を含む)の土器圧痕は、それ以前の検出点数の数十倍も得られている(小畑2011)。最近は、軟X線やX線CT装置によって土器内部の潜在圧痕も含めて調査する方法が採用され(小畑2016a)、より多角的に圧痕調査がなされるようになってきた。2010年代になると、研究者のみでなく、大学や自治体、講座などを通して一般市民もレプリカ法による土器圧痕調査を実践するようになり、調査規模が格段に飛躍した。

調査が進展していくなかで、主に植物に関する圧痕調査の目的がいくつかの項目に絞られてきた。すなわち、栽培植物の出現時期と広がり、利用植物の解明、マメ類やヒエ属など列島で栽培化された植物の起源や栽培化の時期、種実圧痕を多量に含む土器の解明、土器製作時の施文具や混和物の解明、土器製作時の敷物圧痕(編物痕や木葉痕)の解明などである。また、種実ではないがコクゾウムシ属に代表される家屋害虫の発見によって、土器が家屋害虫の棲息する屋内もしくはその周辺で製作されていたと推定されるようになった(小畑2016a, 2018など)。これらの研究に共通しているのは、圧痕で確認された種類ないしその生態に注目している点である。

2017年以降は、圧痕自体の研究に加え、遺跡の消長と種実圧痕の関係や、立地による圧痕検出率や組成の差異など、考古学的な情報に基づいた研究が増加し(山本ほか2017；大網ほか2018)、土器圧痕は、日本の植物考古学の主要な分析対象のひとつとなっている。

図3 土器作りの場(図提供：西東京市教育委員会を一部改変)

2. 種実圧痕の特徴

種実圧痕は、土器作りにかかわる場に存在していた種実が圧痕となるため、混入場所がほぼ限定できるという特徴がある(佐々木2017a,

2017b)(**図3**)。栽培植物や利用植物の種実圧痕の存在は、土器作りにかかわる場所に散らばっていた種実が偶発的にはいったか、意図的に混ぜられたかのどちらかを示している。種実遺体のみでは、種実塊や同じ種類が集合しているなどの、自然界では起こりえない産出状況でないかぎり、人間の介在や場所性を判断しにくい。

また、種実圧痕は、土器型式の時期がわかれば、圧痕の時期もおおよそ明らかにできるという特徴もある。種実圧痕に対し、生や炭化した種実遺体はそれ自体を年代測定しないかぎり年代が不明のため、出土場所や産出状況の情報で年代を判断することになる。種実が遺構や遺物に伴っていて塊の状態や大量に出土した場合は、年代を確定できる可能性は高くなる。しかし、数点しか出土していない場合には、後世の層準から混入した種実遺体との区別が難しい。また種実自体の年代測定も、小さい種実遺体1点では困難である。これに対して、種実圧痕は混入している土器の時期さえわかれば、容易に時期を決定できる。

種実遺体は種類や部位によって遺存度が異なり、保存状態も大きく異なるが、種実圧痕からは、遺跡では残りにくい種類がしばしば検出されている。たとえば、イネの籾は、低湿地遺跡では生の状態で残るが、コメ(穎果)の状態では分解されて残らず、炭になった状態(炭化米)で残る。マメ類も低湿地遺跡ではフジなどの硬い種皮を持つ種類は生の状態で残るが、ダイズやアズキなど比較的軟らかい種皮を持つマメ類の種子は分解されて残らない。マメ類の種子も炭化すれば残るが、発泡していて、破片で出土する場合も多く、同定は簡単ではない。種実圧痕では、こうした生の状態では普通残らないコメやマメ類もよく残っている。これら以外にも生の状態では残りにくい種類が圧痕では残る可能性がある。

種実圧痕と種実遺体の見え方の違いは、関東地方では東京都東村山市下宅部遺跡(小畑ほか2014)や西東京市下野谷遺跡(山本ほか2017)で指摘されている。低湿地遺跡である下宅部遺跡では、生および炭化した植物遺体の組成を種実圧痕の組成と比較して、圧痕でのみ見られる分類群が存在し、水洗選別で得られた種実遺体の多様性と比較して、種実圧痕の分類群の多様性は低いと指摘されている。台地上の遺跡である下野谷遺跡では、種実圧痕を炭化種実や炭化材と比較して検討した結果、三者に共通する分類群と、二者あるいは一者のみで見られる分類群があるとわかり、圧痕と炭化物をあわせて植物資源利用の実態が総合的に解明された。小畑(2016a)は、種実圧痕には種実遺体よりも栽培種が含まれる比率が高い傾向があると指摘している。以上のように、種実圧痕のメリットも多数あるが、炭化種実や生の種実遺体との比較によって、植物資源利用について総合的な検討が可能になる。

3. 種実圧痕の調査例

レプリカ法によって縄文時代の種実圧痕の調査が急激に多数行われるようになったひとつの契機は、2007年に明らかになった九州地方の縄文時代後・晩期の土器から確認されたダイズ属種子の圧痕である。検討された土器からは、野生種には見られない大きさのマメ類の圧痕が見いだされ、現生のマメの臍との比較により、臍の形態から初めてダイズ属とアズキ亜属種子の圧痕と同定された(小畑ほか2007)。翌2008年には、中部高地で縄文時代中期後半の土器にも大型のダイズ属種子が確認され(中山ほか2008)、縄文時代中期頃にダイズ属とアズキ亜属は野生種から大型化して栽培種になったと推定されるようになった（中山2010；小畑2011）。

圧痕のダイズ属種子の大きさを集成した中山（2015a）によれば、圧痕ダイズ属種子の簡易楕円体堆積の大きさは、縄文時代早・前期は野生のツルマメの最大値以下であるが、中期後半にツルマメの最大値よりも大きくなり、後・晩期にはさらに大型化する。

ダイズ属種子の圧痕のもっとも古い例は、宮城県王子山遺跡の縄文時代草創期隆帯文段階（約13,400 cal BP）の土器に確認された圧痕である（小畑・真邉2012）。このダイズ属種子圧痕は、野生種であるツルマメ種子と同定されている。王子山遺跡からは炭化したクヌギとコナラの子葉（小畑・真邉2012）やツルボの鱗茎（佐々木ほか2017b）も確認されており、縄文時代草創期の初源的な植物利用のセットにダイズ属が含まれることが確認された（**図4**）。

クヌギ
コナラ
王子山遺跡
ツルボ
ツルマメ
コナラ炭化子葉
（工藤 2014）
ツルボ炭化鱗茎
（工藤 2014、
佐々木ほか 2017b）
3.OJY0003
ツルマメ種子の圧痕（小畑・真邉 2012）

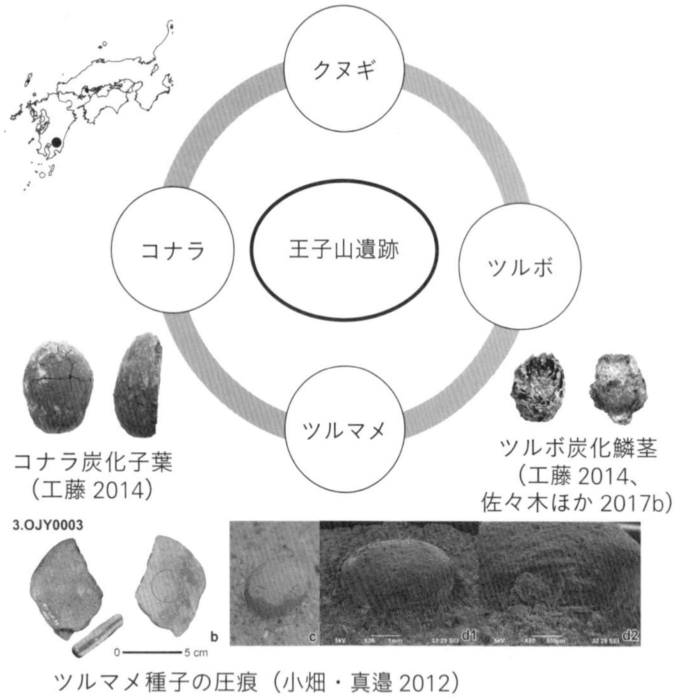

図4　宮崎県王子山遺跡の植物利用

縄文時代草創期と早期の土器圧痕調査の事例は少ないが、縄文時代前期から中期の土器から確認される種実圧痕には、ダイズ属とアズキ亜属、エゴマ（シソ属）が多く、地域的には西関東や中部高地に集中する傾向がある（会田ほか2012, 2015ab；中山2014, 2015b；

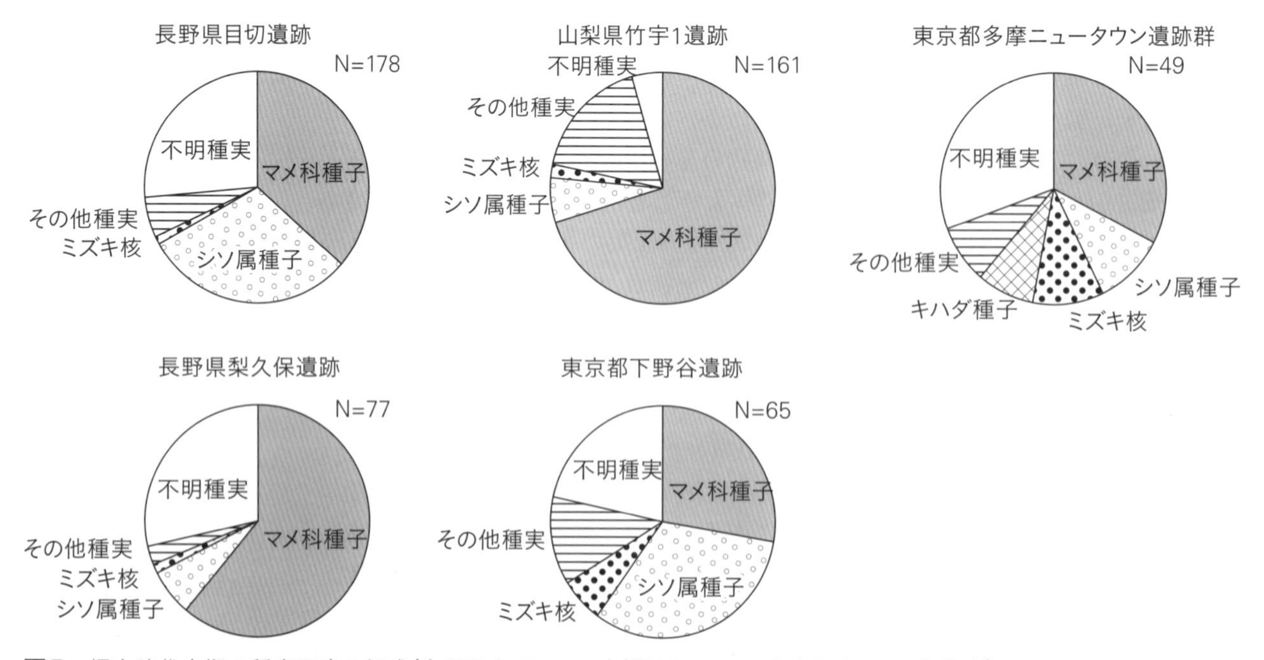

図5　縄文時代中期の種実圧痕の組成（会田ほか2015a；大網ほか2018；山本ほか2018を改変）
マメ科種子はダイズ属種子と子葉、ササゲ属アズキ亜属種子、マメ科種子？を含み、シソ属果実はエゴマ果実を含む

小畑2011, 2016a)。たとえば、長野県では諏訪湖の北側に位置する岡谷市目切遺跡と梨久保遺跡では、縄文時代中期の完形土器と破片土器を対象として、土器圧痕の悉皆調査がなされた結果、約220点の種実圧痕や昆虫圧痕が確認された(会田ほか2015ab)。不明の圧痕や昆虫圧痕を除いた種実圧痕の組成は、ダイズ属やアズキ亜属などのマメ類種子、シソ属果実が多く、それ以外の木本植物や草本植物の合計は10%以下であった(**図5**)。マメ類とシソ属が圧痕の組成のなかで優占する傾向は、諏訪湖の南に位置する茅野市の縄文時代中期の遺跡群(会田ほか未報告)や関東地方西部の多摩ニュータウン遺跡群(大網ほか2018)、武蔵野台地中央部の下野谷遺跡(山本ほか2017)でも確認されている(**図5**)。マメ類とシソ属の優占は、種実圧痕がある程度確認された中部高地から関東西部の縄文時代中期の遺跡ではほぼ共通する傾向といえる。

さらに中部高地から関東西部、北陸では、1個体の土器に1種類の種実が多量に確認される土器が見いだされ、注目されている。長野県豊丘村伴野原遺跡では縄文時代中期の土器1個体にアズキ亜属種子が多数確認され、土器表面の表出圧痕のほかに、X線分析によって土器胎土内に84点のアズキ亜属と推定される種子圧痕が確認され、総計247点のアズキ亜属の種子圧痕が見いだされた(会田ほか2017)(**図6**)。アズキ亜属種子圧痕は、この土器の外面や内面、粘土内(潜在圧痕)に偏りなく見いだされ、粘土内に満遍なく混じっていたと推定されている。

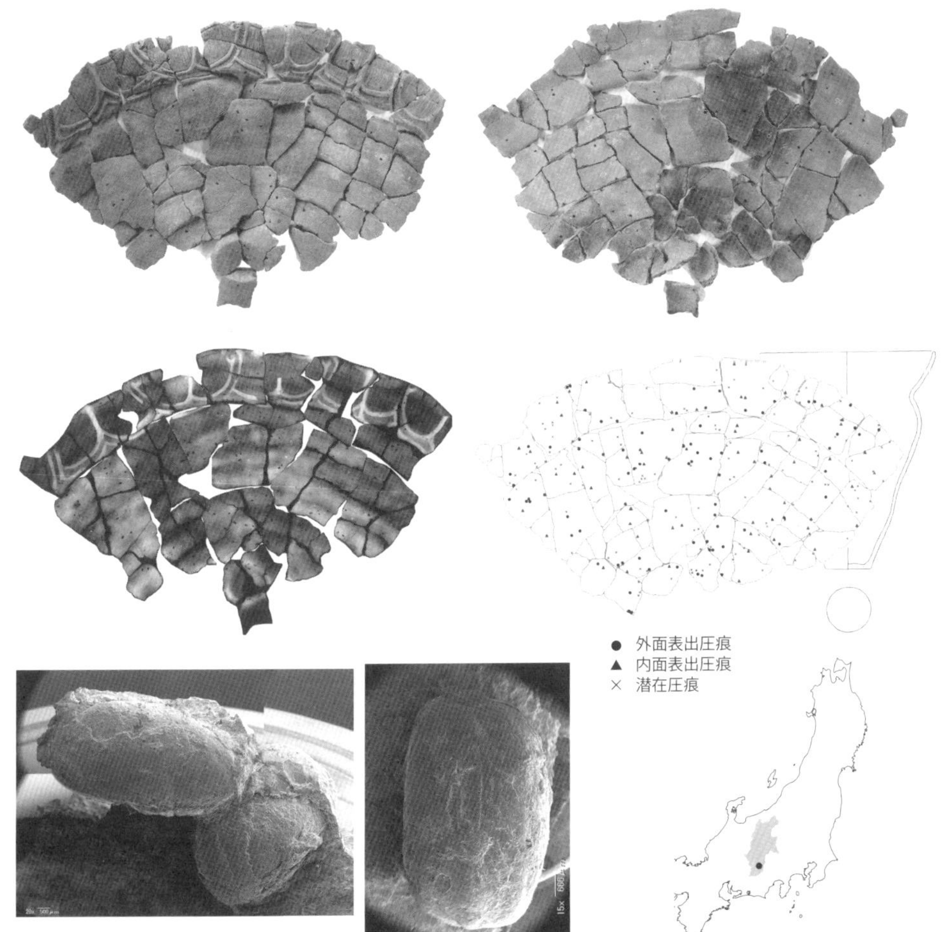

図6 長野県伴野原遺跡出土の多量種実圧痕土器
上右：外面、上左：内面、中左：X線写真、中右：圧痕の位置、下左：アズキ亜属種子のレプリカの走査型電車顕微鏡写真　いずれも会田ほか(2017)

さらに、アズキ亜属種子の大きさは、現生の野生種であるヤブツルアズキより大きかった。

圧痕として見いだされた種実は、土器作りの際に意図的に混ぜた可能性と偶発的に混ざった可能性が考えられている。特に多量の種実圧痕が含まれている土器は、1個体の土器に同一種の種実が多数確認されるため、圧痕の形成理由をめぐって偶発的な混入や意図的な混入などの議論がされている。意図的に混ぜたとする根拠としては、単位面積あたりの数を推定すると、偶発的に混ざる数をはるかに越えた種実が1個体の土器から確認されている点があげられている(小畑2016bなど)。偶発的に混ざったと考える根拠としては、①多量種実圧痕が確認された土器は、特別な器種や器形のものではなく、ごく普遍的な形態のものである、②多量種実圧痕土器は非常に稀で1遺跡に1個体あるかないかである、③1個体にマメ類が数百点混ざったとしても、片手に持てる程度の量であり、周辺に保管されていた種子が混ざった可能性が否定できない(会田ほか2017)などがあげられている。現在中部高地と西関東を中心とした遺跡で、縄文時代前期から中期にかけて10例ほどの多量種実圧痕土器が確認されている(会田ほか2017)。多量種実圧痕土器に確認されている種実の種類は、ダイズ属やアズキ亜属、エゴマ(シソ属)、ミズキ、サンショウ属と、多量圧痕土器以外の種実圧痕や炭化種実としてもしばしば確認されている分類群である(中山2014；能城・佐々木2014；佐々木2017cなど)。多量種実圧痕の形成要因が意図的か偶発的かは現段階では不明であるが、一地域を網羅するように土器の圧痕調査が実施された例がないため、調査事例の蓄積が必要である。

種実圧痕が特別の器種から確認された例としては、山梨県北杜市諏訪原遺跡から出土した縄文時代中期後半の土偶から得られたアズキ亜属種子圧痕がある(**図7**)。アズキ亜属の種子圧痕は尻部の割れ面から2点が確認され(佐々木・鈴木2018)、種子の大きさは、簡易楕円体体積で現生種子と比較すると、野生型のサイズであった。また、諏訪原遺跡からは同時期の土偶が複数出土しているが、種実圧痕は他の土偶からは確認されなかった。さらに、種実圧痕が土偶から得られた例はこれまでなく、アズキ亜属種子が土偶に意図的に混ぜられたかどうかは現段階では積極的には評価できない。

4. 関東地方における種実圧痕の時期別の植物種

これまでに縄文時代と弥生時代の土器圧痕調査がなされた地域は九州地方や中部高地に集中しており、調査地域が偏在していた。2010年以前の関東地方では縄文時代の土器圧痕調査はほとんどなされていなかったが、2010年以降に悉皆調査が行われるようになり、縄文時代中期を中心とした成果が見えつつある。以下では、現段階で見えている関東地方における縄文時代から弥生時代の種実圧痕の時期別動向と植物種を概観し、時期的な傾向を検討する。

4-1 縄文時代草創期～前期の種実圧痕

縄文時代草創期、隆起線文段階のイネ科種子圧痕が神奈川県綾瀬市相模野第149遺跡で確認されている(矢島ほか1996、同定は松谷暁子氏)。この頃には、本州ではヒョウタンやウルシなどの栽培植物が見られるが、関東平野に冷温帯落葉広葉樹林が拡大したと推定される15,000～13,000 cal BP頃の明瞭な植物資源利

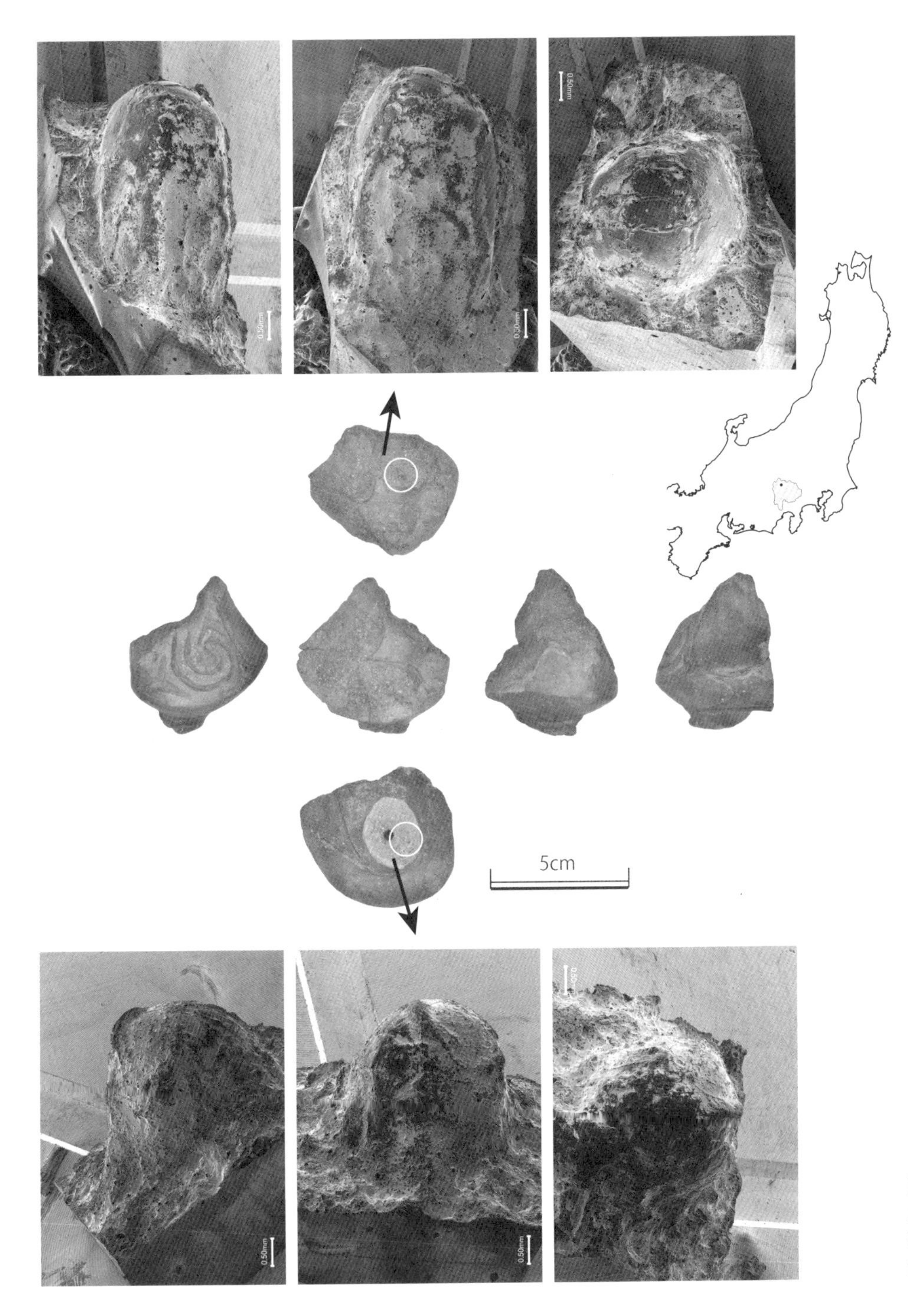

図7　山梨県諏訪原遺跡出土土偶から得られたアズキ亜属種子のレプリカ（佐々木・鈴木2018を改変）

用の痕跡はほとんど検出されていない（佐々木2015）。そのなかで相模野第149遺跡の資料はイネ科種子の利用の可能性を示す資料である。

縄文時代早期では、早期前半の千葉県船橋市取掛西遺跡や早期後葉の千葉県印西市戸ノ内貝塚、船橋市飛ノ台遺跡などで出土した土器に、詳細は未報告ながら種実圧痕が確認されている。佐々木（2015）は、縄文時代早期後半頃になると関東地方の遺跡周辺に暖温帯落葉広葉樹林が成立し、そこに栽培植物だけでなく、しばしば二次林の植生も伴うとしたが、関東地方の遺跡では植物遺体の情報が非常に少なく、土器種実圧痕の様相も未解明である。

縄文時代前期では、下総台地西部の埼玉県春日部市犬塚遺跡で、縄文時代前期中葉の集落に伴う土器の圧痕調査がなされ、ダイズ属やアズキ亜属、シソ属、しょう果類のニワトコやマタタビ属、コウゾ属などの有用植物が確認された(山本ほか2018)。この他、神奈川県小田原市羽根尾貝塚などの数遺跡で種実圧痕の存在が確認されているが(神奈川県教育委員会2015)、量的に土器圧痕調査された事例は報告されていない。

したがって、関東地方における縄文時代草創期～前期の種実圧痕の様相は現段階ではほとんど不明である。全国的に見ても、この時期の種実圧痕が確認された遺跡は少ない(小畑2011；中山2014)。縄文時代草創期～前期の種実圧痕の傾向としては、マメ科のダイズ属やアズキ亜属種子が検出され、野生種の大きさの個体が多い。中山・篠原(2013)は、人々の定住化が進む過程で、周辺植生の利用が促進され、人為的な撹乱地などにできる二次的植生のなかでツルマメ大のダイズ属の種子を利用し始めた証であると捉えている。犬塚遺跡のダイズ属種子やアズキ亜属種子も野生種の大きさであったが、マメ類とともにしょう果類の有用植物がセットで確認されており、中期に明確化する植物資源利用の初源を示す組成が初めて捉えられた(山本ほか2018)。さらに、犬塚遺跡では前期中葉の土器破片にエゴマ果実もしくはニワトコ核を多量に含む圧痕土器の破片が確認された点も特筆される。

しかし、関東地方では縄文時代前期以前の低湿地遺跡が少なく、植物資源利用が遺跡の周辺植生を含めてどのように成立したかは捉えられていない。

4-2 縄文時代中期の種実圧痕

関東地方で土器種実圧痕が本格的に議論できるのは、縄文時代中期からである。関東平野の中央部以南に位置する埼玉県北本市デーノタメ遺跡(山本・佐々木2017)や和光市越後山遺跡(中山ほか2016)、東京都西東京市下野谷遺跡(山本ほか2017)、青梅市駒木野遺跡(中山2010)、渋谷区鉢山町Ⅱ遺跡(中山2010)、神奈川県相模原市勝坂遺跡(中山・佐野2015)、千葉県千葉市加曽利貝塚(佐々木ほか2017a)、香取市阿玉台貝塚(Oami *et al.* 2015)などで種実圧痕の調査が行われている(**図8**)。このうち1,000点以上の土器を対象とした悉皆調査が行われている遺跡は、デーノタメ遺跡と下野谷遺跡、加曽利貝塚、阿玉台貝塚の4遺跡のみで、デーノタメ遺跡と下野谷遺跡からはダイズ属とアズキ亜属のマメ類と、シソ属、ミズキなどが、加曽利貝塚では、シソ属やミズキ、キハダなどが確認されている。マメ類とシソ属の圧痕が多い傾向は中部高地の縄文時代中期後半ですでに指摘されているが(中山2015b、能城・佐々木2014)、関東平野においても同時期にマメ類とシソ属が多い傾向が指摘できる。またミズキやサンショウ属、キハダなどのしょう果類が確認され、中期中葉から後葉にかけてマメ類とシソ属、しょう果類の組み合わせが土器圧痕で見いだされ、利用植物がセットで確認できる。しかし、関東平野では、武蔵野台地の中央部に位置する下野谷遺跡や太平洋側に位置する阿玉台貝塚といった中部高地と比べて標高が低い遺跡では、得られる種実圧痕数や種類数が減少する傾向がある。

また、縄文時代中期には、ダイズ属種子を1個体に多数入れた土器が、越後山遺跡と勝坂遺跡で確認されているが、これらの多量種実圧痕土器は器種や器形において特異性がないと報告されている(金子ほか2015；中山・佐野2015)。

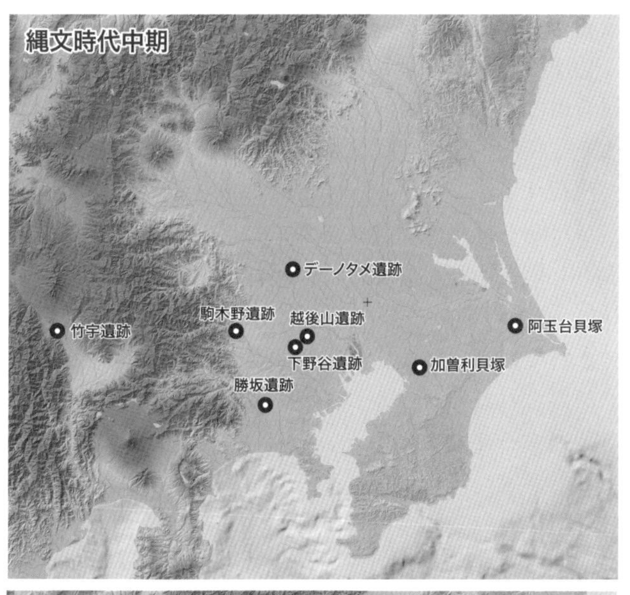

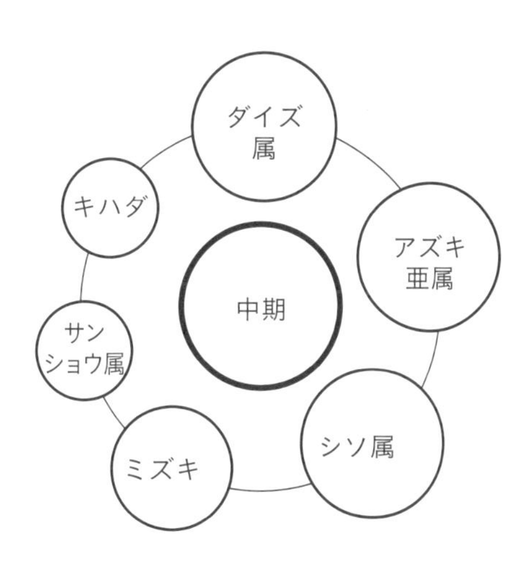

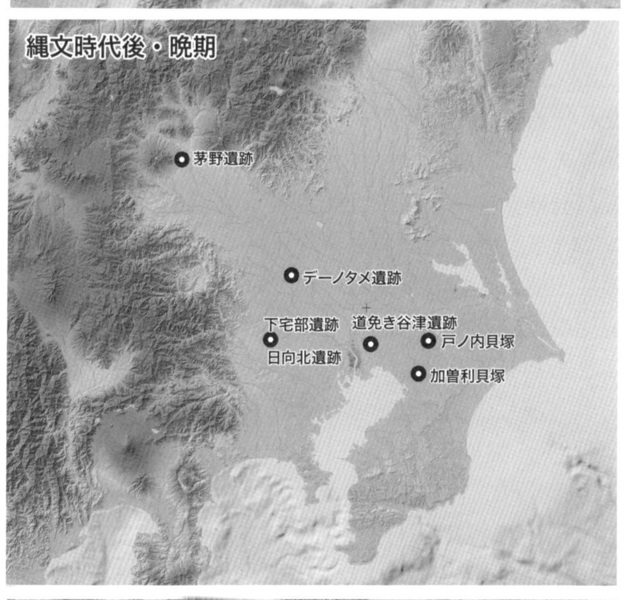

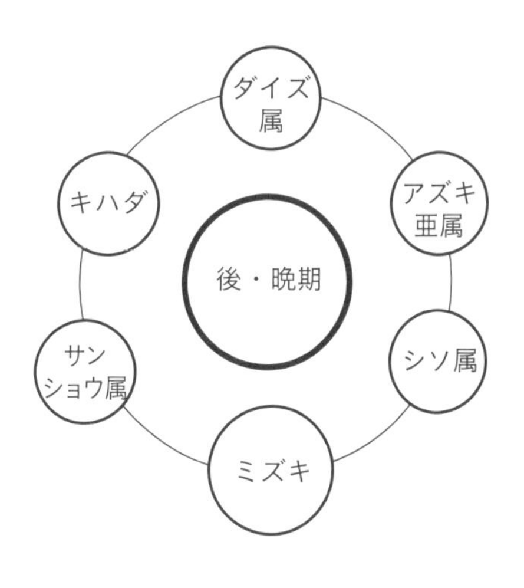

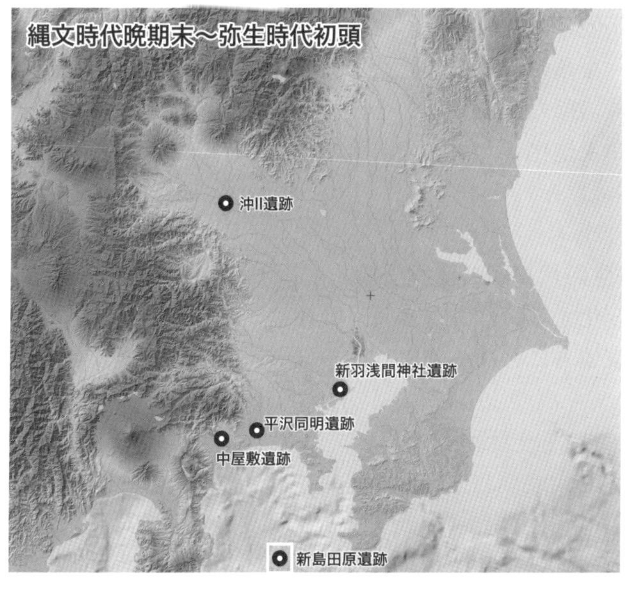

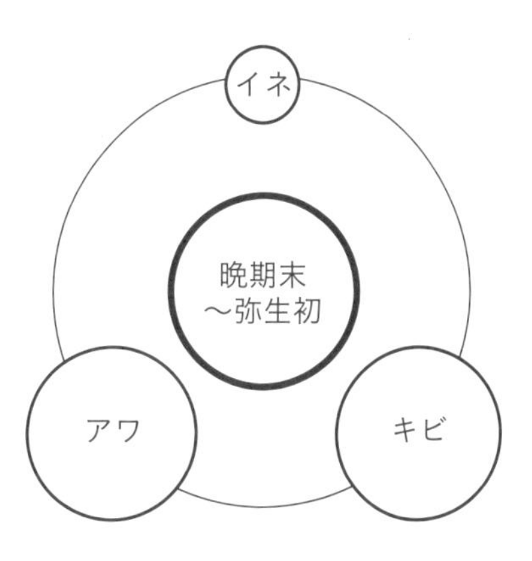

図8　関東地方の時期別の種実圧痕が調査された遺跡とその組成(円の大きさはおおよその量比を示す)

さらに中期後半には、大規模な環状集落であるデーノタメ遺跡（山本・佐々木2017）と下野谷遺跡（山本ほか2017）で現生の栽培種であるダイズに匹敵する大きさのダイズ属種子の圧痕が得られている。中山（2015a）は、栽培化症候群を示す種子の大型化は中部高地では縄文時代中期後半頃に起きたと指摘しているが、関東地方でも大型のダイズ属が出現する。下野谷遺跡は約1,000年継続した集落であるが、ダイズ属種子の圧痕が時期を経て大型化する傾向は認められず、住居数の多くなる中期後葉の加曽利E3式に突如大型のダイズ属種子が認められている（山本ほか2017）。この時期に、遺跡の立地や集落の規模がどのように種子の大きさに反映されるのかは検討されていないが、今後同時期の小規模な遺跡からも同様な大きさのダイズ属種子が得られるかどうか、集落の継続性や生業の差を反映している可能性を踏まえて調査する必要がある。

4-3 縄文時代後・晩期の種実圧痕

縄文時代後・晩期では群馬県榛東村茅野遺跡（洞口ほか2009）や、デーノタメ遺跡（山本・佐々木2017）、東京都東村山市下宅部遺跡と日向北遺跡（小畑ほか2014）、加曽利貝塚（佐々木ほか2017a）、千葉県印西市戸ノ内貝塚（Oami *et al.* 2015）で土器圧痕の悉皆調査が行われている（**図8**）。下宅部遺跡では縄文時代後期前葉～中葉の土器から9点のダイズ属やアズキ型などの種実や昆虫、貝の圧痕が同定された。日向北遺跡では晩期を中心とした土器からシソ属やヤマボウシなどの種実圧痕が4点確認されている。後・晩期の戸ノ内貝塚では約10,000点の土器が調査されたが、後期に種実圧痕が1点のみ確認されている。

関東地方の縄文時代後・晩期の土器は中期よりも種実圧痕の検出率が低く、特に関東東部では種実圧痕がほとんど見られないため、マメ類の圧痕が確認される地域は中部高地や関東西部を中心とし、関東地方にはあまり波及しないとも考えられていた。しかし、縄文時代中～晩期の大規模貝塚である加曽利貝塚では、後期にダイズ属やアズキ亜属、シソ属、キハダ、ニワトコのほか、貯穀害虫のコクゾウムシ属などが見られ、圧痕の検出率も高いことがわかった（佐々木ほか2017a；佐々木ほか未報告）。調査遺跡数が少ないものの、短期間の集落や小規模な集落では圧痕の検出率が低い傾向があり、圧痕の検出率の多寡は、後期においても遺跡立地だけでなく、集落の規模や継続性も重要な要素である可能性がある。また、加曽利貝塚では栽培種に匹敵する大きさのダイズ属とアズキ亜属も確認されており、中期後半頃に大型化したマメ類が後期にも継続して利用された可能性を示している。

4-4 縄文時代晩期終末～弥生時代初頭の種実圧痕

種実圧痕の組成が大きく変化するのは、縄文時代晩期終末～弥生時代初頭である。レプリカ法によって関東地方における弥生時代の種実圧痕の検出例が増加している（遠藤2014, 2018；設楽・高瀬2014；守屋2014など）。これらの研究によれば、関東地方では縄文時代晩期後葉まではイネをはじめとした穀類の圧痕はまったく見られないが、縄文時代晩期終末（氷1式新段階）になると、アワとキビの圧痕が検出され始め、雑穀栽培が開始されたと推定されている（**図8**）。全国的にも、イネとアワ、キビの圧痕は縄文晩期後半の突帯文土器の出現期以降に確認されており、突帯文土器群を遡る事例はないとされている（中沢2009）。

神奈川県大井町中屋敷遺跡では弥生時代前期後葉の土器からアワとキビの圧痕が（佐々木ほか2010b）、同秦野市平沢同明遺跡の弥生時代前期後半の土器からも同じくアワとキビの圧痕が認められた（佐々木ほか2010a）。中屋敷遺跡では、炭化種実としても、イネとアワ、キビが得られており（新山2009、佐々木・バンダリ2010）、この時期に関東地方で穀物栽培が開始された可能性が示された。中屋敷遺跡と平沢同明遺跡では、アワとキビが1個体に多量に混入した土器も見いだされた（佐々木ほか未報告）。その他、東京都新島田原遺跡では、弥生時代前期〜中期初頭の土器からイネとアワ、キビ、シソ属の圧痕が確認され（中沢・佐々木2011；Takase *et al.* 2011）、内陸部に位置する弥生時代前期後半の群馬県藤岡市沖Ⅱ遺跡でもイネとアワ、キビが得られており（遠藤2011）、この時期にアワとキビ、イネの栽培は関東地方に広がっていた可能性がある。ただし、中屋敷遺跡から出土した炭化種実ではクリやトチノキなどの堅果類やしょう果類も確認されており、縄文的な有用植物の利用の上に重層化するようにして、これらイネ科の栽培植物の利用が確認されている（佐々木2009）。

関東地方に本格的な水稲耕作が導入される時期は、弥生時代中期後半である（石川2001）。弥生時代中期後半になると、イネの圧痕が増加し、過半数を占めるようになる。神奈川県逗子市池子遺跡では、宮ノ台式期の1,010点の土器からイネ、アワ、キビの圧痕が確認され、イネが優占する（遠藤2018）。現在調査中の神奈川県横浜市大塚遺跡では、3,000点以上の土器が調査され、弥生時代中期後半宮ノ台式期の土器から、栽培植物のイネとエゴマの圧痕が確認されたが、アワやキビの圧痕は検出されていない（佐々木2017b）。遠藤（2018）は、宮ノ台式土器圏では確実にイネの圧痕が優勢であるとしている。

弥生時代後期でもイネが優勢な状況は継続し、神奈川県海老名市河原口坊中遺跡では、弥生時代後期の土器に圧痕が多数確認され、内訳はイネの圧痕が優占し、キビがわずかに確認されている（佐々木・米田2014, 2015）。東京都大田区

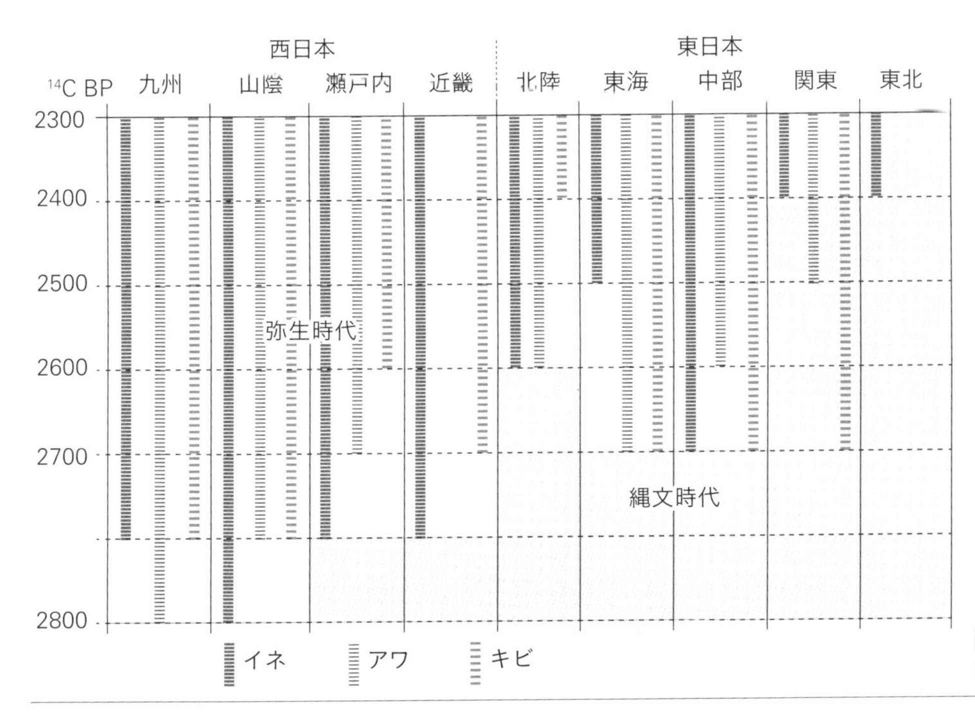

図9　イネとアワ、キビの拡散（中沢2017を改変）

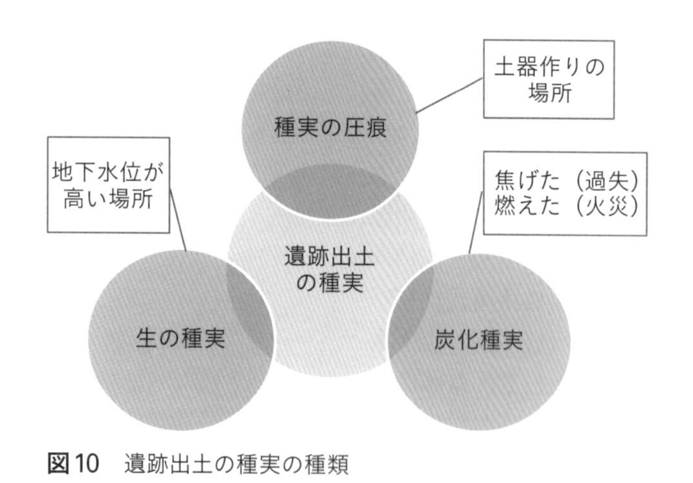

図10 遺跡出土の種実の種類

久ヶ原遺跡でも、イネが多く、マメ科やアサなどが伴っている（佐々木2017a）。

以上のように、関東地方では縄文時代草創期から種実圧痕が確認され、縄文時代中期後半にはマメ類（ダイズ属、アズキ亜属）と、シソ属、しょう果類から構成される利用植物のセットが悉皆的に土器圧痕調査された遺跡では確認されており、これら有用植物の利用が縄文時代晩期まで継続していた。しかし、縄文時代後・晩期では発見されている種実圧痕の数がいまのところ少なく、種実圧痕率も低い可能性がある。弥生時代前期後葉（ca. 500 ～ 400 cal BC）には種実圧痕の組成が大きく変化し、アワとキビ、イネが突出して多く見いだされるようになる。全国的なレベルで栽培植物の圧痕を土器型式とともに検討した中沢（2014, 2017）によれば、時期の前後はあるものの、縄文時代晩期終末期から弥生時代前期にかけてイネとアワ、キビの圧痕が九州から関東、北陸地方まで確認されている（**図9**）。急速にイネ科穀類の栽培が導入され、広がった状況が確認できる。

おわりに

以上のように、土器圧痕調査によって、低湿地遺跡から出土した未炭化種実や低湿地遺跡や台地上の遺跡から出土した炭化した種実では明確には見えていなかった植物利用が見え始めており、特に土器作りにかかわる場に存在した種実の組成が明らかになってきた（**図10**）。ただし、圧痕は、多くの研究者が指摘するように、出現率がただちに当時の利用植物の摂取量や収穫量を反映しているわけではない。また、多量の種実圧痕が1個体の土器から確認され、意図的な混入か偶発的な混入かといった新たな圧痕形成にかかわる問題も生まれてきた。種実圧痕が多量に確認された土器は、現状では縄文時代前期と中期、弥生時代前期にかぎられており、種実を混和させるという意図的な行為が反映された結果なのか、時期ごとの土器作りの場の違いを示すのかなど、さまざまな角度から検証が必要である。また、縄文時代では、マメ類・シソ属の利用が量的に見えだす縄文時代前期やマメ類などの大型化が確認される中期にのみ、中部高地や関東地方を中心とした地域で多量圧痕土器が出土している。多量圧痕土器は、一定規模の定住型の集落に出現する傾向がある。弥生時代ではイネやアワ・キビの導入時期に多量圧痕土器が確認されている点にも注目しておきたい。現状では、土器圧痕として多量にでる種類はかぎられているが、その種類自体に意味があり、当時の有用植物の種類と組み合わせを示していると考えたい。また、意図的にしろ、偶発的にしろ、土器作りの場にこれらの有用植物が存在していたことは事実であり、土器作りの場と人間活動、周辺環境を考えるうえでも重要な情報と考えられる。

本稿で検討を行った、関東地方における種実圧痕の調査は緒についたばかりであり、一地域で時期別の動向を語れる段階にはない。今後、関東地方で土器圧痕調査例を増やし、種実圧痕に見られる植物がどのような空間的分布と時間的系統性を持つのかを検討していきたい。

このように、近年の土器圧痕調査の成果によって、縄文時代から弥生時代の植物資源利用を検討するには、従来の未炭化種実と炭化種実に加えて、圧痕種実もあわせて解析することが重要と捉えられたことが、日本における植物考古学の新展開といえよう。

謝　辞

本稿を作成するにあたり、能城修一氏、庄田慎矢氏、阿部芳郎氏、石坂雅樹氏、大網信良氏、亀田直美氏、工藤雄一郎氏、西野雅人氏、山本　華氏にご教示いただいた。記して感謝したい。

引用文献

- 会田　進・中沢道彦・那須浩郎・佐々木由香・山田武文・輿石　甫2012「長野県岡谷市目切遺跡出土の炭化種実とレプリカ法による土器種実圧痕の研究」『資源環境と人類』2: 49-64.
- 会田　進・山田武文・佐々木由香・輿石　甫・那須浩郎・中沢道彦2015a「岡谷市内縄文時代遺跡の炭化種実及び土器種実圧痕調査の報告(本編)」『長野県考古学会誌』150: 10-45.
- 会田　進・山田武文・佐々木由香・輿石　甫・那須浩郎・中沢道彦2015b「岡谷市内縄文時代遺跡の炭化種実及び土器種実圧痕調査の報告(資料編)」『長野県考古学会誌』151: 1-28.
- 会田　進・酒井幸則・佐々木由香・山田武文・那須浩郎・中沢道彦2017「アズキ亜属種子が多量に混入する縄文土器と種実が多量に混入する意味」『資源環境と人類』7: 23-50.
- 石川日出志2001「関東地方弥生時代中期中葉の社会変動」『駿台史学』113: 57-93.
- 丑野　毅・田川裕美1991「レプリカ法による土器圧痕の観察」『考古学と自然科学』24: 13-36.
- 遠藤英子2011「レプリカ法による、群馬県沖Ⅱ遺跡の植物利用の分析」『古代文化』63-3: 122-132.
- 遠藤英子2014「栽培穀物から見た、関東地方の「弥生農耕」『SEEDS CONTACT』2: 16-23.
- 遠藤英子2018「池子遺跡出土弥生土器の種子圧痕分析」『弥生時代食の多角的研究―池子遺跡を科学する―』(杉山浩平編)初版，東京：六一書房：89-104.
- Oami. S, Hirahara N., Sasaki. Y. 2015 Plant use deduced from pottery impressions of the Jomon period in the Kanto district, central Japan XIX INQUA Nagoya.
- 大網信良・守屋　亮・佐々木由香・長佐古真也2018「土器圧痕からみた縄文時代中期における多摩ニュータウン遺跡群の植物利用と遺跡間関係」『東京都埋蔵文化財センター研究論集』XXXⅡ: 1-26.
- 小畑弘己・佐々木由香・仙波靖子2007「土器圧痕からみた縄文時代後・晩期における九州のダイズ栽培」『植生史研究』15-2: 97-114.
- 小畑弘己2011『東北アジア古民族植物学と縄文農耕』初版，東京：同成社.
- 小畑弘己・真邉　彩2012「王子山遺跡のレプリカ法による土器圧痕分析」『王子山遺跡』(宮崎県都城市教育委員会編)初版，都城市：宮崎県都城市教育委員会：92-93.
- 小畑弘己・真邉　彩・百原　新・那須浩郎・佐々木由香2014「圧痕レプリカ法からみた下宅部遺跡の種実利用」『国立歴史民俗博物館研究報告』18: 279-296.
- 小畑弘己2016a『タネをまく縄文人』初版，東京：吉川弘文館.
- 小畑弘己2016b「エゴマを混入した土器―軟X線分析による潜在圧痕の検出と同定―」『日本考古学』40: 33-52.
- 神奈川県教育委員会2015『平成27年度かながわの遺跡展・巡回展 縄文の海縄文の森』初版，神奈川：神奈川県教育委員会.
- 小畑弘己2018『昆虫考古学』角川選書
- 金子直行・中山誠二・佐野　隆2015「ダイズ属の種子を混入した縄文土器―埼玉県和光市越後山遺跡出土の圧痕同定―」『埼玉考古』50: 1-16.
- 佐々木由香2009「縄文から弥生変動期の自然環境の変化と植物利用」『季刊東北学』19: 124-144.
- 佐々木由香・米田恭子・戸田哲也2010a「神奈川県平沢同明遺跡出土土器圧痕からみた弥生時代前期後半の栽培植物」『日本植生史学会第25回大会講演要旨集』28.
- 佐々木由香・米田恭子・那須浩郎2010b「レプリカ法による土器種実圧痕の同定」『中屋敷遺跡発掘調査報告書2』(昭和女子大学人間文化学部歴史文化学科中屋敷遺跡発掘調査団編)初版，東京：昭和女子大学人間文化学部歴史文化学科：43-56.
- 佐々木由香・バンダリスダルシャン2010「土坑から出土した炭化種実同定」『中屋敷遺跡発掘調査報告書2』(昭和女子大学人間文化学部歴史文化学科中屋敷遺跡発掘調査団編)初版，東京：昭和女子大学人間文化学部歴史文化学科：38-42.
- 佐々木由香・米田恭子2014「レプリカ法による土器圧痕の種実同定」『河原口坊中遺跡第一次調査　相模川河川改修事業・相模グリーンライン事業(自動車道整備事業)に伴う発掘調査』第4分冊：初版，神奈川：かながわ考古学財団：1474-1483.
- 佐々木由香2015「植物資源の開発」『季刊考古学』133: 63-66.
- 佐々木由香・米田恭子2015「レプリカ法による土器圧痕の種実同定」『河原口坊中遺跡第二次調査　首都圏中央連絡自動車道(さがみ縦貫道路)建設事業に伴う発掘調査』第6分冊初版，神奈川：かながわ考古学財団：180-186.
- 佐々木由香2017a「弥生時代の稲」『土器から見た大田区の弥生時代―久ヶ原遺跡発見、90年―』初版，大田区：大田区立郷土博物館：105-108.
- 佐々木由香2017b「土器の「くぼみ」から知る弥生時代の食料事情」『横浜に稲作がやってきた!?』初版，横浜市：

横浜市歴史博物館：74-75.
・佐々木由香2017c「縄文時代中期の植物資源利用ー山梨県北杜市諏訪原遺跡を例にしてー」『山本暉久先生古稀記念論集 二十一世紀考古学の現在』(山本暉久編)初版，東京：六一書房：67-76.
・佐々木由香・能城修一2017「植物考古学から見た弥生時代のはじまり」『季刊考古学』138: 38-42.
・佐々木由香・山本 華・大網信良2017a「土器種実圧痕の同定」『史跡加曽利貝塚総括報告書』第3分冊：初版，千葉市：千葉市教育委員会：716-721.
・佐々木由香・米田恭子・東 和幸・桑畑光博2017b「南九州地方における縄文時代の鱗茎利用」『日本植生史学会第32回大会講演要旨集』15.
・佐々木由香・鈴木英里香2018「レプリカ法による土器種実圧痕の同定(2)」『山梨県北杜市明野町上神取諏訪原遺跡発掘調査報告書II』初版，東京：昭和女子大学人間文化学部歴史文化学科：83-93.
・設楽博己・高瀬克範2014「西関東地方における穀類栽培の開始」『国立歴史民俗博物館研究報告』185:511-530.
・TAKASE, K., ENDO, E., NASU, H. 2011 Plant use on remote islands in the Final Jomon and Yayoi Periods: An examination of seeds restored from potsherds in the Tawara Site, Niijima Island, Japan. Bulletin of the Meiji University Museum, 16, 21-39.
・中山誠二2010『植物考古学と日本考古学の起源』初版，東京：同成社.
・中山誠二・長沢宏昌・保坂康夫・野代幸和・櫛原功一・佐野 隆2008「レプリカ・セム法による圧痕土器の分析(2)—山梨県上ノ原遺跡、酒呑場遺跡、中谷遺跡—」『山梨県立博物館研究紀要』2: 1-10，山梨県立博物館.
・中山誠二・篠原 武2013「上暮地新屋敷遺跡の植物圧痕」『山梨県考古学協会誌』22: 115-122 山梨県考古学協会.
・中山誠二2014『日韓における穀物農耕の起源』山梨県立博物館調査研究報告9: 1-402，山梨県立博物館.
・中山誠二2015a「縄文時代のダイズの栽培化と種子の形態分化」『植生史研究』23-2: 33-42.
・中山誠二2015b「中部高地における縄文時代の栽培植物と二次植生の利用」『第四紀研究』54-5: 285-298.
・中山誠二・佐野 隆2015「ツルマメを混入した縄文土器ー相模原市勝坂遺跡等の種子圧痕」『山梨県立博物館研究紀要』9: 1-31，山梨県立博物館.
・中山誠二・金子直行・佐野 隆2016「越後山遺跡のダイズ属の種子圧痕」『山梨県考古学協会誌』24: 15-30.
・中沢道彦2009「縄文農耕論をめぐってー栽培種種子の検証を中心にー」『弥生時代の考古学5食糧の獲得と生産』初版，東京：同成社：228-246.
・中沢道彦・佐々木由香2011「縄文時代晩期後葉浮線文および弥生時代中期初頭土器のキビ圧痕」『資源環境と人類』1: 113-117.
・中沢道彦2014「栽培植物利用の多様性と展開」『季刊考古学・別冊21 縄文の資源利用と社会』初版，東京：雄山閣：115-123.
・中沢道彦2017「日本列島における農耕の伝播と定着」『季刊考古学』138: 6-29.
・新山雅広2009「土坑から出土した炭化種実同定」『中屋敷遺跡発掘調査報告書』(昭和女子大学人間文化学部歴史文化学科中屋敷遺跡発掘調査団編)初版，東京：昭和女子大学人間文化学部歴史文化学科：145-147.
・能城修一・佐々木由香2014「遺跡出土植物遺体からみた縄文時代の森林資源利用」『国立歴史民俗博物館研究報告』18: 15-48.
・洞口正史・佐々木由香・米田恭子・角田祥子2009「群馬県榛東村茅野遺跡出土土器に残された種子圧痕のレプリカ法による観察」『第24回日本植生史学会大会要旨集』81.
・比佐陽一郎・片多雅樹2006『土器圧痕のレプリカ法による転写作業の手引き(試作版)』 福岡市埋蔵文化財センター.
・守屋 亮2014「東京湾西岸における弥生時代の栽培植物利用ーレプリカ法を用いた調査と研究ー」『東京大学考古学研究室研究紀要』28: 81-107.
・山崎純男2005「西日本縄文農耕論」『日韓・日新石器時代の農耕問題』慶南文化財研究院・韓図新石器學會・九州縄文研究會：33-55.
・矢島國雄・丑野 毅・河西 学・阿部芳郎1996「縄文時代草創期土器の製作技術分析(1)」『綾瀬市史研究』3: 70-110.
・山本 華・佐々木由香2017「土器種実圧痕」『北本市埋蔵文化財調査報告書第21集 デーノタメ遺跡』(北本市教育委員会編)初版，北本市：北本市教育委員会：45-46.
・山本 華・佐々木由香・大網信良・亀田直美・黒沼保子2017「東京都下野谷遺跡における縄文時代中期の植物資源利用」『植生史研究』26-2: 63-74.
・山本 華・佐藤亮太・岩浪 陸・佐々木由香・森山 高・中野達也2018「埼玉県大塚遺跡の種実圧痕から見た縄文時代前期の利用植物」『古代』142: 1-22.
・山内清男 1925「石器時代にも稲あり」『人類学雑誌』40-5: 181-184.

過去の水田稲作を理解するために実験考古学でなにができるか
Using Experimental Archaeology to Understand Ancient Rice Farming

菊地有希子　Yukiko Kikuchi

株式会社パレオ・ラボ

はじめに

実験考古学は、慎重にコントロールされた実験を行い、遺構や遺物などの考古資料の解釈に有用なデータや洞察を得る、考古学の研究分野のひとつである。過去の水田稲作にかかわるテーマについて、実験考古学がどう貢献できるか。本稿で紹介する実験田を利用した研究が、実験の新たな切り口を考えるきっかけとなり、水田稲作の実験考古学研究が過去の稲作の解明により貢献できるようになれば幸いである。

1. プロジェクトの目的と課題

過去の水田稲作の研究において、これまで数多くの分析が行われてきた。しかし、分析結果を理解するために比較・参照できる有用で基礎的な現生データは、必ずしも十分にあるとはいえない。したがって、分析結果から導き出された推測が、当時の稲作や水田の状況をどの程度反映しているかを考えると、残念ながら大部分は不明のままであろう。自然科学分析にかぎって見ても、過去の状況についての推測が実際の当時の状況を示しているかを確認する、検証のプロセスが置き去りにされてきたように思える。

水田跡の分析結果を、現代の水田と比較した研究例は存在する。ただ、残念ながら使われている現生データは、多くの場合、理想的なデータとはいいがたい。現代の水田のほとんどは、過去には存在しなかった農薬や化学肥料、機械の影響を受けているからである。水田跡で得られた分析結果から、過去の水田のどのような状況を反映しているのかについて考えるためには、当時の水田と同じような条件の現生の水田のデータと比較・検討するのが理想である。しかし、いまの日本には農薬や化学肥料、機械の影響を免れた水田はほぼ皆無である。考古学的に復元された水田が、稲作の考古学研究にとって重要な意味を持つと考えられるのは、このためである。

私たちのプロジェクトの目的は、復元した実験田における現生データと、遺跡での分析結果との比較・検討を通して、過去の水田稲作の実際を明らかにすることである。本プロジェクトの実験田においては、これまでに収量調査やプラント・オパール分析、雑草調査、大型植物遺体分析、安定同位体分析などを行って

略歴
早稲田大学大学院文学研究科博士後期課程単位取得退学、博士(文学)。
専門分野：考古学(主に農耕、弥生時代)、実験考古学、民族考古学
主要著作
2007「中国の卜骨とその伝播について」『中国シルクロードの変遷』(シルクロード調査研究所編)，雄山閣
2007「荒川流域の住居形態と集落」『埼玉の弥生時代』(埼玉弥生土器観会編)，六一書房
2010「稲作の民俗考古学―神社における赤米栽培と収量に関する研究―」『比較考古学の新地平』(菊池徹夫編)，同成社
2019「バリ島の在来イネ」『アジア遊学230 世界遺産バリの文化戦略－水稲文化と儀礼がつくる地域社会』(海老澤衷編)，勉誠出版

きた。

本稿では、過去の水田稲作について理解するために、実験考古学という方法を用いてできることの一部を紹介したい。まず、私たちのプロジェクトのベースとなる実験田および赤米栽培について述べたうえで、本プロジェクトにおける以下の主要な7つの課題について紹介する。

① 水田跡かどうかをどう判別できるか？
② 休耕はわかるか？
③ 水田と畦、水田の内外は区別できるか？
④ 植物遺体は水田周辺の植生をどの程度反映しているか？
⑤ 炭化米から水稲か陸稲かを区別できるか？
⑥ 密植はあり得たか？
⑦ 弥生時代の米収量はどれくらいあったか？

2. 実験田の赤米栽培

2-1 実験田について

実験田は、埼玉県入間市宮寺の西久保湿地にある。西久保湿地は、狭山丘陵に発達した小さな谷筋のひとつにあり、谷の上部から流れる小川および用水路に沿って、谷のもっとも低い場所に水田が4枚作られている（**図1**）。水田の東側には里山の雑木林が迫っており、西側には狭山茶で有名な茶畑がある（**図2**）。

実験田は、西久保湿地にある4枚の水田のうちもっとも高い場所に位置しており、実験田の1段上にため池が作られている。西久保湿地の谷の奥に休耕田があるが、実験田の上流側に現在も使われている水田はない。水流によって他の水田

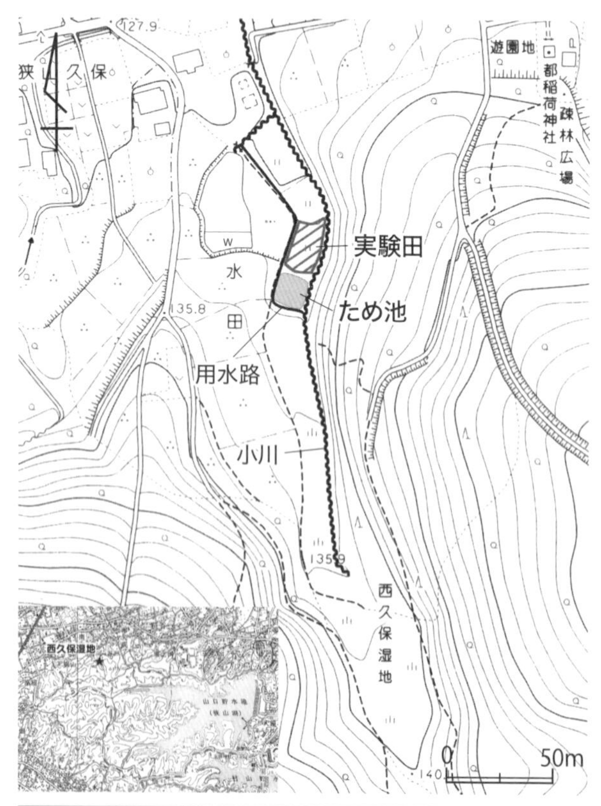

図1 西久保湿地と実験田の位置

図2 西久保湿地の水田（北西から）

の影響を直接受けることがない点で、実験田として良好な条件の場所に位置している。

2-2　栽培する赤米

実験田では、現在3種類の赤米を栽培している。「北上」「豆酘」、そして「宝満」と実験田で呼んでいる赤米である(**図3**)。赤米なので、いずれも玄米はにぶい赤褐色であるが、籾の色や草丈など、それぞれに異なる特徴がある。なお、「北上」や「豆酘」「宝満」は本研究における便宜的な名称で、正式な名称ではない。

「北上」は、東北地方の農家からわけていただいた赤米である。籾は普段よく目にする白米と同じような黄褐色であるが、芒が長い点で、よく見る白米と異なる外観をしている。芒は細く、乾燥すると非常に折れやすい。草丈は平均して90 cm前後である。

「豆酘」は、長崎県対馬の豆酘産の赤米である。籾殻は黒褐色で、出穂以降は実験田のなかで非常に目立つ。芒は長いだけではなく丈夫で、乾燥しても「北上」と比べて折れにくい。草丈は、平均して100 cmほどあり、「北上」よりもや

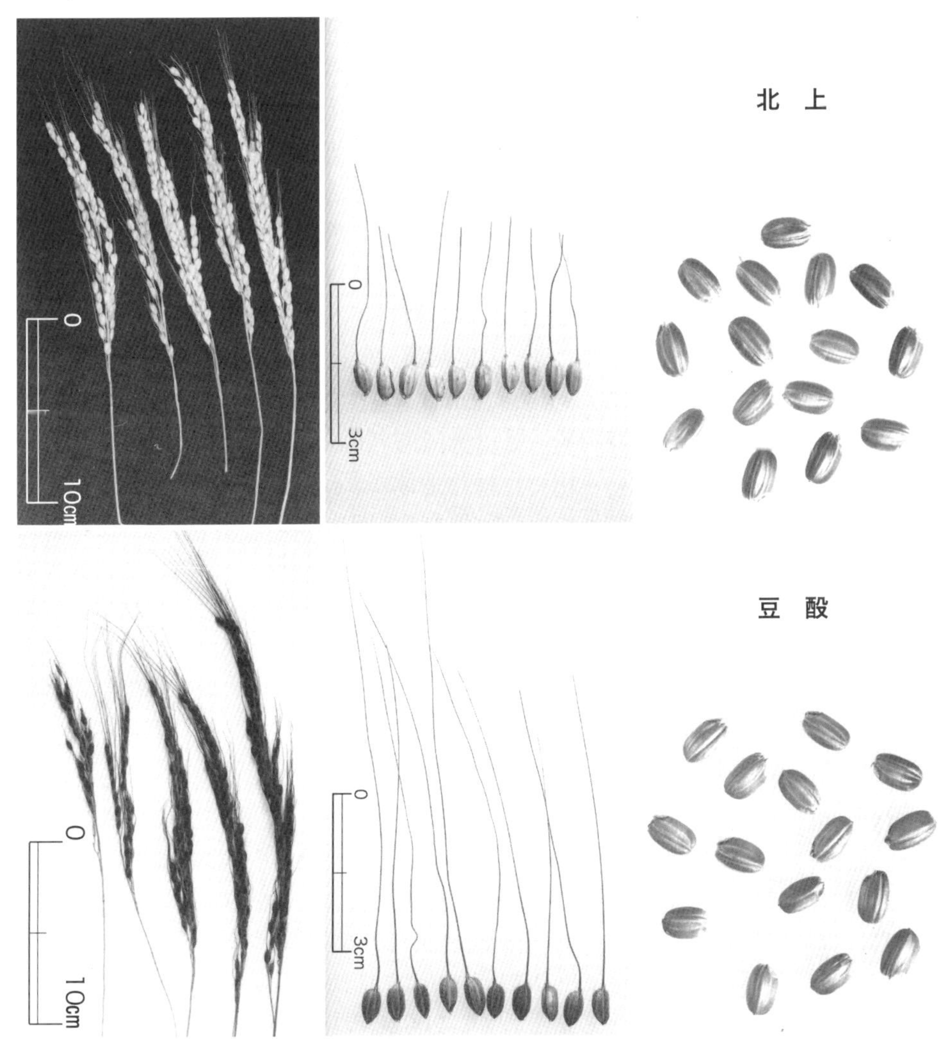

図3　栽培している赤米

や背が高い。

「宝満」は鹿児島県種子島の宝満神社の赤米で、宝満神社において神事に用いるために御田で栽培されている赤米である。本来は神様のお米であり、門外不出とされているが、研究目的ということで実験田外には持ち出さない条件で種籾をわけていただいた。籾殻は「北上」と同じように黄褐色で、芒も長く、「北上」ほどは折れやすくない。草丈が他よりも高いのが特徴で、平均して120 cmほどになる。また、「北上」や「豆酘」と比べて、熟すまでに1～2週間ほど長くかかる。

赤米は、日本に現存する栽培可能な品種のうち、もっとも古い系統の稲のひとつで、草丈が高く倒れやすい、芒が長く、収量が低いなど昔の稲が持っていたと推測される特徴を色濃く残している。品種改良が進んだ現在の日本で赤米がいまだに稲の古い特徴を残しているのは、白米とは違って赤米は、近代の品種改良の流れから取り残された経緯があるためである(小川1992)。古い時代を想定した栽培実験を行う場合には、栽培できる種類のなかで、稲の古い特徴を残す赤米を使うのが最良の選択のひとつになる。

赤米が栽培されているのは、西久保湿地の4枚の水田のうち実験田のみであり、市民講座や小学校用に使われているほかの3枚の水田では白米が栽培されている。

2-3　栽培条件

実験田は、可能なかぎり過去の水田の条件に近くなるようにしてある。実験では弥生時代の水田の復元をねらっているため、無農薬で栽培している。また、化学肥料も堆肥も含めて、無施肥で栽培している。農薬や化学肥料は現代の産物であるため、避ける理由に説明は不要と思われるが、それ以外の肥料についてはどうであろうか。

弥生時代後期には緑肥が施されていた可能性が、一部で指摘されている。木下忠は、苗代への緑肥の踏み込みに使う大足という民俗資料に似た木製品の出土例が弥生時代後期の遺跡にあるため、弥生時代後期に施肥の存在を想定している(木下1954, 1964)。また、森岡秀人は、大阪府八尾市山賀遺跡(中西ほか1983)で見つかった弥生時代後期の水田で、植物遺体が5 cmほどの厚さであたかも敷き詰められた状態で遺存する例から、弥生時代後期には施肥がされていたと想定している(森岡1993)。しかし、渡部忠世によれば、肥料をやらなくても育つ品種と、肥料をやらなければ育ちは悪いがやれば数倍の収穫が得られる品種とがあり、前者に施肥を行うとかえって減収になるという(応地ほか1983)。

つまり、施肥が有効であるかは、品種との兼ね合いであり、弥生時代後期に施肥が存在したとしても、すべての水田で施肥が行われていたとはかぎらない。実際、1998年に実験田で栽培を始めた当初に1度、ほかの3枚の水田にならって堆肥を施した。品種改良された草丈の低い一般的な白米を栽培している3枚の水田では問題なかったが、もともと草丈が高い赤米は施肥でさらに高く育ち、収穫のころには大半が倒伏してしまった。以来、実験田では施肥をやめた。

また、現在の実験田においては、田起こしから収穫、脱穀までのすべての作業を人力で行っており、耕耘機などの機械の類は一切使用していない。栽培を始めた当初は耕耘機を使用した年もあったが、2002年頃以降は使用していない。たとえば、耕耘機で田起こしを行えば、人力による場合と比べて土壌が著しく粉砕され、植物珪酸体などの微化石の分布に影響を及ぼすと考えられる。実験の目的にもよるが、遺跡で検出される水田跡と比較するためには耕耘機の使用を避けるのが望ましい。

西久保湿地の実験田は、1998年に栽培を開始して以来、2017年で20年目を迎えた。栽培を開始した当初は、堆肥を施したり、機械を使用した年もあったが、最近の15年ほどは施肥なしの人力のみで栽培している。

なお、西久保湿地の水田はさいたま緑の森博物館の管理下にあり、水田1枚を間借りするかたちで、水の管理や周辺の草刈り以外は、自分たちですべての作業を行い、また自由な栽培が許されている貴重な場所である。普通の農家の水田の場合、周囲への悪影響の懸念から、完全に自由な栽培が許されない場合が多い。実験田での作業は、西久保湿地の水田で行われている「食育体験教室」の米作りと連動させて行い、体験教室の参加者に赤米や栽培実験について紹介するなどの還元も行っている。また、赤米は西久保湿地における展示物としても歓迎されており、環境教育の活動や自然史系博物館と連携している側面もある。

2-4　株密度

実験田では、2012年まで直播を行ったほか、田植えについては「北上」と「豆酘」を異なる株密度で植えている。株密度に注目するのは、岡山県の百間川原尾島遺跡の弥生時代後期の水田跡で稲株痕と考えられている痕跡が検出されているためである。

百間川原尾島遺跡の弥生時代後期の水田跡で検出された、稲株痕と考えられている痕跡は、列状に並んでいるため、自然の産物ではなく田植えの証拠であると考えられている。この稲株痕とされる痕跡の一番の問題は、その密度にある。1 m^2 あたり平均121個あり、非常に密である(**図4**)。これが本当に稲株痕であれば、条間は約9～13 cm、株間は約6～9 cmしかなく、人が株間に足を入れて踏み入るのは不可能であり、草取りができる範囲もかぎられてくる。現代の一般的な水田における株密度は、1 m^2 あたり18株ほどであり、条間は30～40 cm、株間は13～20 cmである。

この高い株密度に対しては否定的な意見が多い。密度が高すぎて減収になる(工楽1991；安藤1992)という意見や、育ったとしても計算上の収量が高すぎるのであり得ない(安藤1993、高瀬1999、高瀬2004)などが否定の根拠である。しかし、実際に百間川原尾島遺跡の株密度を復元した栽培実験で減収を実証した例はない。また、育ったとしたら高収量すぎるとした試算も、複数の異なる条件下で栽培された稲の株あたり穂数や穂あたり籾数を組み合わせた計算にすぎない。密植すると一株の大きさは小さくなるのに、低い株密度で育った場合の株あたり籾数を、そのまま密植の場合の株あたり籾数として試算に用いれば、高すぎる数値がでるのは当然と考えられる。じつは、増収をねらって密植する民族例も存在するし(近藤1960)、百間川原尾島遺跡の株密度を実際に再現した場合、単位面積あたりの収量は減少することもなく、収量が高くなりすぎることもないのである(三好2005)。

なお、稲株痕とされている痕跡については、稲株痕ではなく、地震痕跡である可能性が指摘されている(中尾・辻2016)。株密度のみならず、稲株痕とされて

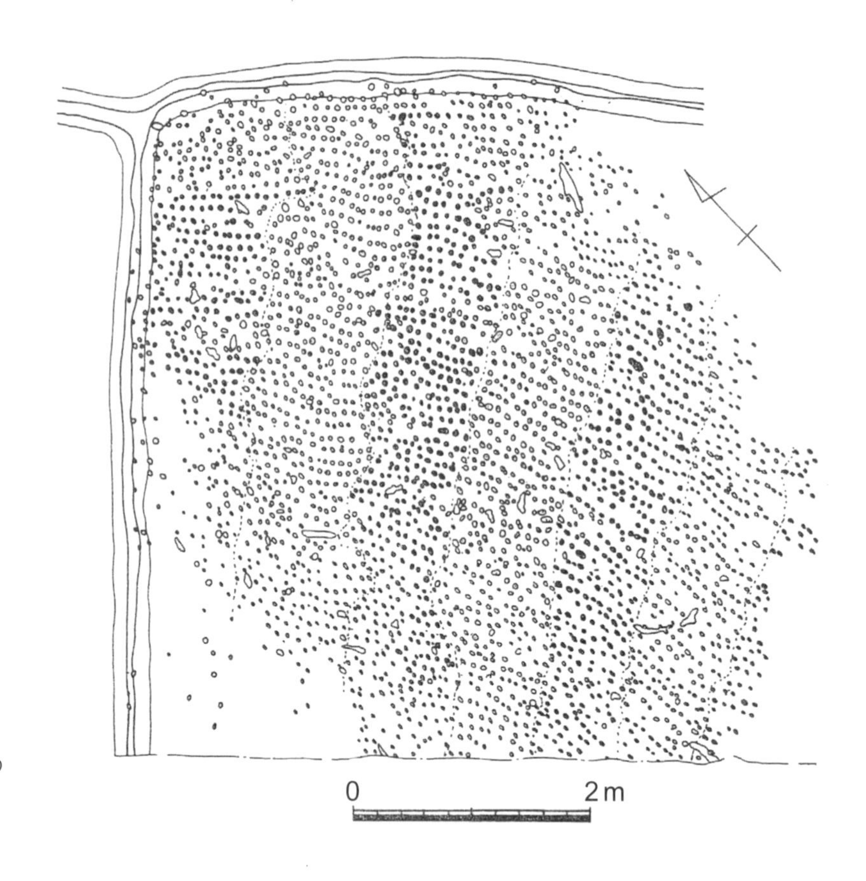

図4 百間川原尾島遺跡の弥生時代後期の水田跡(部分)
高畑1984の第832図(678p)を一部改変

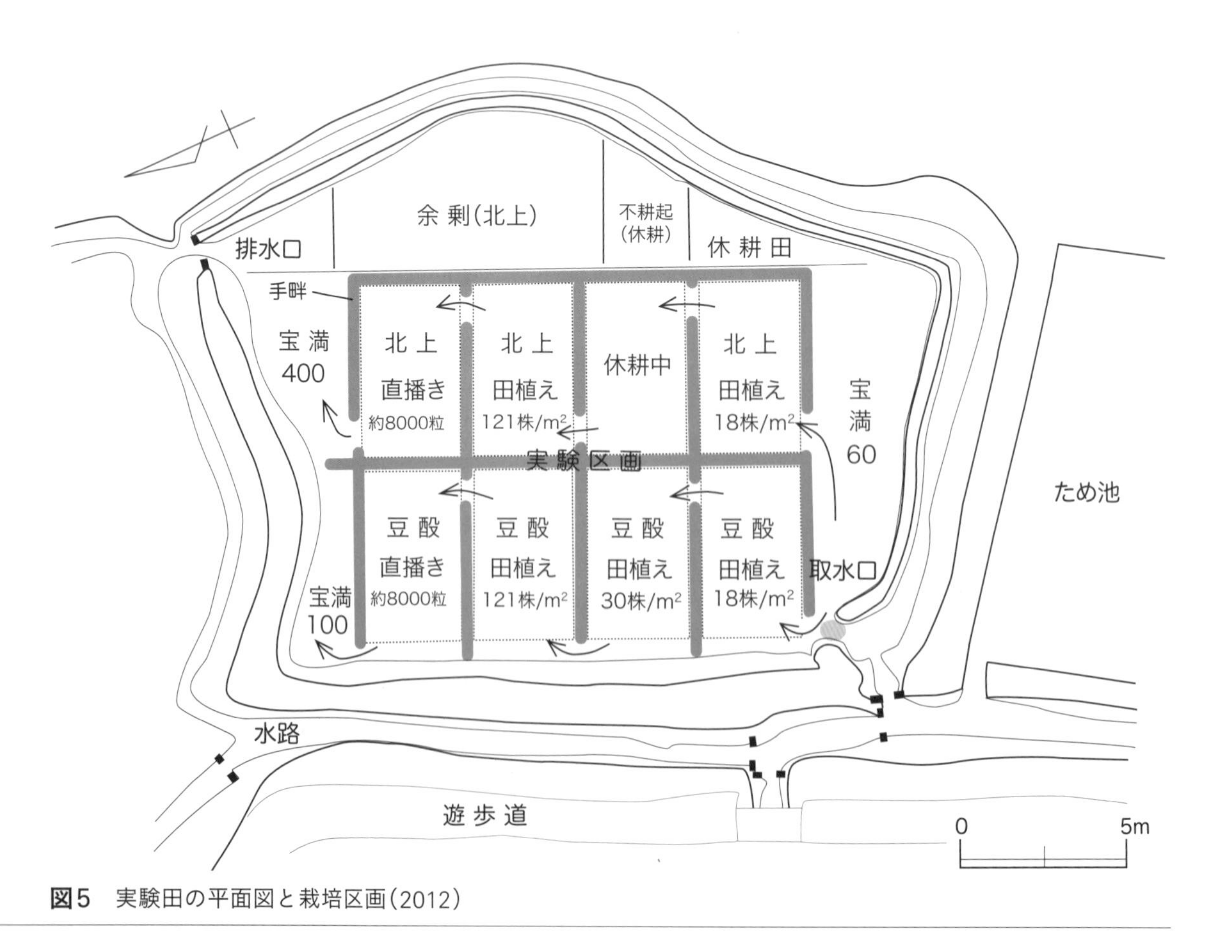

図5 実験田の平面図と栽培区画(2012)

いる痕跡自体についても、今後も慎重な観察と検証が必要である。ただ、百間川原尾島遺跡の稲株痕とされている痕跡が、もし稲株痕ではなかったとしても、実験田において密植をした場合の結果に直接影響を及ぼすものではない。むしろ栽培実験の結果は、収量を含めてどのような状況が推測できるか、という検証に有用なデータになると考える。

2-5 栽培区画

実験田は、11.2×14.4 mの長方形がおさまる不整五角形で、面積は約250 m^2である。実験田内には幅20～30 cmほどの手畔で区画した8区画を設け、「北上」と「豆酘」を直播や異なる密度の田植え（18株/m^2、30株/m^2、121株/m^2）で植えている（**図5、6**）。18株/m^2は現代の一般的な密度、121株/m^2は百間川原尾島遺跡の稲株痕とされている痕跡の平均密度、30株/m^2は両者の中間である。百間川原尾島モデルの121株/m^2と現代の一般的な18株/m^2の株密度の違いは、一目瞭然である（**図7**）。8つの区画の栽培条件は毎年決まって同じではなく、重要な条件は固定しつつ、前年の栽培状況やその年の目的にあわせて臨機応変に変

図6 実験田の全景（南から）

図7 密植と普通の株密度

図8 休耕区画（2014年7月）

えている。水は、上流側にあたる南西隅にある取水口からはいり、各区画の水口を通って区画を順に満たしながら北西の排水口から落ちる仕組みになっている。8区画の南北の外側には宝満神社の赤米を、雑木林があるために日当たりの悪い東側には「北上」や「豆酘」の余った苗を植えている。**図5**の3の区画は、比較のために2012年から休耕にしている。**図8**は、休耕にしてから2年後の2014年7月の休耕区画の様子である。

3. 実験考古学で検証できる課題

3-1 水田跡かどうかをどう判別できるか？

1）水田土壌の判断の目安

日本では、水田跡かどうかを判断したい場合にプラント・オパール分析がよく使われている。イネ科植物は、土壌中の珪酸を葉に取り込んで植物珪酸体（プラント・オパールとも呼ばれる）を形成する。この植物珪酸体は化学的に安定しており、植物が枯れた後、分解されて土に還った後も土壌中に残存する。プラント・オパール分析は、植物珪酸体の形状や大きさなどの特徴から植物の種類を同定し、量を調べて、堆積当時の主にイネ科植物の植生復元などに利用できる分析法である（藤原1998；杉山2000など）。植生復元には花粉分析が有効であるが、有機物である花粉は乾燥環境や日照に弱く、特に台地上の遺跡では残りが悪い場合が多い。一方の植物珪酸体は無機物であり、安定して土壌中に残るため、土壌試料中に花粉があまり残っていない場合でもプラント・オパール分析によるイネ科植生の復元が可能な場合が多い。もちろん、花粉分析と組み合わせれば、花粉分析による植生に加えてイネ科のより詳しい植生もわかるため、花粉分析とプラント・オパール分析の両方を行うのが植生復元に有効である。

プラント・オパール分析の強みのひとつは、花粉分析では特定するのが難しいイネを識別できる点であり、それゆえに稲作に関する調査・研究には欠かせない分析法である。青森県垂柳遺跡と福岡県板付遺跡において発掘前の事前調査で実施されたプラント・オパール分析で、土壌試料1gあたり5,000個のイネ機動細胞珪酸体が検出された地点と、その後の発掘調査で水田跡が検出された場所とよく対応していたため、土壌試料1gあたり5,000個のイネ機動細胞珪酸体が水田跡の判断の目安になると考えられた（藤原1984；藤原・杉山1984など）。

その遺構や層位が水田跡であったかどうかを知る目的で実施されるプラント・オパール分析では、目的の遺構や層位の中央から採取された土壌試料1点のみが分析される場合が多い。実際に水田跡の存在を確認するために行われた分析報告を見ると、発掘調査の結果、水田跡とわかっている遺構から採取された土壌であるにもかかわらず、含まれるイネ機動細胞珪酸体の量が非常に少ない矛盾した例がある。また、水田跡ではない遺構や場所から採取された土壌試料から、水田土壌の目安である1gあたり5,000個以上のイネ機動細胞珪酸体が検出される例もある。水田稲作にかかわるプラント・オパール分析の結果を判断するためには、このような例の背景にある状況や要因について、検討する必要がある。

近年、水田跡におけるより詳しい状況を調査する目的で、同じ水田跡から複数の試料が採取され、分析された例がある。そのいくつかを見てみよう。

2）水田跡におけるイネ機動細胞珪酸体の分布例

仙台市富沢遺跡の第30次調査では、東西約70m、南北約60mの範囲で確認された古墳時代後期の水田跡8a-④層で、水路によってA区、B区、C区に大きく分けられたうち、遺存状況がきわめて良好であったC区においてプラント・オ

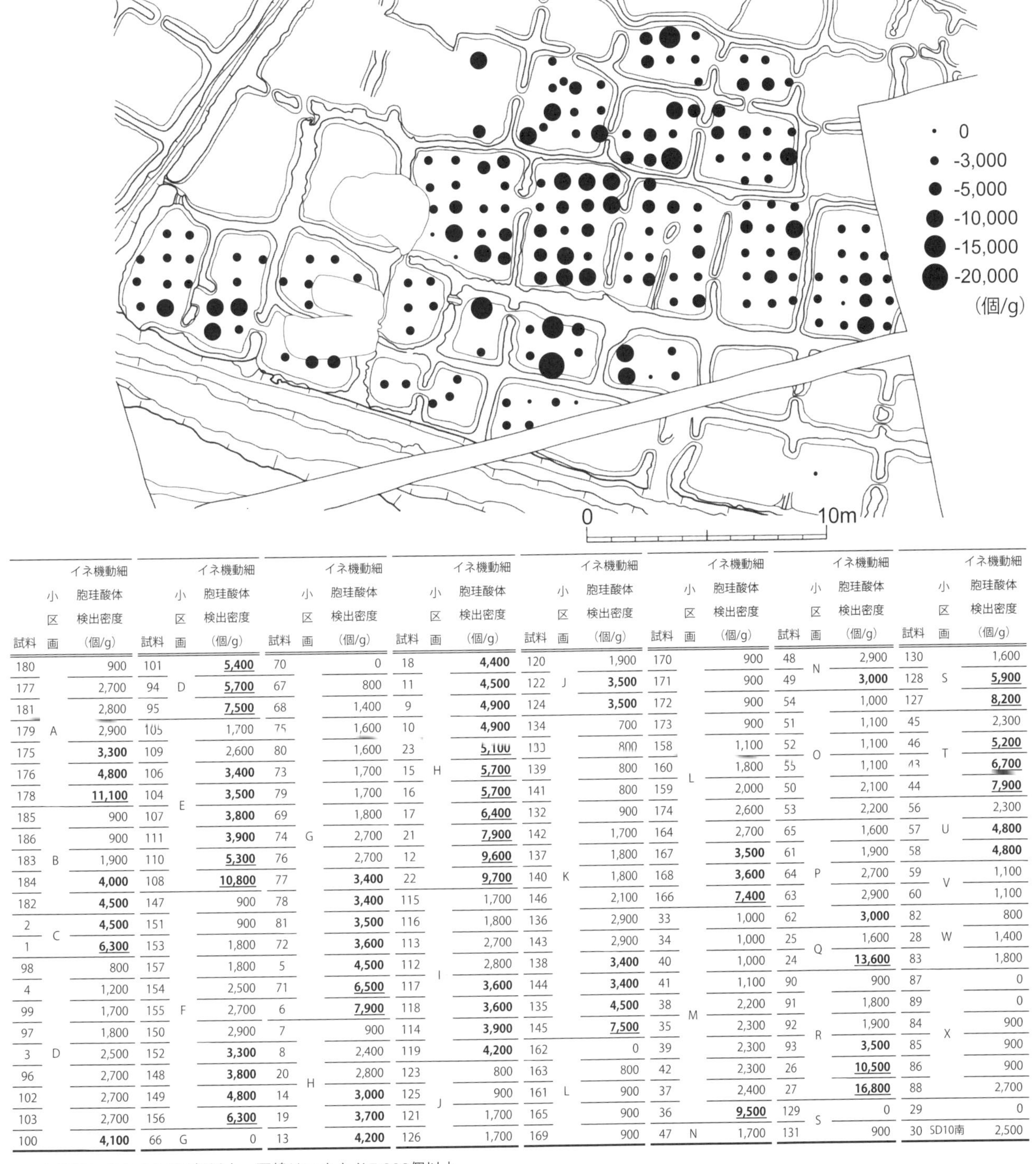

試料	小区画	イネ機動細胞珪酸体検出密度（個/g）	試料	小区画	イネ機動細胞珪酸体検出密度（個/g）	試料	小区画	イネ機動細胞珪酸体検出密度（個/g）	試料	小区画	イネ機動細胞珪酸体検出密度（個/g）	試料	小区画	イネ機動細胞珪酸体検出密度（個/g）	試料	小区画	イネ機動細胞珪酸体検出密度（個/g）	試料	小区画	イネ機動細胞珪酸体検出密度（個/g）	試料	小区画	イネ機動細胞珪酸体検出密度（個/g）
180		900	101		**5,400**	70		0	18		**4,400**	120		1,900	170		900	48	N	2,900	130		1,600
177		2,700	94	D	**5,700**	67		800	11		**4,500**	122	J	**3,500**	171		900	49		**3,000**	128	S	**5,900**
181		2,800	95		**7,500**	68		1,400	9		**4,900**	124		**3,500**	172		900	54		1,000	127		**8,200**
179	A	2,900	105		1,700	75		1,600	10		**4,900**	134		700	173		900	51		1,100	45		2,300
175		**3,300**	109		2,600	80		1,600	23		**5,100**	133		800	158		1,100	52	O	1,100	46	T	**5,200**
176		**4,800**	106		**3,400**	73		1,700	15	H	**5,700**	139		800	160	L	1,800	55		1,100	43		**6,700**
178		**11,100**	104	E	**3,500**	79		1,700	16		**5,700**	141		800	159		2,000	50		2,100	44		**7,900**
185		900	107		**3,800**	69		1,800	17		**6,400**	132		900	174		2,600	53		2,200	56		2,300
186		900	111		**3,900**	74	G	2,700	21		**7,900**	142		1,700	164		2,700	65		1,600	57	U	**4,800**
183	B	1,900	110		**5,300**	76		2,700	12		**9,600**	137		1,800	167		**3,500**	61		1,900	58		**4,800**
184		**4,000**	108		**10,800**	77		**3,400**	22		**9,700**	140	K	1,800	168		**3,600**	64	P	2,700	59	V	1,100
182		**4,500**	147		900	78		**3,400**	115		1,700	146		2,100	166		**7,400**	63		2,900	60		1,100
2	C	**4,500**	151		900	81		**3,500**	116		1,800	136		2,900	33		1,000	62		**3,000**	82		800
1		**6,300**	153		1,800	72		**3,600**	113		2,700	143		2,900	34		1,000	25	Q	1,600	28	W	1,400
98		800	157		1,800	5		**4,500**	112	I	2,800	138		**3,400**	40		1,000	24		**13,600**	83		1,800
4		1,200	154		2,500	71		**6,500**	117		**3,600**	144		**3,400**	41		1,100	90		900	87		0
99		1,700	155	F	2,700	6		**7,900**	118		**3,600**	135		**4,500**	38	M	2,200	91		1,800	89		0
97		1,800	150		2,900	7		900	114		**3,900**	145		**7,500**	35		2,300	92	R	1,900	84	X	900
3	D	2,500	152		**3,300**	8		2,400	119		**4,200**	162		0	39		2,300	93		**3,500**	85		900
96		2,700	148		**3,800**	20	H	2,800	123		800	163		800	42		2,300	26		**10,500**	86		900
102		2,700	149		**4,800**	14		**3,000**	125	J	900	161	L	900	37		2,400	27		**16,800**	88		2,700
103		2,700	156		**6,300**	19		**3,700**	121		1,700	165		900	36		**9,500**	129	S	0	29		0
100		**4,100**	66	G	0	13		**4,200**	126		1,700	169		900	47	N	1,700	131		900	30	SD10南	2,500

太字は1gあたり3,000個以上、下線は1gあたり5,000個以上

図9　イネ機動細胞珪酸体の分布例－富沢遺跡
古環境研究所1991の第3図（393p）を一部改変

パール分析が実施され、水田跡におけるイネ機動細胞珪酸体の平面分布が調べられた(古環境研究所1991;太田1991)。分析が行われたのは、A～Xに分けられた24の小区画と、それ以外の2区画から、ほぼ1m間隔で採取された土壌試料184点である(**図9**)。

1gあたりのイネ機動細胞珪酸体は、最少で0個、最多で16,800個、平均は約3,000個である。小区画Hのように、イネ機動細胞珪酸体の密度が比較的高い試料が多い区画もあるが、概して特に大きな偏りがあるようには見えず、ばらつく傾向がある。また、水田跡にもかかわらず、1gあたり3,000個を下回る試料が全体の約60%にあたる114点もある。

仙台市沓形遺跡では、南北370m、東西225mの広い範囲で検出された弥生時代中期中葉の6a1層水田跡において、プラント・オパール分析が行われている(斎野ほか2010)。沓形遺跡では、水田域1～3、4南側、4北側の5つの区域から、計43か所56試料が分析されている。さらに、水田域4の10か所で、垂直方向に2～3点の試料が採取されている(**図10**)。

水田層とされている6a1層のイネ機動細胞珪酸体は、最少で0個、最多で13,700個である。全体的にイネ機動細胞珪酸体の量は少ない傾向があり、水田層とされているものの、試料が採取された43地点のうち10地点はイネ機動細胞珪酸体が検出されていない。また、イネ機動細胞珪酸体が1gあたり3,000個以上検出されたのは、試料採取地点のうちの3分の1ほどにとどまっている。同一地点から垂直方向に2～3点の試料が採取された10地点は、水田域4北側の大区画24の区画No.12の①地点を除き、上位層の試料がより多くのイネ機動細胞珪酸体を含み、下位層では上位層よりも少ないか、まったく含まれていなかった。

このようにイネ機動細胞珪酸体の密度がばらついたり、水田跡でもイネ機動細胞珪酸体が少ない試料があるのはなぜだろうか？

水田跡の同じ区画のなかでもイネ機動細胞珪酸体が少ない試料と多い試料が存在する理由としては、その区画で休耕が行われていた、採取位置が畦畔であった、人力による田起こしでは十分な撹拌がされない、土壌の削平や流出の度合いに差がある、などの可能性が指摘されている(斎野ほか2010)。沓形遺跡の水田層6a1層に十分な量のイネ機動細胞珪酸体が含まれていないのは、発掘調査報告書によれば、津波により6a1層の土壌の一部が流出したためと推定されている。しかし、実際に休耕を行ったらイネ機動細胞珪酸体がどのような経年変化を示すのか、畦畔にはイネ機動細胞珪酸体がどの程度含まれるのか、人力による田起こしを行う水田のイネ機動細胞珪酸体の分布状況はどうか、土壌の削平や流出によってイネ機動細胞珪酸体の量にどの程度の変化があるか、といった基本的なデータがないため、議論がこれ以上進まない状況にある。問題を解決するためには、これらの可能性を一つひとつ実際に検証する必要があり、実験田においてそれは可能である。

3)実験田のイネ機動細胞珪酸体の平面分布

実際の水田におけるイネ機動細胞珪酸体の分布を調べるために、実験田において2012年から試料採取を開始した。イネ機動細胞珪酸体の平面分布を調べるために、実験田内の8区画の表層から各13点を採取したほか、水田内で区画外の2か所と、さらに水田の外にあたる周囲の畦と水路内の10か所から試料を採取し

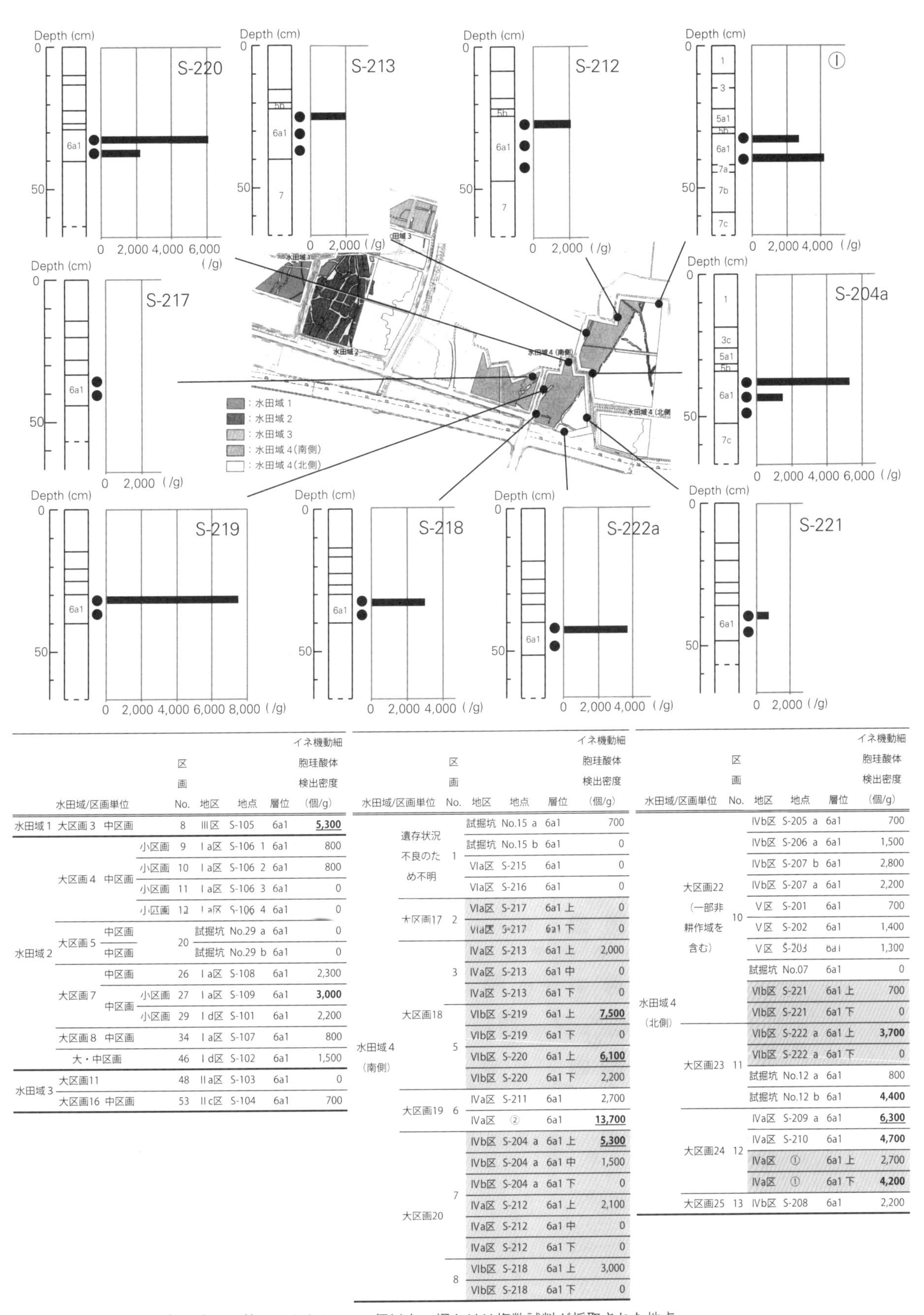

水田域/区画単位				区画No.	地区	地点	層位	イネ機動細胞珪酸体検出密度(個/g)
水田域1	大区画3	中区画		8	Ⅲ区	S-105	6a1	**5,300**
水田域2	大区画4	中区画	小区画	9	Ⅰa区	S-106 1	6a1	800
			小区画	10	Ⅰa区	S-106 2	6a1	800
			小区画	11	Ⅰa区	S-106 3	6a1	0
			小区画	12	Ⅰa区	S-106 4	6a1	0
	大区画5	中区画		20	試掘坑	No.29 a	6a1	0
		中区画			試掘坑	No.29 b	6a1	0
	大区画7	中区画		26	Ⅰa区	S-108	6a1	2,300
		中区画	小区画	27	Ⅰa区	S-109	6a1	**3,000**
			小区画	29	Ⅰd区	S-101	6a1	2,200
	大区画8	中区画		34	Ⅰa区	S-107	6a1	800
	大・中区画			46	Ⅰd区	S-102	6a1	1,500
水田域3	大区画11			48	Ⅱa区	S-103	6a1	0
	大区画16	中区画		53	Ⅱc区	S-104	6a1	700

水田域/区画単位		区画No.	地区	地点	層位	イネ機動細胞珪酸体検出密度(個/g)
水田域4(南側)	遺存状況不良のため不明	1	試掘坑	No.15 a	6a1	700
			試掘坑	No.15 b	6a1	0
			Ⅵa区	S-215	6a1	0
			Ⅵa区	S-216	6a1	0
	大区画17	2	Ⅵa区	S-217	6a1 上	0
			Ⅵa区	S-217	6a1 下	0
	大区画18	3	Ⅳa区	S-213	6a1 上	2,000
			Ⅳa区	S-213	6a1 中	0
			Ⅳa区	S-213	6a1 下	0
		5	Ⅵb区	S-219	6a1 上	**7,500**
			Ⅵb区	S-219	6a1 下	0
			Ⅵb区	S-220	6a1 上	**6,100**
			Ⅵb区	S-220	6a1 下	2,200
	大区画19	6	Ⅳa区	S-211	6a1	2,700
			Ⅳa区	②	6a1	**13,700**
	大区画20	7	Ⅳb区	S-204 a	6a1 上	**5,300**
			Ⅳb区	S-204 a	6a1 中	1,500
			Ⅳb区	S-204 a	6a1 下	0
			Ⅳa区	S-212	6a1 上	2,100
			Ⅳa区	S-212	6a1 中	0
			Ⅳa区	S-212	6a1 下	0
		8	Ⅵb区	S-218	6a1 上	3,000
			Ⅵb区	S-218	6a1 下	0

水田域/区画単位		区画No.	地区	地点	層位	イネ機動細胞珪酸体検出密度(個/g)
水田域4(北側)	大区画22(一部非耕作域を含む)	10	Ⅳb区	S-205 a	6a1	700
			Ⅳb区	S-206 a	6a1	1,500
			Ⅳb区	S-207 b	6a1	2,800
			Ⅳb区	S-207 a	6a1	2,200
			Ⅴ区	S-201	6a1	700
			Ⅴ区	S-202	6a1	1,400
			Ⅴ区	S-203	6a1	1,300
			試掘坑	No.07	6a1	0
			Ⅵb区	S-221	6a1 上	700
			Ⅵb区	S-221	6a1 下	0
	大区画23	11	Ⅵb区	S-222 a	6a1 上	**3,700**
			Ⅵb区	S-222 a	6a1 下	0
			試掘坑	No.12 a	6a1	800
			試掘坑	No.12 b	6a1	**4,400**
	大区画24	12	Ⅳa区	S-209 a	6a1	**6,300**
			Ⅳa区	S-210	6a1	**4,700**
			Ⅳa区	①	6a1 上	2,700
			Ⅳa区	①	6a1 下	**4,200**
	大区画25	13	Ⅳb区	S-208	6a1	2,200

太字は1gあたり3,000個以上、下線は1gあたり5,000個以上、網かけは複数試料が採取された地点

図10　イネ機動細胞珪酸体の分布例－沓形遺跡
斎野ほか2010の第124図(175・176p)より作成

た。プラント・オパール分析は、森将志による。

分析の結果、実際の水田におけるイネ機動細胞珪酸体の密度の平面分布は、非常に大きなばらつきを示した(**図11**)。平均は1gあたり20,000m個である。実験田内の試料は、1gあたり8,000～45,000個であった。イネ機動細胞珪酸体の密度がばらつくのは、水田では普通の状況と理解できる。水田土壌かどうかの目安とされている1gあたりイネ機動細胞珪酸体5,000個についていうと、実験田内から採取された試料のすべてが1gあたり5,000個を上回っていたので、イネ機動細胞珪酸体5,000個は水田土壌の判断の目安としては妥当といえる。ただ、この密度のばらつきを見るかぎり、試料1点のみでその遺構や層位の土壌が水田土壌かどうかを判断しようとするのはかなりの危険性を伴うといえる。その遺構や層位が水田であったかを判断したい場合は、1点ではなく複数の試料を分析するのが望ましいと思われる。また、今後は水田跡の判断の目安としてプラント・オパールだけを用いるのではなく、大型植物遺体や花粉などもあわせた複合的な判断基準を考える必要もあるだろう。

4)実験田のイネ機動細胞珪酸体の垂直分布

また、イネ機動細胞珪酸体の垂直分布を調べるために、2012年に水田内の5か所で深掘りを行い、礫層までを5cm間隔で採取し、分析した(**図12**)。最下層にある礫層までの深さは、下流側で75cmと深く、上流側で30cmと浅くなっている。分析の結果、どの地点においても、深さ10cmまではイネ機動細胞珪酸体

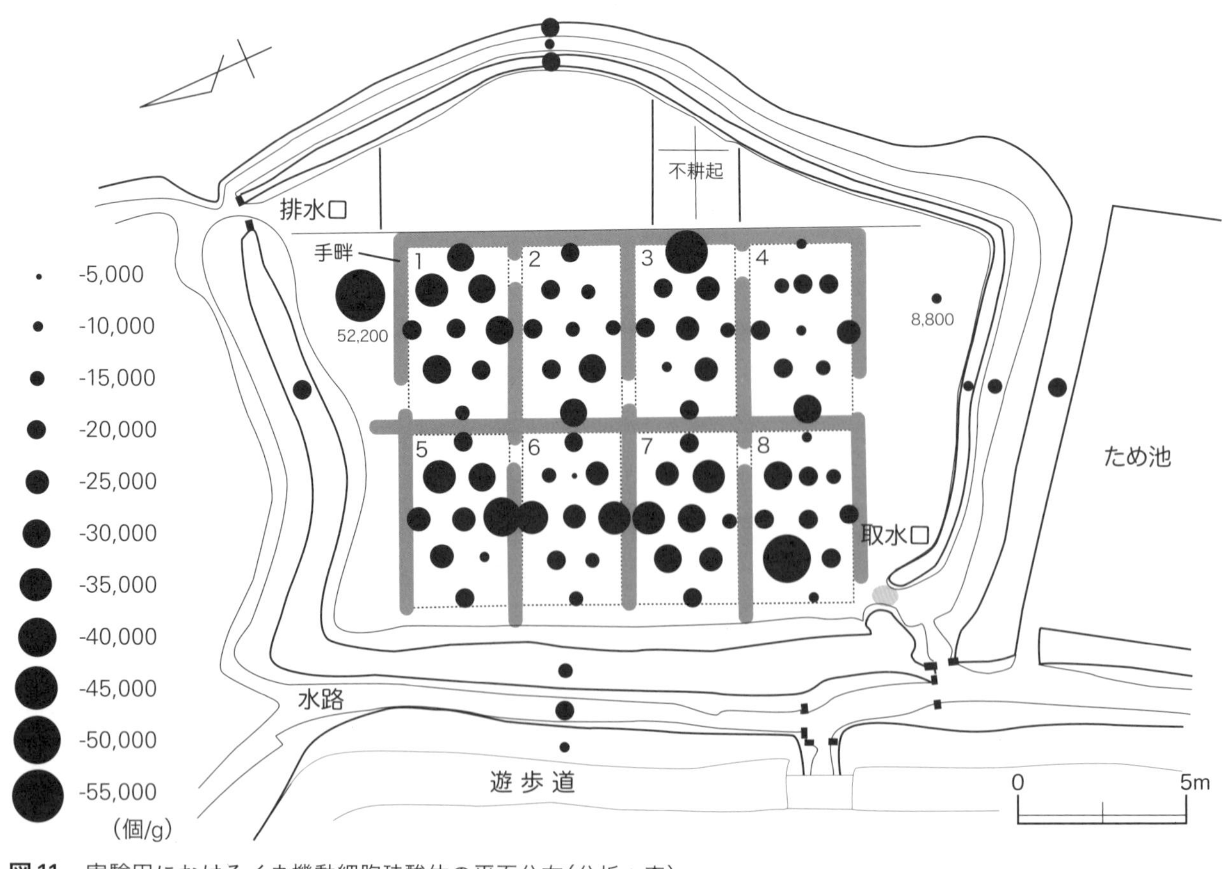

図11 実験田におけるイネ機動細胞珪酸体の平面分布(分析：森)

が1gあたり10,000個以上でもっとも密度が高く、深さ10cm以下ではイネ機動細胞珪酸体の密度が著しく低くなっている。前年にイネの葉で形成されたイネ機動細胞珪酸体は、深さ10cmまでの土壌中に含まれていると考えられる。田起こしや代掻きの際の、鍬や人の足の土壌中へのはいりこみ具合を考慮すると、深さ30cmまでは毎年、人為的に撹拌されるが、イネ機動細胞珪酸体が多く含まれるのは深さ10cm程度まで、という状況が見てとれる。

3-2 休耕はわかるか？

水田跡においてイネ機動細胞珪酸体が少ない区画に対する解釈(仮説)のひとつに、休耕されていた可能性、というのがある。実際に休耕した場合、イネ機動細胞珪酸体の密度はどのようになるか、実験田において現在検証中である。実験田のイネ機動細胞珪酸体の平面分布を見ると、休耕していなくてもイネ機動細胞珪酸体の密度が低い試料があり、イネ機動細胞珪酸体の密度の高低は必ずしも休耕を示していないとわかる。

では、どの程度の期間の休耕であれば、イネ機動細胞珪酸体の密度に違いが見られるようになるだろうか。また、どの程度の栽培期間があれば、イネ機動細胞珪酸体の有意な増加が認められるだろうか。

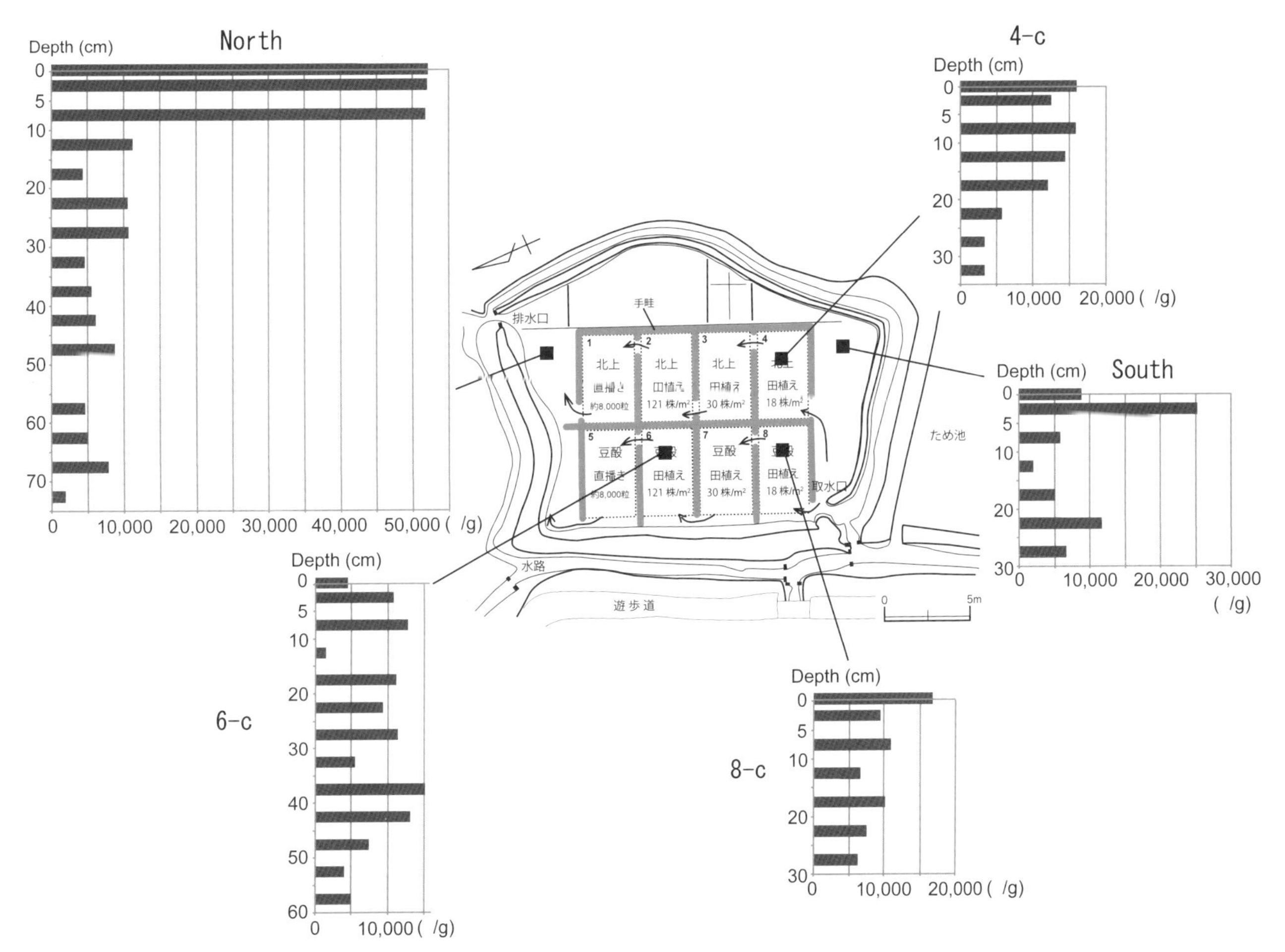

図12 実験田におけるイネ機動細胞珪酸体の垂直分布(分析：森)

実験田では、プラント・オパール分析を開始した2012年以降も、毎年春に、8区画それぞれから5試料ずつを継続して採取している。休耕区画と普通の株密度の田植えの区画の2012年春と2014年春のイネ機動細胞珪酸体の平面分布をみてみよう(**図13**)。

5地点(b、d、g、j、l)の平均を比べると、休耕区画(区画3)の2012年春は1gあたり18,340個、2014年春は15,840個である。休耕区画の2012年春と2014年春のあいだのP値は0.497で、0.05を上回り、2年間の休耕ではイネ機動細胞珪酸体の密度に有意な差は認められなかった。一方、普通の株密度で植えた「北上」の区画(区画4)の2012年春は13,860個、2014年春は14,560個であった。普通の株密度の区画の2012年春と2014年春のP値は0.874で、0.05を上回り、2年という栽培期間ではイネ機動細胞珪酸体の密度に有意な増加は認められなかった。したがって、2年程度の短期間の休耕や栽培をイネ機動細胞珪酸体で判断するのは困難と思われる。

ところで、西久保湿地の上流側に1971年まで水田として利用され、その後、耕作放棄された休耕田が存在する(トトロのふるさと財団調査委員会2001)。この休耕田から2016年4月に採取した試料10点のイネ機動細胞珪酸体の平均は、1gあたり約8,000個であった。2015年までの休耕期間は44年になる。イネ機動細胞珪酸体の有意な減少が検出できる休耕期間は、3年以上、44年以下である可能性がある。

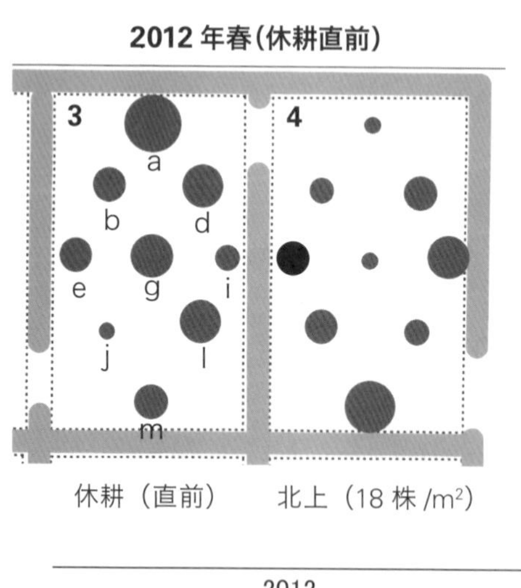

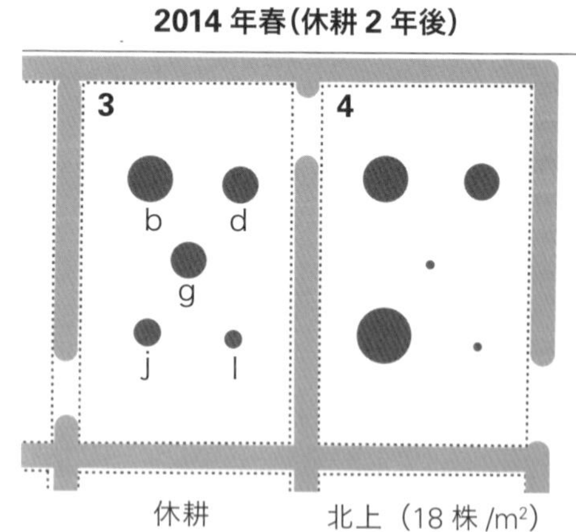

	2012		2014	
	3区	4区	3区	4区
a	43, 200	7, 600	–	–
b	17, 700	12, 500	22, 200	21, 500
d	20, 900	16, 000	19, 600	16, 800
e	20, 000	18, 000	–	–
g	21, 700	7, 700	17, 200	4, 400
i	13, 300	21, 700	–	–
j	8, 700	16, 700	11, 800	27, 500
l	22, 700	14, 400	8, 400	2, 600
m	19, 300	27, 000	–	–

0- 5,000
-10,000
-15,000
-20,000
-25,000
-30,000
30,100-
(個/g)

図13 休耕区画におけるイネ機動細胞珪酸体の平面分布(分析:森)

3-3　水田と畦、および水田内外は区別できるか？

水田跡においてイネ機動細胞珪酸体が少ない試料の場所は、畦畔や手畦が存在した可能性や、土壌流出や削平の度合いが違うという可能性も指摘されている。しかし、実験田におけるイネ機動細胞珪酸体の密度の平面分布を見ると、密度の低い場所は区画内にもあり、必ずしも畦畔や手畦ではないし、土壌流出や削平の影響でもない。

では、イネ機動細胞珪酸体の密度の分布から水田の内か外かを区別できるだろうか。実験田の外側にあたる畦と水路から採取された10点のイネ機動細胞珪酸体の平均は、1gあたり約14,000個であった。最少でも1gあたり6,000個で、これは水田土壌の目安とされている1gあたり5,000個と比べても十分に多い水準である。水田内と水田外の平均を比較すると、水田内のイネ機動細胞珪酸体の密度の平均は1gあたり21,000個、水田外の平均は14,000個で、水田外のほうが水田内よりもイネ機動細胞珪酸体の密度が低い。しかし、たとえば水田内の8区画のうち平均がもっとも低かった区画4の平均は16,000個で、水田外の平均と比べると差は2,000個しかない。1gあたり2,000個の差では、水田の内外を線引きするのは難しいと思われる。

3-4　植物遺体は、水田周辺の実際の植生をどの程度反映しているか？

1）大型植物遺体の分類群組成と実際の植生の関係

大型植物遺体は、水田周辺の植生をどの程度反映するであろうか。

水田の土壌に含まれる大型植物遺体と、水田周辺の実際の植生とを比較するために、水田表層の土壌中の大型植物遺体と実際の植生を調査し、比較した。実験田における大型植物遺体の分析は、那須浩郎とバンダリ・スダルシャンによる。

水田表層の土壌中の大型植物遺体を調べるため、Aライン上の13か所から土壌試料を採取した（**図14**）。一方、土壌中の大型植物遺体の組成と比較するために、同じ13か所において、1×1mの方形枠内の植物群落を調査する方形区法による植生調査が、春と秋の2回行われた。右側の2つのグラフにおいて、分類群は、樹木・低木・つる植物、作物（イネ）、水田雑草・湿地雑草、畑地・湿地共通雑草、畑地雑草・人里雑草の5つのグループに分けてある。右端のグラフは、植生調査による実際の植生の組成を示している。実験田の外側（A-1、A-2、A-3、A-11、A-12、A-13）では、大半を畑地・湿地共通雑草と畑地雑草・人里雑草のグループが占めているのに対し、実験田内では大部分がイネ、水田雑草・湿地雑草からなっている。水田表層の土壌中の大型植物遺体の組成（**図14**下の左側のグラフ）をこの実際の植生の組成と比較すると、おおむね同じ組成を示している。水田表層の土壌中の大型植物遺体の組成は、実際の植生の組成と強い相関があるといえる。たとえば、具体的には、水田の外側の土壌では大型植物遺体の20％以上を畑地雑草・人里雑草が占めるのに対し、イネは10％以下である。一方、イネが植えられている場所ではイネが大型植物遺体の10％以上を占めているのに対して、畑地雑草・人里雑草は10％以下しか含まれない、というような傾向が認められる。つまり、水田土壌に含まれる大型植物遺体の組成から、水田の内外をある程度区別できる可能性がある。

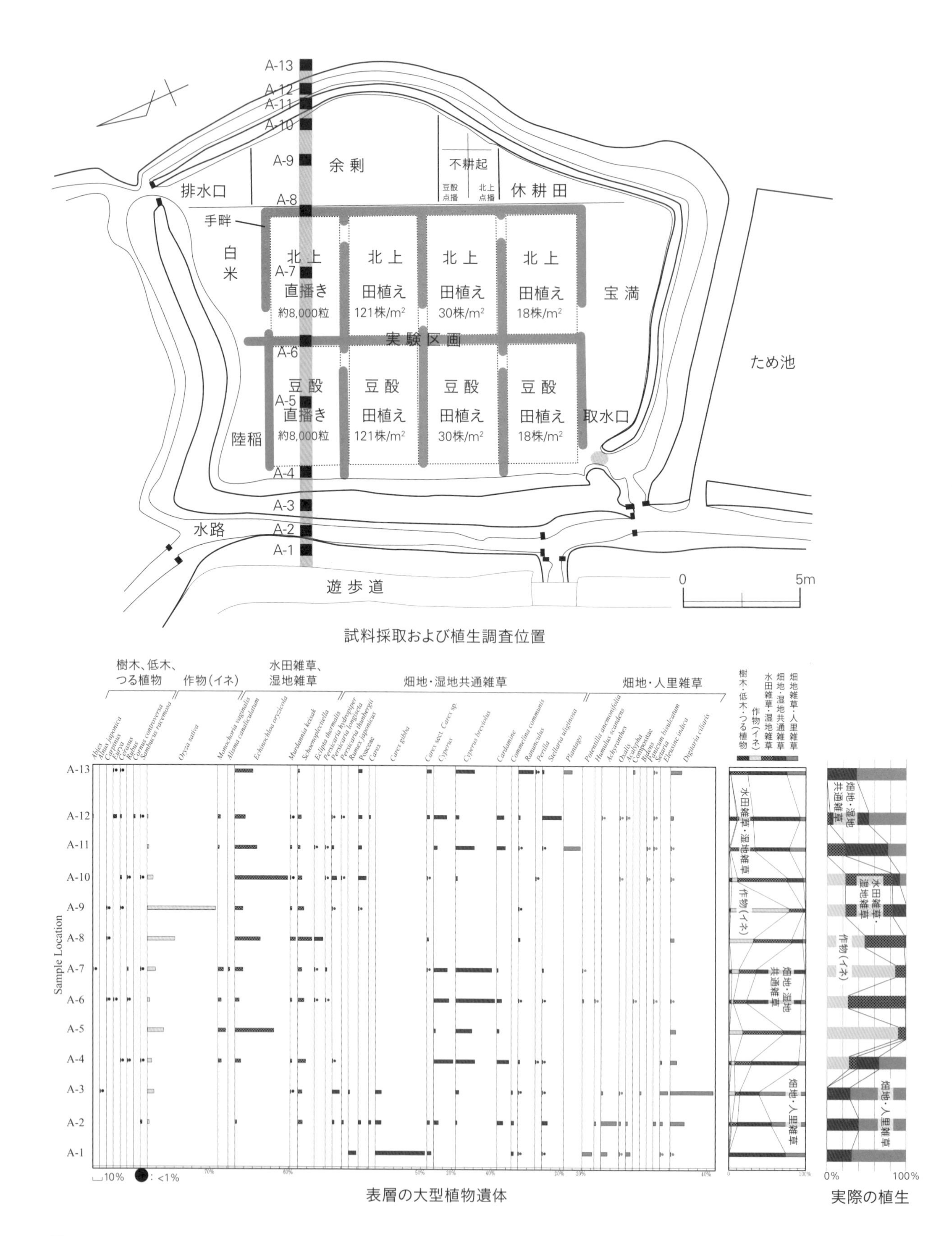

図14 表層の大型植物遺体と現生の植生の比較(分析：バンダリ・那須)

2）植物珪酸体が示す周辺植生

植物珪酸体ではどうか。実験田周辺の植物は、毎年分布が変わる。このような状況を反映してか、実験田におけるイネ以外の分類群（ネザサ節型、ササ属型、ヨシ属、シバ属、キビ族、ウシクサ族）の機動細胞珪酸体密度の平面分布は、全体的に目立った偏りがなく、イネ機動細胞珪酸体と同じようなばらつきをもって分布している（**図15**）。ただし、ヨシ属だけは他の分類群と比べて全体的に密度が低い。ヨシ属以外のイネ科植物は実験田の周辺に生育しているのに対し、ヨシ属機動細胞珪酸体の供給源と思われるヨシは、実験田周辺には生育しておらず、分布がかぎられている。ヨシが生えているのは、西久保湿地の谷を実験田から上流へ100mほど上がったところである。したがって、水田のごく近辺の植生は水田内の植物珪酸体の密度に反映されるが、供給源が上流方向に100m離れると、供給量が少なくなると理解できる。

3-5　炭化米から水稲か陸稲かを区別できるか？

イネが水田で栽培されたか、陸稲として畑で栽培されたかは、稲作の伝播を考えるうえで重要な問題である。結論からいうと、実験田で栽培した赤米を使用した炭素・窒素同位体比分析の結果、遺跡から出土する炭化米の窒素同位体比から、水田で育ったイネか畑で育ったイネかを判別できる可能性が示された。実験田の試料を使用した炭素・窒素同位体比分析の研究は、米田穣による。

現代の水田で栽培されているイネのほとんどは、化学肥料も堆肥も含め、何らかの肥料が施されているため、遺跡から出土する弥生時代の米などの古い米との比較に適さない。しかし、実験田では化学肥料も堆肥もいっさい施さず、無施肥で栽培しているため、実験田で栽培した赤米は、弥生時代の炭化米の安定同位体比と比較するのに最適な現生試料である。

水田で栽培されたイネは、脱窒の影響により、高い窒素同位体比を示すと期待される。実験田で栽培した2011～2013年産のイネと、2013年に採取された実験田周辺の畑地雑草の窒素同位体比を比較すると、2011年から2013年のイネは、その年によって多少の変動はあるものの、畑地雑草の窒素同位体比と比べて、イネの窒素同位体比は有意に高い値を示した（米田ほか2014）。

3-6　密植はありえたか？

密植は、岡山県の百間川原尾島遺跡の弥生時代後期の水田跡で、稲株痕とされている痕跡が1 m^2 あたり平均121個という高い密度で検出されている例から、可能性が想定されている。前述のように、百間川原尾島遺跡で想定される高い株密度に対しては否定的な意見が多かったが、実際に1 m^2 あたり121株の密度で植えてみた結果、極端な減収にも、並外れた高収量にもならず、普通に収穫できることが証明された（三好2005）。それどころか、密植した場合は、現代の一般的な株密度の場合と比べて、単位面積あたりの収量が多くなる（菊地・三好2007）。

菊地・三好（2007）で示した2000～2003年の収量は、収穫物の重量を直接量る方法でだした値であったが、2005年以降は収量調査による収量の算出を行っている。収量調査は、収量構成4要素を調査し、4要素の積により収量を算出する方法である。収量構成要素は、1 m^2 あたり穂数、1穂あたり籾数、登熟歩合、玄米1,000粒重である。実験田では、各区画において草丈や穂数が平均的な20株について1m²あたり穂数と1穂あたり籾数を調査し、各区画において平均的な10株について登熟歩合と玄米1,000粒重を調査した。

2005年から2016年までの「北上」の収量を見ると、2008年と2016年を除いて、1m²あたり121株の株密度で田植えした場合が、単位面積あたりの収量が

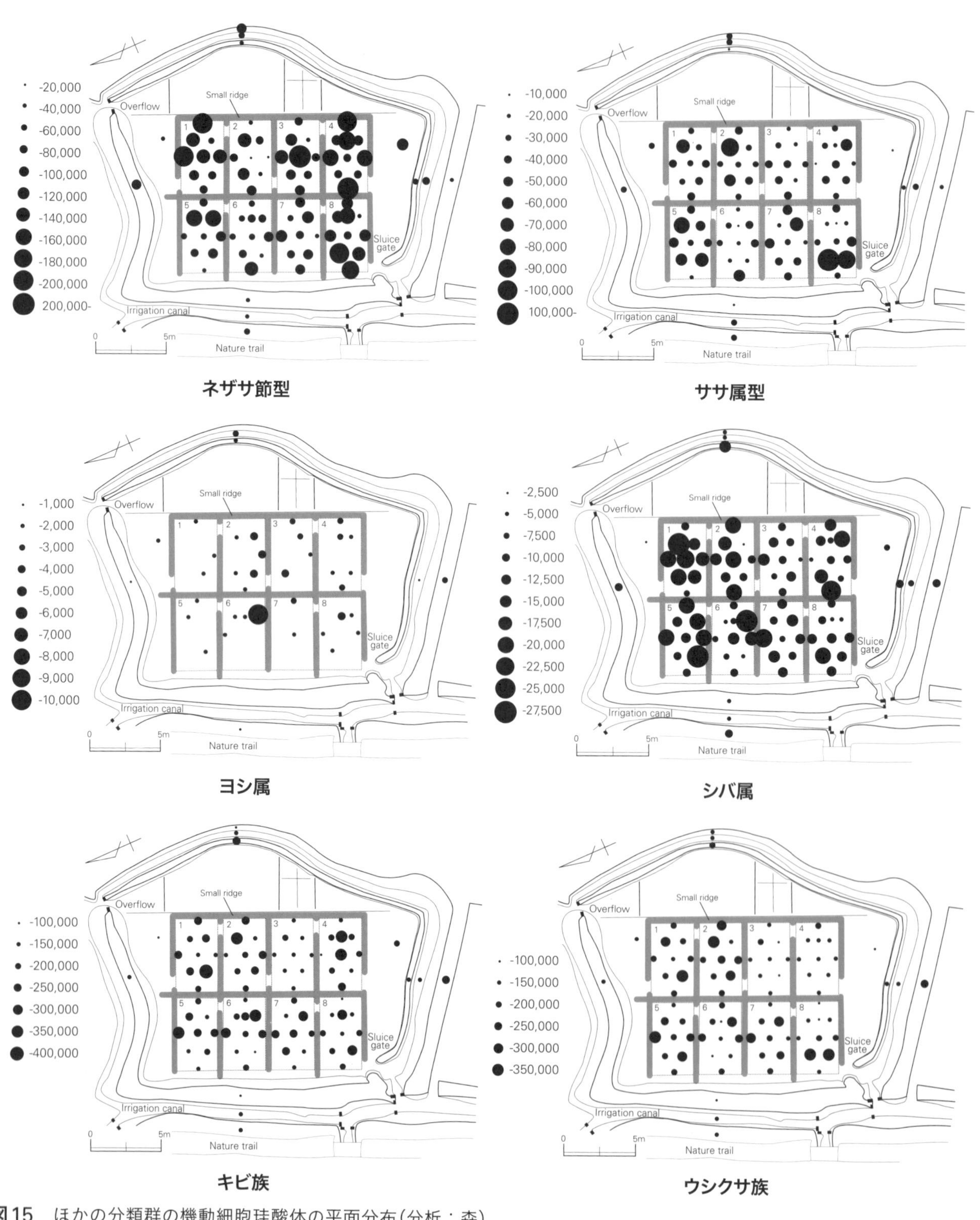

図15 ほかの分類群の機動細胞珪酸体の平面分布(分析：森)

もっとも多かった(**図16**)。また、「豆酘」についても、2006年と2007年、2015年を除いて、密植した場合に単位面積あたりの収量がもっとも高くなった。

この結果から、密植は弥生時代後期における栽培方法としてあり得たといえる。さらに重要なのは、密植した場合は、現代の一般的な株密度で栽培した場合よりも、1 m^2あたりの収量が多くなる点である。もちろん、密植を行うには非常に多くの労力と時間を要し、必要な種籾が多くなって、一つひとつの株は小さくなるため、効率のよい栽培方法とはいえない。しかし密植は、かぎられた面積から多くを得るためのひとつの方法として肯定的に理解できると考える。

また、密植にはもう一つメリットがある。密植した場合、草取りに違いが生じるのである。植える株密度の違いによる雑草の繁茂具合の違いを調べると、密

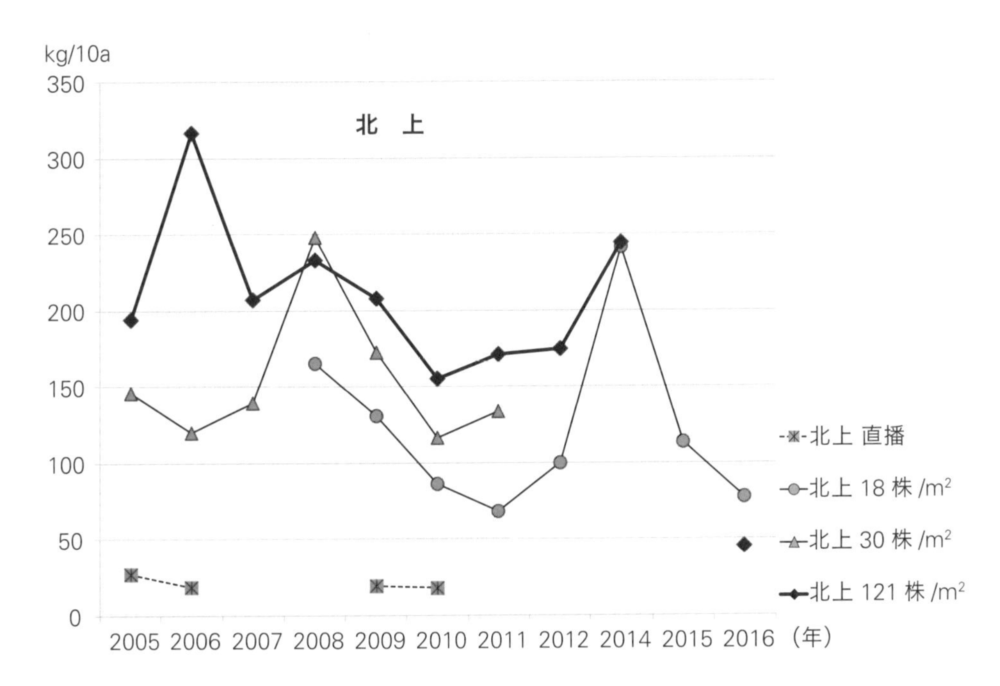

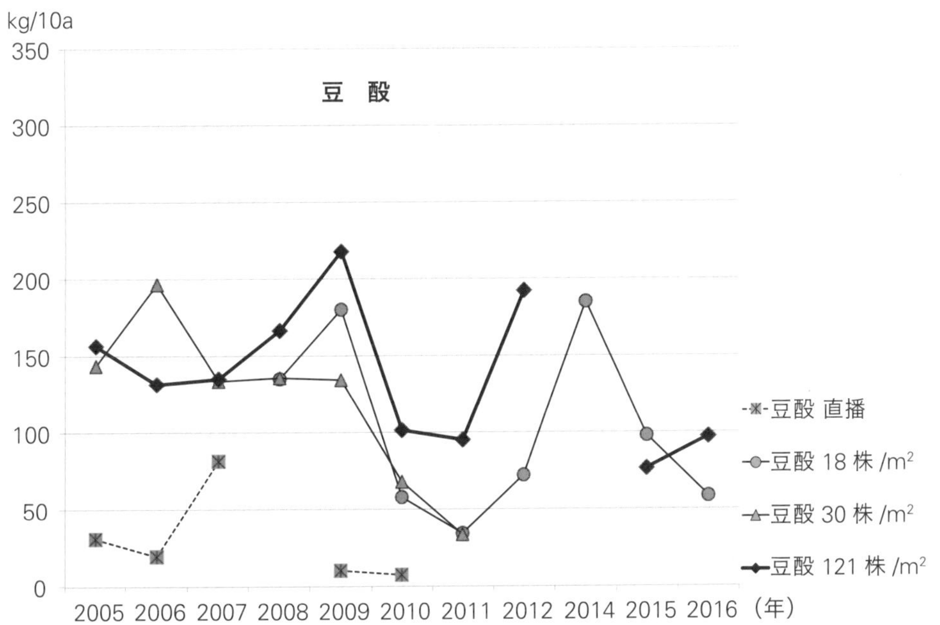

図16　収量の推移

植の場合は、現代の一般的な株密度（1 m^{2}あたり18株）と比べて雑草の繁茂数が4分の1程度になる（**表1**）。密植すれば雑草の繁茂が抑えられる点は経験的にわかっていたが、植生調査の結果により証明された。密植は、単位面積あたりの収量を増やせるだけでなく、草取りの手間が省ける栽培方法であるといえる。

3-7 弥生時代の米収量はどれくらいあったか？

1）これまでの収量推定値

弥生時代にどの程度の米収量があったと考えられるか。

直接的な手がかりがないため、研究者のあいだで意見はさまざまであるが、米の収量を推定するにあたって目安にされているのが、米収量に関するもっとも古い文献記録である。文献資料から、律令制下の奈良時代の収量について数値で示した沢田吾一（1972）によれば、奈良時代の水田は地力に応じて上田、中田、下田、下々田の4品等に分けられており、それぞれの収量は寺沢・寺沢（1981）の度量換算で、反あたり玄米収量が上田は105.75 kg、中田は84.625 kg、下田は63.5 kg、下々田は31.75 kgになる。これを10 aあたり収量に換算すると、上田は106.635 kg、中田は85.333 kg、下田は64.031 kg、下々田は32.016 kgである。奈良時代よりも前にあたる弥生時代には、奈良時代よりも収量は低かったであろうとの想定に基づき、この奈良時代の収量を目安にどの程度低く見積もるのかが基本的な考え方になっている。

実験的想定復元も参考にしている寺沢・寺沢（1981）は、現在の休耕田に生える稲の穂が唐古・鍵遺跡や大中ノ湖南遺跡で出土した稲穂と同等の長さである点に着目し、放置田を弥生時代当時の直播田の状態に近いと想定して、収量を調べた。その結果、1年放置田の収量は通常のほぼ4分の1に相当する93〜95.625 kgであった（寺沢・寺沢1981）。また、寺沢・寺沢（1981）は、この放置田の収量や奈良時代の収量、民俗例などから、弥生時代前・中期（直播栽培を想定）の収量は下田級を超えることはなく、弥生時代後期に移植栽培が行われるようになり、技術が進展すると、地域の格差が拡大したと考えられるものの、上田や中田の数値は地域的にかぎられた特例だったと推定している。安藤（1992）は、この寺沢・寺沢（1981）の成果を参考に、関東地方の弥生時代中期後半の収量を、やや高めの10 aあたり40〜60 kgと想定している。

高瀬（1999）は、弥生時代前・中期の栽培方法として穿孔点播を、品種として赤米を想定し、寺沢・寺沢（1981）の放置田の収量が現代のほぼ4分の1である点

表1 株密度と水田雑草の関係（分析：那須）

		普通密度 18株/m^2		密植 121株/m^2	
和名	学名	個体数	被覆度（%）	個体数	被覆度（%）
コナギ	*Monochoria vaginalis*	40	20	8	5
キカシグサ	*Rotala indica*	248	15	29	1
アメリカアゼナ	*Lindernia dubia subsp. major*	10	1	33	1
キクモ	*Limnophila sessiliflora*	7	1	4	1
計		305	37	74	8

に注目して、嵐(1971)にある現代赤米種の平均収量の4分の1に相当する10株あたり籾重量63.2g程度が、弥生時代前・中期の収量に近いと考えた。1坪あたり26.3株の密度を想定すると、収量は反あたり籾重量で49.86kgと試算した(高瀬1999)。玄米重量が籾重量の77.7〜81.3%(実験田の赤米収量から算出)とすると、これは10aあたり玄米収量で39.07〜40.88kgになる。

また、岡山県の百間川原尾島遺跡の稲株痕と考えられている痕跡の調査をまとめた高畑(1984)は、百間川原尾島遺跡の稲株痕と考えられている痕跡の平均密度から、1穂あたり12〜50粒、少なく見積もって1株あたり1穂と仮定すると、粒が小粒の場合は反あたり玄米収量24.17〜100.72kg、大粒の場合は反あたり46.33〜194.39kgになると試算した。これは、10aあたり収量でいうと小粒の場合24.37〜101.56kg、大粒の場合は46.72〜196.02kgである。

さらに、佐藤(1999)は弥生時代の遺跡から出土する炭化米の品種のばらつきに着目し、7品種混合の擬似古代品種を用いて、無農薬、化学肥料なし、草取りも極力せずに実験栽培を行った。その結果、1年目に10aあたり玄米300kgほどの収量が得られたという。

このように弥生時代の収量は、寺沢・寺沢(1981)の放置田や佐藤(1999)の実験栽培の収量を除けば、おおむね奈良時代の下田から下々田のあたりにまとまる傾向がある。現状では、奈良時代の文献資料にある水準からの見積もりにあたって、積極的な根拠となる情報がないため、議論が停滞状況にある。継続的な栽培実験は、このような現状に対して有力な情報を提供できるであろう。収量については、調査以前の土壌の状態、残存肥料の程度、年変動などがあるため、信頼できる情報を得るためには、継続的な調査が必要である。

2)実験田の収量

2005〜2016年の収量調査の結果を、これまでの収量推定値と比較した(**図17**)。**図17**に示した実験田の収量は、2005〜2016年のあいだの各条件(直播、18株/m^2の田植え、30株/m^2の田植え、121株/m^2の田植え)での収量の、「北上」の平均(薄いグレー)と「豆酘」の平均(濃いグレー)をつないで示してある。実験田では、現代の一般的な株密度である1m^2あたり18株で植えた場合でも、10aあたり100〜125kgの収量が得られている。これは、奈良時代の上田相当である。さらに密植した場合には、10aあたり140〜200kgの収穫も可能であったと考えられる。

実験田における直播は奈良時代の下々田相当にとどまっているが、ほぼ放置状態で雑草に半ば負けながらの収量であり、もう少しきちんと手をかければ収量は上がると思われる。高瀬(1999)、寺沢・寺沢(1981)、安藤(1992)はいずれも直播を想定した収量で、弥生時代前期や中期の水田稲作が直播であったとすれば、実験田の直播の収量を見ても、奈良時代の下田〜下々田相当の10aあたり32〜64kgは妥当な収量推定値かもしれない。

しかし、水田稲作の技術は完成されたかたちで日本に導入された可能性が高く、弥生時代の当初から田植えが行われていたとする意見もある(高瀬2011)。もちろん、実験田における収量調査の結果は、弥生時代当時の収量を直接示す値ではない。ただ、農薬も化学肥料も堆肥も施さず、谷水田というけっして環境や条件がよいとはいえない水田でも、田植えをすれば、さらには密植すれば、この程度の収穫は最低限得られると期待できる数値を、実験田の収量は示していると考える。今後の議論のひとつの重要な手がかりとなるであろう。

おわりに

西久保湿地の実験田における赤米栽培を開始してから、2017年で20年である。作業や時間、技術的な面など、さまざまな制約のなかで、実現可能、検証可能と考えられる課題に取り組んできた20年間であった。逆にいえば、数々の制約が解消された先には、可能な研究がまだ数多くあるといえる。過去の水田を復元した西久保湿地の実験田は、考古学的な課題の解決のためにさまざまな切り口で利用可能な、貴重かつ有用な場である。興味を持たれた方は、どなたでも本プロジェクトに歓迎したいと思っている。

本稿で紹介した水田の実験考古学研究プロジェクトの成果は、以下の共同研究者との共同研究の成果である。森 将志、鈴木 茂、バンダリ・スダルシャン(以上、株式会社パレオ・ラボ)、那須浩郎(岡山理科大学)、米田 穣(東京大学)、菊地 真(神戸大学)、余語琢磨(早稲田大学)(順不同・敬称略)。
なお、日頃の実験田の水管理や道具など多くの便宜を図っていただいているさいたま緑の森博物館の諸氏、これまでに実験田の農作業やデータ採取に協力いただいた早稲田大学人間科学部と文学部の学生、および他大学の有志の学生に感謝

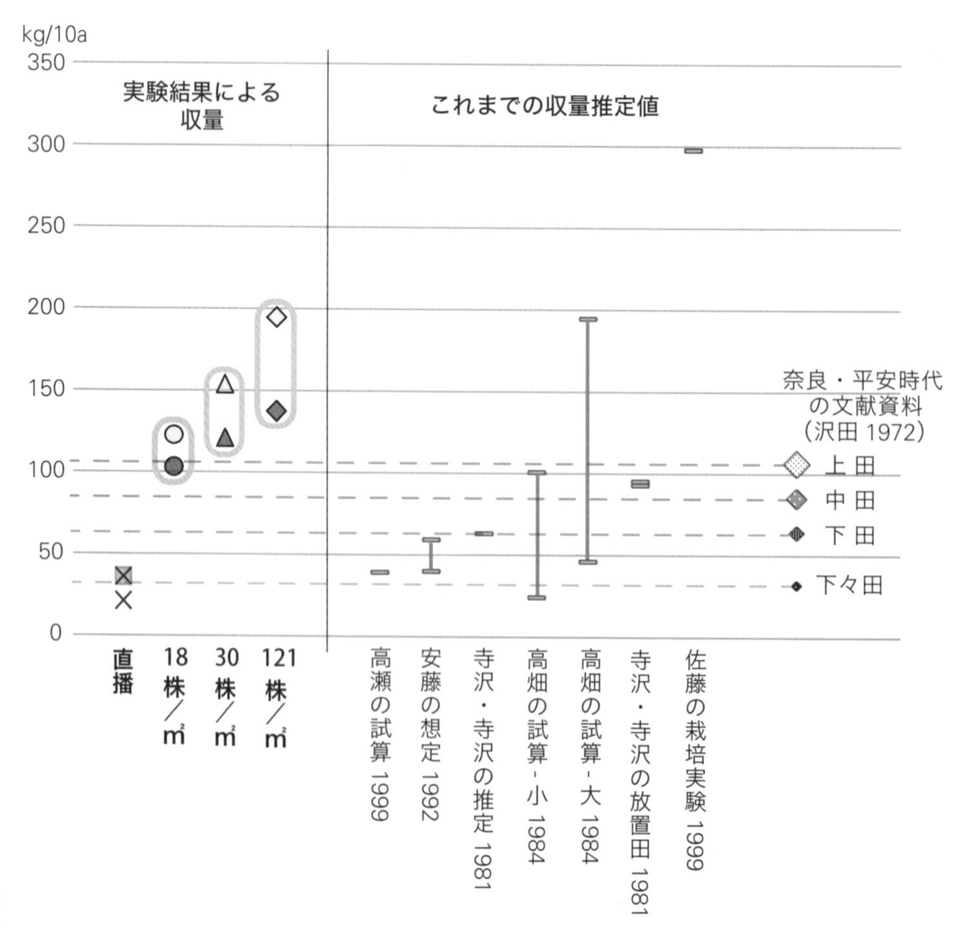

図17 弥生時代の収量推定値

する。また、本研究につながる赤米の栽培実験を最初に開始し、多くの助言と指導をいただいた岡内三眞先生に深謝する。最後に、本研究の成果を発表する貴重な機会をいただいた庄田慎矢氏に感謝する。本研究の一部は、JSPS科研費JP19904018、JP21904016、平成19年度および平成20年度高梨学術奨励基金、の助成によった。

引用文献

- 安藤広道1992「弥生時代水田の立地と面積－横浜市鶴見川・早渕川流域の弥生時代中期遺跡群からの試算－」『史學』62-1・2：131-164.
- 安藤広道1993「弥生時代の水田から米はどれだけとれたか」『新視点日本の歴史1　原始編』鈴木公雄・石川日出志編)，東京：新人物往来社：196-201.
- 嵐　嘉一1974『日本赤米考』東京：雄山閣出版：296p.
- 藤原宏志1984「プラント・オパール分析法とその応用－先史時代の水田址探査－」『考古学ジャーナル』227：2-7.
- 藤原宏志1998『稲作の起源を探る』東京：岩波書店：201p.
- 藤原宏志・杉山真二1984「プラント・オパール分析法の基礎的研究(4)－プラント・オパール分析法による水田址の探査－」『考古学と自然科学』17：73-85.
- 菊地有希子2013「水田稲作に関わるプラント・オパール分析について」『技術と交流の考古学』(岡内三眞編)，東京：同成社：296-307.
- 菊地有希子・三好伸明2007「弥生時代の米収穫量について－復元水田における実験考古学的研究－」『古代』120：87-107.
- 木下　忠1954「弥生式文化時代における施肥の問題」『史学研究』57：36-43.
- 木下　忠1964「田植と直播」『日本考古学の諸問題』(考古学研究会十周年記念論文集編集委員会編)，岡山：考古学研究会十周年記念論文集刊行会：43-58.
- 古環境研究所1991「仙台市富沢遺跡第30次調査におけるプラント・オパール分析」『富沢遺跡－第30次調査報告書第I分冊－　縄文～近世編』(仙台市教育委員会編)，仙台：仙台市教育委員会：389-404.
- 工楽善通1991『水田の考古学』東京：東京大学出版会：138p.
- 松岡有希子2001「赤米栽培－復元水田における研究－」『考古学ジャーナル』479：18-21.
- 三好伸明2005「栽培実験からみる弥生時代の水稲農耕－百間川原尾島遺跡出土の稲株密度の検討－」『遡航』23：23-38.
- 森岡秀人1993「弥生時代の田植と稲刈」『新視点日本の歴史1　原始編』(鈴木公雄・石川日出志編)，東京：新人物往来社：186-195.
- 中西靖人・小林義孝・生田維道・石神幸子・小山田宏一1983『山賀(その4)』－近畿自動車道天理～吹田線建設に伴う埋蔵文化財発掘調査概要報告書－』大阪府：大阪府教育委員会・大阪府文化財センター：189p.
- 中尾智行・辻康男2016「「稲株痕跡」再考」『魂の考古学－豆谷和之さん追悼論文編－』(豆谷和之さん追悼事業会編)，奈良：豆谷和之さん追悼事業会：183-197.
- 小川正巳1992「赤米」『化学と生物』30-6：385-388.
- 太田昭夫1991『富沢遺跡－第30次調査報告書第I分冊－縄文～近世編』仙台：仙台市教育委員会：574p.
- 応地利明・坪井洋文・渡部忠世・佐々木高明1983「＜学際討論＞赤米の文化史」『季刊人類学』14-4：3-66.
- 斎野裕彦・原河英二・秋本雅彦2010『沓形遺跡－仙台市高速鉄道東西線関係遺跡発掘調査報告書Ⅲ－』仙台市：仙台市教育委員会：334p.
- 佐藤洋一郎1999『森と田んぼの危機　植物遺伝学の視点から』東京：朝日新聞社：227p.
- 沢田吾一1972『奈良朝時代民政経済の数的研究』復刻本(初版1927年)：東京：柏書房：754p.
- 杉山真二2000「植物珪酸体(プラント・オパール)」『考古学と植物学』(辻誠一郎編)，東京：同成社：189-213.
- 高畑知功1984「Ⅳ　田植えと収穫量」『百間川原尾島遺跡2』(岡山県教育委員会編)，岡山：岡山県教育委員会：678-682.
- 高瀬克範1999「弥生時代の水田経営をめぐる問題－東北地方における生産性と労働力－」『北大史学』39：1-18.
- 高瀬一嘉2011「古代における米の収穫量推定の可能性と課題について－赤米の栽培実験の結果から－」『兵庫県立考古博物館研究紀要』4：19-33.
- 寺沢薫・寺沢知子1981「弥生時代植物質食料の基礎的研究－初期農耕社会研究の前提として－」『考古学論攷　橿原考古学研究所紀要』5：1-129.
- トトロのふるさと財団調査委員会2001『自然環境調査報告書　1998年』埼玉：トトロのふるさと財団調査委員会：74p.
- 米田　穣・山崎孔平・菊地有希子2014「安定同位体分析による水稲利用に関する研究」『SEEDS　CONTACT』2：26-28.

第4章
分子レベルの考古植物学

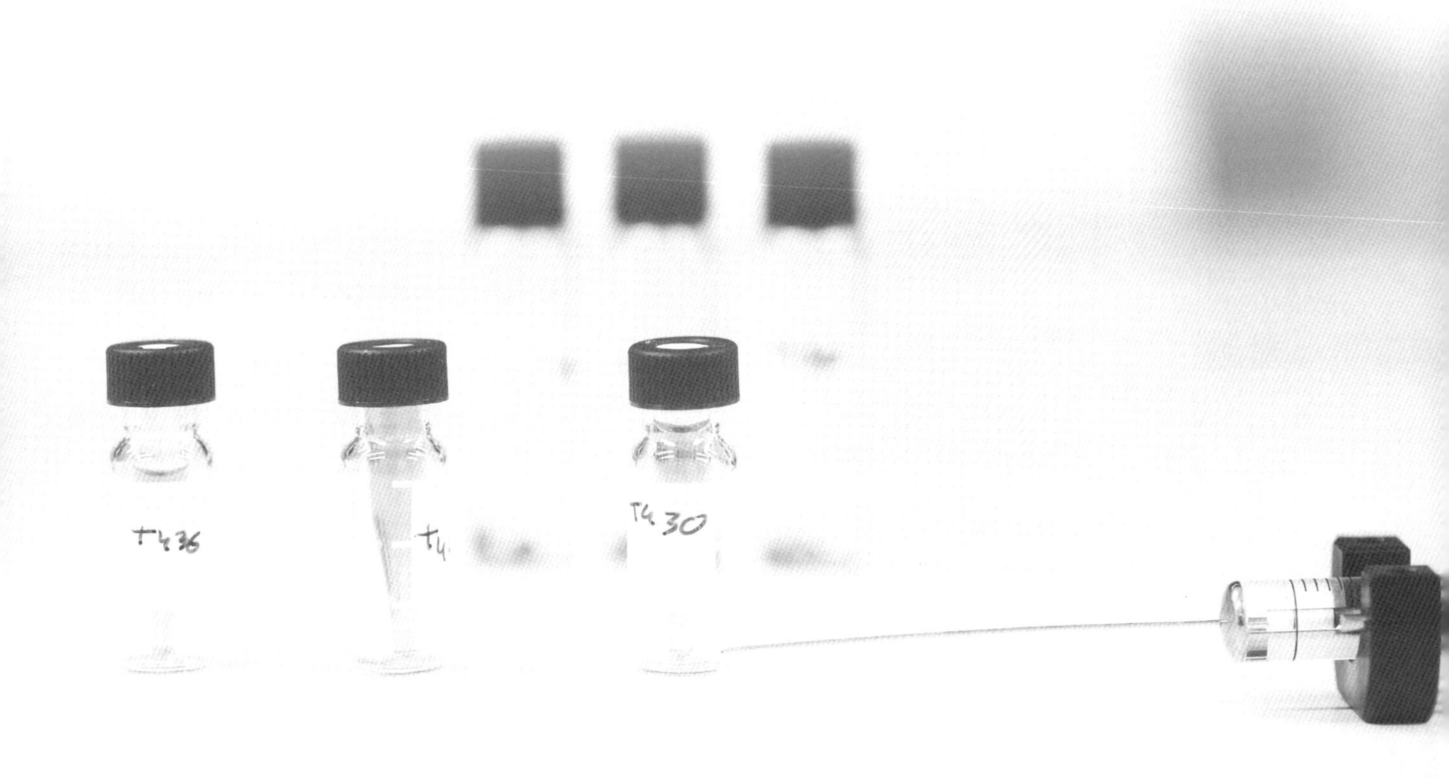

土器で煮炊きされた植物を見つけ出す考古生化学的試み

In Pursuit of Plant Biomolecular Residues in East Asian Pottery

庄田慎矢　Shinya Shoda

奈良文化財研究所／ヨーク大学

はじめに

遺跡から出土する植物遺体にはさまざまな種類があるが、主たる可食部である種実が遺跡に残されていた場合、それは当時の人々が消費しなかったものとして残されていることはいうまでもない。近年目まぐるしい速度で研究事例が蓄積されている土器の種実圧痕についても、これらは土器の胎土のなかに取り込まれたことで、結局はヒトによって消費されなかったものが形として残されているのである。むろん、こうした試料が当時の食生活と無関係であるわけはなく、間接的にではあるが、食生活の実相の少なくとも一側面を反映していると見るべきであろう。しかし、土器・石器・木器・金属器などの出土遺物から、より直接的に、加工・消費された植物の情報を抽出できるのであれば、それは過去の食生活や調理行動の研究にとって、大変重要な情報となることは間違いない。本書の楊暁燕論文に紹介されている、考古遺物に対する残存デンプン分析は、こうした試みの事例といえるであろう。

21世紀にはいり、考古生化学あるいは生体分子考古学(Biomolecular Archaeology)と呼ばれる新しい分野の研究が次々と画期的な成果をあげている(Brown & Brown 2013)。同分野において、土器の胎土や付着物に残された脂質を中心とする有機物を抽出し、その由来を生化学的に同定する「土器残存脂質分析(Pottery lipid residue analysis)」は、近年急速に発展し、洗練化されてきた分析法のひとつである。肉眼や顕微鏡では見ることのできない微小な有機物を分析することにより、遺跡出土の土器がどのような生物資源の調理・加工に用いられたのかが、化学的に追及できるようになったのである(Evershed 2008；庄田・クレイグ2017)。

この研究手法が当初、西アジアやヨーロッパの新石器時代の遺跡からの出土遺物に適用されるなかで、ほとんどの場合は反芻・非反芻動物の脂肪由来の化合物や乳製品の加工の証拠が主たる発見物であった(Evershed *et al.* 2008; Copley *et al.* 2003)。したがって、北欧の新石器時代の土器が中石器時代以来の伝統をひきついで水産資源の加工・調理に用いられていたことが明らかにされた(Craig *et al.* 2011)のは、むしろ例外的な状況であった。一方、世界でも稀に見る豊富な土器資料を蓄積する日本考古学では、過去の負の遺産の影響もあり、この手法の

略歴
2007年　忠南大学校大学院考古学科(文学博士)
専門分野　東アジア考古学、考古生化学
日本学術振興会特別研究員PD(東京大学大学院新領域創成科学研究科)、国立文化財機構　奈良文化財研究所研究員、英ヨーク大学考古学科研究員を経て、現在　奈良文化財研究所　都城発掘調査部　主任研究員、ヨーク大学考古学科名誉訪問研究員、セインズベリー日本藝術研究所アカデミック・アソシエイト
主要著作
『청동기시대의 생산활동과 사회』 학연문화사, 2009
Shoda, S. *et al.* 2018. Molecular and isotopic evidence for the processing of starchy plants in Early Neolithic pottery from China. *Scientific reports*, 8(1), p.17044.
Shoda S. *et al.* 2017. Pottery use by early Holocene hunter-gatherers of the Korean peninsula closely linked with the exploitation of marine resources. *Quaternary Science Reviews* 170, 164-173.
庄田慎矢　2009「東北アジアの先史農耕と弥生農耕」『弥生時代の考古学 第5巻 食糧の獲得と生産』東京：同成社，39-54.

導入が大規模には進んでいなかった（庄田・クレイグ2017）が、近年急速に研究事例が蓄積されている（Craig *et al.* 2013; Lucquin, Gibbs *et al.* 2016; Lucquin *et al.* 2018; Papakosta *et al.* 2015; Horiuchi *et al.* 2015; Heron, Habu *et al.* 2016）。これらの研究成果によれば、興味深いことに、縄文時代草創期・早期のみならず、広範で大規模な植物資源の活用で知られる縄文時代前期にいたっても、なお土器の調理対象においては水産資源がきわめて優勢であり、大規模な植物資源の加工・調理の証拠を見いだすことが難しいという状況が把握された。

筆者は、上記の研究の対象ともなった、鳥浜貝塚などの縄文遺跡から出土する植物遺体の分量と多様性から考えて、土器で植物が煮炊きされていないとは考えにくいと感じ、自らその研究方法を実践することで、なぜ植物の有機物残滓が土器の内部から見つからないのか、その答えを見つけようとした。率直なところ、この方法で植物の残存脂質が見つけられないか、見つけにくいのではないか、と考えたのである。本論では、上記のような背景から筆者が取り組んだ研究手法の概要と、韓国および中国の遺跡出土土器から植物由来の脂質の抽出・同定に成功した研究成果について紹介する。

1. 土器残存脂質分析とは何か[註1]

近代考古学が始まって以来100年以上ものあいだ、考古学における土器の研究は、形態や文様などを基にした文化史的アプローチが主な研究手法となってきたといってよいであろう。それは、考古学の目的が型式学や編年に根ざした過去の文化史的復元にあった（ある）という学史的な背景（Childe 1925が好例であろう）によるだけでなく、実際にその土器が何に使われたのかを知りたくても、遺跡での出土状況や煮炊きに使用した痕跡（外山1990；小林編2011）を手がかりに、間接的に推定するしか方法がなかったという実情のためでもある。しかし、20世紀末頃からの急速な分子生物学的分析手法の発達は、考古学分野にも革命をもたらし、問いかけること自体が不可能と思われていた研究上の課題にも、新たに挑戦する道が開けた（Evershed 2008）。

土器残存脂質分析の具体的な手順は、研究グループによる多少の差異はあると思われるが、おおむね以下の通りである。遺跡から出土した土器片を、採取時点以後のさらなる汚染を防ぐ目的で、アルミホイルに包んでクリーンな実験

註1　この節の内容は、筆者による『文化遺産の世界』オンラインコラム「考古学の新しい研究法『考古生化学：Biomolecular Archaeology』2－土器残存脂質分析－」（https://www.isan-no-sekai.jp/report/2084）に加筆・修正したものである。

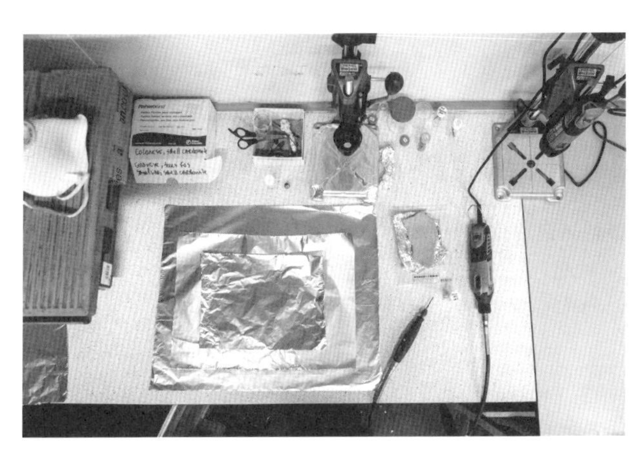

写真1　電動ドリルを用いたサンプリングのための作業台

写真2　汚染を最小化するために土器表面を削り落とす

註2 遺跡によっては、残存脂質の濃度が非常に高く、土器胎土粉末0.1g以下という少量で脂質を抽出・分析した事例もある(Papakosta *et al.* 2015)。また、論文としては未発表であるが、筆者らが昨年国際学会で発表した方法は、同位体比の測定はできないものの、GC-MS分析の試料量を5mg以下に抑える新手法である。Shoda S., Matsui, K., Watanabe, C., Teramae N and Craig O.E. *Rapid, cost-effective lipid analysis of small samples of archaeological ceramic by pyrolysis GC-MS.* 8th International Symposium on Biomolecular Archaeology ISBA 2018, 18th – 21st September 2018. Jena, Germany

室に運び込み、実験台(**写真1**)の上で電動ドリルを用いて粉末化する(**図1A、写真2**)。むろん、土器片をすべて潰すわけではなく、通常は1～2g程度を採取する(**写真3**)。サンプルとなる土器胎土の粉末を採取する前に、発掘調査で出土した際に付着していた土壌や、人の手を含め、さまざまなものに触れた可能性の高い土器の表面を削り落とす。対象土器に付着物がある場合は、この時点で採取する。その後、内部を削ってサンプルを得ることになるが、この結果、土器の内面に2cm角前後の凹みができることを覚悟しなくてはならない[註2]。土器片が2cm角よりも小片の場合は、表面を削り落とした後にメノウのすり鉢を用いて土器片全体を粉末化する。得られた粉末は、加熱殺菌(マッフル炉を用いて450℃で6時間加熱)すみのガラス容器に入れて保管・運搬する。この粉末に濃硫酸・ジクロロメタン・メタノールなど目的に応じた化学薬品を所定の手順に従って加え、かく拌や加熱を行うことによって、粉末のなかに残存している脂質を抽出する(**図1B、写真4、5**)。

抽出がすんだら、沈殿した土器胎土粉末などの無機物を残し、上澄みとなった脂質の溶け込んだ溶媒を採取し(**写真6**)、これを窒素ガスによって濃縮する(**写真7**)。濃縮された溶液に内部標準と呼ばれる既知の試料を加え(**写真8**)、ガスクロマトグラフ(GC)にかけて、分析する(**写真9**)。ガスクロマトグラフは、揮発性の高い溶媒を用いた液体状の試料を高温によってガス化し、試料に含まれたさまざまな化合物を質量の大きさによって分離する装置である。この装置に水素炎イオン化検出器(FID)を連結して、残存した脂質の量を測ったり(GC-FID)(**図1C**)、質量分析計(MS)に連結して、個別の化合物を同定したりすることができる(GC-MS)(**図1D**)。さらには、同位体比質量分析計(IRMS)に連結して個別脂質の安定炭素同位体比($\delta^{13}C$)を測定することにより、土器に含まれていた脂質がどのような生物に由来するのかを、既知の生物の脂

写真3 得られた土器胎土粉末試料

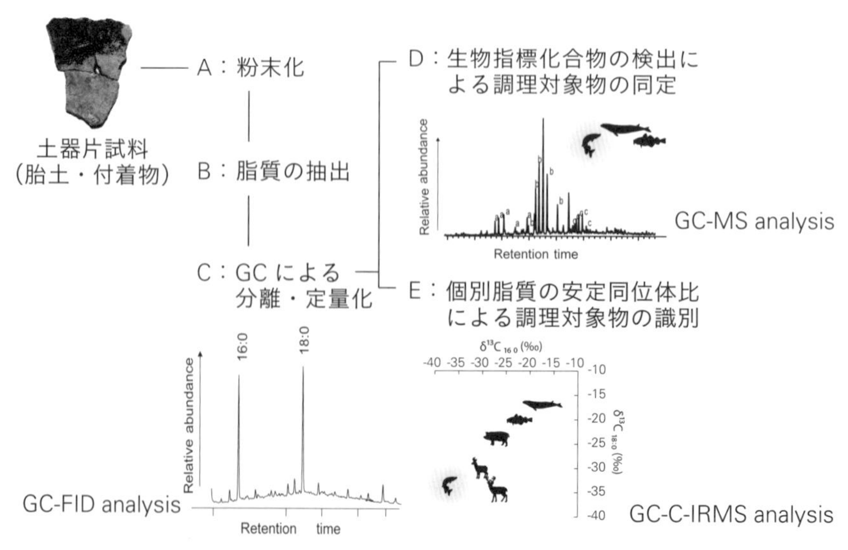

図1 土器残存脂質分析の手順

質試料と比較して推定できる(GC-c-IRMS)(**図1E**)。
　こうした複数の分析をあわせて用いることで、脂質の残存状態がよければ、抽出された脂質が海産物に由来するのか、植物に由来するのか、反芻動物に由来するのか、あるいは乳製品に由来するのか、といった情報を得ることができる。また、遺跡ごとに特有の条件をあわせて考慮することにより、さらに具体的な動植

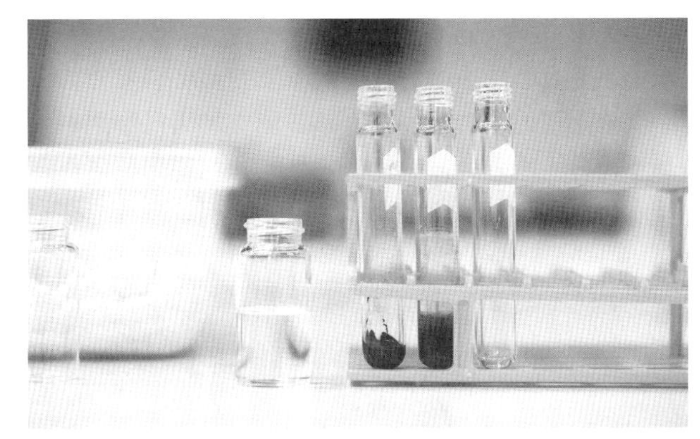

写真4　濃硫酸・メタノール・ジクロロメタンなどを用いた脂質の抽出

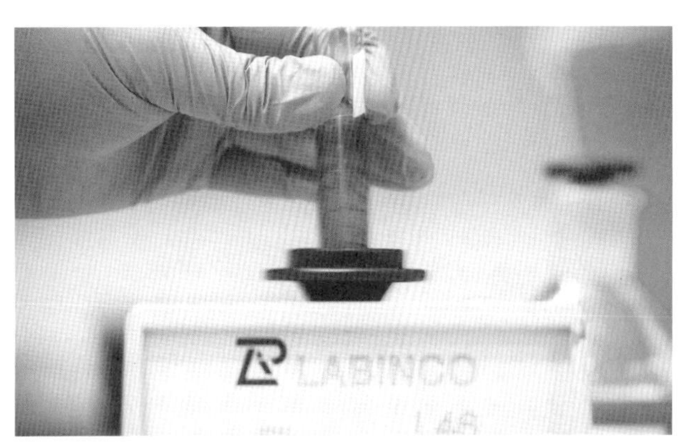

写真5　粉末試料と溶媒を撹拌して脂質を抽出する

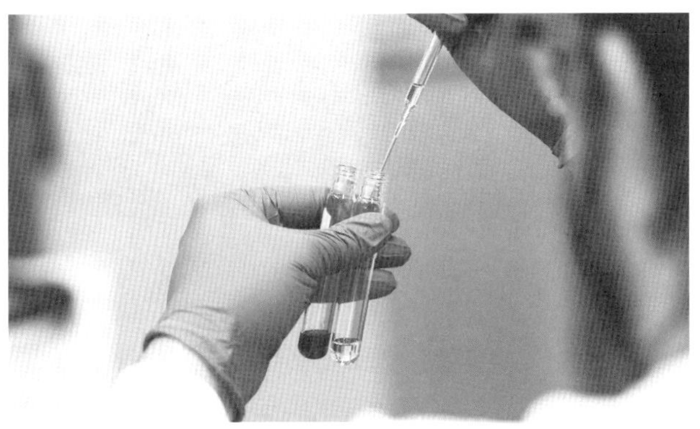

写真6　脂質が抽出された溶媒(上澄み部分)を採り分ける

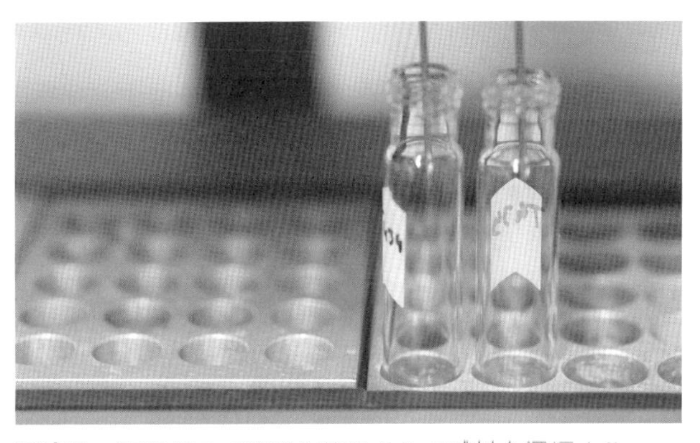

写真7　窒素ガスで溶媒を乾燥させて試料を濃縮する

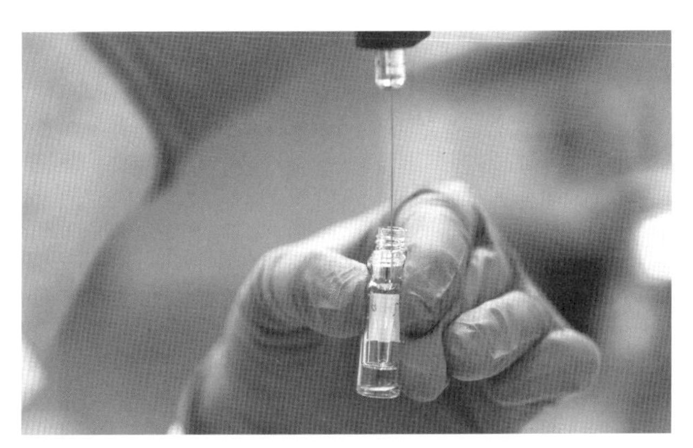

写真8　濃縮した試料に内部標準を加えて分析準備完了

写真9　ガスクロマトグラフ(GC)のオートサンプラーと試料注入口

物のグループに迫れることもある。たとえば、日本列島の先史時代には、ヨーロッパや西アジアとは異なりウシやヤギ・ヒツジは生息していなかったことがわかっているので、分析した試料に反芻動物由来の脂質が含まれているとわかれば、それがシカである可能性がきわめて高いことになる。あるいは、特定の生物に限定的に見られる指標となる化合物が見つかれば、具体的な生物名をあげることも可能である（後述）。このような化合物の同定は、GC-MSによって電気信号化されたデータをコンピューター上で細かく分析していくことによって行われる（**写真10**）。忍耐力と手間を要求される作業である。

上のような手続きでいったん抽出された脂質は、化学的に安定しているため、冷凍庫のなかで非常に長い時間保管しておくことができる。研究結果に疑問が生じた場合や、他の方法で分析したいときなどは、一度測定した試料を用いて再測

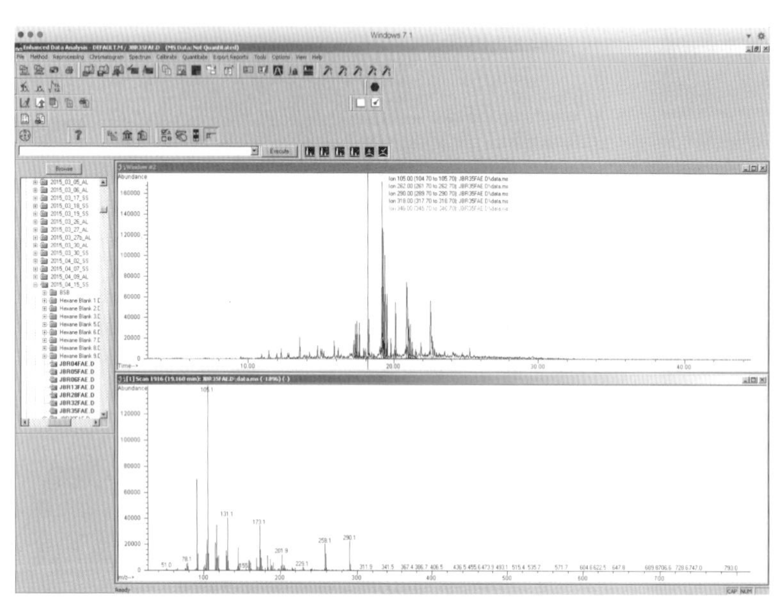

写真10　ソフトウェア上での分析結果の検討と化合物の同定

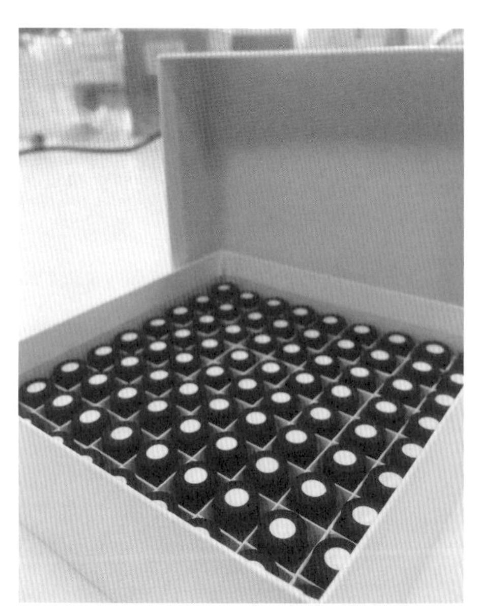

写真11　抽出した脂質試料の保管

写真12　蔚山細竹遺跡から出土した、鱗茎状炭化物が付着した土器片（実験番号USJ01、東国大学校慶州キャンパス博物館所蔵）

写真13　蔚山細竹遺跡から出土した、葉脈状のものが見られる炭化物が付着した土器片（実験番号USJ02、東国大学校慶州キャンパス博物館所蔵）

定を行うことが可能である。試料を保管しておくことで、研究の客観性も保たれる(**写真11**)。

2. 土器のなかの植物残滓を求めて[註3]

筆者がこの分析法によって最初に手掛けたサンプルは、肉眼でも明らかに植物質の付着炭化物が見られる2点の土器片(**写真12、13**)を含む、韓国新石器時代の蔚山細竹(セジュク)遺跡(安ほか2007、遺跡の位置については**図2**を参照、以下同様)の出土土器であった。これらの土器群には、その付着物の^{14}C年代測定により、較正年代で7,700～6,800BPの年代が与えられている。同遺跡からは豊富な植物遺体群も産出・記載されており(李2007)、この土器群であれば、おそらく新石器時代の土器による植物の調理加工の実態に一歩迫れるのではないか、という目論見であった。

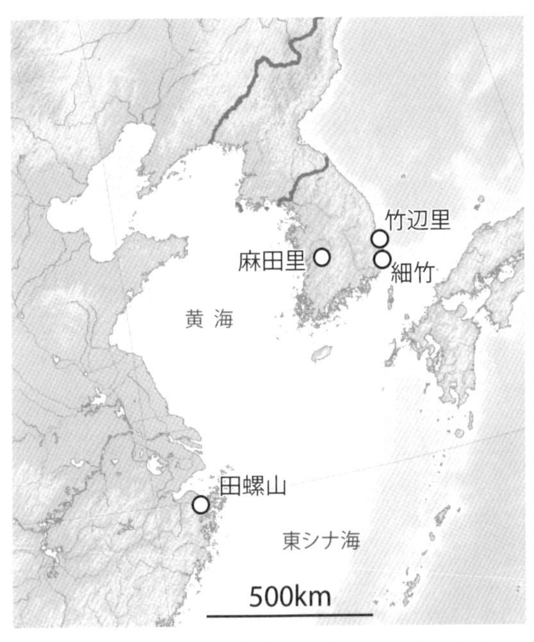

図2　本稿で扱う遺跡の位置

細竹遺跡出土土器のサンプリングについては、加熱調理に用いられた可能性の高い、確実に火にかけられたものを選択する理由で、内面または内外面に炭化物が付着した土器30点から、炭化物および土器胎土を採取した。また、細竹遺跡は貝塚遺跡であるため、貝塚遺跡でない遺跡との比較を目的に、ほぼ同時期(較正年代で7,900～6,900BP)の蔚珍竹辺里(チュクピョンリ)遺跡(三韓文化財研究院 2012, 2015)の土器55点から、付着している場合は炭化物と胎土を、付着炭化物が見られない場合は胎土のみを採取した。詳細は成果論文(Shoda *et al.* 2017)に譲るが、分析により、当初の目論見とは完全に異なる結果が得られた。

註3　この節の内容は、筆者らによる以下の論文の内容を簡略化し、日本の読者に紹介するために説明を加えたものである。Shoda, S. *et al.* 2017, Pottery use by early Holocene hunter-gatherers of the Korean paniusula closely linked with the exploitation of marine resources. *Quaternary Science Revlews*, 170, pp.104-173.

まず、GC-MSによる生物指標の同定では、3節や4節で述べるような植物由来の化合物は同定されなかった。むしろ、かなりの高確率で、炭素数18および炭素数20のアルキルフェニルアルカン酸(以下APAA-C18と略記、炭素数20および炭素数22のものについても同様)(**図3A**)と、各種のイソプレノイド脂肪酸(**図3B～D**)の組み合わせからなる水生生物指標(Hansel *et al.* 2004)が確認された(土器胎土試料の30%、付着物試料の56%)。さらに、先行研究により、水生生物と反芻動物の識別に有効であることが示された(Lucquin, Colonese *et al.* 2016)、フィタン酸の偏左右異性体[註4]の比率から検証した結果(**図4**)からも、やはり水生生物に偏重した土器利用の様相が示唆された。

註4　異性体とは、同じ数・同じ種類の原子を持つが、構造の異なる物質のこと。

GC-c-IRMSによる測定で得られた個別脂肪酸(ステアリン酸とパルミチン酸、これら2つの遊離脂肪酸は考古試料中に普遍的に見られるため、安定炭素同位体比の測定・比較に適している)(**図5**)の安定炭素同位体比(δ^{13}C)(**図6**)は、現生や遺跡出土の動植物の測定値から設定した参考値の範囲から見ると、かなり高い値を示している。管見のかぎり朝鮮半島南部にC4植物は自生せず、これらの遺跡の時期が、中国東北地方に起源を持つアワやキビなどのC4植物が普及する以前の段階であること(Lee 2011)から、これらの高いδ^{13}C値は、海産物に由来していることを強く示唆する。

このように、韓国の新石器時代の早期に該当するこれらの遺跡では、海産物由来の脂質の寄与が顕著であるという、縄文時代草創期・早期の土器残存脂質分析において見られたパターン(Craig *et al.* 2013; Lucquin, Gibbs *et al.* 2016)と類似した結果が得られた。また、竹辺里遺跡内の異なる2つの地区のうち、岬の先端に位置し眺望のよい立地の3–3地区においては、細竹や竹辺里のもう一つの地区である15–68地区と異なり、陸獣と思われる調理対象物(同位体比からは淡水魚の可能性も示唆されるが、遺跡立地から見てその可能性は低いものと判断される)が想定された。これらの比較的低い安定炭素同位体比を示す土器は、精製の赤色磨研土器であり、遺跡の立地や器種によって調理対象物が異なっていた可能

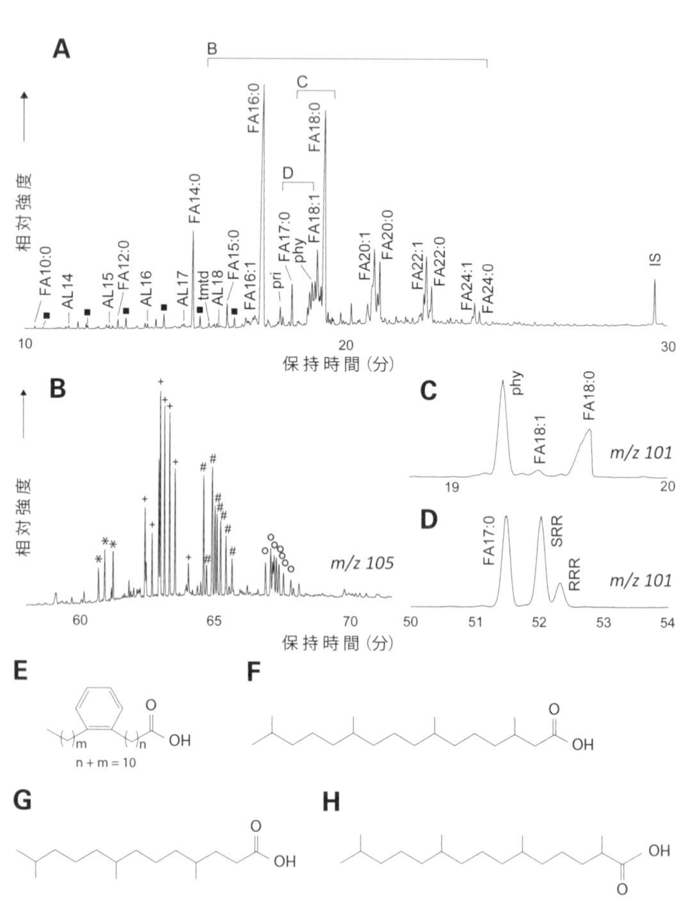

図3 竹辺里遺跡出土土器(JBR35)から抽出した脂質の部分クロマトグラムと関連する化合物の構造式
A:JBR35AE(酸抽出)の部分クロマトグラム。FAx:y:炭素鎖x、二重結合yを持つ脂肪酸、ALx:炭素鎖xのアルカン、■:α,ω-ジカルボン酸、tmtd:4,8,12-トリメチルトリデカン酸、pri:プリスタン酸、phy:フィタン酸
B:*m/z* 105イオンの抽出クロマトグラム。炭素数16(*)、18(+) 20(#)、22(o)のアルキルフェニルアルカン酸を検出
C:*m/z* 101イオンの抽出クロマトグラム。DB-5msカラムを用いてフイタン酸を分離
D:*m/z* 101イオンの抽出クロマトグラム。DB-23カラムを用いてフイタン酸のジオステレオマー(偏左右異性体)を分離
E:アルキルフェニルアルカン酸の構造式
F:フィタン酸の構造式
G:トリメチルトリデカン酸の構造式
H:プリスタン酸の構造式(Shoda *et al.* 2017 Fig 6を改変)

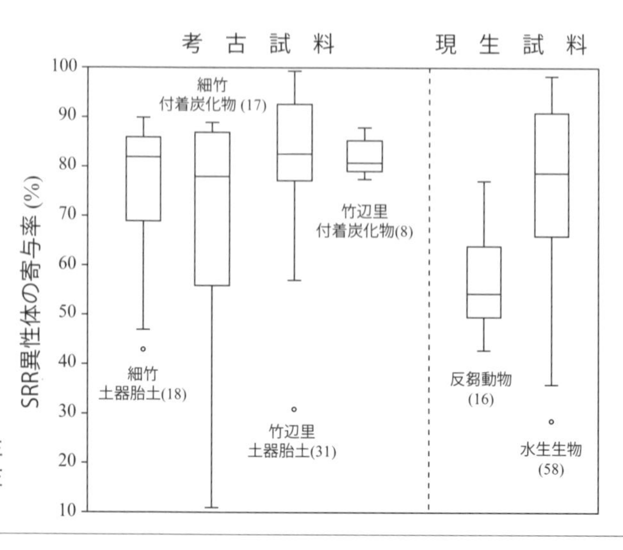

図4 細竹・竹辺里出土土器と付着炭化物および現生試料から抽出したフィタン酸のジオステレオマー(偏左右異性体)比の比較

性が示唆された。

しかし、当初の目的である植物質食料の残滓の検出という面でいえば、結局のところ、植物の寄与が考えられたのは、肉眼でも植物の存在が見て取れた試料にほぼかぎられており(**図6A**)、それらの安定炭素同位体比は、海産物由来が明らかなものよりも明らかに低い値を示している点で、これら植物質の調理対象物が例外的で、全体的な傾向として海産物の影響が強いという解釈と整合的である(**図6A～C**)。

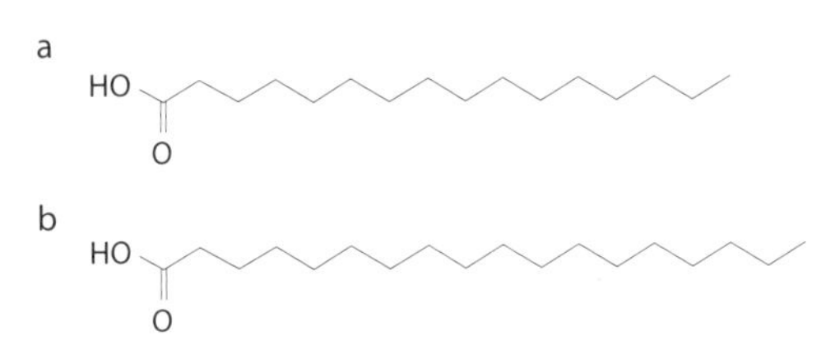

図5 パルミチン酸(a)とステアリン酸(b)の化学構造式

3. 初めて土器胎土から見つかったキビの生物指標[註5]

前節に述べた細竹や竹辺里の分析結果は、韓国新石器時代の土器残存脂質分析の初例であっただけでなく、古い時期の縄文土器との類似性や、土器の用途における遺跡立地や器種による差異など、それ自体としてきわめて興味深いものであったが、当初の意図であった植物質食料の探索という意味では失敗に終わった。そこで次に、より時代の下る、農耕社会における土器を分析することにした。折しも、共同研究者のカール・ヘロン(Carl Heron)が、土壌からの検出例が知られていた(Jacob *et al.* 2008)、キビの生物指標であるミリアシン(Ito 1934；杉山・阿部1960；Bossard *et al.* 2013)を土器胎土から検出しようという研究を始めたところであったので、共同研究を進めることができた。分析対象としたのは韓国・忠清南道論山市に位置する麻田里(マジョンリ)遺跡(李ほか2002, 2004)からの出土土器である。この遺跡においては水田遺構が検出されており、稲作を行っていたことが明らかであるだけでなく、浮遊選別法を用いた考古植物学的サンプリングによって、アワが検出・同定されている(李2004)。ミリアシンという特徴的な生物指標によって同定が可能なキビは、植物遺存体としては見つかっていなかったが、朝鮮半島においてアワとキビは同時に受容されたものと考えられる(Crawford & Lee 2003)ため、この遺跡でキビが利用されていた可能性はきわめて高いと予想された。

註5 この節の内容は、筆者らによる以下の論文の内容を簡略化し、日本の読者に紹介するために説明を加えたものである。
Heron, C. *et al.* 2016. First molecular and isotopic evidence of millet processing in prehistoric pottery vessels. *Scientific Reports*, 6, 38767.
庄田慎矢 2017「初めて土器胎土から検出されたキビの生物指標」『奈良文化財研究所紀要2017』40-41.

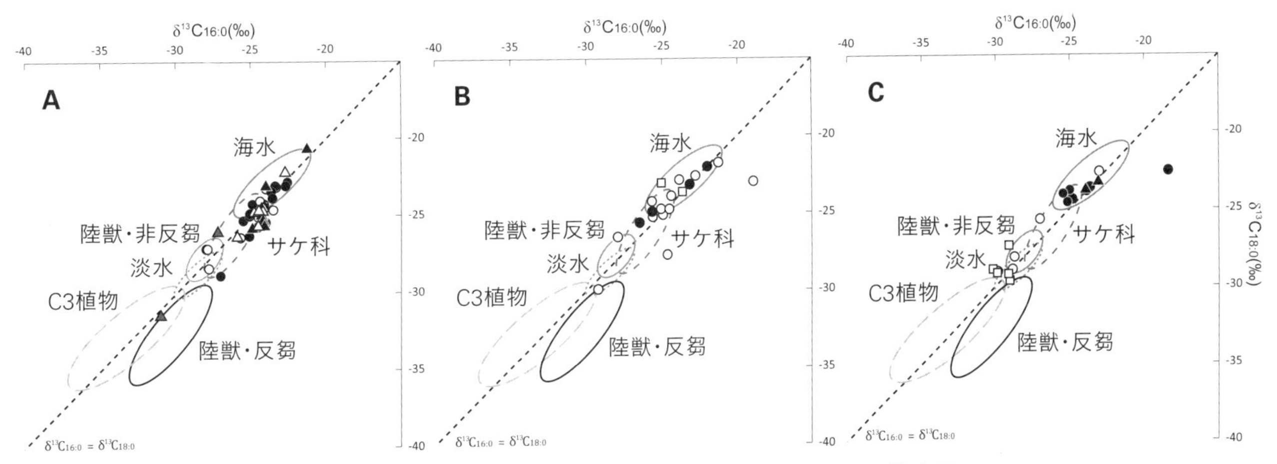

図6 細竹・竹辺里遺跡出土土器群から抽出された個別脂肪酸の安定炭素同位体比の散布図
A：細竹貝塚、B：竹辺里15－68地区、C：B：竹辺里3-3地区。
黒色表示が水生生物指標を持つサンプル、A図内の2点の灰色表示が肉眼で植物質のものと判断されたサンプルを示す。
同位体比の比較標本についてはLucquin *et al.* 2019を参照(66%の確率で対応)。

分析の結果は期待以上で、15点の土器胎土試料（付着炭化物は見られなかった）中、7点もの試料からミリアシンが検出された（**図7**）。これに加え、デンプンないしセルロースが熱で変成して生じるレボグルコサン（Simoneit *et al.* 1999）が1試料から、β–シトステロールやスティグマステロール、カンペステロールなどの植物由来のステロールが7試料から検出された。やはり、この方法を用いて植物残滓を検出することは、可能であったのだ。

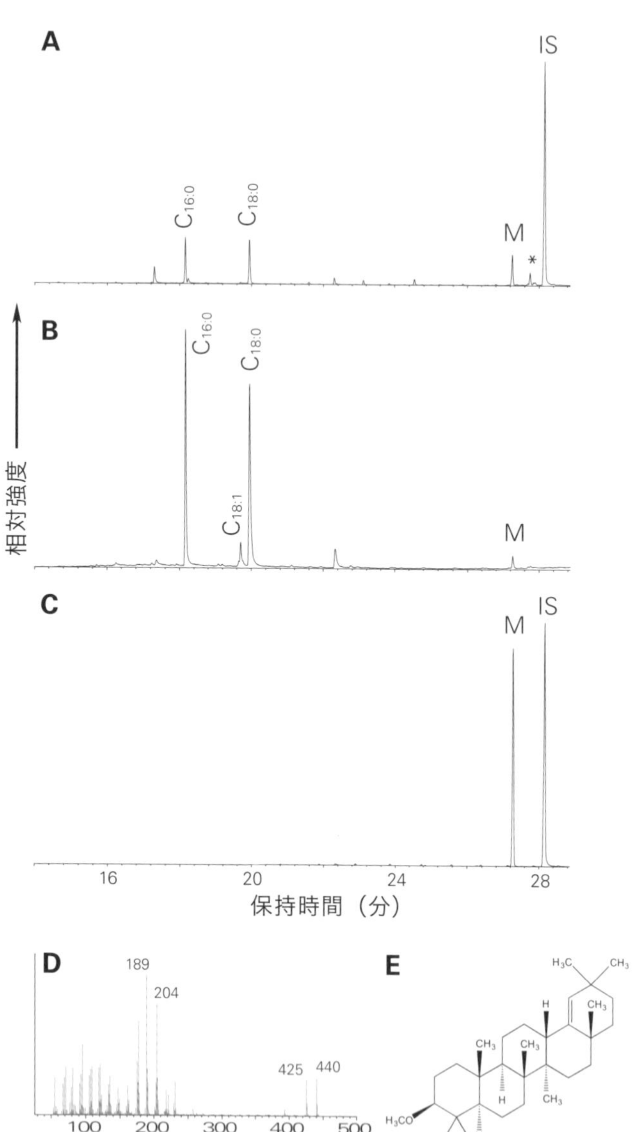

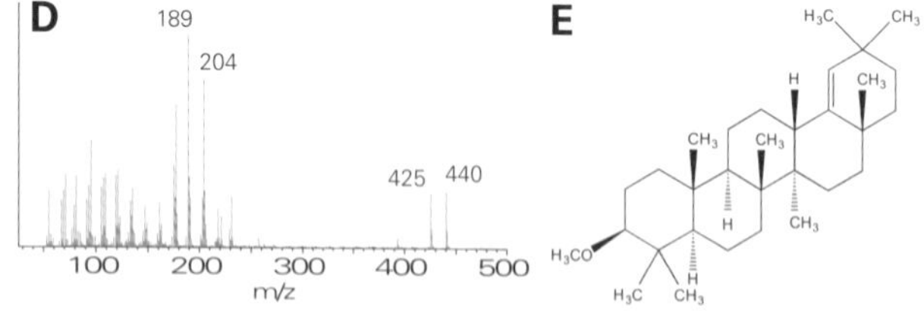

図7　麻田里遺跡出土土器（MJR10）から抽出されたキビの生物指標ミリアシン
A：MJR10から抽出した脂質の部分クロマトグラム、B：現生のキビを煮炊きした実験土器から抽出した脂質の部分クロマトグラム、C：単離されたミリアシンの部分クロマトグラム、D：ミリアシンのマススペクトル、E：ミリアシンの化学構造式
Cx:y：炭素鎖x、二重結合yを持つ脂肪酸、M：ミリアシン、IS：内部標準（ヘキサトリアコンタン）、Heron *et al.* 2016 Figure 3を改変。

土器胎土からのミリアシンの抽出は世界初の試みとあって、同定にあたっては慎重な手続きを踏んだ。すなわち、複数の抽出法で同一のサンプルを分析して比較したこと、すべてのサンプルのあいだにブランクサンプル（内部標準のみを含み、他の化合物をいっさい含まないサンプルで、このサンプルから内部標準以外の化合物が検出された場合、実験のどこかの段階で試料汚染が起こったことを示す）を置き、ブランクサンプルにミリアシンが含まれないことを確認したうえでデータの分析を行ったことなどは、その例である。

これに加え、ミリアシンが検出された試料の個別脂肪酸の安定炭素同位体比は相対的に高い値を示し、C4植物の寄与の存在を示唆した（**図8**）。2節で示したように、比較的高い安定炭素同位体比は海産物の寄与を示唆する指標でもあり得るが、この遺跡の出土土器の残存脂質からは水生生物指標が一切検出されなかったこと、多くの出土土器の残存脂質から植物由来のステロールが検出されたことなどから、この高い値は海産物に由来するというよりはC4植物と解釈するのが自然であろう。また、安定炭素同位体比には一定程度のばらつきが観察された。このことは、C4植物と他の食材との混合を示している可能性が考えられる。なお、詳細については成果論文（Heron *et al.* 2016；庄田2017）を参照していただきたい。

4. 中国の新石器時代の土器から見つかったデンプン質残滓[註6]

前節で扱った麻田里遺跡において、キビだけでなくイネも利用されていたことは、水田遺構が検出されたことや、イネの炭化果実が出土したことからも間違いない。しかし、分析結果にはC4植物の寄与がより色濃く反映されていた。このことは、朝鮮半島においてはアワ・キビが、イネよりも2,000年近く前に受容されていたことが明らかになっているので（Crawford & Lee 2003）、朝鮮

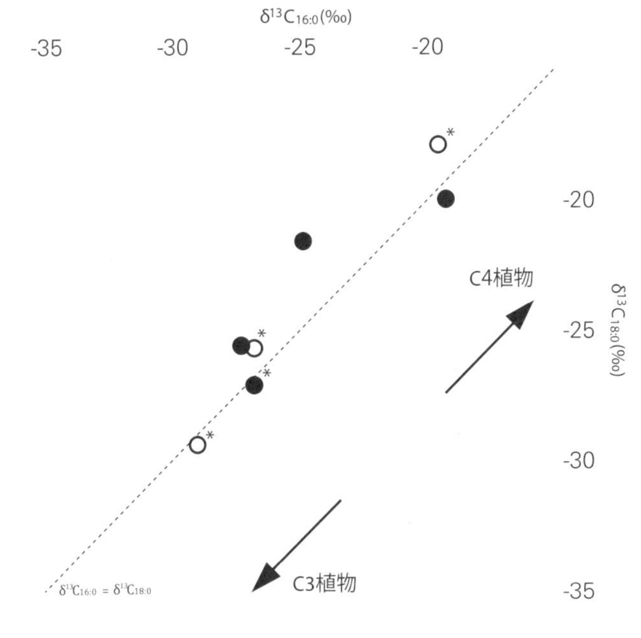

図8　麻田里遺跡出土土器群から抽出された個別脂肪酸の安定炭素同位体比の散布図
●：ミリアシンが検出された試料、○：ミリアシンが検出されなかった試料、*：植物ステロールが検出された試料、庄田2017図35を改変。

半島ならではの事情によるのかもしれない。それでは、稲作の故地であり、アワ・キビの検出事例がきわめて稀な長江下流域においては、土器はどのような食材の調理に用いられたのであろうか。幸運にも、中村慎一らによる大型プロジェクトである新学術領域研究「総合稲作文明学」の一部として、この問題に取り組む機会が与えられた。かつてフラー(Fuller *et al.* 2009)らがイネの栽培化の過程を議論した遺跡でもある、中国浙江省余姚市に位置する田螺山(ティエンルオシャン)遺跡からの出土土器を分析する機会を得たのである。

田螺山遺跡では、中国新石器時代の河姆渡文化に属するきわめて多種多様な動植物遺存体が産出・同定されており(中村編2010；松井・菊地編2016)、その生業形態に対して「水辺の多角的経済」という表現もなされている(中村2010)。これらの豊富な食料資源のうち、どのようなものが土器によって調理されていたのであろうか。稲作の集約化と土器による調理加工とは、何らかの関連性があったのであろうか、あるいはなかったのであろうか。

分析の結果は、これまでの世界各地での土器残存脂質分析を用いた研究では見られなかった、デンプン質由来の化合物の大量検出という画期的な成果であった。すなわち、植物由来の脂質が高温加熱された指標であるAPAA-C18 (**図3E**)やフラノース、ピラノースなどの糖類、デンプンないしセルロースが加熱されて形成されるレボグルコサンなどが、β-シトステロール、スティグマステロール、カンペステロールなどの植物ステロールとともに検出されたのである(**図9A**)。ここで問題になったのは、APAA-C18が検出された場合、これが水生生物に由来するもの(3節を参照のこと)の、本来伴っているAPAA-C20ないしAPAA-C22が何らかの理由で残存しなかっただけなのか、もともと存在しないのかの判別である。つまり、二重結合を多数持つ水生生物の脂質とは異なり、植物由来の脂質を加熱してもAPAA-C20ないしC22は形成されないが、考古遺物の分析においては土中での経年変化を考慮しなくてはならないため、

註6　この節の内容は、筆者らによる以下の論文の内容を簡略化し、日本の読者に紹介するために説明を加えたものである。Shoda, S. *et al.* 2018. Molecular and isotopic evidence for the processing of starchy plants in Early Neolithic pottery from China. *Scientific reports*, 8, 17044.

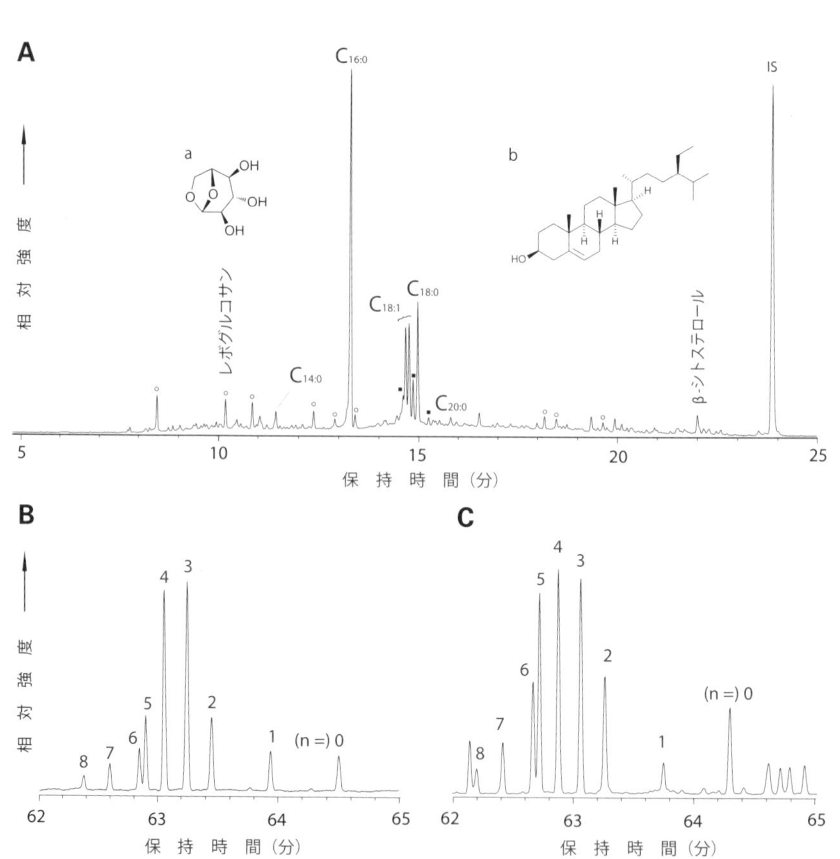

図9 田螺山遺跡出土土器付着物(TLS1016F)から抽出した脂質の部分クロマトグラムと検出された化合物の構造式およびC18アルキルフェニルアルカン酸の異性体分布の比較
A:TLS1016FTLE(溶媒抽出)の部分クロマトグラム、a:レボグルコサンの構造式、b:β-シトステロールの構造式。
B:m/z 290イオンの抽出クロマトグラムによって示される植物由来を示す炭素数18のアルキルフェニルアルカン酸の異性体の分布(TLS1035F:田螺山遺跡)。
C:m/z 290イオンの抽出クロマトグラムによって示される水生生物由来を示す炭素数18のアルキルフェニルアルカン酸の異性体の分布(USJ20AE:細竹遺跡)。
BおよびCのピークの数字については、図3-Eを参照のこと。Shoda *et al.* 2018 Figure 3を改変。

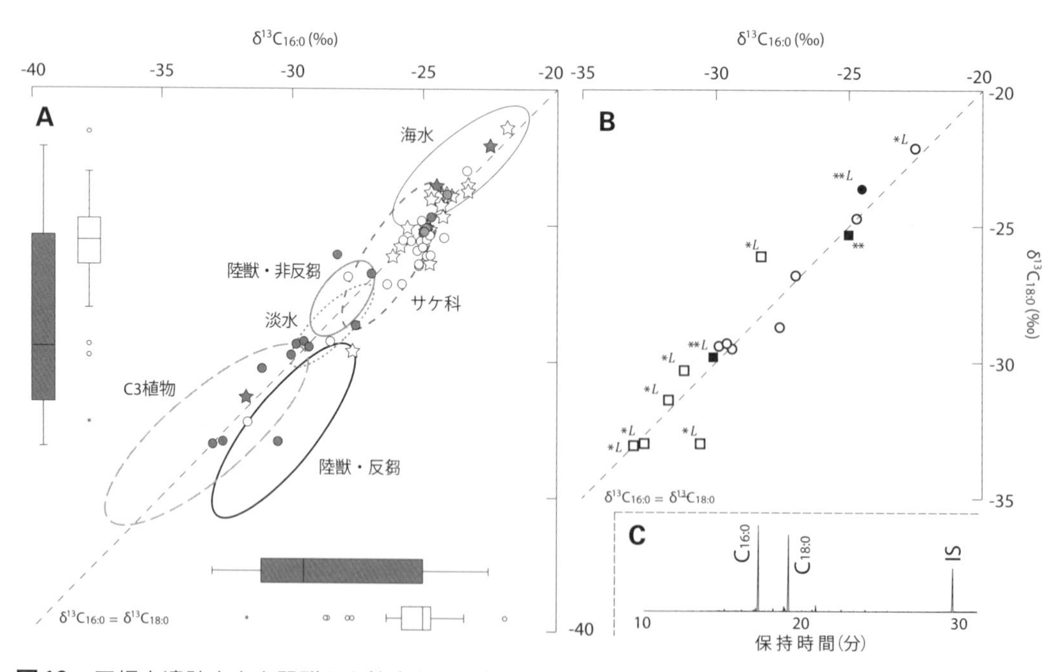

図10 田螺山遺跡出土土器群から抽出された個別脂肪酸の安定炭素同位体比の散布図
A:田螺山(灰色)と細竹(白色)出土土器の個別脂肪酸の安定炭素同位体比の比較、同位体比の比較標本についてはLucquin *et al.* 2019を参照(66%の確率で対応)。
B:田螺山出土土器の個別脂肪酸の安定炭素同位体比と生物指標の対応関係(L:レボグルコサン、*APAA-C18、**APAA-C20、黒塗りは水生生物指標を満たす試料)。
C:クロマトグラム上でのパルミチン酸($C_{16:0}$)とステアリン酸($C_{18:0}$)のピーク位置。Shoda *et al.* 2018 Figure 4を改変。

APAA-C20およびC22の不在がそのまま植物由来であることの証拠とはならないのである。この問題は、APAA-C18の異性体のピークの高さを調べることで解決した。すなわち、植物に由来するAPAA-C18の異性体の分布はn＝3、4のピークのみが突出している（**図9B**）一方、水生生物に由来するAPAA-C18の異性体の分布は、その他のピークも相対的に高くなっている（**図9C**）という違いが明確である。後者はしばしばAPAA-C20やC22を伴うが、伴わない場合でも、APAA-C18の異性体を調べることによって植物か水生生物かの峻別が可能になった。

また、田螺山出土土器および付着物から抽出した個別脂肪酸の安定炭素同位体比を、海洋資源由来の傾向が強かった細竹遺跡出土試料のそれと比較すると（**図10A**）、前者の値の分布範囲が後者よりもかなり広いことが見てとれる。前者においては特にδ^{13}Cの相対的に低い領域にも分布が見られ、植物由来のレボグルコサン、APAA-C18、植物ステロールなどの存在（**図10B**）とあわせて考えると、C3植物の寄与が大きい可能性が高い。

なお、成果論文（Shoda *et al.* 2018）では、同遺跡出土土器の残存脂質に認められた、筆者の知るかぎり東アジア最古の蜜蝋の証拠についても言及したが、紙幅の都合上、本稿では省略する。

おわりに

土器残存脂質分析が、生物指標の同定や個別化合物の安定炭素同位体比測定などの方法論的革新によって格段に精度を高めたのは、比較的最近のことである（庄田・クレイグ2017）。また、先行研究においては、植物よりも、動物に由来する脂質に議論が集中する傾向があった。しかし、最近になって、ヨーロッパアルプス（Colonese *et al.* 2017）や北サハラ（Dunne *et al.* 2016）などの比較的特殊な環境において良好な植物の残存脂質の検出が相次ぎ、さらには上記研究に見られるように、東アジアにおいても類例が増加しつつある。

ここで、冒頭に提示した疑問点に立ち返ってみよう。なぜ、縄文土器からは植物由来の脂質が見つからなかったのであろうか。

上記の通り、土器残存脂質分析は、韓国や中国の新石器時代・青銅器時代の遺跡出土土器から多くの植物質食料の調理の証拠を見いだしているので、方法上の限界によって植物残滓が見つからないわけではないことは明らかである。

じつは、筆者がこの研究を始めた直後に発表された、ヘロンら（Heron, Habu *et al.* 2016）の青森県三内丸山遺跡出土土器の縄文前期〜中期の土器の研究によれば、少数ではあるが、土器から抽出された脂質中にβ-シトステロールなど植物由来の化合物も報告されているので、植物が煮炊きされたものに含まれていた場合があったことは確かなようである。ただし、依然として圧倒的に水産物の寄与が大きいことには変わりない。可能性として、油脂を多く含む食物と油分の少ない植物が一緒に煮炊きされた場合などは、検出が難しくなることは想定できる。今後、ベイズ統計を利用した混合モデルの研究（Fernandes *et al.* 2014）を応用し、こうした混合の問題についても明らかにしていく必要がある。また、上記のヘロンらの研究では、何らかの器に付着していたと考えられる形状の炭化物が植物由来の可能性が高いことも示されているため、土器による煮沸以外の調理法についても、検討していく必要がある。

以上のように、さまざまな課題を抱えつつも、土器残存脂質分析は先史時代の植物利用についても多くの新しい情報を提供し始めている。今後、遺跡からもっとも頻繁に出土する遺物のひとつである土器を対象とするこの方法の利点を活かし、植物遺存体の出土が期待できない地域・立地の遺跡についても、この方法を積極的に活用していくことが期待される。

謝 辞

本稿で紹介した一連の研究を進めるにあたって惜しみないご協力をくださった、Oliver E. Craig、Alexandre Lucquin、Carl Heron、西田泰民、中村慎一、北野博司、孫国平、安在皓、孫晙鎬、黄喆周の各氏に深く感謝いたします。

引用文献

- 安在皓・李炅娥・崔基龍・黃昌漢・李東憲・金姓旭・崔大鎔・安昭炫・金子浩昌・黒住耐二・辻誠一郎・辻圭子・佐々木由香・能城修一・藤根久 2007『蔚山 細竹遺蹟 I』東國大學校 埋藏文化財研究所
- Bossard, N., Jacob, J., Le Milbeau, C., Sauze, J., Terwilliger, V., Poissonnier, B. & Vergès, E. 2013. Distribution of Miliacin (olean-18-En-3β-Ol Methyl Ether) and Related Compounds in Broomcorn Millet (Panicum Miliaceum) and Other Reputed Sources: Implications for the Use of Sedimentary Miliacin as a Tracer of Millet. *Organic Geochemistry* 63: 48–55.
- Brown, K. A. & Brown, T. A. 2013. Biomolecular Archaeology. *Annual Review of Anthropology* 42: 159–74.
- Childe, V.G. 1925. *The Down of European Civilization,* London, Kegan Paul.
- Colonese, A. C., Hendy, J., Lucquin, A., Speller, C. F., Collins, M. J., Carrer, F., Gubler, R., Kühn, M., Fischer, R. & Craig, O. E. 2017. New Criteria for the Molecular Identification of Cereal Grains Associated with Archaeological Artefacts. *Scientific Reports* 7 (1): 6633.
- Copley, M. S., Berstan, R., Dudd, S. N., Docherty, G., Mukherjee, A. J., Straker, V., Payne, S. & Evershed, R. P. 2003. Direct Chemical Evidence for Widespread Dairying in Prehistoric Britain. *Proceedings of the National Academy of Sciences of the United States of America* 100 (4): 1524–29.
- Craig, O. E., Saul, H., Lucquin, A., Nishida, Y., Taché, K., Clarke, L., Thompson, A., Altoft, D. T., Uchiyama, J., Ajimoto, M., Gibbs, K., Isaksson, S., Heron, C. P. & Jordan P. 2013. Earliest Evidence for the Use of Pottery. *Nature* 496 (7445): 351–54.
- Craig, O. E., Steele, V. J., Fischer, A., Hartz, S., Andersen, S. H., Donohoe, P., Glykou, A., Saul, H., Jones, M., Koch, E. & Heron, C. P. 2011. Ancient Lipids Reveal Continuity in Culinary Practices across the Transition to Agriculture in Northern Europe. *Proceedings of the National Academy of Sciences of the United States of America* 108 (44): 17910–15.
- Crawford, G. W. & Lee, G. A. 2003. Agricultural Origins in the Korean Peninsula. *Antiquity* 77 (295): 87–95.
- Dunne, J., Mercuri, A. M., Evershed, R. P., Bruni, S. & di Lernia, S. 2016. Earliest Direct Evidence of Plant Processing in Prehistoric Saharan Pottery. *Nature Plants* 3 (December): 16194.
- Evershed, R. P., Payne, S., Sherratt, A. G., Mark S. Copley, M. S., Coolidge, J., Urem-Kotsu, D., Kotsakis, K., Özdoğan, M., Özdoğan, A. E., Nieuwenhuyse, O., Akkermans, P. M. M. G., Bailey, D., Andeescu, R., Campbell, S., Farid, S., Hodder, I., Yalman, N., Özbaşaran, M., Biçakci, E., Garfinkel, Y., Levy, T. & Burton M. M. 2008. Earliest Date for Milk Use in the Near East and Southeastern Europe Linked to Cattle Herding. *Nature* 455 (7212): 528–31.
- Evershed, R. P. 2008. Organic Residue Analysis in Archaeology: The Archaeological Biomarker Revolution. *Archaeometry* 50 (6): 895–924.
- Fernandes, R., Millard, A. R., Brabec, M., Nadeau, M-J. & Grootes, P. 2014. Food Reconstruction Using Isotopic Transferred Signals (FRUITS): A Bayesian Model for Diet Reconstruction. *PloS One* 9 (2): e87436.
- Fuller, D. Q., Qin, L., Zheng, Y., Zhao, Z., Chen, X., Hosoya, L. A. & Sun, G-P. 2009. The Domestication Process and Domestication Rate in Rice: Spikelet Bases from the Lower Yangtze. *Science* 323 (5921): 1607–10.
- Heron, C. Shoda, S., Barcons, A. B., Janusz Czebreszuk, J., Yvette Eley, Y., Marise Gorton, M., Kirleis, W., Kneisel, J., Lucquin, A., Müller, J., Nishida, Y., Son J-H. & Craig, O. E. 2016. First Molecular and Isotopic Evidence of Millet Processing in Prehistoric Pottery Vessels. *Scientific Reports* 6: 38767.
- Heron, C., Habu, J., Katayama Owens, M., Ito, Y., Eley, Y., Lucquin, A., Radini, A., Saul, H., Debono Spiteri, C. & Craig, O. E. 2016. Molecular and Isotopic Investigations of Pottery and 'charred Remains' from Sannai Maruyama and Sannai Maruyama No. 9, Aomori Prefecture. *Japanese Journal of Archaeology* 4: 29–52.
- Horiuchi, A, Miyata, Y., Kamijo, N., Cramp, L. & Evershed, R. P. 2015. A Dietary Study of the Kamegaoka Culture Population during the Final Jomon Period, Japan, Using Stable Isotope and Lipid Analyses of Ceramic Residues. *Radiocarbon* 57 (4): 721–36.
- Ito, H. 1934. On the Chemical Constitution of Miliacin

(Preliminary Report). *NIPPON KAGAKU KAISHI* 55 (9): 910–13.
・Jacob, J., Disnar, J-R., Arnaud, F., Chapron, E., Debret, M., Lallier-Vergès, E., Desmet, M. & Revel-Rolland, M. 2008. Millet Cultivation History in the French Alps as Evidenced by a Sedimentary Molecule. *Journal of Archaeological Science* 35 (3): 814–20.
・小林正史編2011『土器使用痕研究－スス・コゲからみた縄文・弥生土器・土師器による調理方法の復元－(科学研究費報告書)』北陸学院大学
・Lucquin, A., Colonese, A. C., Farrell, T. F. G. & Craig, O. E. 2016. Utilising Phytanic Acid Diastereomers for the Characterisation of Archaeological Lipid Residues in Pottery Samples. *Tetrahedron Letters* 57 (6): 703–7.
・Lucquin, A., Gibbs, K., Uchiyama, J., Saul, H., Ajimoto, M., Eley, Y., Radini, A. Heron, C. P., Shoda, S., Nishida, Y., Lundy, J., Jordan, P., Isaksson, S. & Craig, O. E. 2016. Ancient Lipids Document Continuity in the Use of Early Hunter–gatherer Pottery through 9,000 Years of Japanese Prehistory. *Proceedings of the National Academy of Sciences* 113 (15): 3991–96.
・Lucquin, A, Robson, H. K., Eley, Y., Shoda, S., Veltcheva, D., Gibbs, K., Heron, C. P., Isaksson, S., Nishida, Y., Taniguchi, Y., Nakajima, S., Kobayashi, K., Jordan, P., Kaner, S. & Craig, O. E. 2018. The Impact of Environmental Change on the Use of Early Pottery by East Asian Hunter-Gatherers. *Proceedings of the National Academy of Sciences of the United States of America* 115 (31): 7931–36.
・松井章・菊地大樹編『中国新石器時代における家畜・家禽の起源と、東アジアへの拡散の動物考古学的研究』平成26年度～平成27年度科学研究費補助金(基盤研究(A))研究成果報告書
・中村慎一2010「河姆渡文化研究の新展開」『浙江省余姚市田螺山遺跡の学際的総合研究』平成18～平成21年度科学研究費補助金(基盤研究(A))研究成果報告書
・中村慎一編2010『浙江省余姚市田螺山遺跡の学際的総合研究』平成18～平成21年度科学研究費補助金(基盤研究(A))研究成果報告書
・Papakosta, V., Smittenberg, R. H., Gibbs, K., Jordan, P & Isaksson, S. 2015. Extraction and Derivatization of Absorbed Lipid Residues from Very Small and Very Old Samples of Ceramic Potsherds for Molecular Analysis by Gas Chromatography-Mass Spectrometry (GC-MS) and Single Compound Stable Carbon Isotope Analysis by Gas Chromatography-Combustion-Isotope Ratio Mass Spectrometry (GC-C-IRMS). *Microchemical Journal, Devoted to the Application of Microtechniques in All Branches of Science* 123: 196–200.
・三韓文化財研究院 2012『蔚珍 竹邊里 遺蹟』学術調査報告第25冊
・三韓文化財研究院 2015『蔚珍 竹邊里 15-68番地 遺蹟』学術調査報告 第56冊
・庄田慎矢 2017「初めて土器胎土から検出されたキビの生物指標」『奈良文化財研究所紀要2017』40-41.
・庄田慎矢・オリヴァー＝クレイグ 2017「土器残存脂質分析の成果と日本考古学への応用可能性」『日本考古学』43: 79-89.
・Shoda, S., Lucquin, A., Ahn, J-H., Hwang, C-J. & Craig, O. E. 2017. Pottery Use by Early Holocene Hunter-Gatherers of the Korean Peninsula Closely Linked with the Exploitation of Marine Resources. *Quaternary Science Reviews* 170: 164–73.
・Shoda, S., Lucquin, A., Sou, C. I., Nishida, Y., Sun, G-P., Kitano, H., Son, J-H., Nakamura, S. & Craig, O. E. 2018. Molecular and Isotopic Evidence for the Processing of Starchy Plants in Early Neolithic Pottery from China. *Scientific Reports* 8 (1): 17044.
・Simoneit, B. R. T., Schauer, J. J., Nolte, C. G., Oros, D. R., Elias, V. O., Fraser, M. P., Rogge, W. F. & Cass, G. R. 1999. Levoglucosan, a Tracer for Cellulose in Biomass Burning and Atmospheric Particles. *Atmospheric Environment* 33 (2): 173–82.
・杉山登・阿部昭吉1960「ミリアシンの単離およびその化学的性質」『日本化学雑誌』82(8), pp. 107-110.
・外山政子1990「長根羽田倉遺跡の煮沸具の観察から」『長根羽田倉遺跡』群馬県埋蔵文化財事業団pp.500-509.
・李弘鍾ほか 2002『麻田里遺跡－A地区発掘調査報告書－』高麗大學校 埋蔵文化財研究所
・李弘鍾ほか 2004『麻田里遺跡－C地区－』高麗大學校 埋蔵文化財研究所
・李炅娥 2004「麻田里 遺跡 植物遺体分析」『麻田里遺跡－C地区－』高麗大學校 埋蔵文化財研究所
・李炅娥 2004「植物遺体」『蔚山 細竹遺蹟Ⅰ』東國大學校 埋蔵文化財研究所

イネの栽培化関連形質の評価：植物遺伝学と考古植物学との融和研究

Evaluation of the domestication-related traits in rice: plant genetics meets archaeobotany

石川　亮　Ryo Ishikawa[1)]、杉山昇平　Shohei Sugiyama[1)]、
辻村雄紀　Yuki Tsujimura[1)]、沼口孝司　Koji Numaguchi[1)]、
クリスティーナ・コボ・カスティヨ　Cristina Cobo Castillo[1, 2)]、
石井尊生　Takashige Ishii[1)]

1) 神戸大学大学院　農学研究科　植物育種学研究室
2) ユニバーシティ・カレッジ・ロンドン（UCL）

略歴
2007年　奈良先端科学技術大学大学院　博士（バイオサイエンス）
日本学術振興会特別研究員、国立遺伝学研究所特任研究員、奈良先端科学技術大学院大学バイオサイエンス研究科特任助教、神戸大学大学院農学研究科助教を経て、現在同研究科准教授
主要著作
Ishikawa R, Iwata M, Taniko K, Monden G, Miyazaki N, Orn C, Tsujimura Y, Yoshida S, Ma JF, Ishii T. Detection of quantitative trait loci controlling grain zinc concentration using Australian wild rice, *Oryza meridionalis*, a potential genetic resource for biofortification of rice. *PLOS ONE*. 2017. 12. e0187224
Ishikawa R, Nishimura A, Htun TM, Nishioka R, Oka Y, Tsujimura Y, Inoue C, Ishii T. Estimation of loci involved in non-shattering of seeds in early rice domestication. *Genetica*. 2017
Ishikawa R, Watabe T, Nishioka R, Thanh PT, Ishii T. Identification of quantitative trait loci controlling floral morphology of rice using a backcross population between common cultivated rice, *Oryza sativa* and Asian wild rice, *O. rufipogon*. *American Journal of Plant Science*. 2017
平成29年度　第16回日本農学進歩賞

我々日本人の主食でもあり人類の主要作物のひとつである栽培イネ（*Oryza sativa* L.）は、熱帯アジアの野生イネ（*O. rufipogon* Griff.）から栽培化されたことが知られている。栽培化の過程では、農耕に都合のよい形態（自然に生じた変異）を持った植物が選抜されることで現在の栽培イネが作り上げられてきた。本稿では、イネの栽培化にかかわった重要な形態の変化として、穂の開帳性および種子脱粒性の喪失に焦点をあて、栽培イネと野生イネを交雑した研究材料によって関与した遺伝子の探索と同定を行うとともに、イネの栽培化過程の解明を試みた研究について紹介する。

はじめに

作物の栽培化とは、野生植物が人間の都合のよい性質を併せ持つとともに新たな生物種が成立していく過程でもある。栽培化は、それまで人類の主流であった狩猟・採集生活から農耕を定着させ、文明を高度に発展させることに寄与した。そのため栽培化解明の研究は、農学、進化学、遺伝学、歴史学、考古学、文化人類学など広い学問分野からのアプローチによって、人間と植物の相互作用を通じてそれぞれの本質を究明する研究である。

現在世界の多くの人々の主食である栽培イネ（*Oryza sativa*）は、祖先野生種である熱帯アジアの野生イネ（*O. rufipogon*）から栽培化されたことが知られている（Ishii *et al.* 2017）。栽培イネと野生イネの形態を比較すると、種子脱粒性、種子休眠性、有芒性（種子上の突起物）、株ならびに穂の開帳性、繁殖様式、収量性などに関して大きな違いが見られる。我々の祖先は収量性や栽培適性に関連した形質を、生物の進化に比べるとはるかに短い期間で選抜・淘汰することにより野生イネの形態を劇的に変化させ、作物であるイネを作り上げてきた。さらに、イネは近代育種によってさまざまな改良が加えられ、コムギやトウモロコシとならび人類の発展に欠かせない食料としての地位を築いた。

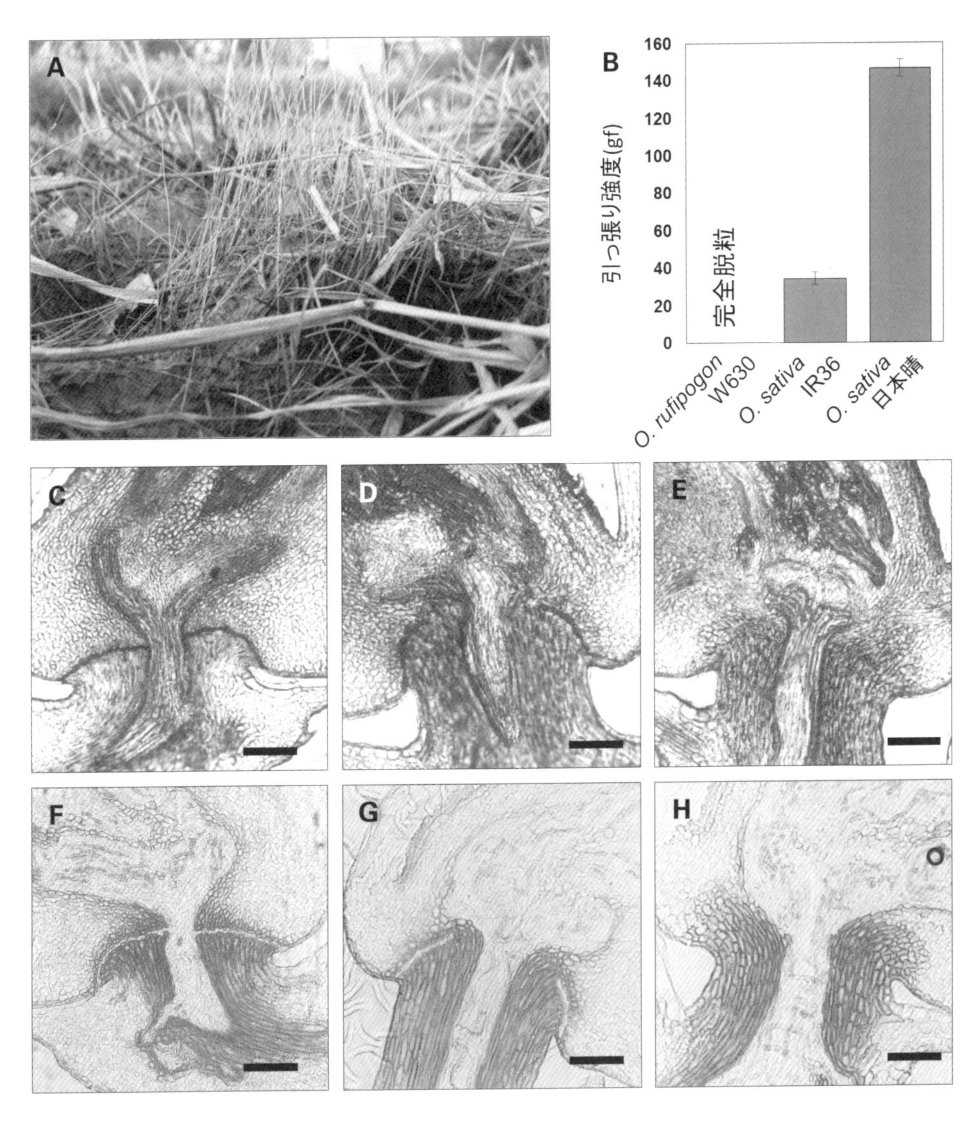

図1　イネにおける種子脱粒性
A：自然脱粒によって地面に落下した野生イネ(*Oryza rufipogon* W630)の種子。種子上の長い芒(のげ)は、種子の登熟後に軽微な力によって脱粒を促進し、種子を地面に垂直に落下させることにはたらく。
B：野生イネ(*O. rufipogon* W630)、栽培イネ(*O. sativa* IR36と日本晴)の種子脱粒に要する強度。
C～E：種子基部における縦断切片のトルイジンブルー染色。
F～H：フロログルシノールによるリグニン染色。
C, F：野生イネ(*O. rufipogon* W630)。
D, G：インディカ型栽培イネ(*O. sativa* IR36)。
E, H：ジャポニカ型栽培イネ(*O. sativa*日本晴)。
スケールバー　50 μm。

1. 穂の開帳性の喪失がイネの栽培化のきっかけとなった可能性

多くの作物の栽培化において、もっとも注目される形態の変化は、可食部の収量を上げる種子脱粒性の喪失であろう。野生植物にとって、種子脱粒性は自身の種子を効率的に拡散して世代を維持することに非常に重要な役割を担っている(**図1A**)。種子脱粒性の喪失によってイネの収量性は飛躍的に上昇したと考えられる。イネの場合、種子脱粒性は種子の基部に形成される離層[註1]によって引き起こされる。

栽培イネは、大きく分けてジャポニカ型(日本や中国東北部、朝鮮半島で多く栽培される)とインディカ型(中国から東南アジアにかけて多く栽培される)とに分類されるが、それらの脱粒に要する力(引っ張り強度[註2])には品種間で差異が見られる(**図1B**)。これは、ジャポニカ型が完全に離層を喪失している難脱粒性を示すのに対して、インディカ型は部分的な離層を有する易脱粒性を持つためである(**図1C～E**)。両者は脱粒程度に差はあるものの、ともに収穫まで種子を穂に維持することが可能である。イネの離層形成では、離層細胞以外の部分にリグ

註1　離層：イネにおいては種子の登熟とともに基部と枝梗のあいだに形成される特殊な細胞層。栽培イネでは、離層細胞が部分的に、もしくは完全に形成されないために種子脱粒性が抑制されている。

註2　引っ張り強度：種子脱粒に要する力を指す。本研究ではFGP 0.5(日本電産シンポ)を用いて測定している。測定に要する力を示す単位はグラムフォース(gf)である。

ニンが沈着していることがわかっている(**図1F〜H**)。この種子脱粒性が失われる変化にかかわった遺伝子座[註3]が2006年に相次いで報告された。すべての栽培イネで変異型の対立遺伝子が保存されている*sh4*遺伝子座(Li *et al.* 2006)、ジャポニカ型栽培イネの多くに変異型の対立遺伝子が保存されている*qSH1*遺伝子座(Konishi *et al.* 2006)である。これら2つの遺伝子座は効果が大きく、イネの栽培化における非脱粒性の獲得に重要な役割を果たしたと考えられていた。

註3 遺伝子座:染色体上で遺伝子が存在する領域を指す住所のようなもの。ある遺伝子座において各種イネが持つ遺伝子が対応関係にあるものを対立遺伝子(変異型・機能型等)と呼ぶ。

しかし、イネの栽培化は野生イネを対象として行われてきたものである。したがって、狩猟採集を行う人々の目に触れて選抜された当時の非脱粒性のイネは、野生イネに近い形態を示していたと推察される。そこで、栽培イネ(*O. sativa*日本晴)を野生イネ(*O. rufipogon* W630)で連続して交雑することによって、姿かたちが野生イネでありながら、栽培イネ(日本晴)由来の変異型の*qSH1*と*sh4*対立遺伝子をそれぞれ導入した野生イネの実験系統を作出し、これら2つの遺伝子の変異の効果を調べた。当初は種子の落ちない野生イネが誕生することを想定していたが、その予想ははずれて強い脱粒性を示すことが判明した(Ishikawa *et al.* 2010)。この結果は、イネの栽培化を考えるうえで重要な疑問を投げかけた。種子脱粒性の喪失はこれら2つの遺伝子座の単独の変異だけでは容易に達成されなかった可能性があり、脱粒性が失われる前にイネの栽培化を促した他の選抜形質があるのではないかと考えられたのである。

そこで着目した形質が、穂の開帳性の喪失である(Ishii *et al.* 2013)。野生イネの穂は傘を開いたような形状をしているが、栽培イネは傘を閉じたような形状をしている(**図2A、B**)。野生イネには種子の先端に芒(のげ)と呼ばれる細長い器官が存在する。この器官は微風や接触によって効率的に種子を飛散させることに役立っている。穂の開帳性を支配する遺伝子座として*SPR3*遺伝子座がこれまでに報告されていた(Lee *et al.* 2007)。そこで栽培イネ(日本晴)の穂を閉じる*SPR3*対立遺伝子を連続交雑によって野生イネに導入したところ、閉じた穂を持つ野生イネを再現することができた(**図2C**)。これは、種子脱粒性の喪失にかかわった*sh4*遺伝子座や*qSH1*遺伝子座などの場合と異なり、ひとつの遺伝子座における変異が比較的簡単に形質の変化に反映されることを示している。この閉じた穂を持つ

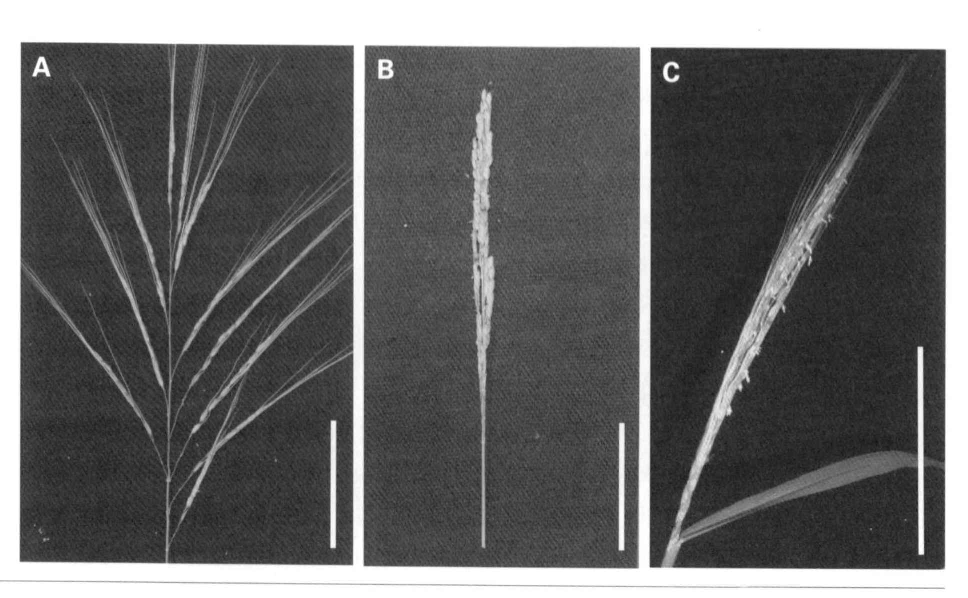

図2 イネにおける穂の開帳性
A:野生イネ(*Oryza rufipogon* W630)の穂の形態。
B:栽培イネ(*O. sativa*日本晴)の穂の形態。
C:栽培イネ(*O. sativa*日本晴)由来の穂の閉じる変異を導入した野生イネ(*O. rufipogon* W630)。
スケールバー 5 cm。

野生イネの系統を栽培すると、開いた穂を持つ系統に比べて成熟種子が穂に長く残ることが判明した（Ishii *et al.* 2013）。これは、下位に位置する種子の長い芒が、先に開花して成熟していく種子の自然脱粒を抑制し、穂に維持していたためであると考えられた。さらに、実験圃場における収穫実験からも穂が閉じることによって、収量性が向上することが確認された（*ibid.*）。

穂が閉じることで収量性だけでなく開花様式にも大きな変化が見られた。下位の種子の長い芒が上位の小穂を覆うことになり、長い雄ずいと雌ずいの外部への露出が抑えられ、同じ花のなかでの受粉が促進される（自殖）ことになった（*ibid.*）。自殖性は遺伝的に均一な農業形質が求められる作物にとって非常に重要な性質である。我々人類の祖先は、その日の食料を多く得るために収量の高い閉じた穂を持つ植物を選抜したと考えられるが、作物として重要な自殖性も向上させるという一石二鳥の結果であったことまでは知らなかったであろう。

詳細な遺伝解析の結果、穂の開帳性を支配する*SPR3*遺伝子座は、イネ第4染色体のごく狭い領域に存在することがわかった（*ibid.*）。この領域には穂を開くことに関係する遺伝子が存在していなかったが、同じ染色体上の下流にイネの葉と葉舌の形態形成に関与する*OsLG1*遺伝子が存在していた（Ishii *et al.* 2013; Lee *et al.* 2007）。原因とされた領域に加えて*OsLG1*遺伝子を含む染色体断片を導入した遺伝子組換体を用いた実験から、この領域は*OsLG1*遺伝子の転写[註4]される量を調節する部位であることが明らかになった（Ishii *et al.* 2013）。実際に穂の基部における*OsLG1*遺伝子の転写量を調べると、野生イネは栽培イネに比べて*OsLG1*の発現が上昇していた（*ibid.*）。我々の祖先は、*OsLG1*遺伝子の転写量が低下することによって穂が閉じた自然変異を持つ野生イネを選抜したと考えられた。

註4　転写：遺伝子の配列を読み取り、生体内で機能する物質（タンパク質）へと変換する第1段階の反応であり、遺伝子情報がDNA（デオキシリボ核酸）からRNA（リボ核酸）へとコピーされることをいう。このコピー量がタンパク質の量へ影響を与えることから、転写の量は遺伝子の機能を推定するうえで重要な指標である。

2. 種子脱粒性の喪失にかかわった遺伝子座の同定

閉じた穂によって、種子が穂に残り収量性が上昇したと考えられる。しかしながら、種子基部に形成され種子と枝梗を分離する離層は正常に機能していたことから、イネの収量性を確実に向上させるためには、離層構造に欠損変異を持つ植物が選ばれる必要があった（**図1**）。前項で述べたように、イネの種子脱粒性の喪失につながった主要な*sh4*と*qSH1*遺伝子座における変異はそれぞれ単独で野生イネに導入しても完全脱粒性を示した（Ishikawa *et al.* 2010）。また、*sh4*と*qSH1*遺伝子座における変異をともに野生イネに導入した系統においてもなお強い脱粒性が見られた（Htun *et al.* 2014）。この実験結果から、野生イネには、*sh4*や*qSH1*遺伝子座とともに種子脱粒性を促進する遺伝子座が他に存在すると考えられた。そこで、両方の遺伝子座において日本晴の対立遺伝子を持った野生イネ系統を再び日本晴と交雑することで、*sh4*と*qSH1*遺伝子座が日本晴の変異型の対立遺伝子で固定された雑種植物を得た。さらに、この雑種植物を自殖して得られた分離集団を栽培したところ、種子脱粒の程度に明瞭な分離が認められた。これら各系統の全ゲノムをカバーする分子マーカーの遺伝子型を調べることで、脱粒程度との相関から関与する遺伝子座を探索したところ、イネ第3染色体に*qSH3*遺伝子座を新たに同定した（*ibid.*）。*qSH3*遺伝子座について日本晴由来の対立遺伝子を単独で導入した野生イネは、野生イネと同様に強い脱粒性を示したが、*sh4*と*qSH1*遺伝子座における栽培イネの変異と重複して存在した場合に、脱粒性が大きく抑制されることがわかった(*ibid.*)。

ところで、*qSH1*遺伝子座における変異はジャポニカ型イネの多くで保存されているが、熱帯アジアで栽培されるインディカ型栽培イネは野生イネと同じく機能型の対立遺伝子を持っている。そこで、イネの脱粒性の喪失に*qSH3*遺伝子座における変異がかかわっている可能性を考えて、野生イネにおいて*sh4*と*qSH3*遺伝子座に日本晴の対立遺伝子を導入した実験系統を作出し、変異の相互作用について調べた。その結果、*sh4*と*qSH3*遺伝子座における変異が重複することで、維管束基部の離層形成が部分的に阻害され、種子と枝梗部分が接着することが判明した(**図3**)(Inoue *et al.* 2015)。部分的な脱粒性の抑制は、農耕に高度な器具が使用されるまでは収穫のために都合がよかったと考えられる。このことから、種子脱粒性の喪失は、収穫に用いられる農器具の発展とともに複数の遺伝子座における変異が段階的に選抜されたと推察された。今後は他に種子脱粒性の程度の違いに関与する新規遺伝子座の同定が期待されるであろう。

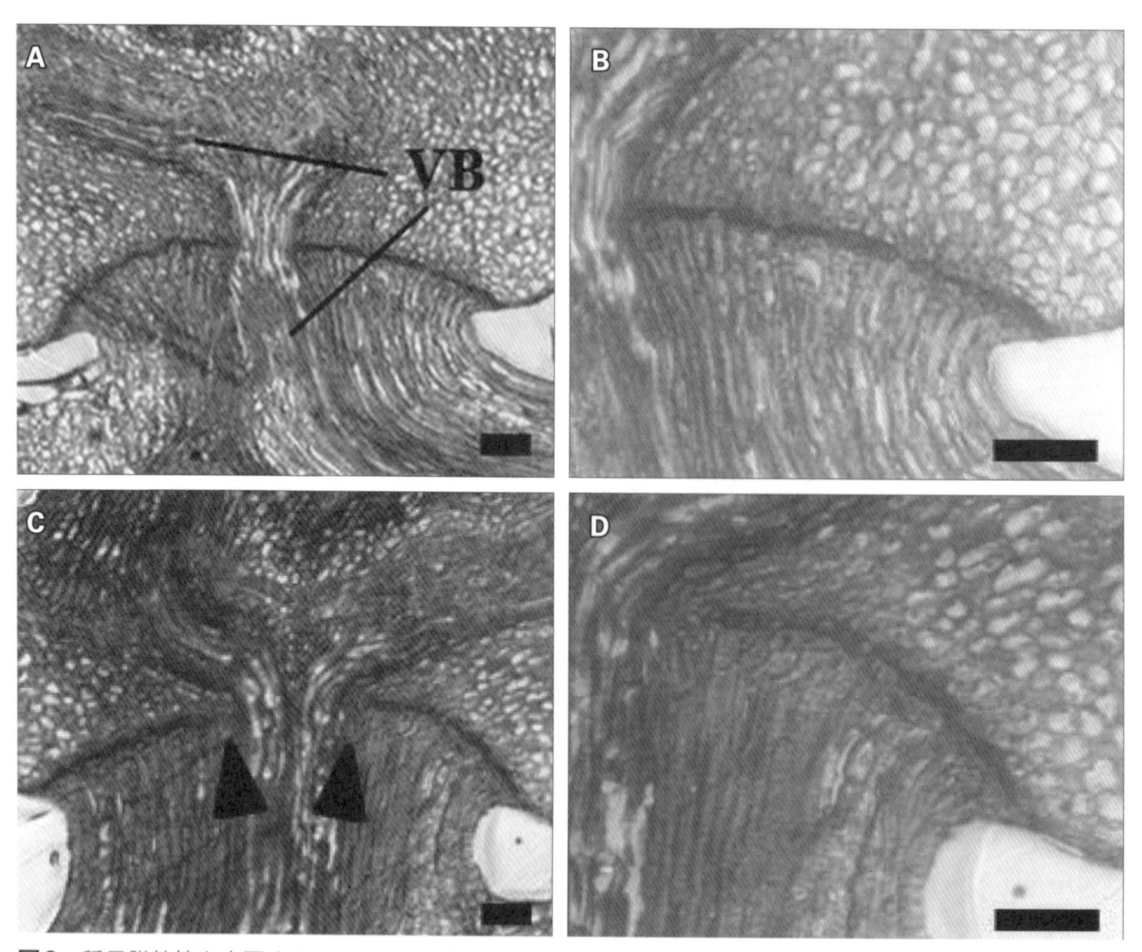

図3　種子脱粒性を支配する*sh4*と*qSH3*遺伝子座に生じた変異をともに導入した野生イネの離層形態
A, B：野生イネ(*Oryza rufipogon* W630)の種子基部の縦断切片(トルイジンブルー染色)。
C, D：栽培イネ(*O. sativa*日本晴)由来の変異型*sh4*および*qSH3*対立遺伝子を導入した野生イネ(*Oryza rufipogon* W630)の種子基部の縦断切片。維管束周辺の離層細胞が形成されていない(黒矢尻)。
VB: 維管束、スケールバー 50 μm。写真はInoue *et al.* (2015) GGSより引用。

3. イネの栽培化過程の推定

イネのゲノム配列の解明が報告されてから15年以上になる。この間、イネの栽培化にかかわった形質の変化にかかわる原因遺伝子の単離・同定が加速した（Ishii *et al.* 2017）。さらに、集団遺伝学的手法により、イネの栽培化起源地も議論されている。イネの栽培化過程を推定するには、関連する形質の変化に伴う変異の情報が非常に有益である。特に種子脱粒性の喪失には複数の遺伝子座における変異が集積したことで段階的に非脱粒性が獲得されたと考えられる。遺伝学的研究から、ジャポニカ型イネの非脱粒性には*qSH1*、*qSH3*、*sh4*に加えて、さらなる遺伝子座の関与が示唆されている。また、インディカ型栽培イネの非脱粒性にも*qSH3*と*sh4*に加えて異なる新規な遺伝子座が関与している可能性がある（Ishikawa *et al.* 2017）。同様に、種子の先端に存在する芒の喪失にも複数の遺伝子座の関与が報告されている（Ikemoto *et al.* 2016）。これらの形質に関与する変異の情報は、イネの栽培化や伝搬を明らかにしていくうえで非常に重要である。さらに、水田遺跡などに埋没したイネ種子遺物の離層面を本研究で作出した野生イネ系統と観察と比較すること（**図4**）、ならびに遺物から抽出したDNAに基づいて栽培化形質の変異の有無などを知ることにより時間軸に沿った栽培化過程の追跡が可能になりつつある。特に埋没土器等には多くのイネ遺物が含まれることがあるため、将来の技術の向上によってDNAの回収と遺伝子型判別が可能になるかも知れない。これらのアプローチはイネの栽培化過程を推定していくうえで今後、重要な研究になると思われる。

おわりに

作物の栽培化における有用農業形質の選抜は、偶発的に野生植物に生じた変異を目にした我々の祖先によりなされてきた。これらの選抜は環境や偶然に左右され、必ずしも計画的・戦略的であったとはいえない。他の野生イネには選抜され

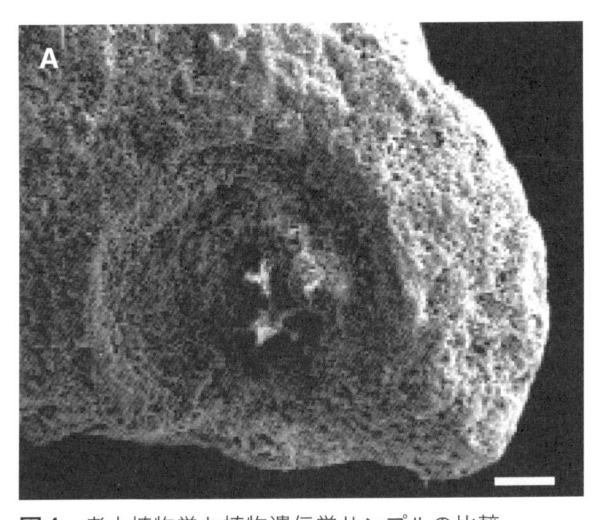

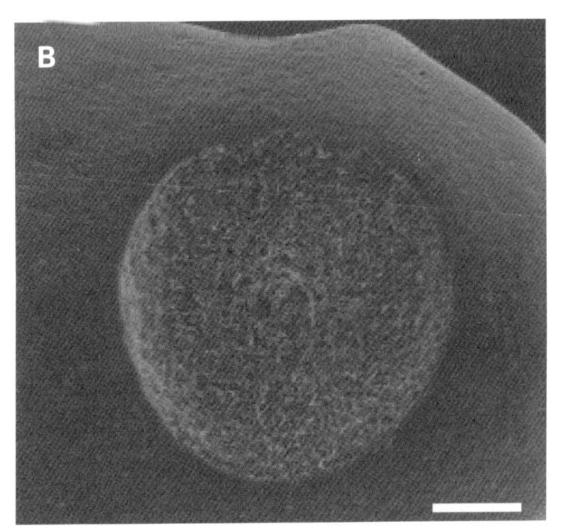

図4　考古植物学と植物遺伝学サンプルの比較
A：炭化米における種子基部の脱粒痕跡
B：野生イネ（*O. rufipogon* W630）の種子基部の離層面
スケールバー 500 μm。Bの野生イネ（*O. rufipogon* W630）の写真はInoue *et al.* (2015) GGSより引用。

なかったために栽培化には用いられなかったものの、次世代の育種に有用な農業形質が多く潜在している可能性がある。栽培化過程の解明は、人類の英知を垣間見ることであるとともに、今後増えていく人口を養うための食料増産に対して有益な戦略を示唆してくれると思われる。

謝 辞

シンポジウム「アフロ・ユーラシアの考古植物学」に招待いただき、本稿執筆の機会を与えてくださいました庄田慎矢博士(奈良文化財研究所)に心より御礼を申し上げます。本稿で紹介した研究は、日本学術振興会科学研究費補助金[基盤研究B (20580005, 26292004)、基盤研究C (23580473, 26450003)、国際共同研究加速基金(15KK0280)、二国間交流事業(二国間共同研究、オープンパートナーシップ)]を受けて実施されました。また、本研究で用いた野生イネ*O. rufipogon* W630は国立遺伝学研究所のナショナルバイオリソースプロジェクトより分譲を受けました。厚く御礼申し上げます。

引用文献

- Htun T.M., Inoue C., Orn C., Ishii T., Ishikawa R. 2014. Effect of quantitative trait loci for seed shattering on abscission layer formation in Asian wild rice *Oryza rufipogon*. *Breed Sci.* 64: 199-205.
- Ikemoto M., Otsuka M., Thanh P.T., Phan P.D.T., Ishikawa R., Ishii T. 2016. Gene interaction at seed-awning loci in the genetic background of wild rice. *Genes Genet Syst.* 92: 21-26.
- Inoue C., Htun T.M., Inoue K., Ikeda K., Ishii T., Ishikawa R. 2015. Inhibition of abscission layer formation caused by an interaction of two seed-shattering loci, sh4 and qSH3, in rice. *Genes Genet Syst.* 90: 1-9.
- Ishii T., Ishikawa R. 2017. Domestication loci controlling panicle shape, seed shattering and seed awning. *Rice Genomics, Genetics and Breeding*, Chapter 12, Springer Nature.
- Ishii T., Numaguchi K., Miura K., Yoshida K., Thanh P.T., Htun T.M., Yamasaki M., Komeda N., Matsumoto T., Terauchi R., Ishikawa R., Ashikari M. 2013. OsLG1 regulates a closed panicle trait in domesticated rice. *Nature Genetics* 45: 462-465.
- Ishikawa R., Nishimura A., Htun T.M., Nishioka R., Oka Y., Tsujimura Y., Inoue C., Ishii T. 2017. Estimation of loci involved in non-shattering of seeds in early rice domestication. *Genetica* 145: 201-207.
- Ishikawa R., Thanh P.T., Nimura N., Htun T.M. Yamasaki M., Ishii T. 2010. Allelic interaction at seed-shattering loci in the genetic backgrounds of wild and cultivated rice species. *Genes Genet Syst.* 85: 265-271.
- Konishi S., Izawa T., Lin S.Y., Ebana K., Fukuta Y., Sasaki T., Yano M. 2006. An SNP caused loss of seed shattering during rice domestication. *Science* 312: 1392-1396.
- Lee J., Park J.J., Kim S.L. Yim J., An G. 2007. Mutations in the rice liguleless gene result in a complete loss of the auricle, ligule, and laminar joint. *Plant Mol. Biol.* 65: 487-499.
- Li C., Zhou A., Sang T. 2006. Rice domestication by reducing shattering. *Science* 311: 1936-1939.

炭化米DNA分析から明らかになった古代東北アジアにおける栽培イネの遺伝的多様性

Ancient DNA analysis of charred rice remains revealed unexpected genetic diversity of cultivated rice in northeast Asia

熊谷真彦　Masahiko Kumagai[1)]、庄田慎矢　Shinya Shoda[2)]、
王　瀝　Li Wang[3)]

1) 農業・食品産業技術総合研究機構
2) 奈良文化財研究所／ヨーク大学
3) 杭州師範大学

はじめに

植物の栽培化や動物の家畜化は約10,000年前に開始され、それまでの狩猟採集が中心であったヒトの生活や文化を大きく変えることとなった。この変化は世界規模の気候変動の生態系への影響が原因と考えられ、世界中のさまざまな地域で同時多発的に進行した。しかしながら、農耕の開始期や農耕への依存度合いは各地域により大きく異なることは興味深い。栽培植物・家畜種の利用は古代から現代まで連綿と続き、各地域で人間・環境と相互に影響しあい、それぞれの遺伝的な変化も伴ってきた。このような栽培植物・家畜種の改良は近代育種として行われ現在我々が利用している多くの品種を作り出し、特に遺伝情報を活用した育種法は農学における重要な研究領域でもある。たとえば、食味の向上は私たちの食生活をより豊かにし、収量の増加は世界的な人口増加に付随して生じている食料不足問題への貢献が期待される。近年では、花粉症を治療するための花粉症緩和米という品種も作られ、ただの栄養源のみならず機能的な価値も付加されつつある。

今日アジア栽培イネ *Oryza saitva* は世界人口の1/3以上を養っており、もっとも重要な穀物種のひとつであるといえる。アジア栽培イネはジャポニカとインディカに大別されるが、さらに複数のグループ(varietal group あるいは sub variety)が存在し、熱帯から温帯地域、さまざまな水分条件といった多様な栽培環境に適応している(Morishima *et al.* 1992)。ジャポニカには、私たち北東アジアの人間が主に利用している温帯ジャポニカの他、南アジアおよび東南アジアで広く利用されている熱帯ジャポニカ、インド西部からパキスタンにかけて栽培されている香り米とも呼ばれるアロマチックというグループがある。インディカは、広い地域で利用されているインディカと、南アジアで利用されているアウス

略歴
2005年　東京都立大学生物学科卒業
2011年　東京大学大学院理学系研究科・博士課程修了、博士(理学)
2011-2014 独)農業生物資源研究所、特別研究員
2014-2017　東京大学大学院理学系研究科、特任助教
2017-現在　国立研究開発法人農業・食品産業技術総合研究機構、研究員
主要著作
Kumagai M *et al.* 2016, Rice Varieties in Archaic East Asia: Reduction of Its Diversity from Past to Present Times. *Molecular Biology and Evolution* 33(10)
Kumagai M *et al.* 2010, Genetic diversity and evolutionary relationships in genus Oryza revealed by using highly variable regions of chloroplast DNA. *Gene* 462(1-2)

というグループからなる。これらのグループはそれぞれの栽培地域の環境に適した、あるいは文化的な嗜好によると考えられる特性を持っており、形質特性からグループとして認識されてきた。DNA分子の発見以降に遺伝的なデータがとられるようになると、遺伝的にも明瞭なグループとして特徴づけられることがわかってきた(Garris *et al.* 2005)。

栽培化の開始以降、ヒトが上記のように多様なイネの品種をどのように作り出し、古代のさまざまな時代のヒトがどのようなイネを利用してきたのであろうか。この問いへの答えは、現代の大規模なゲノム(その種の持つ全DNA配列情報)データに加えて古代の試料の遺伝子を直接解析することによって、初めて明らかにすることができるだろう。本小稿では、イネの栽培化プロセスについて、現代試料のゲノムデータの解析によってわかってきたこと、依然として残る謎、古DNAの研究がどのように進展しているのかを、それぞれ紹介する。

1. アジア栽培イネの起源の問題

アジア栽培イネのジャポニカとインディカは*Oryza rufipogon*という野生種を祖先とすることが分子系統解析から明らかにされてきた(Kovach *et al.* 2007; Sang and Ge 2007)。この2つの品種群の進化過程は、祖先種、ジャポニカ、インディカの関係性において複雑であることが示されてきており、その起源については長く議論が続いてきた。主な問題は、*O. sativa*が単一起源か、多系統起源かという問題である(Kovach *et al.* 2007; Sang and Ge 2007)。多系統起源説は、ジャポニカとインディカが野生祖先種である*O. rufipogon*の異なる地域集団から独立に栽培化されたという説である。他方、単一起源説は、単一の野生集団から栽培化された後に、ジャポニカとインディカに分かれたという説である。

近年では、遺伝学的な解析、特に次世代シーケンサーを利用したゲノムデータを用いて、系統地理的解析あるいは集団遺伝学的な解析が行われてきているが、2つの仮説をそれぞれ支持する結果あるいは解釈がだされている状況であり、完全には決着をみていない(Sang and Ge 2013; Callaway 2014)。初期の遺伝データを用いた分子系統学的な研究では、中立的(ゲノム中で栽培化にかかわりのない)な領域を遺伝マーカーとして調べた結果、ジャポニカとインディカが異なる*O. rufipogon* 集団と近縁性を示すことが明らかとなった(Cheng *et al.* 2003; Londo *et al.* 2006; Rakshit *et al.* 2007)。また、ジャポニカとインディカの分岐した年代をDNA配列の差異から計算したところ、20万年以上前と、栽培化の開始時期を大きく遡ることも明らかになった(Ma and Bennetzen 2004; Vitte *et al.* 2004; Zhu and Ge 2005)。この方法は化学物質であるDNA分子が時間に比例して一定の比率(アミノ酸置換を伴わない同義置換サイトで平均しておおよそ6.5×10^{-9}個/年)で変化するという性質を利用して、2つの配列間の差から、分岐したのが何年前であるのかを推測するものである。これらの系統樹と分岐年代推定から得られた観察事実は、多系統起源を支持するものであった。その後、より多くの遺伝子座を用いた集団遺伝学的な研究が行われるようになると、多系統起源、単系統起源をそれぞれ支持する結果がだされた(Gao and Innan 2008; He *et al.* 2011; Molina *et al.* 2011)。

これらの結果の不一致について、近年ゲノムデータを網羅的に取得し解析した研究により、その原因がわかってきた。ジャポニカとインディカのゲノムのなか

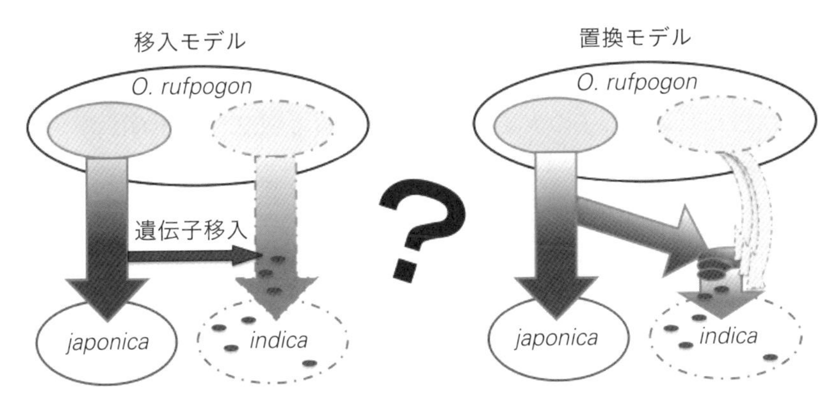

図1　ジャポニカとインディカの栽培史の2モデル

には約3万個の遺伝子があるが、遺伝子ごとに異なる歴史を持っていることが明らかとなったのである。すなわち、ある遺伝子領域では、ジャポニカとインディカは異なる野生祖先集団と近縁性を示し、他のある遺伝子領域では、ジャポニカとインディカが近縁性を示すという具合である。特に、栽培化において重要と考えられる種子幅、直立した草型、分げつ数、種子色、食味に直結するアミロース含量、種子の休眠性の喪失といった形質の原因遺伝子を含む領域が、ジャポニカとインディカのあいだで近縁性があることが示され、それが主にジャポニカからインディカへの遺伝子の移動によるものらしいことがわかった(Huang *et al.* 2012; Yang *et al.* 2012)。このような領域がインディカのゲノム中でどの程度存在しているかをゲノムデータを詳細に解析することで調べたところ、インディカゲノムの最大で17%にのぼることが明らかとなった(Yang *et al.* 2011; Choi *et al.* 2017)。これらの領域は比較的大きなまとまりとしてゲノム中に存在している。そしてゲノムの残りの80%以上の領域は、異なる野生祖先種から受け継いだものということになる。

上で述べた、分子系統解析研究や、集団遺伝学研究において、異なるストーリーに結論した原因は、このようなゲノム中の遺伝子の歴史の不均一性に由来するといえる。そして、この遺伝子の移動が実際にジャポニカとインディカのあいだでどのように生じたのかということが、目下の議論の的になっている。すなわち、移入モデルと置換モデルである(**図1**)。前者はジャポニカとインディカがそれぞれ中国と東南アジアで独立に栽培された後に、交雑によりジャポニカからインディカへ栽培化に関連した遺伝子が移ったというモデルであり、多系統起源説をとる。一方、後者は先にジャポニカが栽培化された後に、東南アジアへ持ち込まれ、現地の野生イネあるいは原始的なインディカと交配することにより、次第にゲノムの栽培化関連領域以外が置き換わったという単系統起源説的なモデルである。大量のゲノムデータが得られるようになっても、現代の試料からのみでは、このような歴史的なストーリーを解明することはなかなか難しいのが現状である。

栽培種と野生種の差異から、栽培化にかかわると考えられている形質として、種子の脱粒性の喪失、種子休眠性の喪失、種子の大きさ、収量、芒の有無、種子色、直立した草型、食味等があげられてきた。さらに近年、穂の開帳性も関与していることが示唆されている(Ishii *et al.* 2013)。これらの形質の差異の原因となっている遺伝的な要因は、近年の遺伝学的な研究から次々と明らかにされている。特に、高出力シーケンシング技術の飛躍的な進歩により、数百、数千という数のイネのゲノムデータが決定されるようになり、このゲノムデータから得られるDNAの多型情報と収量や種子の大きさといった形質の関連を統計的に調べるGenome Wide Association Study（GWAS）という手法で、形質の原因となる遺伝子の候補が特定できるようになってきた。これら栽培化に関係する形質の遺伝子領域は、栽培化・育種の過程で人間に都合のよい形質を持つ遺伝子のタイプが選ばれてきた。この人為選択の対象となった遺伝子領域は、ゲノムデータの解析からその痕跡を拾うことができる。

多数の品種のゲノムデータについて、それぞれの遺伝子領域の多様性データを比較すると、人為選択の対象となった遺伝子の領域では、その他の領域と比較して、多様性が極端に低下している現象が観察できる。それは、有用な遺伝子のタイプが急速に栽培種の集団中に広まるからである。このような人為選択は人間の意識・無意識に関係なく、遺伝的多様性の減少を引き起こす特徴を持ち、この現象はSelective Sweep（選択的一掃）と呼ばれる。上で述べた形態的な差異から栽培化に関係していると考えられた形質の原因遺伝子についても、実際にゲノムデータの解析から、このような多様性の減少という現象が観察されている（Xu *et al.* 2011; Huang *et al.* 2012）。先に述べた、ジャポニカからインディカへ遺伝子が移動したと考えられる領域の栽培化関連遺伝子では、脱粒性、種子幅、種子色、出穂期、直立した草型に関連する領域などでSelective Sweepが検出されている。

2. 考古遺物の分析

遺跡から出土するイネ種子の遺物、すなわち炭化米を分析することによって、過去に利用されていた品種群や、イネ自体の特徴を直接的に明らかにすることができる。中国の長江下流域に位置する浙江省の田螺山遺跡、良渚遺跡から出土したイネ遺物について、種子の基部である小穂軸の形態データの観察から、栽培化に重要な形質のひとつである脱粒性の野生型から栽培型への変化のスピードを明らかにした研究は代表的なものである（Fuller *et al.* 2009）。前節で述べたイネの栽培化の歴史における謎を解明するためには、炭化米がどのような品種群であったのか、すなわち、おおまかにジャポニカであったのか、インディカであったのか、あるいはそれ以外のものかを知ることが重要である。

よく知られているように、ジャポニカ、インディカは種子の形態において、一般的に特徴的な差異があり、前者のほうが粒長は短く、丸に近い形態をしている。過去に栽培されていた品種がどのような品種群のものであるか、すなわちジャポニカかインディカかということを、種子形態から推測することができそうである。しかしながら、この現代のイネで見られるようなジャポニカ－インディカの差異は、遺跡から出土した炭化米の形態データからは、判然としない。

図2は粒長、粒幅を現生のジャポニカとインディカのさまざまな品種、日本および朝鮮半島の遺跡から出土した炭化米についてプロットしたものであるが、炭化米は現生のイネのプロット範囲からはずれて分布することがわかる。長幅比については、ジャポニカに近いものの、全体として明確に小さく統計的に検定すると、有意な差があった（**図2**）。このような炭化米が現生イネと比較して小さいという観察は、先行研究でも報告されており、その原因として、現代の栽培イネと

の遺伝的な違い(現代のイネ種子が大型化した)、未熟な時期の種子の収穫、生育した期間の気候の差など、実際に種子そのものの大きさが何らかの理由で小さかったこと、あるいは炭化や土中に埋まっている長い年月の経年による収縮したことも可能性としてあげられる。さらに、野生種の存在する大陸の遺跡では、野生種の利用の可能性についても議論されている(Fuller 2007)。

このように炭化米の種子形態と現生イネのそれを直接的に比較することには難しい側面がありそうだが、同じような条件で保存されていた炭化米どうしを比較して議論する、たとえば、同じ遺跡で異なる時代間で大きさを比較することなどは、意味があるだろう。これに対し、形態のみからは得られない情報を得る方法として、考古試料のDNA分析はきわめて有効であり、特にPCR法の発明以降、人骨を中心に行われてきた。イネにおいては、古代のさまざまな地域や時代にどのようなイネの品種群が栽培・利用されていたのかを解明することが栽培イネの歴史、進化を理解するうえで重要である。

生物のDNAには、核DNAとオルガネラDNA（ミトコンドリアDNAと葉緑

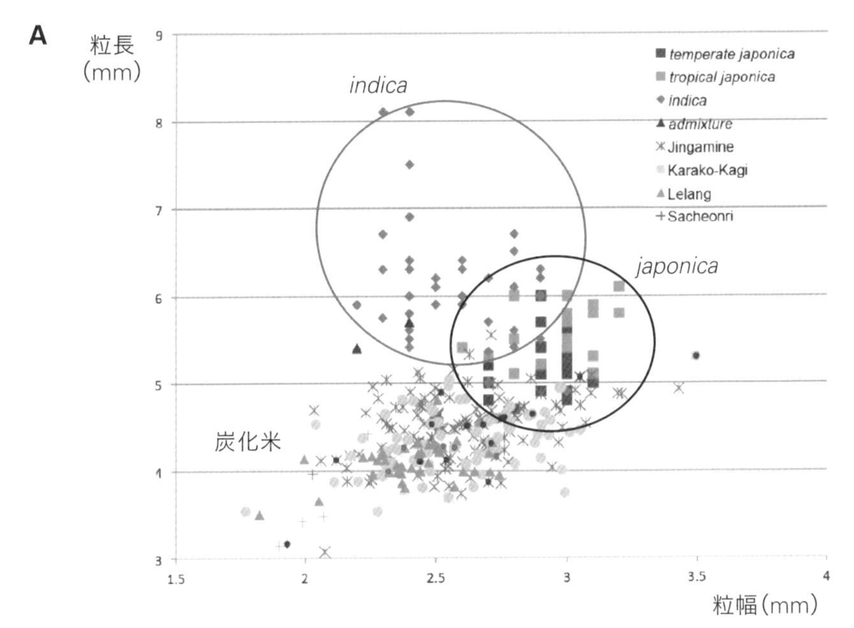

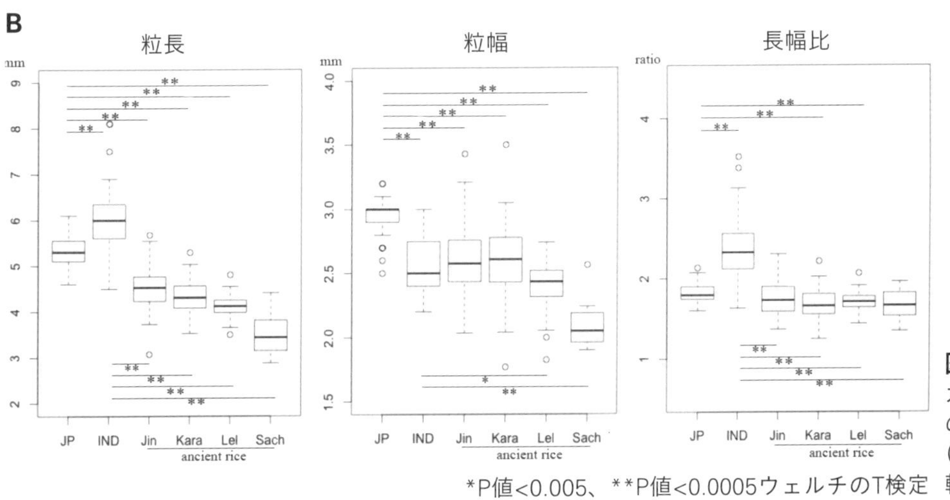

*P値<0.005、**P値<0.0005ウェルチのT検定

図2 現生ジャポニカ、インディカおよび炭化米の粒長、粒幅の分布(A)と統計検定結果(B)(Kumagai *et al.* 2016 より加工転載)

体DNA)が存在する。オルガネラは大昔に細胞内に共生した別の生物に由来すると考えられており、ミトコンドリアは細胞の呼吸、葉緑体は光合成といった主要な機能を持つ重要な細胞小器官である。動物にはミトコンドリアが、植物にはミトコンドリアに加えて葉緑体が存在するが、これらには独自のゲノムが存在する。そして、オルガネラはひとつの細胞に最大で数百コピーと多数存在しており、DNAはこの数以上存在する。このコピー数の多い性質は、断片化、分解の進んだ出土遺物のDNA分析においては非常に都合がよい。次世代シーケンサーが開発される以前の人骨の古DNA研究においては、もっぱらミトコンドリアDNAが用いられてきた。ただし、これらのオルガネラは母方からのみ遺伝するため、母系の系統関係を調べていることになる。植物の2つのオルガネラDNAのうち、葉緑体DNAは進化速度がミトコンドリアに比べて速く、ジャポニカとインディカのような近縁な種の分析には向いている(Wolfe *et al.* 1987)。なおかつ、葉緑体DNAのコピー数はミトコンドリアDNAに比べて多く、炭化米の分析により適している。これまでの植物遺存体のDNA分析を行ったトウモロコシ、ヒョウタンなどの先行研究でも、葉緑体DNAが用いられてきた(Jaenicke-Després *et al.* 2003; Erickson *et al.* 2005; Hansson 2008; Kistler *et al.* 2011)。

3. 炭化米DNA分析のためのリファレンス作成 ー現生イネの多様性を評価するー

炭化米のDNA分析は90年代から行われており、当初の研究では葉緑体DNA中のPS-ID (Plastid Subtype IDentification)領域などが用いられた(佐藤2002)。PS-ID領域は遺伝子と遺伝子のあいだの領域で、シトシン(C)塩基とアデニン(A)塩基の単一な塩基の繰り返し配列(Single Sequence Repeat：SSR)を含んでいる。このような繰り返し配列は、DNAの複製の際に複製エラーが生じる確率が相対的に高く、それによって生じた違いがDNA分析のマーカーとしてしばしば用いられる。このPS-ID領域には、CとAの繰り返し数により6C7Aや8C8Aなどと表現されるいくつかのタイプが見つかっており、ジャポニカとインディカで、このPS-IDのタイプが異なると報告されていた(Nakamura *et al.* 1998; Ishikawa *et al.* 2002、佐藤2002)。さらに佐藤らは、熱帯ジャポニカには特徴的なタイプ(7C6A)があるとして、この領域で温帯ジャポニカ(6C7Aのみ)と熱帯ジャポニカ(6C7Aと7C6A)を区別できるとして、炭化米DNA分析に用いた。そして、プラント・オパールの形態分析や、畑での稲作を示唆する状況証拠とあわせ、日本列島では当初、熱帯ジャポニカが栽培され、後に温帯ジャポニカがはいってきたという仮説を提唱した(佐藤2002)。

一般的に種や系統群を同定するために有効なDNAマーカーの設計には、できるかぎり多様性の全体をカバーするような幅広い品種のデータを取得し、リファレンスとすることが必要である。

そこで我々は、農業生物資源研究所(現・農研機構)遺伝資源センターのイネコアコレクション(世界のイネ、日本在来イネ)、国立遺伝学研究所の保有するナショナルバイオリソースプロジェクトの野生イネコレクション、さらに中国科学院から提供を受けた中国の栽培イネ、野生イネのコレクションを利用して、幅広いジャポニカ・インディカ品種、野生祖先種である*O. rufipogon*について、この領域の多様性を確認した。その結果、佐藤らが熱帯ジャポニカの指標として用いていた7C6Aタイプは、日本や中国の温帯ジャポニカの在来品種でも見られた。つまり、このPS-IDでは、残念ながら熱帯ジャポニカと温帯ジャポニカを区別することはできないという結果が得られた。さらに、ジャポニカで見られるすべてのタイプが、インディカおよび*O. rufipogon*でも見られた(**表1**)。この結果から、PS-ID領域のタイプのみで品種群を判定することはできないことが明らかとなった。そこで、新しいDNAマーカーを開発する必要が生じた。しかし、イネ葉緑体DNAの配列は短いかぎられた領域の配列しか報告されておらず、多様性や系統関係は十分明らかにされていなかった。

動物では、ミトコンドリアDNAの進化速度は比較的早く、D-loopあるいはコントロール領域と呼ばれる、塩基置換が非常に起こりやすい領域が知られている。この領域はヒトでも多様性が高く、個人間の関係性の分析に適している。それにより古くからヒト集団の分析に用いられ、古DNA分析にも活用されてきた。しかし、植物ではやっかいなことに、ミトコンドリアのD-loopのような、系統解析に便利な塩基置換の蓄積しやすい領域は知られていなかった。植物にもミトコンドリアは存在するが、このような領域がないのである。そもそも、植物と動物のミトコンドリアは同じミトコンドリアといっても、そのゲノムのサイズは植物では10～150倍も大きく、含まれる遺伝子の数も植物では多い。また、動物種では遺伝子をコードしていない領域(D-loopもここに含まれる)は非常に短いが、植物では非遺伝子コード領域が豊富に存在している(それなのに進化速度は遅いのである！)。これは、太古の時代に動物と植物の共通祖先の原始真核細胞がミトコンドリアの祖先である好気性細菌を細胞内に取り込み共生関係を始め、その後動物と植物の祖先の生物へと分岐して以降のとてつもなく長い時間にそれぞれの系統で独立の進化を遂げたためである。植物につながる系統が、このあいだにさらに細胞内に取り込み、共生を始めたのが光合成を行うシアノバクテリアであり、葉緑体の祖先であるといわれている。我々はまず、すでに報告されていたジャポニカ、インディカ、*O. rufipogon*のミトコンドリアや葉緑体のゲノム配列の比較解析から、D-loopのような領域があるかを探した。残念ながら、そのような変異が蓄積した領域は見つからなかったが、変異の比較的多い領域を見いだすことができた(Kumagai *et al.* 2010)。特に葉緑体の非遺伝子領域を選び、216品種・系統の栽培イネ・野生イネについて、5,000塩基にわたってDNA配列を決定し分子系統解析を行うことにした。

表1　品種グループにおけるPS-ID領域のタイプ

PS-IDタイプ		温帯ジャポニカ	熱帯ジャポニカ	インディカ	*O. rufipogon*
6C7A	CCCCCCAAAAAAA	○	○	○	○
7C6A	CCCCCCCAAAAAA	○	○	○	○
6C8A	CCCCCCAAAAAAAA			○	○
7C7A	CCCCCCCAAAAAAA			○	○
7C9A	CCCCCCCAAAAAAAAA			○	
8C8A	CCCCCCCCAAAAAAAA	○		○	○
9C7A	CCCCCCCCCAAAAAAA			○	○

4. 現生イネ葉緑体DNAの分子系統解析からわかったこと

我々は現生イネ216サンプルについて、5,000塩基以上のDNA配列を決定し、分子系統解析を行った(Kumagai *et al.* 2016)。**図3B**は、系統ネットワークと呼ばれる系統関係を示すグラフである。このグラフは、近縁なサンプル間の関係を見ることにきわめて適しており、葉緑体やミトコンドリア、あるいは単一の遺伝子領域で得られた系統関係を示すのによく用いられる。**図4**に、系統ネットワークを計算する際の概略を示す。系統ネットワークは、系統関係をDNA配列間の塩基の違い、あるいは挿入欠失といった情報をダイレクトに使って図示したものであり、どの品種あるいは集団がどのようなタイプの配列を持っていて、各タイプ間がどのくらい遺伝的に離れているのか、近いのかといった情報をわかりやす

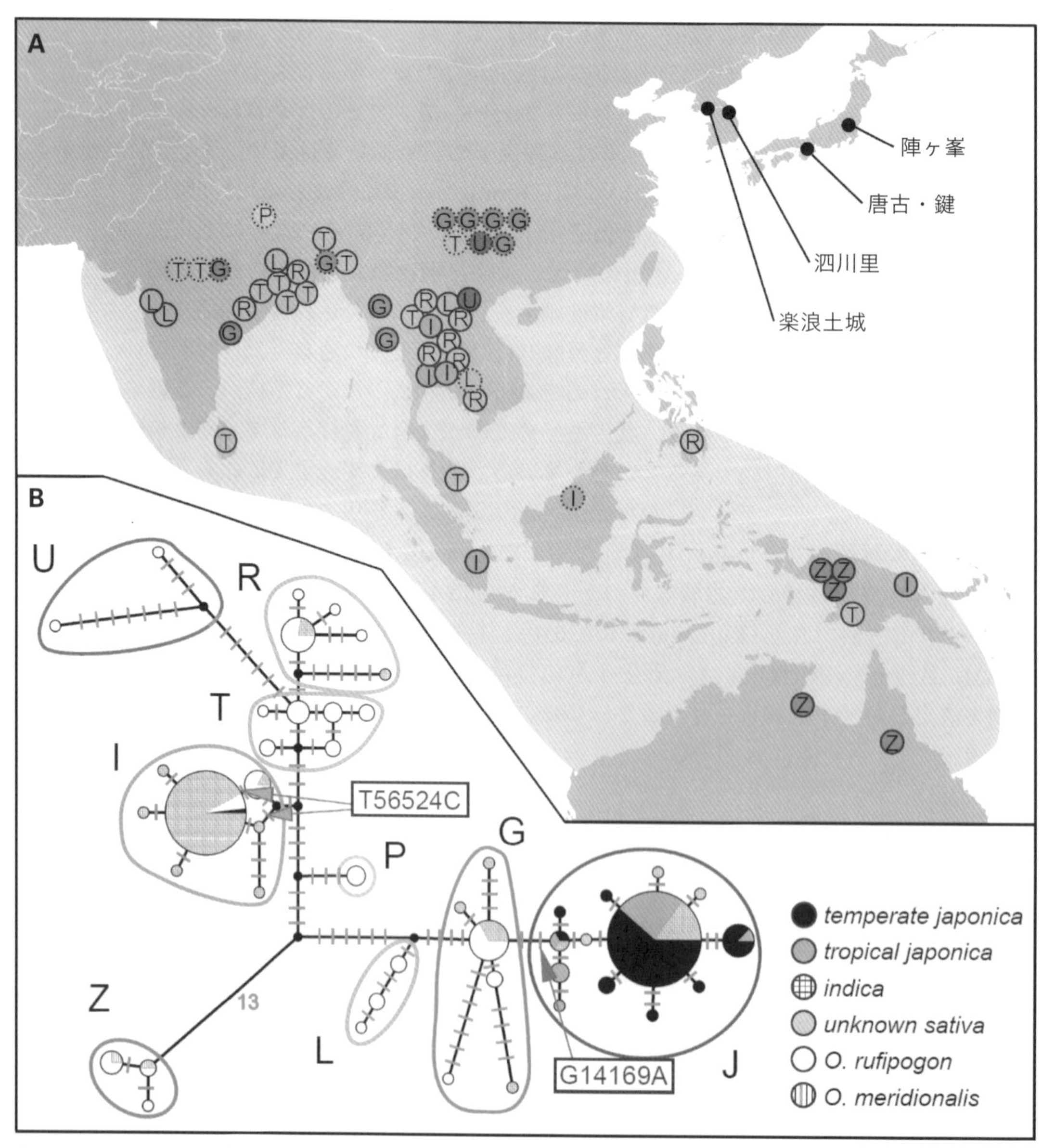

図3 現生イネ216サンプルの葉緑体分子系統ネットワークと野生イネ*O.rufipogon*の採取地別のタイプ(Kumagai *et al.* 2016より加工転載)

く示すグラフである。ネットワーク中の各円は葉緑体の特定の塩基配列タイプ(ハプロタイプ)を示し、円の大きさはサンプルサイズを示す。つまり、同じハプロタイプを持つサンプルが多いほど、大きい円で表示される。円のなかは各品種群、種ごとに塗り分けられている。ネットワーク中で枝分かれしている点に見られる黒塗りの小さな円は、実際にそのタイプを持っているサンプルは見られなかった仮想的なタイプを示す。各円をつなぐ直線は枝と呼ばれ、この枝に直行するように書かれている短い線は、塩基の違い、あるいは挿入・欠失の有無の一つひとつを示している。この解析により、非常に近縁なイネの品種群について、詳細な系統関係を得ることができた。

我々の得た現生イネ216サンプルについて、5,000塩基以上の配列を決定し作成した系統ネットワークによると、ジャポニカは熱帯ジャポニカ、温帯ジャポニカを含めて単一のクラスター(ハプロタイプのまとまり)を形成した。すなわち、我々の得た情報でも温帯ジャポニカと熱帯ジャポニカは区別できない。それに対し、インディカはジャポニカとは遺伝的に離れた複数のクラスターに分かれ、それぞれ異なる*O. rufipogon*とハプロタイプを共有することが明らかとなった(**図3**)。このことは、複数の母系タイプを持つ*O. rufipogon*集団、あるいは異なる*O. rufipogon*集団を、母系祖先に持つことを示している。系統地理的な視点では、ジャポニカと近縁な*O. rufipogon*のクラスターGはバングラディシュ、中国、インドで見られたが、特に中国の野生イネで高頻度に見られ、これはジャポニカが中国を起源に持つという従来の説と一致する結果であった(Cheng *et al.* 2003; Londo *et al.* 2006; Xu *et al.* 2011; Huang *et al.* 2012)。他方インディカについて見てみると、複雑な進化史が示唆された。インディカは複数の葉緑体タイプ(クラスターG、I、RおよびJ)を持っていた。クラスターJは、ジャポニカの99%が属するクラスターであり、交雑の影響が推察されるが、これについては

DNA 配列

個体 1 ATTCGTTCCAAAGCGTAA
個体 2 ATGCGTACCATAGCGTAA
個体 3 ATTCGTACCAATGCGTAA
個体 4 ATGCGTACCATAGCGCAA
個体 5 ATGCGTACCATAGCGCAA
** *** *** *** **

各個体の配列間の違いの数

系統ネットワーク

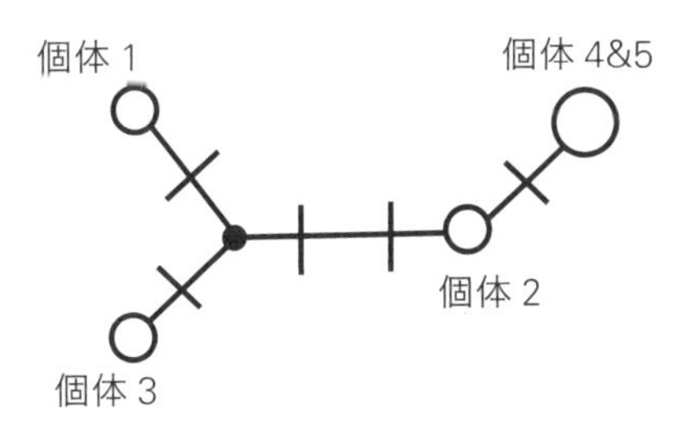

グラフで表現

遺伝距離マトリクス

	個体 1	個体 2	個体 3	個体 4	個体 5
個体 1	―	3	2	4	4
個体 2	3	―	3	1	1
個体 3	2	3	―	4	4
個体 4	4	1	4	―	0
個体 5	4	1	4	0	―

図4 DNA配列から分子系統ネットワークを作成する流れ

後述する。残りのインディカで見られたタイプのうち、クラスターIとRはインドシナ半島および東南アジア島嶼部の野生イネに高い頻度で見られ、インディカの南アジア起源説を支持する結果となった(**図3A**)。インディカで見られたもう一つのクラスターGは、南アジアでもより西の地域で見られることから、インディカの母系祖先集団は最低2つあった可能性が高いと考えられる。核ゲノムのデータからも、インディカはジャポニカに比べて非常に多様性が高いことがわかっており、インディカが複数の*O. rufipogon*集団を祖先に持つ可能性は十分に考えられる。インディカが複数の起源地で栽培化されたか、あるいは1か所で栽培化されたが、その後に各地の野生イネとの交雑により、それらの遺伝子を取り込んだ、という2つのシナリオが考えられる。

インディカに見られたクラスターJは、ジャポニカとインディカの交雑の結果、ジャポニカからインディカへもたらされたタイプと考えられると述べたが、その可能性を検証するために、核ゲノム中の遺伝子を調べた。ここで用いたのは*Rc*という遺伝子で、この遺伝子が壊れたタイプ(栽培型タイプ)はイネの果皮色が白色になる。イネ果実の色に関する遺伝子はいくつか知られているが、この遺伝子の栽培型タイプはジャポニカで生じたことがわかっており、また一部のインディカもこのジャポニカ栽培型タイプを持つことが知られていた(Sweeney *et al.* 2006, 2007)。この栽培型タイプはジャポニカからインディカへもたらされているものの、すべてのインディカが持っているわけではない。もし、この遺伝子のジャポニカ栽培型を持っていれば、その品種群が過去にジャポニカとの交雑を経験していた可能性が高い。そこで、我々の用いたインディカ品種についてこの遺伝子の配列を決定し、ジャポニカ型の割合を調べた。その結果、クラスターJタイプの葉緑体を持つインディカでは、63.6%と高い割合でジャポニカ型の*Rc*遺伝子を持つことがわかった(その他のクラスターG、I、Rではそれぞれ25.0%、55.2%、50.0%がジャポニカ由来の遺伝子を持っていた)。このことから、インディカで見られた葉緑体のクラスターJタイプも、交雑によりジャポニカからインディカへもたらされたと考えられる。このように、葉緑体の詳細な系統関係を明らかにしたことにより、その母系起源について初めて詳細な議論が可能となった。そして、この分子系統解析の結果を基に、炭化米のDNA分析を行うための葉緑体DNAマーカーを設定することが可能となった。

5. 炭化米のDNA分析

古DNA研究においては、外来DNAの混入(コンタミネーション)をいかに防止し、モニターするかが非常に重要である。特にPCR法ではきわめて微量のDNAを増幅することができるため、出土試料のDNAを分析することを可能にした反面、ほんのわずかな量であっても外来DNAのコンタミネーションの影響を受けてしまう。コンタミネーションはサンプルに素手で触ることや、唾液の飛沫、実験室内を浮遊する微小なエアロゾルに付着しているもの等、そのリスクはいたる場面に存在しているため、常にその防止を心がける必要がある。初期の古DNA研究の論文は、実際に0コンタミネーションによる誤った結果を報告することになり、問題となった。

古DNA研究に対して失いかけた信頼を取り戻すべく、コンタミネーションを防止するための実験規範が国際的に提唱された(Cooper and Poinar 2000)。主

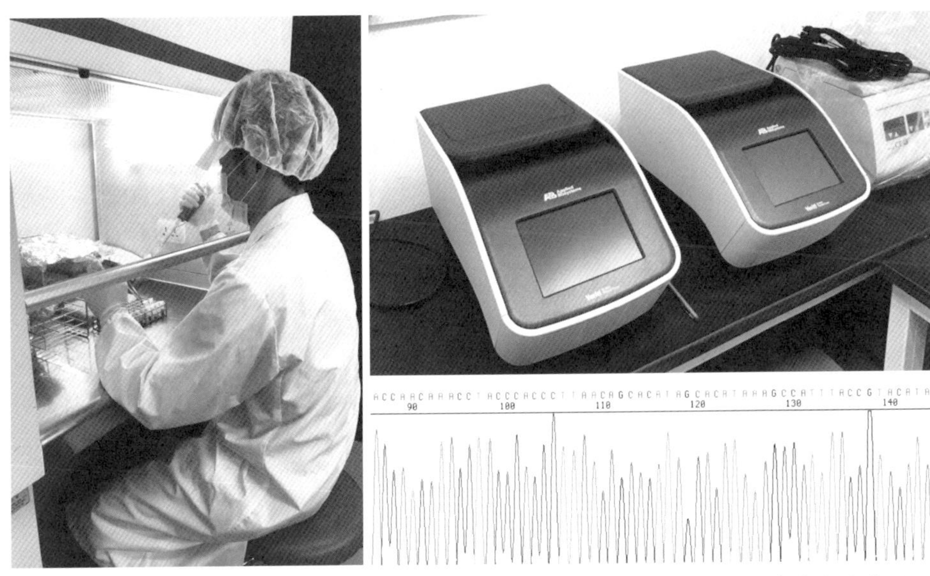

図5　左：古DNA専用実験室DNAでの抽出実験の様子、右上：PCR反応を行うためのサーマルサイクラー、右下：PCR反応により増幅された後、シーケンサーで取得されたDNA配列の波形情報

表2　DNA分析を行った遺跡と試料数

遺跡	時代	分析試料数	PCRで増幅された試料数(%)
陣ケ峯(福島)	中世・950～910 BP	305	17 (5.5)
根来寺(和歌山)	中世	10	0
台渡里(茨城)	中世	10	0
青谷上寺地(鳥取)	弥生	10	0
唐古・鍵(奈良)	弥生・2,400～2,100 BP	119	5 (4.2)
楽浪土城(平壌近郊)	2,200～2,000 BP	40	3 (7.5)
泗川里(江原道)	2,800～2,700 BP	8	1 (12.5)

なものは、古DNA専用のクリーンルームを用い、専用の機械、試薬を用いること、使い捨ての実験用グローブや、機器を利用すること、使い捨てできない器具や実験を行うクリーンベンチは、UVを照射するなどで付着している可能性のあるDNAを分解し不活化する処理を行うことなどである。現在では拭くだけでDNAを分解する試薬も市販されている。また、DNA抽出の際にはコンタミネーションをモニターするためにサンプルを入れないで同じ操作を行うブランクコントロールを必ず含めること、さらに、同様の実験を複数の研究室で行い、再現性をチェックするという厳しい規範もある。特にヒト試料を研究する場合には、これらのルールの徹底とともに、実験時のコンタミネーションを防止する点から、実験操作の習熟も重要な要素となる。今日では、次世代シーケンサーなどの技術の進歩により大量のデータが得られるようになり、古DNA特有のダメージパターンから分析の信頼性の評価が可能となったが、先の実験規範の多くは現在でも遵守されるべきものとされている。

我々も古DNA分析の信頼性を担保するため、この実験規範に則り、東京大学と北京にある中国科学院の古DNA専用実験室を使い、2か所で独立にデータをとった(**図5**)。この実験室は現代の試料を扱わない部屋であり、古DNAの抽出は抽出専用のクリーンベンチ内で行い、クリーンベンチ内は使用直前まで、DNAを分解するUVを照射し、使用する機器にもUV照射あるいはDNAを分解する薬剤でのDNA除去を行っている。実験で用いる消耗品は可能なかぎり、個装の使い捨て可能なものを用いている。試薬などもコンタミネーションを防止、あるいはコンタミネーションが生じた際に使用したものをすべて廃棄することができるよう、使い切りの分量に小分けに分注しておく。試料の破砕に用いた金属製ビーズなどの使い捨てできない器具は、使い終わった後にDNAを強力に分解する次亜塩素酸溶液に浸け置き洗いするなど、徹底してDNAのコンタミネーションを防止した。

我々は日本の中世、弥生、および朝鮮半島の2,000 ～ 2,800年前の合計7か所の遺跡から出土した炭化米を用いてDNA分析を行った(**表2**)。DNAを抽出する前には、実体顕微鏡で1粒ずつ形態を計測、画像データを保存し、同時に付着物の有無などを調べる(**図6**)。現生イネの分子系統解析から得られた系統ネットワーク情報から、マーカーとなる1塩基のDNA多型(Single Nucleotide Polymorphism：SNP)サイトを選択した。99%のジャポニカが持つクラスターJタイプを決めるサイト(J-SNPサイト)と、インディカでもっともメジャーな72%のインディカが持つクラスターIを決めるサイト(I-SNPサイト)を、炭化米の品種群判定に利用することにした(**図3b**)。ジャポニカとインディカは交雑により、葉緑体のタイプを交換していることが明らかになっているので、葉緑体のタイプからできるのは現生イネの頻度データを基にした確率論的な議論となる。しかしながら、J-SNPは世界中からサンプルされたジャポニカ(熱帯ジャポニカと温帯ジャポニカ両方を含む)の99%が持つことから、この変異を持つものは高い確率でジャポニカであり、持たないものはジャポニカではないということができる。また、同様にクラスターIに特徴的なI-SNPを持っていた場合には、インディカであるといってよいであろう。特に今回は日本、朝鮮半島の遺跡から出土した炭化米を分析対象としており、これらの地域はジャポニカが独占的に利用されているため、ジャポニカなのか否かという点を重要視した。繰り返しになるが、我々の得た詳細な分子系統解析の結果でも、熱帯ジャポニカと温帯ジャポニ

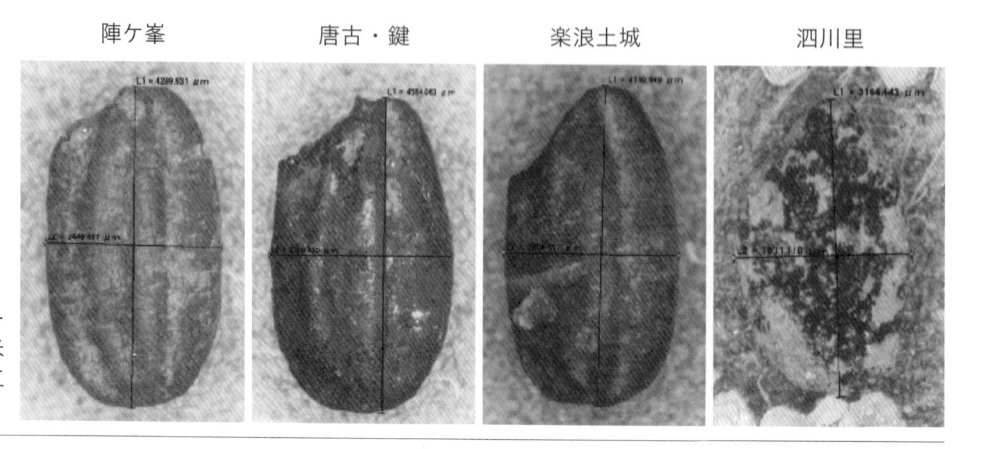

図6 形態を測定し画像データとして保存された炭化米(Kumagai *et al.* 2016より加工転載)

カは明確に分かれることはなかったため、これらの区別はできない。

7か所の遺跡から出土した炭化米DNAをシリカ法という方法で抽出し、PCR法でDNAの増幅を試みた。シリカ法はDNAが塩溶液中でガラス質に吸着する性質を利用して、他の邪魔な物質と分けて精製する方法である。炭化米は1粒ずつ破砕してDNAを抽出した。DNA分析の結果、日本の2遺跡(唐古・鍵遺跡、陣ヶ峯遺跡)、朝鮮半島の2遺跡(楽浪土城、泗川里遺跡)の炭化米について、目的とする領域の増幅に成功した。日本の陣ヶ峯遺跡(中世)からは305粒中の17粒、唐古・鍵遺跡(弥生)からは119粒中の5粒、朝鮮半島の楽浪土城(2200～2000 BP)からは40粒中の3粒、泗川里遺跡(2800～2700 BP)からは8粒中の1粒から、目的とする領域のDNAが増幅された(**図7**)。1サンプルのみJ-SNPサイトとI-SNPサイトの両方が増幅できたが、その他は片方のみが増幅できた。これは、炭化米中のDNAが微量であり、PCRで増幅できる割合がきわめて低かったためである。PCRで増幅されたDNAは、従来の配列決定法であるサンガー法を用いたダイレクトシーケンスという方法で配列を決定し比較した。炭化米には、土壌中の微生物を中心に、さまざまな外来のDNAが土中に埋まっているあいだに混入してしまっている。また、微量なDNAを増幅するために、増幅サイクルも非常に多くする必要がある。そのような高感度の実験条件では、目的とした配列とある程度似た配列がある場合には、その目的外のDNAが増幅してしまうことがしばしば起こる。大抵の場合は増幅された産物の長さが異なるのだが、なかには非常に似たサイズで増幅されることもある。そのため、たとえば現代のDNA分析でよく用いられるような、増幅された断片の長さの違いのみでDNA型を判別する方法は適切ではなく、DNAの配列自身をしっかり確認する必要がある。

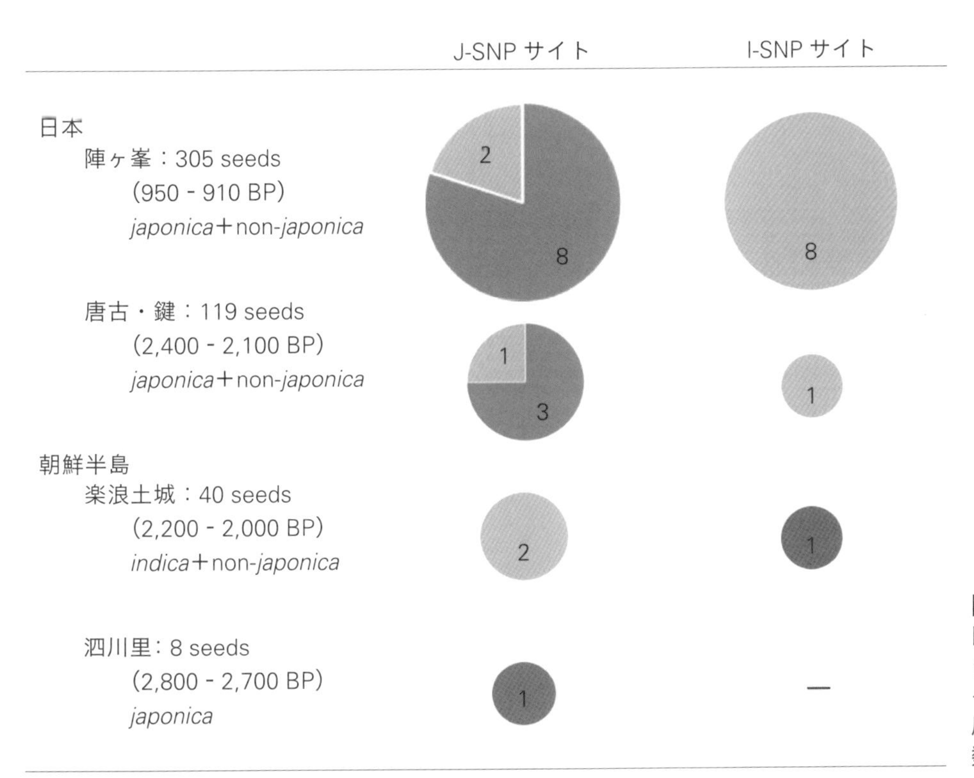

図7　炭化米DNA分析結果
円グラフ中の濃灰色はクラスターJタイプ、クラスターIタイプを持っていた試料数。薄灰色は持っていなかった試料数を示す。

日本の陣ヶ峯遺跡と唐古・鍵遺跡についての結果を見てみると、J-SNPサイトではジャポニカの指標としたクラスターJタイプは当然検出されたが、このタイプではないものも複数検出された。しかし、これらの遺跡からI-SNPサイトで、クラスターIタイプを持つものは見つからなかった。次に、朝鮮半島の遺跡では、楽浪土城遺跡の炭化米からは、J-SNPサイトが増幅できた2試料ではクラスターJタイプは見られず、I-SNPサイトではクラスターIタイプが見られた。他方、楽浪土城遺跡よりも古い泗川里遺跡からは1試料のみJ-SNPサイトについて配列が得られ、こちらはクラスターJタイプであった。これら実際に得られた配列を、現生イネのジャポニカ、インディカ、*O. rufipogon*の配列と整列させた(**図8**)。陣ヶ峯遺跡(Jin)、唐古・鍵遺跡(Kara)、楽浪土城遺跡(Lel)の試料でクラスターJの持つ14,169番目の塩基がA(アデニン)という特徴を持たない配列があることがわかる。同様にクラスターIが持つ56,524番目の塩基がCというタイプを持つ試料が、楽浪土城遺跡(Lel)の1試料で見られる。

今回の解析で、クラスターJではなかった試料はどんな品種であったのだろうか。楽浪土城遺跡からは、インディカでもっともメジャーなクラスターIタイプ

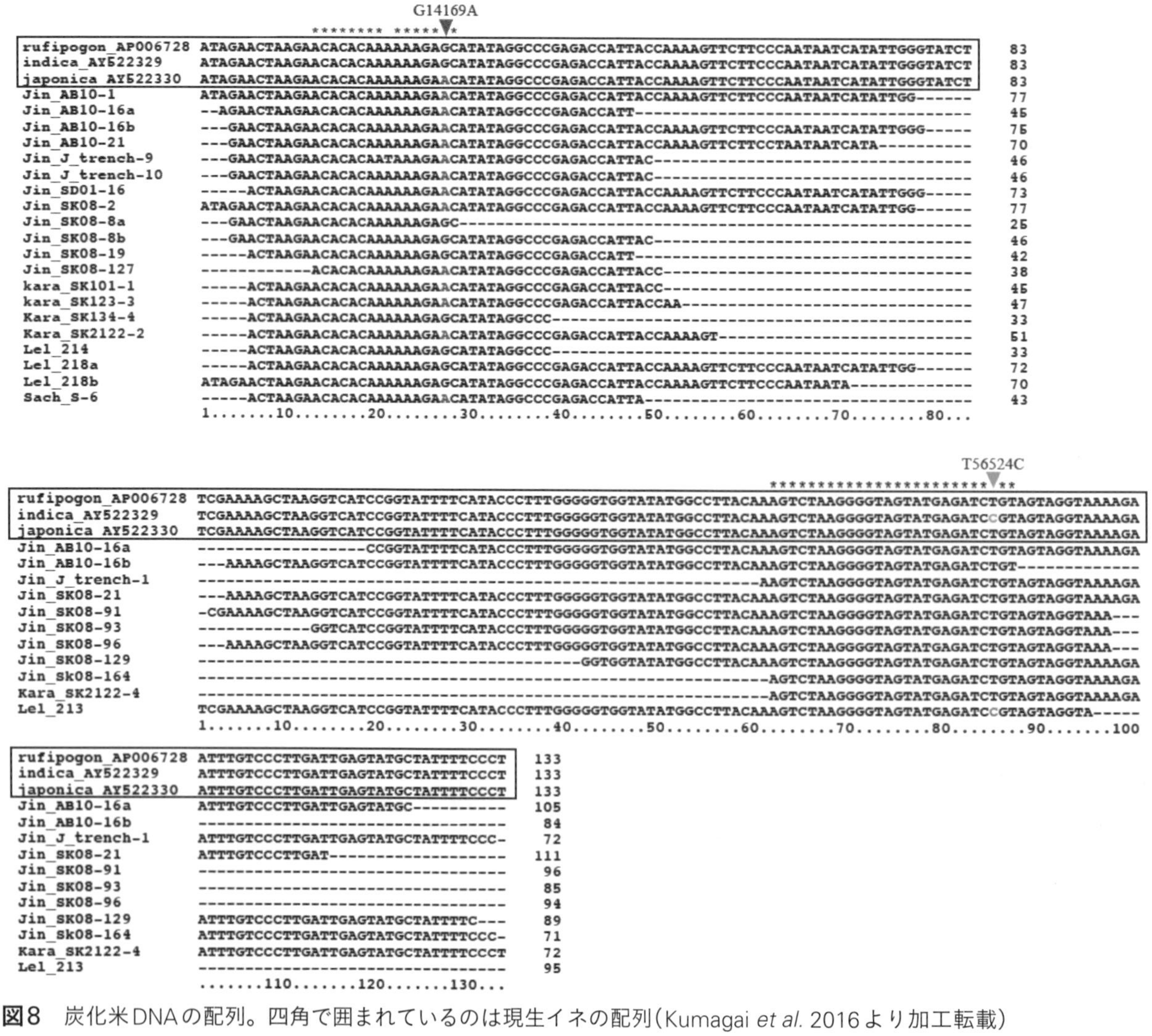

```
                                          G14169A
                           ******** *****▼*
rufipogon_AP006728 ATAGAACTAAGAACACACAAAAAAGAGCATATAGGCCCGAGACCATTACCAAAAGTTCTTCCCAATAATCATATTGGGTATCT   83
indica_AY522329    ATAGAACTAAGAACACACAAAAAAGAGCATATAGGCCCGAGACCATTACCAAAAGTTCTTCCCAATAATCATATTGGGTATCT   83
japonica_AY522330  ATAGAACTAAGAACACACAAAAAAGAACATATAGGCCCGAGACCATTACCAAAAGTTCTTCCCAATAATCATATTGGGTATCT   83
Jin_AB10-1         ATAGAACTAAGAACACACAAAAAAGAACATATAGGCCCGAGACCATTACCAAAAGTTCTTCCCAATAATCATATTGG------   77
Jin_AB10-16a       --AGAACTAAGAACACACAAAAAAGAACATATAGGCCCGAGACCATT------------------------------------   45
Jin_AB10-16b       ---GAACTAAGAACACACAAAAAAGAACATATAGGCCCGAGACCATTACCAAAAGTTCTTCCCAATAATCATATTGGG-----   75
Jin_AB10-21        ---GAACTAAGAACACACAAAAAAGAACATATAGGCCCGAGACCATTACCAAAAGTTCTTCCTAATAATCATA----------   70
Jin_J_trench-9     ---GAACTAAGAACACACAATAAAGAACATATAGGCCCGAGACCATTAC----------------------------------   46
Jin_J_trench-10    ---GAACTAAGAACACACAAAAAAGAACATATAGGCCCGAGACCATTAC----------------------------------   46
Jin_SD01-16        -----ACTAAGAACACACAAAAAAGAACATATAGGCCCGAGACCATTACCAAAAGTTCTTCCCAATAATCATATTGGG-----   73
Jin_SK08-2         ATAGAACTAAGAACACACAAAAAAGAACATATAGGCCCGAGACCATTACCAAAAGTTCTTCCCAATAATCATATTGG------   77
Jin_SK08-8a        ---GAACTAAGAACACACAAAAAAGAGC-------------------------------------------------------   25
Jin_SK08-8b        ---GAACTAAGAACACACAAAAAAGAGCATATAGGCCCGAGACCATTAC----------------------------------   46
Jin_SK08-19        -----ACTAAGAACACACAAAAAAGAGCATATAGGCCCGAGACCATT------------------------------------   42
Jin_SK08-127       ------------ACACACAAAAAAGAACATATAGGCCCGAGACCATTACC---------------------------------   38
kara_SK101-1       -----ACTAAGAACACACAAAAAAGAACATATAGGCCCGAGACCATTACC---------------------------------   45
kara_SK123-3       -----ACTAAGAACACACAAAAAAGAACATATAGGCCCGAGACCATTACCAA-------------------------------   47
Kara_SK134-4       -----ACTAAGAACACACAAAAAAGAGCATATAGGCCC---------------------------------------------   33
Kara_SK2122-2      -----ACTAAGAACACACAAAAAAGAACATATAGGCCCGAGACCATTACCAAAAGT---------------------------   51
Lel_214            -----ACTAAGAACACACAAAAAAGAGCATATAGGCCC---------------------------------------------   33
Lel_218a           -----ACTAAGAACACACAAAAAAGAGCATATAGGCCCGAGACCATTACCAAAAGTTCTTCCCAATAATCATATTGG------   72
Lel_218b           ATAGAACTAAGAACACACAAAAAAGAGCATATAGGCCCGAGACCATTACCAAAAGTTCTTCCCAATAATA-------------   70
Sach_S-6           -----ACTAAGAACACACAAAAAAGAACATATAGGCCCGAGACCATTA-----------------------------------   43
                   1.......10........20........30........40........50........60........70........80...

                                                                                              T56524C
                                                                     ************************▼**
rufipogon_AP006728 TCGAAAAGCTAAGGTCATCCGGTATTTTCATACCCTTTGGGGGTGGTATATGGCCTTACAAAGTCTAAGGGGTAGTATGAGATCTGTAGTAGGTAAAAGA   100
indica_AY522329    TCGAAAAGCTAAGGTCATCCGGTATTTTCATACCCTTTGGGGGTGGTATATGGCCTTACAAAGTCTAAGGGGTAGTATGAGATCCGTAGTAGGTAAAAGA   100
japonica_AY522330  TCGAAAAGCTAAGGTCATCCGGTATTTTCATACCCTTTGGGGGTGGTATATGGCCTTACAAAGTCTAAGGGGTAGTATGAGATCTGTAGTAGGTAAAAGA   100
Jin_AB10-16a       ------------------CCGGTATTTTCATACCCTTTGGGGGTGGTATATGGCCTTACAAAGTCTAAGGGGTAGTATGAGATCTGTAGTAGGTAAAAGA    82
Jin_AB10-16b       ---AAAAGCTAAGGTCATCCGGTATTTTCATACCCTTTGGGGGTGGTATATGGCCTTACAAAGTCTAAGGGGTAGTATGAGATCTGT-------------    84
Jin_J_trench-1     ------------------------------------------------------------AAGTCTAAGGGGTAGTATGAGATCTGTAGTAGGTAAAAGA    40
Jin_SK08-21        ---AAAAGCTAAGGTCATCCGGTATTTTCATACCCTTTGGGGGTGGTATATGGCCTTACAAAGTCTAAGGGGTAGTATGAGATCTGTAGTAGGTAAAAGA    97
Jin_SK08-91        -CGAAAAGCTAAGGTCATCCGGTATTTTCATACCCTTTGGGGGTGGTATATGGCCTTACAAAGTCTAAGGGGTAGTATGAGATCTGTAGTAGGTAAA---    96
Jin_SK08-93        ------------GGTCATCCGGTATTTTCATACCCTTTGGGGGTGGTATATGGCCTTACAAAGTCTAAGGGGTAGTATGAGATCTGTAGTAGGTAAA---    85
Jin_SK08-96        ---AAAAGCTAAGGTCATCCGGTATTTTCATACCCTTTGGGGGTGGTATATGGCCTTACAAAGTCTAAGGGGTAGTATGAGATCTGTAGTAGGTAAA---    94
Jin_SK08-129       -----------------------------------------GGTGGTATATGGCCTTACAAAGTCTAAGGGGTAGTATGAGATCTGTAGTAGGTAAAAGA    59
Jin_Sk08-164       -------------------------------------------------------------AGTCTAAGGGGTAGTATGAGATCTGTAGTAGGTAAAAGA    39
Kara_SK2122-4      -------------------------------------------------------------AGTCTAAGGGGTAGTATGAGATCTGTAGTAGGTAAAAGA    39
Lel_213            TCGAAAAGCTAAGGTCATCCGGTATTTTCATACCCTTTGGGGGTGGTATATGGCCTTACAAAGTCTAAGGGGTAGTATGAGATCCGTAGTAGGTA-----    95
                   1.......10........20........30........40........50........60........70........80........90.......100

rufipogon_AP006728 ATTTGTCCCTTGATTGAGTATGCTATTTTCCCT   133
indica_AY522329    ATTTGTCCCTTGATTGAGTATGCTATTTTCCCT   133
japonica_AY522330  ATTTGTCCCTTGATTGAGTATGCTATTTTCCCT   133
Jin_AB10-16a       ATTTGTCCCTTGATTGAGTATGC----------   105
Jin_AB10-16b       ---------------------------------    84
Jin_J_trench-1     ATTTGTCCCTTGATTGAGTATGCTATTTTCCC-    72
Jin_SK08-21        ATTTGTCCCTTGAT-------------------   111
Jin_SK08-91        ---------------------------------    96
Jin_SK08-93        ---------------------------------    85
Jin_SK08-96        ---------------------------------    94
Jin_SK08-129       ATTTGTCCCTTGATTGAGTATGCTATTTTC---    89
Jin_Sk08-164       ATTTGTCCCTTGATTGAGTATGCTATTTTCCC-    71
Kara_SK2122-4      ATTTGTCCCTTGATTGAGTATGCTATTTTCCCT    72
Lel_213            ---------------------------------    95
                   .......110.......120.......130...
```

図8 炭化米DNAの配列。四角で囲まれているのは現生イネの配列(Kumagai *et al.* 2016より加工転載)

も見つかっていることから、楽浪土城遺跡の炭化米は典型的なインディカである可能性が高いと考える。この楽浪土城は、漢王朝に統治されていたとされる。漢は現在インディカが主要な栽培イネである中国やベトナムを含む広大な地域を治めていたため、国内の流通により楽浪土城にインディカがもたらされていた可能性も考えられる。日本の遺跡では、陣ヶ峯遺跡でクラスターJタイプでない炭化米が2試料、唐古・鍵遺跡で1試料見られた。クラスターJは熱帯ジャポニカを含むジャポニカが属するタイプであるので、これを持たないということは、少なくとも我々が調べた現代のさまざまな地域に拡散しているジャポニカ品種とは異なる可能性が高い。クラスターJタイプを持たない炭化米が見られたのと同じトレンチから出土した炭化米について、集中的にI-SNPサイトを調べたが、クラスターIタイプは見つかっていないため、クラスターIではないタイプの葉緑体タイプを持つインディカである可能性もある。あるいは、我々が調べられていないタイプの葉緑体を持つジャポニカが存在するのかもしれない。いずれにせよ、弥生時代や中世に多様な遺伝的な背景を持つイネが利用されていたことが明らかとなった。それらを異なる品種として認識して利用していたのか、あるいは非常にバリエーションの高い集団として混ぜて利用していたのかといった点は非常に興味深く、今後遺伝的データを蓄積していくことで解明が期待される。

現在の日本および朝鮮半島を含む東北アジアにおいては、ジャポニカが独占的に栽培されている。飼料イネとしてのインディカの利用が一部であるが、基本的にはジャポニカである。しかし、このようなジャポニカ一辺倒の栽培は、比較的最近になってのことといえるようだ。日本の在来イネにもインディカ品種がある。日本の在来イネコアコレクションのなかには唐法師、唐干、赤米といったインディカ品種(葉緑体のタイプを調べてみるとクラスターIとクラスターJ)があり、実際に日本の田んぼでインディカを育てることができる。中国の在来イネを調べた研究でも、かなり高緯度の地域でインディカ品種が見られ、生態的な特性としてインディカのなかには東北アジアで栽培することが可能な品種があることは間違いない。また、日本におけるインディカの利用の記録は少なくとも中世の11～14世紀頃にはあったと考えられている(嵐1974)。イネコアコレクションに含まれる唐法師や唐干は、この中世に栽培された在来インディカ品種で、中国南部でよく栽培されていた占城稲(チャンパ米)というインディカ品種が中国からもたらされたものに由来すると考えられているようである。さらに、日本の在来イネコアコレクションに含まれる赤米にはジャポニカとインディカの両方があり、どちらのタイプかは不明であるが、赤米の記載は奉納物の荷札である木簡の記録により、飛鳥時代(6～7世紀)まで遡ることができる(奈文研木簡データベース)。このように、インディカ品種が古代に利用されていたであろうことは書物や木簡の記録などから伺い知れていたが、今回、新規に開発したDNAマーカーを用いた炭化米DNA分析により、より直接的なデータでも支持する結果が得られ、さらにインディカの利用が弥生時代まで遡る可能性が示された。

インディカ米は一般的に日本人の好みからすると食味が落ちるといわれているが、ジャポニカ米よりも遺伝的な多様性がきわめて高く、多収、病気や害虫への抵抗性が高い、天候不良への耐性があるといった特徴を持つ品種がある。天候不順などによりコメの生産量が大幅に減少して困る経験は、農業技術の進歩した時代を生きる我々現代人でもしばしば遭遇するが、治水技術や施肥の技術の未熟であった古代にはより頻繁に起こっていたであろう。そういった時代には、味よりもまずは人口を養うに足るだけの安定した収穫が大切であったことは、想像に難くない。インディカを含め、多様な品種、あるいは遺伝的に多様なイネ集団を利用することは、さまざまなリスクに対して、安定的な食料の確保につながる古代人の知恵と考えると、むしろ自然なことといえるのかもしれない。

6. 古DNAから古ゲノミクス研究へ

近年、次世代シーケンサーを古DNA研究へ適用することにより、特に過去のヒトについてこれまでに得られなかった知見が急速に得られている。次世代シーケンサーとひとくくりに呼ばれているが、じつはさまざまなテクノロジーを利用した複数の機種が存在している。これらは、2000年代の半導体技術、画像分析技術とコンピュータ技術の向上の組み合わせによって実現した。2019年現在、世界的にもっとも利用されている高出力シーケンサーはイルミナ社の製品である。このイルミナ社のシーケンサーは古ゲノム分析においても、もっともよく利用されている。このシーケンサーはフローセルと呼ばれるガラス基板上でPCR反応によるDNAの複製反応を蛍光標識した塩基を取り込ませながら行い、その蛍光シグナルをCCDカメラにより撮影する手法をとっている。この技術はきわめて効率的に精度の高い配列データを取得することが可能な点で、他のテクノロジーを凌駕している。このシーケンシンサーは医学生物学分野でのひとつの目標とされていた＄1,000でヒト1人のゲノム情報を取得するというハードルも見事に超えてみせた。2019年現在の最新のマシンNovaseqのスペックでは、1度のラン（約2日間かかる）で最大6兆塩基のデータを取得することが可能である。ヒトの持つ全遺伝情報であるゲノムのサイズは約31億塩基対であるので、実に2,000人分のデータを2日間で産生できることになる。実際には、高精度のデータを得るためには1個体に対してゲノムの20倍程度のデータが必要である

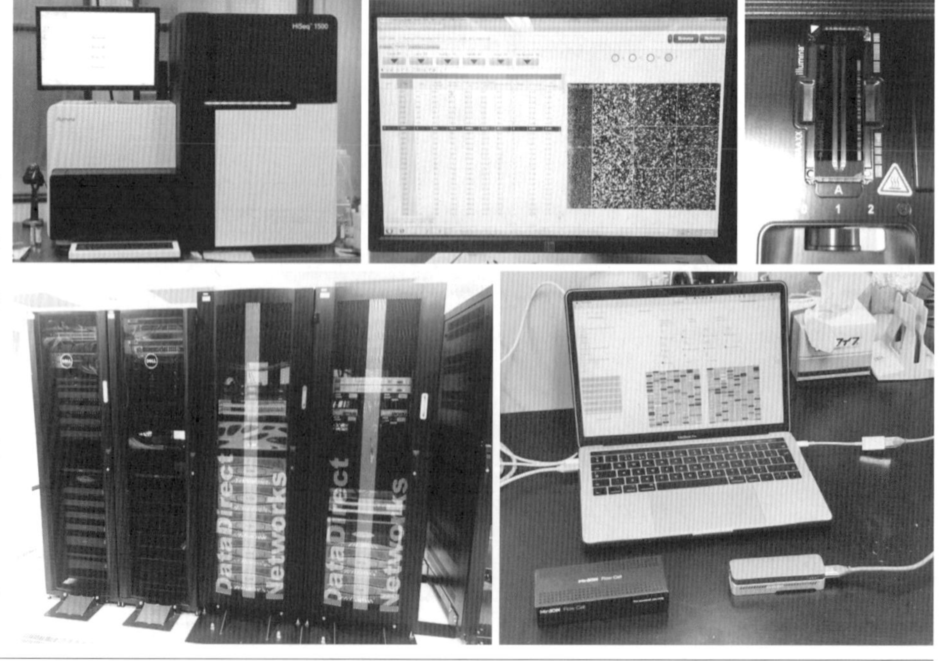

図9　次世代シーケンサーと解析に用いるクラスター型計算機
上左：イルミナ社のHiSeq1500（東大・理学部）、上中：HiSeq1500で取得した塩基配列の画像データ。画像中の白い点が塩基配列。上右：フローセルと呼ばれるDNAに蛍光を付加しながら合成するガラス基盤。下左：大型計算機（農研機構・高度解析センター）、下右：卓上でノートPCで動かすことが可能なシーケンサー（オックスフォード・ナノポアテクノロジーズ社のMinION）

ので、1台で100人分の高精度のゲノムデータを取得できる計算になる。

このイルミナ社のシーケンサーは解読する1本1本の塩基配列の長さが最大で150塩基(機種により300塩基)と比較的短いため、ショートリード型と呼ばれる。この短い配列を大量に解読することができる特徴は、古DNA分析と非常に相性がよい。その理由は、古代の試料はDNAが非常に短く断片化し、かつ土壌等から由来する外来のDNAが大量に含まれているからである。より長いDNAを読むためのシーケンサーも存在し、通常の現生のサンプルのシーケンシング、特にDNA配列を読んで端から端までつなげようとするような研究では利点が多いが、これらのシーケンサーは古DNAの解読には不向きである。サンプル量がかぎられることも多く、追加で取得することが困難な場合も多い古DNAの解読においては、解読効率と読み取り精度は非常に重要であり、両点において現在イルミナ社のシーケンサーは抜きんでているといえる。DNAをこのシーケンサーで解読するためには、少し手を加え、機械で読み取るのに十分な量に増幅する必要がある。DNA断片の両側にアダプターと呼ばれるDNA配列をつなげ、このアダプター配列上に設計したプライマーを用いてPCRでの増幅を行う。こうして加工されたものをライブラリーと呼ぶ。あとはライブラリーを機械にセットし、分析を開始すると後は自動的に塩基配列データが読み取られる(**図9**)。

次世代シーケンサーを用いた主要な古ゲノム研究を**図10**にまとめた。最初期の古ゲノム研究は、2006年のマンモスのゲノム断片配列を解読した報告である(Poinar *et al.* 2006)。この研究では、シベリアの永久凍土から出土した約28,000年前のケナガマンモスの骨の凍結試料からDNAを抽出し、454 Life Sciences社

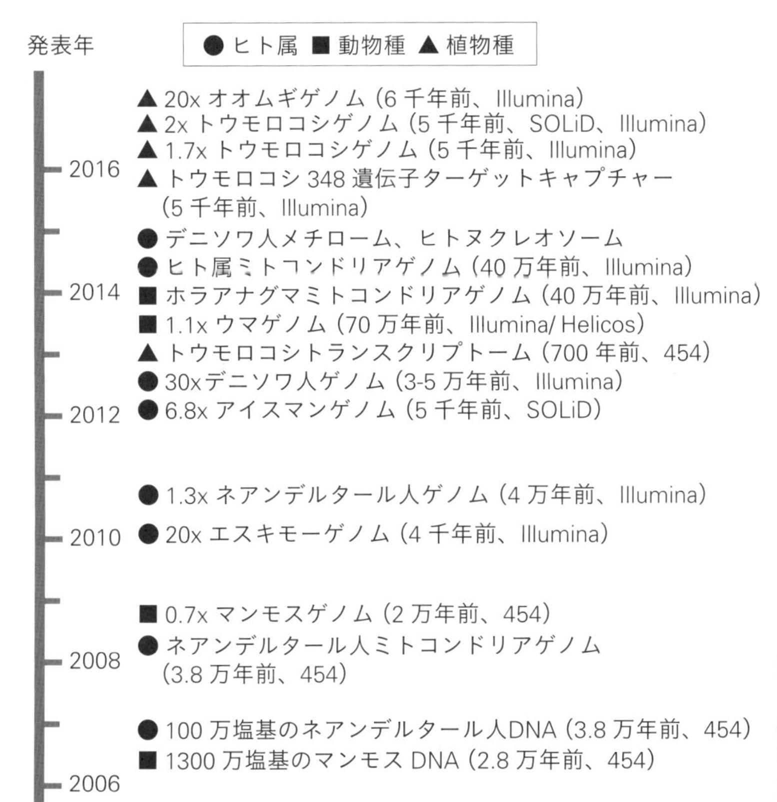

図10　次世代シーケンサーを用いた主要な古ゲノミクス研究(熊谷真彦、「次世代シーケンシング技術がもたらす古DNA分析の新地平」、季刊考古学、第145号 特集「植生史と考古学一人と植物の関係史を探る」pp83-86、雄山閣、2018年より転載)

のシーケンサーで解読したところ、マンモス由来の配列を1,300万塩基長得ることに成功した。この研究では合計2,800万塩基を解読し、アフリカゾウをはじめ、さまざまな生物種のゲノム配列と照合したところ、そのうちの45%がマンモス由来のDNAであった。約半分のDNAがマンモス由来のDNAであったという結果は、他の多くの古ゲノム研究で対象とされた試料と比べてきわめて高く、保存状態が非常に良好であったことを物語っている。残りの半分のDNAは、環境DNA（土壌中の微生物）や真正細菌、由来不明のDNAが大半であり、ヒト由来と思われるDNAも1.4%含まれていた。これらは周辺土壌に存在していたものであったり、サンプルの発掘、保管、あるいは実験中に混入したヒトDNAのコンタミネーションだと考えられる。ホモ属での研究では同2006年中に、洞窟遺跡から発掘された38,000年前のネアンデルタール人のDNA配列が100万塩基長解読された（Green *et al.* 2006）。2010年には、これも永久凍土に埋まっていた4,000年前のエスキモーの毛髪試料から平均で20x（ゲノム全体が平均で20本のNGSリードのデータ量でカバーされている）の厚みで解読された（Rasmussen *et al.* 2010）。さらに、同年にネアンデルタールの全ゲノム配列と呼べる1.3xの配列が解読された（Green *et al.* 2010）。2010年代になると、シーケンサーの出力の大幅な向上が重ねられたことにより、より解読の精度が増し、また内在DNAが少ない試料であっても解読することが現実的となり、さまざまな試料を対象として研究が進展することとなった。これまでの研究で分析することができた動物骨試料の古さは、永久凍土地帯では100万年、温帯の洞窟では50万年まで遡った。

植物遺体の古DNA分析事例は、動物に比べて少ない。この原因のひとつに、植物遺体のDNAの分析が難しい点があげられる。骨組織のような硬い組織を持たない植物は、内在性のDNAの残存量が動物に比べて少なく、外来DNAが多く含まれているようである。PCRベースの研究での結果を見ると、古人骨では遺跡によっては増幅されるサンプル個体の割合が数十%である場合もあるのに対して、たとえば、炭化米を1粒ずつ分析した場合には最大10%程度と桁が違う。これまでに植物遺体に次世代シーケンサーを用いた古DNA研究も報告されているが、ヒョウタン（Kistler *et al.* 2014）、トウモロコシ（Vallebueno-Estrada *et al.* 2016; Ramos-Madrigal *et al.* 2016）、オオムギ（Mascher *et al.* 2016）等、わずかな数にとどまる。ほかには堆積物などの土壌試料からコムギのDNAを検出した挑戦的な研究事例（Smith *et al.* 2015）があるが、どこまで信頼性があるのかは議論されているところである。このような研究をメタゲノム分析と呼ぶが、形のないものをDNAのみで検出しているため、その解釈については当然議論をよぶ。特に検出された配列数（リード数と呼ぶ）が少ないこの研究のような場合には、コンタミネーションの可能性を統計的に議論することは難しい。しかしながら、十分なデータを得ることができれば古DNAに特有のダメージパターンを指標とした統計的な検定が可能でもあるため、今後新しい知見をもたらしうることが期待される領域である。このように、植物の古ゲノム分析も少ないながらも成功事例が報告され始めており、今後ますますの進展が期待される。

引用文献

・嵐嘉一 1974「日本赤米考」、東京：雄山閣出版.
・佐藤洋一郎 2002「DNA考古学のすすめ」丸善ライブラリー 355、東京：丸善.
・Callaway, E. 2014. The birth of rice *Nature* 514: S58–59.
・Cheng, C., R. Motohashi., S. Tsuchimoto., Y. Fukuta., H. Ohtsubo. & E. Ohtsubo. 2003. Polyphyletic Origin of Cultivated Rice: Based on the Interspersion Pattern of SINEs *Molecular Biology and Evolution* 20: 67–75.
・Choi, J.Y., A.E. Platts., D.Q. Fuller., Y.-I. Hsing., R.A. Wing. & M.D. Purugganan. 2017. The Rice Paradox: Multiple Origins but Single Domestication in Asian Rice. *Molecular biology and evolution* 34: 969–79.
・Cooper, A. & H.N. Poinar. 2000. Ancient DNA: do it right or not at all. *Science (New York, N.Y.)* 289: 1139.
・Erickson, D.L., B.D. Smith., A.C. Clarke., D.H. Sandweiss. & N. Tuross. 2005. An Asian origin for a 10,000-year-old domesticated plant in the Americas. *Proceedings of the National Academy of Sciences of the United States of America* 102: 18315–20.
・Fuller, D.Q. 2007. Contrasting patterns in crop domestication and domestication rates: Recent archaeobotanical insights from the old world *Annals of Botany* 100(5), 903-924
・Gao, L.-Z.Z. & H. Innan. 2008. Nonindependent domestication of the two rice subspecies, Oryza sativa ssp. indica and ssp. japonica, demonstrated by multilocus microsatellites *Genetics* 179: 965–76.
・Garris AJ, Tai TH, Coburn J, Kresovich S, McCouch S. 2005. Genetic structure and diversity in Oryza sativa L. *Genetics* 169: 1631–8.
・Green, R.E., J. Krause., A.W. Briggs., T. Maricic., U. Stenzel., M. Kircher., N. Patterson., H. Li., W. Zhai., M.H.-Y. Fritz., N.F. Hansen., E.Y. Durand., A.-S. Malaspinas., J.D. Jensen., T. Marques-Bonet., C. Alkan., K. Prüfer., M. Meyer., H. a Burbano., J.M. Good., R. Schultz., A. Aximu-Petri., A. Butthof., B. Höber., B. Höffner., M. Siegemund., A. Weihmann., C. Nusbaum., E.S. Lander., C. Russ., N. Novod., J. Affourtit., M. Egholm., C. Verna., P. Rudan., D. Brajkovic., Z. Kucan., I. Gusic., V.B. Doronichev., L. V Golovanova., C. Lalueza-Fox., M. de la Rasilla., J. Fortea., A. Rosas., R.W. Schmitz., P.L.F. Johnson., E.E. Eichler., D. Falush., E. Birney., J.C. Mullikin., M. Slatkin., R. Nielsen., J. Kelso., M. Lachmann., D. Reich. & S. Pääbo. 2010. A draft sequence of the Neandertal genome. *Science (New York, N.Y.)* 328: 710–22.
・Green, R.E., J. Krause., S.E. Ptak., A.W. Briggs., M.T. Ronan., J.F. Simons., L. Du., M. Egholm., J.M. Rothberg., M. Paunovic. & S. Pääbo. 2006. Analysis of one million base pairs of Neanderthal DNA *Nature* 444: 330–36.
・Hansson, M. 2008. Ancient DNA fragments inside Classical Greek amphoras reveal cargo of 2400-year-old shipwreck *Journal of Archaeological Science* 35: 1169–76.
・He, Z., W. Zhai., H. Wen., T. Tang., Y. Wang., X. Lu., A.J. Greenberg., R.R. Hudson., C. Wu. & S. Shi. 2011. Two evolutionary histories in the genome of rice: the roles of domestication genes. *PLoS genetics* 7: e1002100.
・Huang, X., N. Kurata., X. Wei., Z.-X. Wang., A. Wang., Q. Zhao., Y. Zhao., K. Liu., H. Lu., W. Li., Y. Guo., Y. Lu., C. Zhou., D. Fan., Q. Weng., C. Zhu., T. Huang., L. Zhang., Y. Wang., L. Feng., H. Furuumi., T. Kubo., T. Miyabayashi., X. Yuan., Q. Xu., G. Dong., Q. Zhan., C. Li., A. Fujiyama., A. Toyoda., T. Lu., Q. Feng., Q. Qian., J. Li. & B. Han. 2012. A map of rice genome variation reveals the origin of cultivated rice *Nature* 490. Nature Publishing Group: 497–501.
・Ishii, T., K. Numaguchi., K. Miura., K. Yoshida., P.T. Thanh., T.M. Htun., M. Yamasaki., N. Komeda., T. Matsumoto., R. Terauchi., R. Ishikawa. & M. Ashikari. 2013. OsLG1 regulates a closed panicle trait in domesticated rice. *Nature genetics* 45. Nature Publishing Group: 462–65, 465e1-2.
・Ishikawa, R., Y. Sato., T. Tang. & I. Nakamura. 2002. Different maternal origins of Japanese lowland and upland rice populations. *TAG. Theoretical and applied genetics. Theoretische und angewandte Genetik* 104: 976–80.
・Jaenicke-Després, V., E.S. Buckler., B.D. Smith., M.T.P. Gilbert., A. Cooper., J. Doebley. & S. Pääbo. 2003. Early Allelic Selection in Maize as Revealed by Ancient DNA *Science* 302: 1206–8.
・Kistler, L. & B. Shapiro. 2011. Ancient DNA confirms a local origin of domesticated chenopod in eastern North America *Journal of Archaeological Science* 38: 3549–54.
・Kistler, L., A. Montenegro., B.D. Smith., J. a Gifford., R.E. Green., L. a Newsom. & B. Shapiro. 2014. Transoceanic drift and the domestication of African bottle gourds in the Americas. *Proceedings of the National Academy of Sciences of the United States of America* 111: 1–5.
・Kovach, M.J., M.T. Sweeney. & S.R. McCouch. 2007. New insights into the history of rice domestication. *Trends in genetics: TIG* 23: 578–87.
・Kumagai, M., L. Wang. & S. Ueda. 2010. Genetic diversity and evolutionary relationships in genus Oryza revealed by using highly variable regions of chloroplast DNA. *Gene* 462. Elsevier B.V: 44–51.
・Kumagai, M., M. Kanehara., S. Shoda., S. Fujita., S. Onuki., S. Ueda. & L. Wang. 2016. Rice Varieties in Archaic East Asia: Reduction of Its Diversity from Past to Present Times *Molecular Biology and Evolution* 33: 2496–2505.
・Londo, J.P., Y.-C. Chiang., K.-H. Hung., T.-Y. Chiang. & B.A. Schaal. 2006. Phylogeography of Asian wild rice, Oryza rufipogon, reveals multiple independent domestications of cultivated rice, Oryza sativa. *Proceedings of the National Academy of Sciences of the United States of America* 103: 9578–83.
・Ma, J. & J.L. Bennetzen. 2004. Rapid recent growth and divergence of rice nuclear genomes. *Proceedings of the National Academy of Sciences of the United States of America* 101: 12404–10.
・Mascher, M., V.J. Schuenemann., U. Davidovich., N. Marom., A. Himmelbach., S. Hübner., A. Korol., M. David., E. Reiter., S. Riehl., M. Schreiber., S.H.

Vohr., R.E. Green., I.K. Dawson., J. Russell., B. Kilian., G.J. Muehlbauer., R. Waugh., T. Fahima., J. Krause., E. Weiss. & N. Stein. 2016. Genomic analysis of 6,000-year-old cultivated grain illuminates the domestication history of barley. *Nature genetics* 48: 1089–93.

・Molina, J., M. Sikora., N. Garud., J.M. Flowers., S. Rubinstein., A. Reynolds., P. Huang., S. Jackson., B.A. Schaal., C.D. Bustamante., A.R. Boyko. & M.D. Purugganan. 2011. Molecular evidence for a single evolutionary origin of domesticated rice. *Proceedings of the National Academy of Sciences of the United States of America* 108: 8351–56.

・Morishima, H., Y. Sano. & H. Oka. 1992. Evolutionary studies in cultivated rice and its wild relatives., in *In: Douglas JA, Futuyma J, editors. Oxford surveys in evolutionary biology.* Oxford: Oxford University Press.

・Nakamura, I., H. Urairong., N. Kameya., Y. Fukuta., S. Chitrkon. & Y. Sato. 1998. Six different plastid subtypes were found in the O. sativa- O. rufipogon complex. *Rice Genetics Newsletter* 15: 80–82.

・Poinar, H.N., C. Schwarz., J. Qi., B. Shapiro., R.D.E. Macphee., B. Buigues., A. Tikhonov., D.H. Huson., L.P. Tomsho., A. Auch., M. Rampp., W. Miller. & S.C. Schuster. 2006. Metagenomics to paleogenomics: large-scale sequencing of mammoth DNA. *Science (New York, N.Y.)* 311: 392–94. http://www.ncbi.nlm.nih.gov/pubmed/16368896

・Q Fuller, D., L. Qin., Z. Yunfei., Z. Zhijun., C. Xugao., H. Leo Aoi. & G.-P. Sun. 2009. The domestication process and domestication rate in rice: spikelet bases from the Lower Yangtze. *Science* 323: 1607–10.

・Rakshit, S., A. Rakshit., H. Matsumura., Y. Takahashi., Y. Hasegawa., A. Ito., T. Ishii., N.T. Miyashita. & R. Terauchi. 2007. Large-scale DNA polymorphism study of Oryza sativa and O. rufipogon reveals the origin and divergence of Asian rice. *TAG. Theoretical and applied genetics.* 114: 731–43.

・Ramos-Madrigal, J., B.D. Smith., J.V. Moreno-Mayar., S. Gopalakrishnan., J. Ross-Ibarra., M.T.P. Gilbert. & N. Wales. 2016. Genome Sequence of a 5,310-Year-Old Maize Cob Provides Insights into the Early Stages of Maize Domestication *Current Biology* 26: 3195–3201.

・Rasmussen, M., Y. Li., S. Lindgreen., J.S. Pedersen., A. Albrechtsen., I. Moltke., M. Metspalu., E. Metspalu., T. Kivisild., R. Gupta., M. Bertalan., K. Nielsen., M.T. Gilbert., Y. Wang., M. Raghavan., P.F. Campos., H.M. Kamp., A.S. Wilson., A. Gledhill., S. Tridico., M. Bunce., E.D. Lorenzen., J. Binladen., X. Guo., J. Zhao., X. Zhang., H. Zhang., Z. Li., M. Chen., L. Orlando., K. Kristiansen., M. Bak., N. Tommerup., C. Bendixen., T.L. Pierre., B. Gronnow., M. Meldgaard., C. Andreasen., S.A. Fedorova., L.P. Osipova., T.F. Higham., C.B. Ramsey., T. V Hansen., F.C. Nielsen., M.H. Crawford., S. Brunak., T. Sicheritz-Ponten., R. Villems., R. Nielsen., A. Krogh., J. Wang. & E. Willerslev. 2010. Ancient human genome sequence of an extinct Palaeo-Eskimo *Nature* 463: 757–62.

・Sang, T. & S. Ge. 2007. Genetics and phylogenetics of rice domestication. *Current opinion in genetics & development* 17: 533–38.

・Sang, T. & S. Ge. 2013. Understanding rice domestication and implications for cultivar improvement. *Current opinion in plant biology*. Elsevier Ltd, 1–8.

・Smith, O., G. Momber., R. Bates., P. Garwood., S. Fitch., M. Pallen., V. Gaffney. & R.G. Allaby. 2015. Sedimentary DNA from a submerged site reveals wheat in the British Isles 8000 years ago *Science* 347: 1–4.

・Sweeney, M.T., M.J. Thomson., B.E. Pfeil. & S.R. McCouch. 2006. Caught red-handed: Rc encodes a basic helix-loop-helix protein conditioning red pericarp in rice *The Plant Cell* 18. Am Soc Plant Biol: 283.

・Sweeney, M.T., M.J. Thomson., Y.G. Cho., Y.J. Park., S. Williamson., C. Bustamante. & S.R. McCouch. 2007. Global dissemination of a single mutation conferring white pericarp in rice. *PLoS genetics* 3: e133.

・Vallebueno-Estrada, M., I. Rodríguez-Arévalo., A. Rougon-Cardoso., J. Martínez González., A. García Cook., R. Montiel. & J.-P. Vielle-Calzada. 2016. The earliest maize from San Marcos Tehuacán is a partial domesticate with genomic evidence of inbreeding *Proceedings of the National Academy of Sciences* 113: 14151–56.

・Vitte, C., T. Ishii., F. Lamy., D. Brar. & O. Panaud. 2004. Genomic paleontology provides evidence for two distinct origins of Asian rice (Oryza sativa L.). *Molecular genetics and genomics: MGG* 272: 504–11.

・Xu, X., X. Liu., S. Ge., J.D. Jensen., F. Hu., X. Li., Y. Dong., R.N. Gutenkunst., L. Fang., L. Huang., J. Li., W. He., G. Zhang., X. Zheng., F. Zhang., Y. Li., C. Yu., K. Kristiansen., X. Zhang., J. Wang., M. Wright., S.R. McCouch., R. Nielsen., J. Wang. & W. Wang. 2011. Resequencing 50 accessions of cultivated and wild rice yields markers for identifying agronomically important genes *Nature Biotechnology*. Nature Publishing Group: 1–10.

・Yang, C., Y. Kawahara., H. Mizuno., J. Wu., T. Matsumoto. & T. Itoh. 2012. Independent domestication of Asian rice followed by gene flow from japonica to indica. *Molecular biology and evolution* 29: 1–9.

・Zhu, Q. & S. Ge. 2005. Phylogenetic relationships among A-genome species of the genus Oryza revealed by intron sequences of four nuclear genes. *The New phytologist* 167: 249–65.

翻訳者略歴

遠藤眞子(えんどう・なおこ)
Simon Fraser University, Canada, Contractor at the PEB Lab.を経て、
現在　東京都在住

岡本泰子(おかもと・やすこ)
東京大学大学院新領域創成科学研究科　社会文化環境学　修士
ゴールドマンサックス証券株式会社を経て、現在　岡本農園勤務

表谷静佳(おもてだに・しずか)
SOAS University of London, MA History of Art and Archaeology
トムソン・ロイター勤務を経て、出産を機にフリーの翻訳家に

翻訳協力　渋谷綾子　鈴木朋美　有限会社ランゲージハウス
編集協力　大木美南　上野あさひ　伊東菜々子

本書は、文科省科学研究費・新学術領域研究「稲作と中国文明」(15H05969、平成27～31年度、研究代表者：中村慎一)および若手研究A「土器残存脂質分析を用いた縄文ー弥生移行期における土器利用と食性変化の追跡」(17H04777、平成29～32年度、研究代表者：庄田慎矢)による成果の一部である。

アフロ・ユーラシアの考古植物学

発　行　2019年5月15日　第1版第1刷
編　者　庄田 慎矢
発行者　松田 國博
発行所　株式会社 クバプロ
〒102-0072　東京都千代田区飯田橋3-11-15 PVB飯田橋6F
Tel.03-3238-1689　Fax.03-3238-1837
http://www.kuba.co.jp
印　刷　株式会社　大應

乱丁本・落丁本はお取り替えいたします。

ISBN978-4-87805-161-6　C1040